国外海洋强国建设经验与中国面临的问题分析

范厚明 · 著

中国社会科学出版社

图书在版编目(CIP)数据

国外海洋强国建设经验与中国面临的问题分析／范厚明著 . —北京：
中国社会科学出版社，2014.12
ISBN 978 - 7 - 5161 - 5024 - 5

Ⅰ.①国…　Ⅱ.①范…　Ⅲ.①海洋资源—资源开发—研究—世界
Ⅳ.①P74

中国版本图书馆 CIP 数据核字(2014)第 247435 号

出 版 人	赵剑英
责任编辑	冯　斌
特约编辑	丁玉灵
责任校对	韩天炜
责任印制	戴　宽

出　　　版	中国社会科学出版社
社　　　址	北京鼓楼西大街甲 158 号（邮编100720）
网　　　址	http://www.csspw.cn
	中文域名:中国社科网　　010 - 64070619
发 行 部	010 - 84083685
门 市 部	010 - 84029450
经　　　销	新华书店及其他书店

印　　　刷	北京君升印刷有限公司
装　　　订	廊坊市广阳区广增装订厂
版　　　次	2014 年 12 月第 1 版
印　　　次	2014 年 12 月第 1 次印刷

开　　　本	710 × 1000　1/16
印　　　张	25
插　　　页	2
字　　　数	442 千字
定　　　价	69.00 元

前　　言

　　中国是一个拥有300多万平方公里海域、1.8万公里海岸线的海洋大国，如何坚持"以海兴国"使中国崛起于21世纪的海洋，是事关中华民族生存与发展的重大战略问题。在看到中国近年来在海洋强国建设过程中取得较大成就的同时，也应该看到我们与世界主要发达国家还存在较大的差距，海洋强国建设还面临着严峻的挑战。因此，研究借鉴国外海洋强国建设经验，识别影响中国建设海洋强国的重大问题，找出解决问题的对策具有重要的战略意义。

　　本书共分6编，前言介绍了中国海洋强国建设的背景并界定了海洋强国的内涵。第1编首先梳理了国外早期海洋强国葡萄牙、西班牙及荷兰海洋强国建设的经验与教训，然后较为详细地分析了英国经历300年海上争霸战争取得了海上霸主地位，以此建立了日不落帝国，并保持了109年的海上霸主地位。第2编介绍了美国海洋强国建设的发展历程，指出美国成为世界性的海洋强国与一战、二战及冷战有着重要的关系。将美国海洋强国建设过程划分为4个阶段：一是以海军建设为主导的海洋强国建设阶段（1776—1918年）；二是全球性海洋强国建设阶段（1918—1945年）；三是海上霸主地位确立与海洋经济开发阶段（1945—1991年）；四是主导海上安全秩序与海洋海岛可持续发展阶段（1991年至今），并详细介绍了其每个阶段所采取的战略与对策。第3编从5个方面总结了美国海洋强国建设的经验：一是始终注重强大海军的建设——这是海洋强国建设的保障；二是注重海洋海岛产业的开发与建设——这是海洋强国建设的基础；三是注重海洋权益的维护——这是海洋强国建设的目标；四是注重海洋科技与教育——这是海洋强国建设的支撑；五是注重海洋环境保护——这是海洋产业可持续发展的保障。第4编介绍了中国周边主要国家海洋强国的建设现状，包括日本、俄罗斯、越菲等东南亚5国、印度及澳大利亚，并分别总结出各国在不同方面可借鉴的经验。第 5 编分 4 个阶段详细解析了中国海洋建设的发展历程，包括晚清阶段（1840—1911 年）、国民党统治阶段（1911—1949 年）、中华人民共和国建立至改革开放政策的确立阶段（1949—1978 年），以及改革开放后至今（1979 年—现在）阶段。第 6 编首先介绍了中国海洋强国建设面临的严峻形势，然后指出并分析了中国海洋强国建设亟待解决的重大问题。结束语主要针对所提出的重大问题，提出了对策建议。

　　本书在撰写过程中得到了国家发改委地区经济司以及实地调研单位的大力支持，得到了辽宁省发展和改革委郁红军副巡视员，大连海事大学黄庆波、李振福教授的热情鼓励和帮助，得到大连海事大学交通运输管理学院研究生蒋晓丹、张文静、丁钦、孙雅波、张丽君、马梦知、高升、张恩营、段洋、李文哲、吴晓娟等的大力协助。此外，本书参考了国内外大量的参考文献，在本书相关页一一列出。在此，一并衷心感谢各位领导、专家、文献作者、研究生们以及为本书出版给予支持和帮助的出版社领导和工作人员。

作者
2014 年春

目　录

第二编　美国海洋强国建设发展历程

第三编　美国海洋强国建设经验借鉴

第四编　中国周边主要国家海洋强国建设 现状及可借鉴的经验

第五编 中国海洋建设的发展历程

绪　　论

进入 21 世纪，海洋再度成为世界关注的焦点，海洋的国家战略地位空前提高。海洋占地球表面积的 70.8%，是人类社会可持续发展不可或缺的重要资源。世界主要沿海大国纷纷把维护国家海洋权益、发展海洋经济、保护海洋环境列为本国的重大发展战略。2007 年美国发布了《规划美国今后十年海洋科学事业：海洋研究优先计划和实施战略》；2009 年日本出台了《海洋能源矿物资源开发计划》，对开发石油天然气、天然气水合物、海底热液矿藏和国际海底矿藏等的开发进行了筹划；2010 年英国发布了《海洋能源行动计划》，提出在政策、资金、技术等多方面支持新兴的海洋能源发展等①。

中国是一个拥有 300 多万平方千米海域、1.8 万千米海岸线的海洋大国，如何坚持"以海兴国"使中国崛起于 21 世纪的海洋，是事关中华民族生存与发展、繁荣与进步、强盛与衰弱的重大战略问题。在看到中国近年来在海洋强国建设过程中取得较大成就的同时，也应该看到我们与世界主要发达国家还存在较大的差距，海洋强国建设还面临着严峻的挑战。因此，研究借鉴国外海洋强国的建设经验，识别影响中国建设海洋强国的重大问题，找出解决问题的对策具有重要的战略意义。

本书首先梳理国外海洋强国的模式，解析各国尤其是美国的建设经验，为中国海洋强国建设提供参照，进而总结中国海洋强国的特点及面临的形势；其次，运用专家访谈及调查问卷的方式建立海洋强国评价指标体系，为海洋强国建设提供理论依据；最后，通过对比美国和中国的海洋强国发展状况提出中国海洋强国建设存在的问题，从而提出具有中国特色的海洋强国战略。

---

① 杨金森：《海洋强国兴衰史略》，海洋出版社 2007 年版。

海洋强国是一个综合性的概念，包含多个层面的内容，国内外学者多年来从不同角度对海洋强国的概念进行了深入探讨和研究。1980 年阿尔弗雷德·赛耶·马汉在《海权论》中认为海权是凭借海洋能够使一个民族成为伟大民族的一切东西。提出国家应该拥有并运用优势海军和其他海上力量确立对海洋的控制权和实现战略目的的主张①。西方的海洋强国多以马汉的"海权论"为理论基础，以发展海上武装力量为中心，取得制海权，控制海洋和控制世界。

中国大部分学者认为海洋强国应涵盖经济、科技、军事、战略等多个方面，强调海洋强国内涵中的和谐成分和积极因素李永辉认为海洋强国是涵盖国家经济实力、军事实力、科技水平、外交战略以及规划能力的综合性海洋国家②。张海文认为，海洋强国是指拥有开发海洋、利用海洋和控制海洋的综合性海上力量，能够通过运用其海上优势最大限度地维护国家利益，并为本国发展提供强大的战略空间和战略资源的国家③。殷克东认为，海洋强国是指海洋经济综合实力发达、海洋科技综合水平先进、海洋产业国际竞争力突出、海洋资源环境可持续发展能力强大、海洋军事综合调控管理规范、海洋生态环境健康、沿海地区社会经济文化发达、海洋军事实力和海洋外交事务处理能力强大的濒海国家④。陈明义则认为海洋强国应包含以下 12 个方面：海洋经济要发达，海洋科技要先进，海洋资源的探测开发能力强，海洋各类资源的利用水平要高，海洋生态环境良好，海洋各类科技人才队伍强，建成强大的现代化人民海军，海洋法制要健全，海洋文明深入人心，确立海洋国际事务中的大国地位，海洋管理体制健全，海洋综合国力处于世界前列⑤。还有的学者认为，海洋强国是指拥有健康的海洋生态系统、可持续发展的海洋资源环境、先进的海洋科技、发达的海洋经济、强大的海洋事务综合管理调控能力、强大的海洋军事实力的濒海国家。综合学术界的定义，目前比较一致的看法是，海洋强国是

---

① Mahan A T. The influence of sea power upon history 1660 – 1783. BoD – Books on Demand, 2010.

② 李永辉：《边海问题与中国海洋战略》，载《现代国际关系》2012 年第 8 期，第 28—30 页。

③ 张海文：《积极实施海洋开发 努力建设海洋强国》，载《中国海洋报》2003 年 5 月 9 日。

④ 殷克东、张天宇、张燕歌：《我国海洋强国战略的现实与思考》，载《海洋信息》2010 年第 2 期，第 23—27 页。

⑤ 陈明义：《建设海洋强国是中华民族伟大复兴的一个重要战略》，载《发展研究》2010 年第 6 期，第 4—7 页。

指有能力利用海洋获得比较多的国家利益，从而比其他国家更为发达的国家。

　　本书所述的海洋强国是指拥有强大的海洋军事力量及海洋权益保障能力，先进的海洋装备研发与制造能力，繁荣的海洋服务产业，良好的海洋生态环境，以及完善的海洋科研与教育体系，能够通过海上优势最大限度地实现国家利益、维护国家权益，促进国家综合实力发展的濒海国家。

第一编

国外早期海洋强国建设经验与教训

第一章 葡萄牙、西班牙海洋强国建设的经验教训

第一节 葡萄牙、西班牙海洋强国建设的经验

15、16 世纪的海洋被葡萄牙、西班牙称霸。葡萄牙、西班牙在独立前都被阿拉伯人统治。13 世纪葡萄牙独立,独立后的葡萄牙积极开展海外探险,凭借其强大的海洋军事力量在非洲、印度洋沿岸国家设立了众多的商站,与当地进行黑奴、黄金等商品的不平等贸易,同时控制了东西方之间重要的海上运输通道,建立了一个以经济掠夺为中心的殖民帝国。1580 年,葡萄牙被西班牙占领结束了其短暂的海洋霸主时代。西班牙在15 世纪摆脱了阿拉伯人的统治,与葡萄牙相同,独立后的西班牙也积极进行海外扩张。西班牙国王投入巨资支持哥伦布、麦哲伦的远洋航行,对拉丁美洲、菲律宾群岛进行殖民统治,建立了一支强大的"无敌舰队",垄断了欧洲与东方各国、美洲之间的海上贸易,成为海上霸主①。然而,西班牙的海上霸权仅维持到 16 世纪末。葡萄牙、西班牙都曾称霸过海洋,但最终都昙花一现,这个过程中既有经验,也有教训值得我们借鉴。

一 强大的海洋军事力量是海洋强国建设的基础

在葡萄牙、西班牙海外扩张的过程中,海洋军事力量是其重要的武器。他们首先进行航海探险,在发现了可以侵略的地区后,用大炮打开该地区的海上门户,建立殖民地。之后他们一方面掠夺殖民地的资源,设立奴隶贸易与商品贸易的据点,进行不平等的贸易,从中获取丰厚的利润;另一方面,依靠强大的海洋军事力量占领并控制重要的海上运输通道,垄

---

① 张海鹏:《大国兴衰的历史教训》,载《理论视野》2012 年第 3 期,第 56—60 页。

断海上贸易称霸海洋。

葡萄牙人在与阿拉伯人长期的斗争中过程，积累了大量的海战经验，学会了建造兵船的技术，同时也建立了一支强大的海军舰队。以先进的造舰技术和强大的海洋军事力量为基础，葡萄牙不断进行海外扩张与殖民[1]。

占领大西洋岛屿、在西非建立殖民地是葡萄牙最早进行的海外扩张。1415 年，葡萄牙国王若奥一世携王子亨利一起率领舰队出动战船 200 艘、海军 1700 人、陆军 19000 名，占领了直布罗陀海峡南岸的休达城，控制了连通地中海与大西洋的交通要塞，它标志着葡萄牙开始向海洋进军。在亨利亲王的支持下，在 15 世纪 20 年代至 30 年代占领了位于大西洋上物产丰富的马德拉群岛、亚速尔群岛。15 世纪 40 年代葡萄牙舰队到达非洲，并在此设立了最早的奴隶和商品贸易据点。1469—1474 年，葡萄牙派出的远征队到达了几内亚湾，并在此设立了商站[2]。

巴西是葡萄牙在 1500 年偶然发现的，对巴西的侵略从 16 世纪中期开始。依靠强大的军事力量，经过多年的战争，葡萄牙在巴西设立了 13 个都督府，并垄断了大西洋的食糖贸易。

称霸印度洋是葡萄牙海外扩张的鼎盛时期。1497—1499 年，达·伽马开辟了西欧至印度的航线，并带回了大量的印度商品，增强了葡萄牙称霸印度洋的决心。为了打击垄断印度洋贸易的摩尔人和埃及商人，葡萄牙国王曼努埃尔建立了一支拥有 30 艘战舰、1500 名训练有素船员的庞大远征舰队，由达·伽马率领，于 1502 年 2 月 10 日出发。同年 4 月，再由达·伽马率领 5 艘战船参加，这些战船都配备了先进的武器，尤其是火炮在当时海战中是最主要的武器。正是由于这些先进武器的运用葡萄牙人摧毁了摩尔人和埃及人的商业据点——今卡里卡特，将亚欧之间的贸易通道由红海和波斯湾转移至好望角。同时，以柯钦和坎纳诺尔为据点进行海上巡逻，拦截摩尔商船，利用其强大的海军威慑力，禁止达布尔与印度人和摩尔人进行胡椒贸易，不允许商船运载摩尔人、印度人或土耳其人。[2]为了夺取印度洋的制海权，对重要海上运输通道的控制极为重要。在这样的背景下，1505 年，阿尔梅达率领 20 艘战舰、1500 名士兵，携带武器和大

---

[1]　李亚敏：《海洋大发现与国际秩序的建立》，载《世界知识》2009 年第 8 期，第 18—19 页。

[2]　杨金森：《海洋强国兴衰史略》，海洋出版社 2007 年版。

炮相继占领了科钦、奎隆、索法拉、安杰迪瓦、坎纳诺尔和基尔瓦等地并建立了军事防卫要塞；1507 年，阿尔布克尔克对霍尔木兹发起了进攻，炸毁了 200 余艘船只，建立了炮台；1511 年，阿尔布克尔克率领一支由19 艘战舰、1400 人组成的舰队占领了马六甲；1511 年，葡萄牙派出 3 艘战舰抵达香料的生产地——安汶和班达，建立了商栈；1515 年，阿尔布克尔克带领 27 艘战舰，再次攻打并最终占领了霍尔木兹；1517 年，葡萄牙人到达中国，并于 1553 年窃据了澳门；1543 年，葡萄牙人到达日本，并于 1548 年在九州设立了商站。至此，在葡萄牙强大的海洋军事力量支持下，果阿、马六甲、霍尔木兹等东西方重要的贸易通道被葡萄牙控制，葡萄牙建立了一个从直布罗陀经好望角直到远东的庞大殖民基地网，建立了对阿拉伯海、印度洋的海洋霸权①。

与葡萄牙相同，强大的海洋军事力量为西班牙打开了殖民的大门。在15 世纪末至 16 世纪初，西班牙通过武力占领了印度群岛等地；16 世纪20 年代，征服了墨西哥和中美洲地区；16 世纪 30 至 40 年代，又占领了南美洲地区。为了垄断香料贸易，从 1525 年开始，西班牙多次派出远征队到达菲律宾，与当地居民进行斗争，用血腥的手段经过 130 多年的侵略征服了菲律宾地区。此外，为了保护本国商船，西班牙建立了一支强大的"无敌舰队"，为西班牙垄断欧洲与东方国家、美洲国家之间的海上贸易提供了支持。

二　通过控制海上运输通道和海外殖民称霸海洋

葡萄牙、西班牙凭借其强大的海洋军事力量，控制了海上重要的运输通道，掌握了制海权，同时通过海外殖民获取了大量财富，称霸海洋。

15 世纪初期，葡萄牙人已经意识到了海上运输通道的重要性。1415年，葡萄牙占领了直布罗陀海峡南岸的休达城，控制了地中海与大西洋之间的交通要塞②。而对海上通道大规模的占领，则是由阿尔布克尔克首先提出的。为了建立葡萄牙在印度洋的制海权，阿尔布克尔克提出了以占领重要战略根据地为内容的征服计划：侵占亚丁以控制红海的入口；侵占霍尔木兹以控制波斯湾的入口；侵占果阿作为东方殖民帝国的首都；侵占马

---

① 张箭：《地理大发现研究（15—17 世纪）》，质商务印书馆 2002 年版，第 42—56 页。
② 同上。

六甲以拦截太平洋、印度洋的通道；同时提出了占领东非、阿拉伯、印度东西两岸、锡兰、印度支那半岛、马来半岛以及东南亚的群岛，建立次级据点，形成一长串基地网，独霸印度洋和西南太平洋的广大地区①。在阿尔布克尔克的率领下，到 1515 年，葡萄牙占领了果阿、马六甲、霍尔木兹等海上运输要塞，控制了半个地球的商业航线，截断了阿拉伯人与东方国家贸易往来，垄断了东方国家与欧洲国家之间的贸易，从中获取了巨额利润，商业也达到了高度的繁荣。

海外殖民是葡萄牙、西班牙称霸海洋的重要途径，而海外殖民是伴随着海外探险进行的。在葡萄牙的海外探险事业中，最突出的人物为亨利王子。在他的带领下，1415 年葡萄牙占领了休达，建立了第一个殖民据点；1443 年，在拉各斯设立了奴隶贸易站；1446 年到达了佛得角群岛，将该处确定为奴隶贸易和商品贸易的据点②。1446 年亨利王子去世后，阿方索五世国王继续探索南太西洋，在几内亚湾设立了商站与武装据点。1455 年，教皇尼古拉五世颁布授予葡萄牙海上霸主地位的特权令，葡萄牙取得了对海洋的独断权。此时，伴随着葡萄牙海洋探险活动沿西非西海岸向南延伸，其殖民地范围不断拓展。1498 年，达·伽马开辟了到印度的航线。1500 年，卡布拉尔偶然发现了巴西，即宣布为葡萄牙所有。1509 年，葡萄牙击败印度、阿拉伯和土耳其的联合舰队，取得了印度洋的制海权。1511 年至 1543 年，葡萄牙继续向东方扩张殖民势力，控制了马六甲海峡、窃据中国澳门、势力直达日本，从而建立了一个从直布罗陀经好望角直到远东的庞大殖民网，建立了对这些地区的海洋霸权。

葡萄牙在非洲西海岸的成功刺激了西班牙人，他们也开始积极寻找一条通往东方的航道。1492 年，哥伦布在西班牙国王的支持下，开始向西航行横越大西洋，误以为这是通往东方的道路，结果意外发现了美洲，建立了西班牙海外殖民的第一个据点。在这之后，西班牙对外的殖民活动在美洲迅速扩展。1522 年，麦哲伦结束环球航行，他发现了从西班牙横越大西洋，绕南美南端海峡进入太平洋，再经马六甲海峡越印度洋经大西洋返回欧洲的环球航线。到 16 世纪中叶，西班牙已经在北美大部分地区、中美洲、除巴西外的南美洲建立了大量的殖民据点，成为与葡萄牙实力相

---

① 杨金森：《海洋强国兴衰史略》，海洋出版社 2007 年版。
② 孔庆榛：《葡萄牙殖民帝国的兴衰》，载《历史教学》1990 年第 6 期，第 8 页。

当的殖民帝国。西班牙的扩张导致其与葡萄牙的矛盾不断加剧，在教皇的干预下，两国对海洋进行了划分，西班牙控制了北美洲、中美洲、南美洲部分地区，亚洲、非洲、包括巴西在内的南美部分地区则属于葡萄牙的势力范围。1580 年，西班牙吞并了葡萄牙及其广大殖民地，成为海洋霸主①。

综上所述，葡萄牙、西班牙海洋帝国的基础，是其在其海外探险中建立的大量海外殖民地，同时，通过控制重要的运输通道，全面掌控海洋贸易，对殖民地与运输通道的占领，也是使得葡萄牙、西班牙成为海上的霸主的重要途径。

三　发展海洋的国策引导着海洋强国的建设

从葡萄牙和西班牙的海洋强国建设过程中可以发现，两国的统治者都非常重视海洋，积极鼓励海外扩展，建设海洋军事力量。

葡萄牙面积不足 10 万平方公里，资源匮乏，唯一的优势便是其地理位置及绵长的海岸线。自 14 世纪开始，历代葡萄牙国王都将发展海洋作为基本国策，这也是因为商业贸易的发展是王室最主要的财政来源。据资料记载，在迪斯尼国王时代（即 1279—1325 年），葡萄牙已经拥有了自己的商船队，之后还成立了国王为股东的海运公司，可以说，葡萄牙是"航海商人国王领导的航海商业国家"。1293 年，葡萄牙海上贸易基金会成立，目的在于资助海外贸易及补偿海难损失。阿丰索四世国王在 14 世纪组织了多次对大西洋的探险活动。1377 年颁布的《费尔南多法令》规定，凡建造 100 吨以上船舶的造船者将受到奖励，而同样内容的法令 100 多年之后才在威尼斯、法国、西班牙出现。在海外扩张过程中，葡萄牙王室积极支持海外探险活动。亨利王子是其中的典型，在他的带领下，葡萄牙占领了大西洋的岛屿，探险至西非海岸并开始了对西非的殖民；达·伽马对于印度航路的探索也是得到了曼努埃尔一世国王的大力支持；对印度洋国家的征服过程体现了葡萄牙统治者对海洋的重视和超前的战略眼光。

西班牙独立之后就确定了发展壮大、成为欧洲列强的目标，而实施的具体措施就是鼓励海外探险，建立商船队和无敌舰队，向海外扩张势力。在鼓励海外探险的基础上，哥伦布在西班牙王室的支持下，于 1492、

---

① 张箭：《地理大发现研究（15—17 世纪）》，商务印书馆 2002 年版，第 42—56 页。

1493、1498、1504 年进行了四次探险，并发现了美洲；1519 年，西班牙王室支持麦哲伦进行环球航行、柯尔特斯远征中美洲。为了保护本国商船，西班牙更是组建了著名的"无敌舰队"。

四　先进的航海与造船技术为海外扩张提供了保障

先进的航海技术为葡萄牙与西班牙的海外探险提供了支持，而造船工业的发达则为海外探险、海洋贸易、海洋军事提供了有力的保障。

在航海技术上，葡萄牙人世代与海洋打交道，拥有丰富的航行经验。到了中世纪后期，葡萄牙人在天文学、海图学等方面都处于欧洲领先的地位。同时，葡萄牙国王用重金聘请航海技术先进的热那亚等地的水手，培训葡萄牙海员[①]。14 世纪初，中心舵、罗盘、航海图、三角帆等重大的技术进步使海外航线成为可能。1419 年，亨利王子在萨格里什设立了航海学校，收集地理、星象、海流、航海等方面的文献资料。这些先进的航海技术与航海知识为葡萄牙海上探险活动提供了必要的技术支持。

葡萄牙的造船技术自 13 世纪开始迅速发展，在王室的支持下，1225 年葡萄牙人就制造出三桅帆船，使得葡萄牙成为较早掌握三桅帆船制造技术的国家。由于亨利王子对海洋的重视，葡萄牙的造船业在 15 世纪取得了重大的发展，并在 15 世纪下半叶成为欧洲造船强国。到了亨利王子的晚年，三桅帆船的数量在船只总数中已经占了相当大的比重。三桅帆船的特点在于可以逆风曲线航行，为海外探险提供了便利的交通工具。葡萄牙先进的造船业也促进了海洋贸易的发展。在葡萄牙夺取印度洋制海权的过程中，先进的战舰及火炮使葡萄牙取得了战争的胜利。到 16 世纪后 25 年，葡萄牙人在造船方面仍独占优势。葡萄牙先进的造船技术使葡萄牙建立了强大的海外探险舰队、商船队和战舰队，是葡萄牙海洋强国建立的保障。

西班牙的造船业也十分发达，可以对航运业和海军的发展需求做出迅速的应对。由于海外探险的需要，西班牙的造船工业迅速发展，到 16 世纪初西班牙已经拥有了 1000 余艘商船。16 世纪下半叶西班牙的船只拥有量居欧洲第二。据资料记载，16 世纪下半叶"西班牙和葡萄牙商船加起

---

①　周世秀：《葡萄牙何以率先走上海外扩张之路》，载《世界历史》1999 年第 6 期，第 6 页。

来至少与尼德兰的一样多，比英国的、法国的或德意志的要多得多"①。
除了拥有数量庞大的商船队，为了保护本国商船在大西洋上航行，西班牙
在 16 世纪初期还成立了一支强大的海军舰队，即"无敌舰队"。

第二节　葡萄牙、西班牙海洋强国衰落的教训

一　不断发动战争给国家带来毁灭性打击

从葡萄牙和西班牙的衰落经历中可以看出，由于这两个国家人口较少、
本国经济薄弱，对海洋的控制力就比较有限，而它们始终未能意识到这一
点，只是不断地进行海外扩张、发动战争，最终耗尽了国力，走向了衰落。

葡萄牙与西班牙在对海外殖民地的掠夺过程中不断发生冲突，最终由
于军事力量不足败给西班牙，于 1580 年结束了它的海洋霸业。对于西班
牙而言，不断地进行海外扩张和发动战争，耗尽了本国的财力物力导致其
最终走向了衰落。16 世纪后期的西班牙更是战事不断：首先，国王腓力
二世对尼德兰的反动统治引起了尼德兰国家人民的反抗。1567—1609 年，
在西班牙与尼德兰国家之间发生的一系列战争中，西班牙不断遭到失败，
长年的战争使西班牙的国力不断消耗，最终陷入了财政危机；其次，为了
夺取地中海的控制权，在 1560—1571 年，西班牙与土耳其人进行了艰难
的斗争，最终"无敌舰队"取得了战争的胜利，但损失也非常惨重；再
次，1588 年西班牙在与英国的战争中战败，导致了"无敌舰队"的覆灭；
最后，花费了大量金钱参与到法国的战争中，但战争的好处却没有流入西
班牙，却使英国和荷兰得到了好处。综上所述，16 世纪后半叶，西班牙
卷入了多条战线和多个强敌的战争之中，长年的战争耗尽了西班牙的国
力，导致西班牙最终走向衰落。

二　海军力量的衰落

海洋军事力量的强大促进了葡萄牙的强盛，而海洋军事力量的衰弱也
是葡萄牙走向衰落的原因之一。人口过少是海军力量衰弱的主要原因，16
世纪初葡萄牙人口只有 150 万，葡萄牙在海外驻点众多，又时常与当地人
发生冲突，海军兵力经常不足。这使得葡萄牙在其殖民网络中，除了几个

---

① 　王加丰：《西班牙帝国为什么衰落》，载《浙江师范大学报》1997 年第 6 期。

关键的地点，无力控制内陆其他地点，给了后起国家可乘之机。

"无敌舰队"的衰落是西班牙没落的原因之一。1588 年，在对英吉利海峡的封锁中，西班牙出动了 132 艘战舰，其中大型战舰 60 艘，大炮 3165 门，3 万多人参战。但此时，西班牙的军舰在技术上已经落后于英国快速轻便的战舰，且这次战争的总司令是陆军将领，对于海战毫无经验。这场战争使西班牙 4000 多人丧生，5 艘大型战舰失去了战斗力，其余战舰也是伤痕累累，导致了"无敌舰队"几乎全军覆灭，西班牙从此逐渐失去了海上霸权，走向衰落。

三   经济是维持海洋强国的支撑力

对于葡萄牙和西班牙而言，对商业利润的追逐是其海外探险的动力。而在取得巨大的财富后，由于种种原因未能转化为本国的资本促进本国工业增长致使经济衰落，是其丧失海洋霸权的重要原因。

葡萄牙陆地面积不足 10 万平方公里，本国资源匮乏，经济基础十分脆弱。葡萄牙的强盛，主要通过海外殖民以及与东方的不平等贸易实现的，在这个过程中大量的财富流入葡萄牙。然而，葡萄牙人没有将这些财富投入到本国的工业生产、技术进步当中，而是用于个人享乐。当其他国家也看到了东方贸易带来的巨大利润，并加入贸易竞争中时，葡萄牙很难与它们进行竞争，最终让出了对海洋的控制权。更严重的是，过度依赖对外贸易阻碍了本国工商业的进步，也因此导致与工业紧密联系的科技相对滞后，进而导致整个国家综合国力的落后①。

西班牙的衰落也与经济相关。在农业方面，西班牙更看重畜牧业。畜牧践踏毁坏后的土地十分贫瘠，严重影响了农业耕种；同时，西班牙的农业耕种技术十分落后。这些因素一方面导致了西班牙农业的普遍衰落，另一方面也使得农民对国内的工业品没有购买能力，引起了工业的衰退与萎缩。在工业方面，16 世纪早期西班牙的纺织工业、冶金业、造船业曾一度繁荣，但到 16 世纪中期，由于生产技术和高素质人才的缺乏，其生产水平已经不及英国、意大利等国家，走向了衰落。此外，从美洲获得的大量金银财富，已通过各种途径，如购买肉类、小麦等商品、战争、走私等

---

① 张辉：《大国兴衰的经验教训及其对中国的启示》，载《广西教育学院学报》2011 年第 5 期，第 13 页。

流入了英国、法国等北欧国家，没有留在本国。最后，不断的征战消耗了国家的财政基础，导致国家经济屡次破产。由此可以看出，西班牙财富的来源主要依靠对其殖民地的掠夺，但财富却大量流失，入不敷出，而本国农业、工业又落后于其他国家，因此导致了经济的衰落，动摇了帝国统治的根基①。

① 樊亢、宋则行主编：《外国经济史》（近代现代第一册），人民出版社1980年版，第27页。

第二章 荷兰海洋强国建设的经验与教训

第一节 荷兰海洋强国建设的经验

荷兰在海洋强国建设的过程中，成立了荷属东、西印度公司，并赋予这两个公司"垄断贸易、组建军队"等特权。利用这两大公司通过海上战争，排挤葡萄牙、西班牙、英国等殖民国家在大西洋、印度洋、太平洋、美洲、非洲、亚洲等地的势力，建立殖民地并控制贸易航线；同时对殖民地进行掠夺和不平等贸易，取得了大量资本。海上贸易的繁荣促进荷兰航运业、金融业的发展，而荷兰的造船业也十分发达。由此，荷兰在17世纪中期称霸海洋，被誉为"海上马车夫"。从荷兰海洋强国的兴衰过程中，可以得出以下4点经验：

一 通过两大垄断贸易公司争夺海上霸权

荷兰在独立之前长期处在西班牙的统治之下，1566年之后的二十余年，荷兰为争取独立，与西班牙进行了艰苦的斗争，最终于1609年与西班牙签订了休战协定。独立后荷兰的航运业、造船业、工商业迅速发展。为了取得海上商业霸权，荷兰首先打击了日益衰落的葡萄牙、西班牙势力。与葡萄牙、西班牙不同，荷兰的海上战争主要是通过荷属东、西印度公司进行的。

东印度公司于1602年成立，组建军队、建立殖民地是东印度公司的特权。荷兰与葡萄牙、西班牙之间发生了一系列战争。1605年，荷兰打败了葡萄牙夺得了安汶岛，建立了第一个东方据点。1607年，荷兰舰队打败了西班牙在直布罗陀的一支舰队，摧毁了西班牙21艘战舰。1614年，荷兰占领了盛产香料的摩鹿加群岛。1618—1629年，在联合东印度公司总督简·皮特斯佐恩·科恩的带领下，荷兰人将葡萄牙人逐出了印度尼西亚。1624 年，荷兰侵略者向中国台湾发起了进攻，后于 1662 年被郑成功逐出。1641 年，荷兰打败葡萄牙，占领了海上运输要塞——马六甲海峡。1656—1682 年，荷兰向印度尼西亚殖民地进行了扩张，攻占了锡兰、苏门答腊、望加锡、万丹。除了参与战争外，荷兰东印度公司也承担海外探险、开辟新航路的任务。1605 年，东印度公司派遣威廉·詹茨率领荷兰船队，由万丹出发，到达了澳大利亚东北部的约克角半岛的西部海岸；1616 年，荷兰人到达了新西兰（澳大利亚）西部的沙克湾；1642 年，阿贝尔·塔斯曼带领探险队。从毛里求斯起航横越印度洋，发现了塔斯马尼亚岛、汤加群岛、新西兰岛和斐济群岛；到 50 年代，荷兰东印度公司在东方建成了以巴达维亚（今印尼牙加达）为基地，西起中东、东至摩鹿加群岛、北起日本、南至爪哇的商业网络，垄断了欧洲与东方的大部分贸易。

西印度公司成立于 1621 年，它的目标是夺取葡萄牙、西班牙在美洲的殖民地，展开同英、法等国争夺殖民地的斗争经过 10 年的战争，西印度公司占领了巴西海岸从巴伊亚至亚马逊河的大部分地区，后在 17 世纪中叶被葡萄牙人夺回。1622 年，荷兰夺取了曼哈顿岛建立新阿姆斯特丹城，并以此为基地，向南扩展至特拉华河、向东扩展至哈特夫特，建立新尼德兰殖民地。1623 年，荷兰夺取了南美的圭亚那。1628 年，一支西班牙舰队在马斯坦港被荷兰军队俘获；1631 年，荷兰又在斯拉克将西班牙的另一支舰队击溃；1639 年，荷兰海军在英国当斯港击败西班牙的第二支"无敌舰队"，这次战争使西班牙海上力量从此一蹶不振①。1648 年，30 年的战争结束，西班牙最终承认荷兰独立。1630 年至 1640 年，荷兰占领了加勒比海上小安德烈斯群岛中的库腊索岛、博内尔岛、阿鲁巴岛等 5 个岛屿，和法国人共同占领了圣马丁岛②。1659 年，荷兰占领了海上交通要塞好望角，建立了航海基地。此外，在与英国的贸易竞争中，荷兰利用多于英国五倍的商船数量优势，封锁了英国与波罗的海沿岸国家的贸易，并在地中海和西非沿岸排挤英国人。同时，借英国资产阶级革命的混乱局面，荷兰取得了北海和英吉利海峡的控制权。到 17 世纪中期，荷兰的势力遍布世界各地，海上贸易和航海事业达到了顶峰，取代了西班牙的海上

---

① 杨金森：《海洋强国兴衰史略》，海洋出版社 2007 年版。
② 滕藤：《海上霸主的今昔》，黑龙江人民出版社 1998 年版，第 304—308 页。

霸主位置。

二　先进的造船业与航海业是海外扩张的物质基础

荷兰的造船业在技术、工艺、生产、成本等方面都处于当时的领先地位。在造船技术上，荷兰人造出的"大肚船"具有载重量大、吃水浅、操作简单等特点，与其他国家相同吨位的船舶相比"大肚船"可以节省约20%的人力；荷兰设计的"飞船"，船身狭长、速度快、船体轻便、操作简便，适合运输沉重粗笨的货物；捕鱼用的"大帆船"，机动性强、速度快、性能优良，可用的渔网巨大，捕捞上来的鱼还可以在甲板上直接加工，它使得荷兰的渔业获得了"荷兰金矿"的称号。荷兰的造船工艺和生产流程具有标准化、机械化的特点，船舶的设计、部件都是标准化的阿姆斯特丹有一系列与造船相关的工业部门：如海图绘制、航海仪器制造部门，帆布、罗盘、缆绳生产部门。船舶部件的标准化生产提高了船舶的建造效率。此外，荷兰的造船业高度机械化，使用的风力锯木机、重型起重机、动力运料器、绞铲、滑车等机械设施节省了大量劳动力。在成本方面，荷兰的木材、柏油、乳胶等船舶制造原材料直接来源于波罗的海地区。这个优势是其他国家所不具备的，它在一定程度上增加了荷兰的造船业实力①。

到17世纪中期，荷兰拥有商船16000余艘，总吨位相当于英、法、葡、西四国的总和。以先进的造船业为基础，荷兰的航海业也得到了迅速的发展。在战舰吨位上，据统计，1670年，荷兰的军用战舰吨位是英国的6倍、法国的7倍。在荷兰的海洋霸权统治下，世界的航运业务几乎被荷兰垄断。在欧洲，荷兰垄断了波罗的海和北海的全部航运业务，从波罗的海运出的铁、木料、蜡，从俄国运出的毛皮、鱼子和农产品，都要经由荷兰转运到法国、意大利及其他目的地。荷兰垄断了沥青、焦油、亚麻、大麻等商品贸易，成为西欧海军装备的主要供应者。此外，荷兰还控制了德意志西部、欧洲南北部之间的贸易。在欧洲与东方、美洲的贸易上，荷兰通过东印度公司垄断了香料等商品的贸易，东方大部分商品都要通过荷兰转运到西方。18世纪中叶之前，荷兰的商船队频繁地航行于波罗的海、

---

① 苏威：《简论十七世纪荷兰成为世界经济强国的原因》，载《北京商学院学报》2000年第6期。

印度洋、大西洋、太平洋、地中海上，被誉为"海上马车夫"①。

三　通过两大垄断贸易公司确立商业霸权

荷属东印度公司成立于 1602 年 3 月 20 日，它将 14 家经营东印度贸易的公司合并为一个整体，对抗葡萄牙、西班牙等国家在东方的势力，结束了其东方贸易分散、无组织的状态，增加了荷兰的国际竞争力。东印度公司的管理体制十分完善，公司设有六个分会，最高的权力机构为主要股东组成的董事会，董事会选举的"十七董事"是常设机构，同时在亚洲设有总督一职，实现了国内外的双重管理。在运作上，东印度公司的商业活动十分富有计划性，收购、装运、出售等各环节衔接紧密。东印度公司经荷兰政府特许成立，享有很多特权，如垄断东方贸易，组织军队，建筑堡垒、要塞，建立和管理殖民地，铸币及宣战、媾和等一系列特权②。

18 世纪之前，欧洲市场对于东方的胡椒、丁香等香料的需求量十分巨大，由此引发了葡萄牙、西班牙、英国等西欧国家对香料贸易的竞争。在东印度公司成立之前，与东方的香料贸易由葡萄牙和西班牙掌控，这是因为它们较早地发现了通向东方的航路，掌握了重要的海上交通航线、要塞。因此，荷属东印度公司刚成立，便将在东方贸易上排挤葡萄牙、西班牙、英国殖民者作为公司的首要任务。在"战争即贸易"政策的指导下，荷兰与其他殖民者进行了数十年的战争。到 17 世纪 50 年代，荷兰战胜了其他殖民者，控制了欧洲与东方的大部分贸易。在西起中东、东至摩鹿加群岛、北起日本、南至爪哇的范围内建立了大量的商站，形成了以巴达维亚为基地的商业网络③。在此期间，东印度公司的贸易政策为商业垄断和掠夺性的不等价交换，公司一方面通过战争排挤其他国家的商人，另一方面与殖民地人民进行不平等贸易。例如，为了控制东印度群岛，荷兰人制造了"安汶事件"，残暴地驱逐了葡萄牙、英国等殖民者的势力，并利用武力威胁印度尼西亚商人只能同荷兰人进行贸易，否则将遭到打击。在"香料群岛"，东印度公司用欧洲的劣质品与殖民地人民进行不等价交换，

---

① 杨金森：《海洋强国兴衰史略》，海洋出版社 2007 年版。
② 曹英：《荷兰东印度公司与荷兰商业霸权的确立》，载《常德师范学院学报》（社会科学版）1999 年第 1 期，第 19 页。
③ 廖大珂：《试论荷兰东印度公司从商业掠夺机构到殖民地统治机构的演变》，载《南洋问题研究》1987 年第 4 期，第 10 页。

利用欺骗或武力手段，随意决定香料价格，再将香料以高价卖给欧洲国家。夺得马六甲海峡后，东印度公司将越来越多的东方商品运往欧洲各地，东方商品占据了荷兰贸易相当大的部分。荷兰将东方商品与食盐、葡萄酒转运到波罗的海地区；将胡椒等商品转运至意大利、法国等地中海国家，并换取食盐、葡萄酒、棉花等商品再运往波罗的海；将东方的粗布运往美洲和非洲，换取贵金属和奴隶。对殖民地的黄金、宝石等贵重物品的直接掠夺，增加了荷兰的商业资本。

荷属西印度公司于1621年经荷兰政府批准成立，享有与非洲西海岸、美洲东海岸、太平洋岛屿进行贸易的垄断权，它的目标是夺取葡萄牙、西班牙在美洲的殖民地，同时与英国、法国进行殖民地争夺斗争。贩卖奴隶是西印度公司的主要业务。17世纪中叶，西印度公司在非洲黄金海岸设有40多处商栈，曾占领毛里求斯作为马达加斯、弗吉尼亚奴隶的供应地。同时，荷属西印度公司更是"三角贸易"的开辟者，它用非洲的奴隶换取美洲的糖、棉花、烟草等商品，再用这些商品到欧洲市场换取白银，再返回非洲，用白银低价购买奴隶[1]。西印度公司由于经验管理不善，内部矛盾激化，最终于1790年解散。

四　商业的繁荣带动金融业的发展

荷兰商业的繁荣促使金融业也迅速发展起来，阿姆斯特丹成立了证券交易所与银行，被誉为"17世纪的华尔街"。1609年，世界上第一个股票交易所——阿姆斯特丹证券交易所成立，交易所"流动性、公开性、投机性"的特点使荷兰成为当时欧洲最活跃的资本市场，大量的货币涌入了荷兰。同年，世界上第一个国家银行——阿姆斯特丹银行成立，它对荷兰经济的稳定起到了重要的作用[2]。阿姆斯特丹银行为国际贸易提供了极大的安全和便利，这使它迅速成为当时欧洲的储蓄中心。由于交易量十分巨大，阿姆斯特丹银行开发了汇票体系；1683年，又开创了信托业务，开始为储户提供贷款服务。由于荷兰自身工业基础薄弱，通过海外贸易得到的资金便通过借贷外流到欧洲各国，而这种借贷利润也是阿姆斯特丹银

---

[1]　苏威：《简论十七世纪荷兰成为世界经济强国的原因》，载《北京商学院学报》2000年第6期。

[2]　朱昊、王蓄：《十七世纪"海上马车夫"的崛起》，载《中国外资》2011年第24期。

行的一大利润来源。到了 18 世纪，荷兰成为当时世界上最大的借贷国。荷兰投资于欧洲、东印度、美洲的国债券资金超过了 3.4 亿荷兰盾，英国、法国每年只利息一项①就需向荷兰支付 2500 万荷兰盾，西班牙、瑞典、俄罗斯和德意志每年也需支付 3000 万荷兰盾，波尔多 1/3 的贸易需要依赖荷兰的贷款。由此可见，阿姆斯特丹银行与证券交易带动了荷兰金融业的繁荣，也推动了荷兰经济与贸易的发展。

第二节　荷兰海洋强国衰落的教训

一　战争导致荷兰的衰落

通过战争荷兰打败了当时世界的海上霸主——葡萄牙和西班牙走上了海洋强国的道路，同样也因为战争丧失了海上霸主的位置。荷兰的海上霸权是英国海上扩张的主要障碍，两国在殖民地等问题上不断产生冲突，由此导致了三次英荷战争的爆发。1651 年，为了打击荷兰海上贸易，英国国会通过了《航海条例》，规定所有进出英国的货物只能用英国商船运输，这对荷兰的海上转运贸易无疑是个不小的打击，由此引发了第一次英荷战争。第一次英荷战争从 1652 年持续到 1654 年，最终以荷兰战败结束，荷兰被迫在一定程度上承认了《航海条例》。1660 年，英荷两国在殖民地问题上矛盾加深，英国又颁布了更为苛刻的《航海条例》，第二次英荷战争（1665—1667 年）爆发，最终导致荷兰退出了北美的殖民地。1672—1674 年，荷兰与英国爆发了第三次战争。这三次战争使得荷兰的军事实力、海上贸易实力、殖民地范围遭到了严重地削弱。除了与英国的战争，17 世纪 60 年代末期，荷兰在陆上还遭到了法国的入侵，荷兰因此将 3/4 的国防开支用于陆军，忽视了海军的发展。此外，海军装备技术的落后也是荷兰衰落的原因之一。

二　忽视了海军装备的技术进步

在海军装备发展过程中，荷兰一味追求战舰的数量，忽视了先进技术的开发与应用。在三次英荷战争期间，荷兰在战舰整体性能以及大炮技术先进程度方面均落后于英国。"工欲善其事，必先利其器"，海军装备技

---

① 张箭：《地理大发现研究（15—17 世纪）》，商务印书馆 2002 年版，第 42—56 页。

术上的落后导致荷兰在战争中受到了重创①。三次英荷战争大大削弱了荷兰的海上实力，使荷兰丧失了海上霸权和对航运业的垄断。18 世纪之后，荷兰卷入了英国与法国的争霸战争中。由于英国阻止各国与法国开展贸易，荷兰遭受了严重的损失。1780 年，荷兰与英国公开进入敌对状态，夹在英法中间，荷兰处境日益困难，再加上出现内乱，最终走向了衰落。

三　本国资源匮乏过分依赖海上贸易

从经济的视角来看，与葡萄牙、西班牙类似，荷兰本身资源匮乏，即使在海洋强国鼎盛时期，国内的工业也没有得到很好的发展。由于其过分依赖海上贸易，断了海上贸易之后国家很快就衰落了。当更有实力的国家兴起，荷兰的军事实力不能保护国内的工商业，致使其经济衰落，难以长久地维持其霸权地位。

---

①　温金荣：《军事技术革新与海洋强国的兴衰》，载《中国国防报》，2008 年 10 月 21 日。

第三章　英国海洋强国建设的经验

第一节　依靠强大海军力量夺取并维持海上霸权

一　都铎王朝时期英国海军力量崛起

中世纪时期，英国的海军都是在有需要时临时组建，直到 1485 年进入都铎王朝时代，这种"临时舰队"的建军思想才发生了改变。在都铎王朝的创立者亨利七世统治时期，英国海军有了一定的发展，他下令建造了两艘大型战舰——"玛丽罗斯"号和"摄政王"号，它们的排水量均在 600 吨以上，分别装有 141 门和 225 门大炮。"玛丽罗斯"号与"摄政王"号以及几艘小型战舰组成了王室舰队的核心，为了养护舰队，1496年，英国在朴次茅斯建立了第一个干船坞。此外，为了增加战时可用的武装商船数量，亨利七世积极鼓励航海与远洋贸易。

亨利八世统治时期（1509—1547 年），英国海军得到了长足的发展。首先，亨利八世创立了在王室领导下，组织有序、完整正规的英国海军力量，即后来的"皇家海军"，并设立了海军事务委员会管理海军事务。其次，他在父亲遗留的 5 艘战舰的基础上，新建了 47 艘、购买了 26 艘、在战争中俘获了 13 艘战舰，使皇家舰队的规模得到了迅速扩张。再次，英国海军在武器装备的技术上也有了较大的发展。为了克服重型火炮安装在吃水线上方容易使船舶倾覆的弊端，亨利八世研制了舷侧火炮，这种火炮威力巨大，更重要的是使远距离作战成为可能，改变了交战方式[1]。此外，亨利八世在泰晤士河河口等地修建了海军基地。为了保障海军航行的安全，他还修建

---

[1]　施脱克马尔：《十六世纪英国简史》，上海外国语学院编译室译，上海人民出版社 1957 年版，第 32—98 页。

了灯塔、浮标、侧标等助航设施。最后，亨利八世在泰晤士河、亨伯河和泰恩河地区成立了航海技术学校，研究海军技术、枪炮制造技术和造船造舰技术①。亨利八世为英国海军发展做出了巨大贡献，被誉为"英国海军之父"。

亨利八世去世后，在继任者爱德华六世和玛丽一世统治时期，英国政局动荡不安，海军也有所衰落，这种情况直到1558年伊丽莎白一世继位才有所好转。伊丽莎白一世统治时期（1558—1603年），英国资本主义迅速发展，新兴的资产阶级亟须夺取海外贸易权，而西班牙的海洋霸权却成为英国海上扩展最大的障碍。面对这样的状况，1569年，伊丽莎白一世任命了航海家约翰·霍金斯作为委员会的专业顾问。霍金斯具有独到的战略眼光，他认为，英国海军的任务重点应该在于切断西班牙通往美洲的金银航线上。因此，他改造了武装商船的结构，并为船舶配置远程火炮，取代了传统的作战方式，1575—1588年，按照霍金斯的设计，"复仇号"建造并改造成功②。1578年，霍金斯被任命为海军财务总管，成为"都铎英国海军史上的转折点"。1570—1587年，英国皇家海军共建造了25艘战舰。到1588年英西海战爆发时，英国已拥有一支由34艘皇家战舰、163艘武装商船以及其他辅助舰船组成的强大舰队。英国的海军武器装备技术和海战技术也十分先进。英国制造的"快帆船"，具有速度快、机动灵活、稳定性好，能保证火炮的有效射程等特点，这种战舰在当时十分先进，是近代风帆战舰诞生的标志。大炮的技术同样发展很快，伊丽莎白时期出现了后膛炮。在海战战术上，英国强调从尽可能远的距离上消灭敌舰；用纵队队形代替传统的横队队形，使每艘战舰的火力都得到充分发挥，这些战术在英西海战中发挥了很大的作用。

依靠这样一支武器装备先进、战术超前的海军舰队，英国于1588年打败了西班牙的"无敌舰队"。1588年，西班牙集结了一支由132艘战舰（火炮2769门）、3万人组成的"无敌舰队"，在西多尼亚的带领下向英国发起进攻；英国则派出海军上将霍德华，率领一支197艘战舰（火炮2000门）、1.6万人组成的舰队迎战。在战斗中，西班牙的舰队虽然吨位

---

① 王银星：《安全战略，地缘特征与英国海军的创建》，载《辽宁大学学报》（哲学社会科学版），2006年第3期。

② J. F. 尼尔：《女王伊丽莎白一世传》，聂文杞译，商务印书馆1992年版，第7页。

大，但战舰极不灵活；武器装备是小口径炮，攻击力较小；采用的战术是传统的接舷战，主要依靠士兵涌上敌舰搏杀。而英国舰队的战舰速度快、机动性强、大口径的船舷炮火力较强。这场海战从 7 月 31 日开始，英国利用先进的武器装备和海战战术，以损伤数十人的轻微代价，重创了西班牙的"无敌舰队"。到 9 月底舰队返回西班牙时，仅剩了 43 艘战舰与 1 万名士兵①。西班牙自此在海上逐渐衰落，英国则通过此次胜利为称霸海洋打下了基础。

二　英荷战争与海洋霸权的初步确立

伊丽莎白时代结束后，英国进入了斯图亚特统治时期。詹姆斯一世在位时期（1603—1625 年），英国海洋军事力量有所削弱。其继任者查理一世（1625—1649 年）有心重振海军，但最终由于实施暴行引发了政治革命，被推上了断头台。政治革命后，英国成立了共和国，由克伦威尔掌权。共和国成立后，出于对荷兰作战的需要，再加上海外贸易资金的支持，英国在 1649—1651 年迅速地建立了一支正规化的舰队和 40 艘战舰，在战舰吨位与武器装备数量上均超过了荷兰。此外，英国设立了海军委员会，加强了对海军的领导指挥，建立了战功奖励制度，改善了海军的待遇，最终形成了一支武器装备精良、士气高涨、纪律严明的强大海军舰队。在此期间，英国在东方殖民地、波罗的海、地中海以及西非沿岸等地区都受到了荷兰的排挤，两国在殖民地扩张及制海权的争夺上矛盾不断，逐渐激化，最终引发了三次英荷战争。

1652—1654 年，英国与荷兰之间爆发了第一次英荷战争。战争的导火索是英国制定的《航海条例》，该条例规定运往英国的货物只能使用英国船舶运输，这对经营转口贸易的荷兰而言是个巨大的打击，荷兰拒不承认《航海条例》，由此引发了两国间的第一次战争。战争中双方势均力敌，英国在地中海地区的海上贸易瘫痪，但英国封锁了荷兰的海岸。最终双方进行了谈判，于 1654 年签订了《威斯敏斯特合约》，荷兰被迫暂时接受了《航海条例》。

1665—1667 年，英国与荷兰之间爆发了第二次英荷战争。1660 年查理二世登上王位后，十分重视海军建设。他授予了英国海军"皇家海军"

① 杨跃：《海洋争霸 500 年：英国皇家海军与大英帝国的兴衰》，解放军出版社 1998 年版。

的称号，拨款 250 万英镑，新建了 100 多艘战舰。英国与荷兰争夺殖民地的战争一直持续，两国为争夺黄金海岸、新阿姆斯特丹、西非殖民地不断发生冲突。1665 年 3 月，第二次英荷战争在挪威海、北海以及大西洋的广大海域正式拉开了序幕。此次战争中，英荷都投入了巨大的兵力。1665 年 6 月洛斯托夫特海战，英国派出 137 艘战舰，4200 门火炮，2.2 万名海军；荷兰舰队拥有 121 艘船舰，最终英国赢得了洛斯托夫特海战的胜利。1666 年在多佛尔海峡的海战中，荷兰派出了 84 艘战舰、4600 门火炮、2.2 名海军，英国的舰队遭到了失败。1667 年 6 月，荷兰封锁了泰晤士河口，又由于伦敦当时爆发瘟疫，双重打击下伦敦岌岌可危。在这样的状况下，英国被迫议和，双方于 1667 年 7 月 31 日签订了《布里达和约》：英国按荷兰的要求，修改了《航海条例》，同时将东印度群岛、南美洲的苏里南归还荷兰；荷兰也做了一些让步，承认了英国在西印度群岛的势力，将新阿姆斯特丹让给英国。

　　1672—1674 年，第三次英荷战争爆发。1672 年 3 月至 1674 年，英国遵照 1670 年的《多佛尔密约》，与法国结成同盟，共同打击荷兰。法国在陆上对荷兰发起进攻，英国则从海上与荷兰作战。从战争的结果来看，英法联合舰队几次登陆作战均以失败告终，荷兰取得了海上战争的胜利。1674 年 2 月，英法联盟破裂，但荷兰与法国之间的战争仍在持续，英国因此坐收渔利，获得了大量荷兰人的贸易。经过三次英荷战争，英国初步确立了海上霸权[①]。

三　英法战争与海洋霸权的确立

　　战胜荷兰后，英国称霸海洋的新对手变成了法国。在 17 世纪末至 19 世纪初，英国与法国进行了百年海洋霸权之争。

　　1688—1697 年，奥格斯堡联盟战争爆发。为抵抗法国的扩张，荷兰、奥地利、西班牙以及德意志等国组成了奥格斯堡联盟。英国虽没有参与该联盟，但为了打击法国这一潜在对手派出 100 艘舰队，与荷兰组成了联合舰队。在 1690 年的比奇赫德湾海战中，法国以 75 艘战列舰、2.8 万人的兵力，击败了拥有 57 艘战列舰、2.3 万兵力的英荷联合舰队。而在 1692 年的巴夫勒尔角海战中，联合舰队以 88 艘战列舰、6736 门火炮战胜了拥

---

① 杨跃：《海洋争霸 500 年：英国皇家海军与大英帝国的兴衰》，解放军出版社 1998 年版。

有 44 艘战列舰、38 艘纵火船、3240 门火炮的法国舰队。最终战争以奥格斯堡联盟获胜结束，英国也通过该战争获得了派遣舰队进入地中海的权利。

在 1701—1714 年的西班牙王位继承战中，英荷联合舰队首先占领了海上要塞直布罗陀，法国想要夺回直布罗陀，双方在马拉加海面开战。最终双方在海战中均损失惨重，但英国凭借战略上的优势，占领了撒丁岛和梅诺卡岛，并在岛上建立了军事基地，从而控制了直布罗陀。英国在西班牙王位继承战中获利巨大，除了控制了地中海要塞——直布罗陀外，还获得了法国在北美新斯科舍、纽芬兰和哈德逊湾沿岸的殖民地，同时垄断了向西班牙在美洲殖民地供应黑奴的贸易权。

1740—1748 年，英法之间又因奥地利王位继承权问题发生了战争。英国从海上打击法国，致使法国大多数的三桅巡洋舰和战列舰被毁。奥地利王位继承战后，英国拥有 140 艘战列舰，法国则仅有 67 艘，英国的海洋军事力量明显超过法国。

1756—1763 年，英法之间进行了七年战争。这次战争是英法对海上霸权和殖民地争夺的最大规模战争，欧洲的主要国家均被卷入战争，战火遍及地中海、欧洲沿岸、印度、北美等地区。七年战争以法国失败告终，英国夺得了法国在加拿大及附近地区的全部殖民地、俄亥俄河流域的全部殖民地，以及路易斯安那，法国只剩圣皮埃尔和米克隆岛两个岛屿。至此，英国打败了法国，登上了海洋霸主的地位。但是，美国独立战争、法国大革命和拿破仑战争，又给了法国两次可以与英国较量的机会，因而七年战争之后，英法之间的战火仍在延续。

在 1775—1783 年北美的独立战争期间，英国与法国再度开战。在 1778 年乌桑特战役中，英国、法国舰队分别伤亡 506 人、674 人。1780 年的诸圣岛海战中，英国击沉了西班牙 7 艘战舰、俘获了 11 艘战舰。1781 年，在切萨皮克湾海战中，法国舰队以轻微的损失使英国舰队受到重创，死伤 336 人；1782 年，英国俘获了法国 5 艘军舰。1798 年的尼罗河口海战中，英国派出战列舰 13 艘、大炮 1012 门、士兵 8068 人，法国则有 13 艘战列舰、4 艘巡洋舰、1196 门大炮、2.1 万名士兵。战争以英国胜利结束，法国军舰 9 艘被俘、2 艘被毁，士兵死亡 5225 人，伤俘 3105 人，这次战役是法国海军走向衰落的转折点。1805 年 10 月，特拉法加海战爆发，英国海军以 27 艘战列舰、7 艘巡洋舰，对抗法西联军的 33

艘战列舰、7 艘巡洋舰。在这场战役中，英国大获全胜，摧毁了法西联合舰队 11 艘战舰、俘获了 22 艘战舰。经过特拉法加海战，英国彻底消灭了法国海军，拿破仑称霸海洋的梦想被打破，英国最终确立了海上霸权①。

四　依靠强大的海军维持海上霸权

英国取得海上霸权后，仍然十分重视海军的建设，以"海军力量比处于第二、第三地位的国家加起来更加强大"为目标，这是因为海洋军事力量是海外扩张和占领殖民地的工具，也是英国维持海上霸权的重要工具。英国对海军的建设主要体现在以下三个方面：

首先，英国海军军费在 19 世纪后 30 年一直呈稳步上升趋势。1880—1881 年度较 1870—1871 年度增加了 130.84 万英镑，10 年间增长率达 14.5%；1890—1891 年度较 1880—1881 年度增加了 220.3 万英镑，10 年间增长率达 20.9%；1900—1901 年度较 1890—1891 年度增加了 260.92 万英镑，10 年间的增长率更是高达 205.5%。

其次，英国海军装备在数量与技术上迅速发展。在海军战舰数量及吨位上，据统计，1870 年英国海军战舰总吨位为 63.3 万吨；1882 年为 71.21 万吨，包括装甲舰 74 艘、52.31 万吨，非装甲舰 85 艘、18.9 万吨；1890 年为 89.34 万吨，战舰 254 艘；1899 年上升到 472 艘、126.60 万吨。这 30 年间，英国的战舰吨位始终大于欧洲任意两个国家的战舰吨位之和。1870 年，英国海军战舰实力相当于法、德、意、俄、奥五国总和的 63%，这一比例在 1890 年达到了 67.5%。而在战舰的技术上，英国的战舰在航速、续航力、装甲防护、舰载武器的攻击力上都居于领先地位。

最后，英国海军的管理体制完善，海军力量部署有序。海军部是英国海军的领导机构，负责战舰制造、人员指挥和战事规划等。海军大臣是英国国会议员，海军委员负责管理海军各类事宜。英国海军实行志愿兵役制度，海军军官必须经过海军军事院校的学习方可任职。在海军部署上，20 世纪初，英国皇家海军在全球部署了五大舰队，分别为：驻守英吉利海峡的海峡舰队、地中海舰队、驻守中国的中国海舰队、驻守澳大利亚和美洲西海岸的太平洋舰队以及驻守南非和美洲东海岸的大西洋舰队，从而实现

---

①　杨金森：《海洋强国兴衰史略》，海洋出版社 2007 年版。

了对海洋的全面控制①。

五　采取了正确的海洋争霸战略

英国早期多次遭到欧洲大陆国家的海洋入侵，而海洋本应是作为"城墙"来保护国家安全的。都铎王朝统治时期开始后，英国的统治者开始重视海洋，逐步开始建设海洋强国。在其400余年的海洋强国建设历程中，英国经历了发展海外贸易、海上争霸、维持海上霸主地位几个阶段。

在"重商主义"的影响下，英国为了掠夺海外财富开始走向海洋。亨利七世继位后，确定了发展海上贸易的海洋战略。为了发展海外贸易，亨利七世首先颁布了《航海法案》，做出只有英国的船只可以运输英国本土货物等规定；其次，英国向进行海外贸易的商人团体颁发经营特许权，成立海外贸易公司，如莫斯科公司、波罗的海公司等，这些公司可以拥有武装军队，还承担英国进行殖民地扩张以及垄断殖民地贸易的重要任务；最后，亨利八世组建了正规的海军，这支强大的海军对于保护英国海上贸易以及殖民地扩张具有十分重要的作用。伊丽莎白女王继位后，改变了以前的许多政策，制定了"对外扩张"的新政策，推动了英国在政治、军事、外交等方面的迅速发展。具体而言，英国首先与海盗相勾结打击西班牙、荷兰对海上贸易的垄断。伊丽莎白女王任命了海盗头目霍金斯、德雷克等人为海军将领，向海盗提供船只、金钱等，大力支持海盗袭击其他国家的船队和殖民地。其次，英国大力支持海军建设。任命霍金斯为海军财务总管（被称为"都铎英国海军史上的转折点"），投资战舰建造与武器技术革新。再次，鼓励本国捕鱼业和造船业的发展。推行的"食鱼日"政策既促进了英国捕鱼业的发展，也加强了民众的海洋观念。对造船者给予一定的补贴，但要求接受补贴者不得将船卖给国外商人。为了保护造船木材，规定禁止随意砍伐距离海岸线14英里内的树木。最后，打击西班牙争夺海上贸易霸权。

从克伦威尔统治时期开始，英国逐步走上海洋争霸的道路。克伦威尔认为，"英国是一个岛国，如果要谋求继续发展，必须依靠海洋、称霸海洋"，他确立了英国"海上争霸"的战略。他的战略核心是建立一支强大的、技术先进的海军，"尽管在此之前，英国已经具有一支可以打败西班

---

① 《世界现代前期军事史》，中国国际广播出版社1996年版。

牙"无敌舰队"的海军,但这只是一种"自卫"行动,英国的海军尚不具有左右海洋的能力"。克伦威尔执政时期,英国建了40艘战舰,这使英国在战舰吨位与武器装备数量上均超过了荷兰。同时,英国设立了海军委员会,加强了对海军的领导指挥,建立了战功奖励制度,改善了海军的待遇,最终形成了一支武器装备精良、士气高涨、纪律严明的强大海军舰队。凭借这支强大的舰队,英国通过三次英荷战争中打败了荷兰,初步确立了海上霸权。打败荷兰后,英国与法国进行了长达百年的海上争霸战争,英法七年战争后,英国取得了海上霸主的地位,建立了第一帝国。但是北美独立战争给了法国卷土重来的机会,英国也因此丧失了第一帝国的地位。拿破仑战争胜利后,英国彻底地打败了法国,同时占领了许多重要的海洋通道,最终确立了海上霸权,建立了第二帝国。

拿破仑战争后,英国成为海上霸主。为维持霸主地位,英国采取了多种措施加强海军建设。在海军建设投资上,19世纪30年代后,英国海军军费逐年稳步上升;在战舰建造上,战舰的数量与吨位都在迅速增加,到1870年,英国海军战舰已经达到法、德、奥、意、俄五国战舰总和的63%;在战舰技术上,英国海军战舰的航速、续航力、舰载武器攻击力、装甲防护等均居于领先地位;在军力部署上,英国海军在英吉利海峡、地中海地区、太平洋地区、大西洋地区均有舰队驻守,形成了对海洋的全面掌控。

综上所述,英国的海洋霸主地位是通过长期战争获得的。从都铎王朝时期开始,英国一直很重视海洋军事力量的建设,建造战舰、组建皇家海军、改进战舰和武器装备的制造技术。15世纪末,都铎王朝开始大力发展海上贸易,并在16世纪中期开始参与海上争霸斗争。1588年英国战胜了西班牙的无敌舰队,取得海上争霸战争的初步胜利。虽然西班牙从霸主地位退下来,但荷兰还很强盛,英国还没有取得海上霸主地位。17世纪中期,英国与荷兰发生了一系列海战,荷兰舰队被击败,英国初步确立海上霸权。从1485年都铎王朝建立算起,英国击败荷兰这个海上霸王的时间长达170年。英国与法国争夺海上霸权又用了115年。到第一次世界大战开始之前,英国的海上霸主地位共保持了109年。总而言之,英国争夺海上霸主地位,建立日不落帝国,经历了300年的海上战争。

第二节 通过海外殖民与海外贸易积累大量财富

海外殖民与海外贸易是密不可分的,海外贸易正是建立在对海外殖民地的掠夺、剥削的基础上,而与海外殖民地的贸易也为英国带来巨大的财富。综观英国海外殖民的发展历程,可以根据殖民政策分为三个阶段:"重商主义"政策阶段、"自由贸易"政策阶段以及"吞并殖民地"政策阶段,三个阶段扩张的重点区域分别为:北美与西印度群岛地区、印度等亚洲地区以及非洲地区,三个阶段的海外贸易形式也有所不同。

一 "重商主义"政策阶段

"重商主义"政策阶段从 1598 年持续至 1763 年。在"重商主义"政策的影响下,人们普遍认为贵金属拥有量的多少是成败的标准,开始寻找金银产地、试图通过贸易垄断获得财富。在此期间,英国首先以强大的海军为工具,相继打败了西班牙、荷兰和法国,在北美、印度、非洲等地建立了殖民地;在此基础上,英国王室特许成立海外贸易公司,垄断殖民地的商品贸易,低价进口殖民地商品再高价出口至其他地区以获得巨额利润。

英国的海外贸易在 17 世纪发生了重大的转变。17 世纪之前,英国的出口商品主要是纺织品,海上贸易集中在波罗的海和地中海地区。在波罗的海地区,1553 年,英国远征队到达莫斯科。1554 年,莫斯科公司特许成立,负责俄罗斯、中亚、波斯一带的贸易。1579 年,英国成立了东方公司,控制了英国与丹麦、瑞典、挪威、波兰等国家的贸易,迫使长期垄断波罗的海贸易的汉萨同盟逐渐退出该市场。英国运至地中海地区的商品主要有呢绒、锡、铅和皮革,运回的商品主要是谷物、亚麻、大麻和木材、粗帆布、焦油、树脂等造船原料,同时,英国海军的物资原料也主要来自波罗的海地区。后来在工业革命时期,波罗的海地区为英国提供了大量的工业原材料,包括亚麻、大麻、纱线、燃料、铁、油、原丝、木材和棉花等。在地中海地区,英国早在 1511 年就已经成为第一个穿过直布罗陀海峡与地中海国家建立贸易关系的北方国家。从南安普顿和布里斯托尔出发的英国商人,将毛织品和锡运送至里窝那、克里特岛、塞浦路斯、贝鲁特等地中海城市,并运回水果、丝绸、甜酒、油和地毯。16 世纪中期,由于土耳其的扩张，这种贸易曾一度停止。到了 16 世纪后期，英国与地中海地区的贸易重新兴起，英国人的商船开始繁忙地穿梭在地中海地区。这一时期运送的主要商品包括：新呢布——在质量和价格上都要优于传统的粗呢布和宽呢布，锡和铅——用于满足地中海地区军火制造的需求。1562年，利凡特公司成立。1578 年，英国授予该公司在亚得里亚海和东地中海地区开展贸易的特权。通过利凡特公司，英国人将新呢布、锡和铅运往君士坦丁堡，把生丝、地毯、香料、药材和马海毛等商品运回英国①。由此可以看出，17 世纪之前英国出口货物的种类比较单一，对纺织品出口的依赖程度较强。

17 世纪之后，英国与欧洲国家的纺织品贸易日趋衰落。随着英国对北美、西印度群岛、非洲和印度等地区殖民地的扩张，从殖民地进口商品、再出口至欧洲或北美的贸易逐渐繁荣，海外贸易逐渐转型。在转型的过程中，英国对印度殖民地与北美、西印度群岛殖民地的开发路径有所不同。

英国与印度的海上贸易主要是效仿荷兰的做法：通过低价购买印度商品、再高价卖给欧洲其他国家赚取巨额利润。由于荷兰在东印度地区取得的巨大利润刺激了英国人，英国国王派出远征船队，在 1591 年绕过好望角，到达了马六甲和苏门答腊地区。1599 年，英国在爪哇设立了第一个商站，带回了大量的胡椒。1600 年，东印度公司成立，主要将东印度地区的胡椒、肉桂、豆蔻、棉布、平纹细布、靛蓝和硝石运回英国。据统计，1600—1617 年，东印度公司为英国带来的利润高达 100 多万英镑。但是当时的英属东印度公司尚且不能与荷属东印度公司抗衡，1639 年，英国在印度的马德拉斯建立了管辖区，并任命了总督管理相关事务。1674年，三次英荷战争结束，英国成功排挤了荷兰在印度的势力。

英国与北美的贸易和亚欧贸易最主要的区别在于殖民活动。在殖民地扩张方面，16 世纪 80 年代到 17 世纪初，英国在北美东海岸进行殖民活动。1612 年，英国通过弗吉尼亚公司，开始殖民百慕大群岛。17 世纪 20至 30 年代，英国相继占领了西印度群岛的圣基茨、牙买加、马萨诸塞等岛屿，并在这些岛屿上建立了种植园、贩奴基地和海盗基地。17 世纪，英国逐步扩大在北美的殖民地范围，并将北美开发成为英国的工业原料基

---

① 　孙燕：《近代早期英国海外贸易的兴起》，载《史学集刊》2006 年第 5 期，第 7 页。

地和商品销售市场。1674年，英国夺得了荷兰在北美的新尼德兰殖民地。1701—1714年的西班牙继位战争中，英国不仅占领了直布罗陀这个的交通要塞，还得到了法国在加拿大新斯科舍、纽芬兰和哈德逊湾的殖民地，扩大了英国在北美的殖民地范围。英法七年战争后，英国得到了法国在加勒比海的格林纳达、圣文森特、多米尼加和多巴哥等岛屿，以及法国在加拿大及其附近的全部殖民地和俄亥俄河流域的全部殖民地①。到1773年，英国在北美东海岸建立了13个殖民地。

通过建立种植园，英国对北美和西印度群岛进行开发，使用奴隶来种植烟草、甘蔗等热带作物，这使得北美的出口贸易在17世纪得到了很大的发展。英国对北美的烟草贸易从17世纪20年代开始。北美殖民地的烟草除了供英国国内消费外，大部分经英国再出口至欧洲其他国家。1612年，弗吉尼亚开始种植烟草，之后产量逐年上升；到了17世纪80年代，大量的西非奴隶作为劳动力被贩卖到种植园，再加上种植面积增加，使得烟草价格大幅下降，烟草在欧洲市场变得十分畅销。1758年，弗吉尼亚出口烟草7000万磅，达到了产量的最高值。北美烟草的另一大种植地——马里兰州种植的烟草由于口味独特，受到了很多国家的欢迎。英国在北美的蔗糖贸易自17世纪50年代兴起，西印度群岛是甘蔗的主要种植基地。1639年，巴巴多斯受到烟草价格下降的影响开始改种甘蔗。据统计，在1640—1690年的50年间，北美殖民地蔗糖的产量增长了4倍，是蔗糖产量增长最快的时期。1655年，英国从巴巴多斯进口的蔗糖达到了5236吨；1663年，进口的蔗糖量增长到了9072吨；1689—1705年，每年进口的蔗糖量约为2万吨；1710—1730年，进口的蔗糖数量又增加了2倍②。英国通过对美洲烟草和蔗糖的再出口贸易，弥补了欧洲纺织品贸易的衰落，确立了自身的贸易优势，而对美洲的出口贸易也缓解了纺织品在欧洲的滞销。18世纪，北美殖民地成为英国巨大的商品销售市场。这是因为，一方面北美的人口在18世纪迅速增长，由1700年的27.5万人增长到了1800年的530万人；另一方面，北美白人的收入也以0.3%—0.6%的速度逐年增长，使得白人的购买力增加。而此时的北美地区，只

---

① 张亚东：《重商帝国1689—1783年的英帝国研究》，中国社会科学出版社2004年版。
② 赵秀荣：《17世纪英国海外贸易的拓展与转型》，载《史学月刊》2004年2期，第11页。

有一些低级的纺织工业，大量的商品都需要从英国进口，这些商品主要包括纺织品和一些工业制成品。据资料统计，1741—1745 年，英国向北美殖民地出口商品的年平均价值为 149 万英镑，这一数值在 1766—1770 年上升至 300 万英镑，1781—1785 年为 354 万英镑，1796—1800 年更是达到了 1116 万英镑。在进出口所占比例上，1772—1773 年，与北美殖民地和西印度群岛贸易占英国出口总值的 38%，进口总值的 39%；1797—1798 年，与北美殖民地和西印度群岛的贸易占英国出口总值的 57%，进口总值的 32%。英国由此摆脱了对纺织品出口的依赖，将海外贸易建立在对殖民地产品的再出口以及向殖民地出口商品的基础上。

此外，在非洲，英国最早于 1530—1532 年在几内亚进行了三次贸易。到了 16 世纪 50 年代，英国又先后与西非的摩洛哥、加那利群岛等地区及北非建立了贸易关系，并分别于 1585 年和 1588 年成立了垄断性的贸易公司"摩洛哥公司"和"几内亚公司"①。1588 年，非洲公司成立，主要负责与非洲进行不平等的贸易掠夺，向非洲运输呢绒和其他的小商品，换取黄金、象牙、糖、香料和椰枣。除此之外，17 世纪 50 年代兴起的奴隶贸易也是英国在非洲主要的贸易之一。相对于其他老牌殖民国家，英国的奴隶贸易起步较晚，但发展迅速。1670 年之后，英国成为奴隶贸易的主要从事者。英国商人将欧洲低廉的商品运往非洲，换取黑奴，贩卖到美洲种植园，再换取烟草、糖运回欧洲市场出售。英法战争后，英国更是得到了法国在西非最大的奴隶贸易基地——塞内加尔和戈里殖民地。这种奴隶贸易直到 1807 年议会宣布奴隶贸易非法为止。

综上所述，17 世纪之前，英国的海上贸易主要是与波罗的海和地中海国家进行的纺织品出口贸易；17 世纪之后，英国战胜了西班牙、荷兰、法国，夺取了北美、非洲、印度等殖民地。此时，英国的海上贸易形式转为进口—再转口，从中攫取丰硕的利润。其中又以北美的殖民贸易最为重要，即：在北美殖民地种植烟草和蔗糖，低价进口再高价卖到欧洲市场；用纺织品换取欧洲市场的制成品，再出口至北美市场交换烟草和蔗糖等大宗货物。在印度殖民地，英国则通过低价购买香料等商品，再高价卖到欧洲国家赚取利润。在非洲殖民地，英国开展了罪恶的奴隶贸易，不但为北

①　王银星：《安全战略，地缘特征与英国海军的创建》，载《辽宁大学学报》（哲学社会科学版），2006 年第 34 期，第 3 页。

美种植园提供了大量劳动力，也从奴隶贸易中获得了丰厚的利润。英法七年战争结束后，英国的殖民地得到了极大地扩张，超过了当时所有的国家，建立了以强大海军和商业殖民地为基础的第一帝国。

二　"自由贸易"政策

"自由贸易"政策阶段是从 1763 年至 19 世纪 70 年代。在 1775—1783 年北美独立战争中，美法联合抗英，英国在北美的殖民遭到了沉重的打击，第一帝国瓦解。此时，英国开始转向东方殖民地，尤其是印度。拿破仑战争是一个新的转折点，英国依靠海上优势将法国彻底击败，夺得了许多殖民地以及重要的战略通道，具体包括：马耳他和爱奥尼亚群岛，整个地中海，丹麦的赫尔戈兰岛，西印度群岛的圣卢西亚和多巴哥，马达加斯加附近的毛里求斯。此外，英国还从荷兰手中夺取南非好望角、锡兰岛以及圭亚那部分地域①。这些殖民地的战略位置十分重要，例如好望角和西兰岛（今斯里兰卡），都是通往东方重要的海上门户。这些殖民地的获得有助于英国掌控全球海洋的交通线，在此基础上，"第二帝国"逐渐形成。18 世纪 60 年代至 19 世纪中期的第一次工业革命带动了英国工业品产量的大幅增加，英国开始竭力促进产品出口，其殖民策略由"重商主义"向"自由贸易"政策转变。

在印度地区，1761 年，英国攻克了本地治里；1767—1799 年，英国发动四次进攻并最终占领了迈索尔土邦；1803—1804 年，占据了克塔克以及恒河与朱木拿河之间的大片土地；到 1805 年，印度的大部分地区已经处于英国的掌控之下。18 世纪中期到 19 世纪初，英国对印度的殖民方式依然是直接掠夺。英国第一次工业革命完成后，新兴的工业资产阶级迫切地需要将工业产品输出至世界各地，同时获得廉价的工业原材料。这种情况在棉纺织业、冶金业、五金业、造纸业、煤炭业等工业尤其突出。在这样的背景下，印度被选为英国工业品的销售市场和原料产地。首先，英国通过差别关税，抬高印度棉纺织业、丝织业、五金业、造船业等手工业产品的出口价格，抢占印度出口市场；其次，在印度国内市场倾销英国的廉价工业品，将印度变成英国工业品的销售市场，同时进一步摧毁了印度

---

① 刘行仕：《世界近代史不同时期英帝国殖民政策比较》，载《咸阳师专学报》1997 年第 2 期，第 11 页。

的手工业；再次，通过地税改革，促使印度农民种植英国工业需要的经济作物，把印度变成英国的原料产地；最后，为方便原材料和工业产品的运输，英国在印度建设了铁路、港口等基础设施。除此之外，为了充分利用印度劳动力、土地和原材料价格低廉的优势，许多英国厂商在印度开办了工厂，取得了比单纯的商品贸易更多的利润。

　　而在非洲、拉丁美洲、澳洲和太平洋地区，英国依靠强大的海洋军事力量，占领并控制了大片"无主地区"，建立了庞大的殖民帝国。对"有主地区"，如果不接受"自由贸易"，则用武力征讨和占领。英国所谓的"自由贸易"，实际上是"倘若可能，贸易加无形统治；一旦需要，贸易加统治"。在印度及周边地区，1814—1815 年，英国占领了尼泊尔南部地区；1824 年和 1854 年英国两次入侵缅甸，占领了部分领土；1824 年，英国从荷兰手中夺得了新加坡、马来西亚；1839 年，英国占领了土耳其的亚丁港；1843 年，英国得到了文莱的沙捞越和北婆罗洲；1843—1849 年，又占领了印度的信德、克什米尔、旁遮普等地区。在非洲地区，英国在 1808、1861 年和 1874 年先后占领了塞拉里昂、尼日利亚和黄金海岸。此外，英国在 1833 年占领了南美东海岸的马尔维纳斯群岛，1843 年吞并了纳塔尔，经过对中国的两次侵略战争，强迫中国对其开放通商口岸，并分别于 1842、1860 年使中国割让了香港和九龙半岛界限以南的领土。澳大利亚是英国在 1770 年发现的，一直以来只是作为流放犯人的地方。19 世纪初期，英国改变了对澳大利亚的政策，开始向澳大利亚移民。1813 年到 1815 年，英国殖民者翻越蓝山，开始在丰腴的大草原上发展畜牧业，羊毛的出口为英国创造出巨大的财富。于是，更多的移民向澳大利亚涌来，1803 年，英国在塔斯马尼亚岛建立了移民点。1824—1836 年，昆士兰、西澳大利亚和南澳大利亚也相继被开发。经过 30 年的开发，一个庞大而富裕的殖民地体系初步形成，它成为英帝国一个重要的组成部分。与此同时，英国也开始向新西兰殖民地进行移民，1839 年英国成立了新西兰公司，1840 年签订了《怀坦吉条约》后，新西兰正式归属英国。在加拿大地区，北美独立战争后，战争中大量拥护英国的人大批量移民至此。由于英裔加拿大人与法裔加拿大人在语言、宗教信仰和文化等诸多方面均有不同，为了避免冲突，英国于 1791 年颁布了《加拿大法》，将加拿大分为上、下加拿大，分别由英裔加拿大人、法裔加拿大人居住，两省各有各的民选议会，有征税及立法之权。

　　在殖民扩张与工业革命的带动下，1800 年，英国的出口额为 2490 万英镑；到 1850 年，增长至 17540 万英镑。1850—1870 年间，英国棉纺织品的出口额从 2826 万英镑上升到 7142 万英镑，铁和钢的出口额从 540 万英镑上升到 2350 万英镑，煤和焦炭的出口额从 130 万英镑上升到 560 万英镑，各种机器的出口额从 100 万英镑上升到 530 万英镑。1850 年，英国的贸易总额占世界贸易总额的 22%；1870 年增加到 25%，几乎等同于法、德、美三国的总和。

综上所述，18 世纪 60 年代开始第一次工业革命使得英国工业原材料需求以及工业产成品数量大幅增加，引起了英国海外殖民政策的转变。在"自由贸易"政策下，英国凭借强大的海洋军事力量，打开了许多国家与地区的贸易大门，将其工业产品倾销到殖民地地区，并获取殖民地的工业原材料，运回英国或在殖民地设厂进行加工，进一步扩大生产规模，从这种进出口贸易中牟取暴利。

三 "吞并殖民地"政策

"吞并殖民地"政策阶段是从 19 世纪 70 年代至 1914 年。19 世纪 70 年代以后，西欧主要资本主义国家先后完成了第一次工业革命，与美国、德国等国相比，英国"世界工厂"的优势逐渐丧失，世界范围内争夺销售市场和原料产地的斗争严重威胁了英国在亚洲、非洲、拉丁美洲的势力范围。由此，英国从殖民政策、自由贸易政策转变为疯狂追逐和大肆吞并殖民地的政策。

在亚洲，1839 年和 1878 年，英国两次侵略阿富汗，阿富汗被迫成为其附属国。1886 年，英国占领曼德勒，完成了将缅甸并入印度的计划。1887 年，英国宣布锡金、荷属马尔代夫群岛归其所有。1876 年，英国迫使中国云南对其开放；1888 年和 1904 年，两次进犯西藏；1898 年，强行租借威海。在太平洋地区，英国于 1874 年占领了斐济；1884 年占领了巴布亚；1893—1904 年占领了吉尔伯特、所罗门、汤加、库克等地。1878 年，英国占领了土耳其的塞浦路斯岛。在非洲，埃及、南非的巴苏陀兰、贝专纳、祖鲁兰分别在 1882、1868、1885 年和 1887 年成为了英国的殖民地。19 世纪末，经过与德、意、法等国家激烈的斗争，英国夺得了东非的索特拉岛、乌干达、索马里、肯尼亚、桑给巴尔岛等地。1899 年，英国与法国瓜分非洲，英国得到了苏丹殖民地。1899—1902 年，德兰士瓦和奥兰治两个共和国也沦为英国的殖民地。到 20 世纪初，全世界殖民地瓜分完毕，英国的殖民地范围达到 3350 万平方公里，相当于英国本土面积的 137 倍①。

第三节　海外贸易促进海洋经济的迅速发展

英国海外贸易的发展促进了造船业、海运业以及海运衍生服务业的繁荣。

英国的造船业最早从 1200 年开始发展，起初主要建造小吨位的木质型船舶，但甲板和船上武器采用了金属材料。从 16 世纪开始，伊丽莎白女王出于对海上贸易和海军发展的重视开始发展造船业，英国开始进行船舶的研究和建造工作，海军造船厂也开始繁盛起来。到 1629 年英国已经建成百吨级以上船舶 350 艘，造船能力逐渐赶超欧洲其他造船大国。在此期间，英国进行了英西战争、英荷战争、英法战争，这极大地刺激了造船业的发展。英国海外贸易和航运业的繁荣发展也促进了造船业的发展，英国从殖民地进口烟草、从瑞典进口钢材，同波罗的海、德国和荷兰的贸易都需要大量的商船，造船业的发展也带动了造船上游产业部门例如钢铁业等的发展和壮大。政府相关的保护政策如"航海条例"也为造船业的发展提供了良好的支持——英国从 1651 年规定，在亚美非洲生产及制造的商品必须用英国船或生产国家的船舶运入英国，英国商品出口必须使用英国船只，必须用捕捞的海产品英国渔船才可进口。到 18 世纪时，英国就成为世界造船强国，英国绝大多数的商船都在本国造船厂制造，其建造的军舰性能也优于其他国家。19 世纪，英国的年造船完工量和造船技术在资本主义国家及世界都处于领先地位。到 19 世纪末期，英国开始建造铁甲舰和蒸汽动力船舶，其造船完工量约占世界的 50%。一战时期英国船舶制造业出现了产能过剩的问题。二战时期英国的造船工业复苏，年造船完工量达到世界的 40%—50%。二战之后，英国的造船大国地位被日本取代②。

在 16 世纪初期，新航路的开辟使得大西洋取代了地中海成为国际贸易的中心，这给欧洲国家的海运发展提供了良好的机会。1562 年英国拥有的商船吨位达 5 万吨，主要从事的是本国的沿海运输和少量的欧洲近海运输。直到 1570 年，英国的航运业才开始发展起来，尼德兰革命的爆发

---

① 王振华编著：《列国志·英国》，社会科学文献出版社 2011 年版。
② 杨金森：《海洋强国兴衰史略》，海洋出版社 2007 年版。

使得英国商人迅速扩大贸易范围，在地中海、波罗的海、印度洋及大西洋建立了一系列的商船运输基地，相继与意大利、土耳其和埃及建立了航运贸易往来关系。英国港口与荷兰、法国、爱尔兰等国港口间的运输是英国海运业最早的航线，这也是英国传统的对外贸易区域。到 17 世纪初期，英国的商船拥有量增加至 200 多艘。1601 年东印度公司开辟了英国与印度的贸易航线，与孟买、加尔各答、波斯湾及红海的港口都有了贸易往来。1606 年借圣诞节来临的机会英国开辟了到北美的航线。1611 年东印度公司的贸易范围扩大至日本，并在 17 世纪末期与中国建立了商贸往来（主要是茶叶、瓷器贸易），在厦门和广州都获得了据点。到 1624 年，英国每年有 100 艘商船驶入波罗的海，英国海运航线的范围已经从欧洲近海扩张到远洋运输，此时从事远洋贸易的商船吨位在 190—250 万吨左右。其中，英国东部港口主要从事与挪威、俄国、丹麦等国港口的海运贸易，进口的货物主要包括亚麻、谷物、木材等；与西班牙、葡萄牙等南欧国家的航运贸易主要为出口运输，货物包括酒、水果、橄榄油等。从 1649 年英国成立共和国之后，伦敦就逐渐发展成为英国最大的贸易中心和手工生产中心。17 世纪中期，英国开通了从西印度群岛到英国的蔗糖运输航线，到 1680 年，英国外贸运输的商船总吨超过了沿海运输。1713 年英国获得了向西班牙殖民地提供奴隶的特权，英国商船运载着商品到西非装载上"黑人"，再将其运输到北美和西印度群岛。18 世纪中期，往返英国港口与非洲之间的商船数量为 190 艘/年，1787 年奴隶贸易船数量增加了 12 倍。1795 年之前，与地中海周边国家的贸易被利凡特公司垄断，英国主要进口土耳其和波斯的棉花、生丝等货物，英国的商船也为第三国提供运输服务。到 18 世纪，沿海运输的商船吨位仅占不到 1/3。随着英国海外贸易量的增加，英国商船的拥有量和所占比重也持续上升，如表 1—1 所示，进入英国港口的货物中，英国商船所占比例曾超过 90%[①]。到 18 世纪中期，英美两国的大西洋航线贸易发展到相当规模，英国从美国相继运回烟草、大米、沥青、焦油等。第一次工业革命爆发之后，纺织业和采矿业的快速发展带动了英国航运业的发展，英国主要的大中城市都成为伦敦港的腹地。到 1930 年，随着英国海外贸易量的迅速增加，英国的航运业

---

①　张廷茂：《近代早期英国海运业的兴起》，载《西北第二民族学院学报》（哲学社会科学版）1993 年第 2 期，第 15 页。

有了飞速的发展，伦敦港成为欧洲重要的枢纽港口，这带动了港口周围大量基础设施、造船厂等的建设，伦敦逐渐成为欧洲乃至世界的航运中心。

表 1—1   英国港口及商船发展情况

年份（年）	入港总量（万艘）	英国船比例（％）	出港总量（万艘）	英国船比例（％）
1686	46.6	85.62	36.1	91.69
1718	36.9	95.93	44.5	96.18
1751	48	87.71	69.4	93.37
1765	69.3	81.96	785.8	8.78

伦敦在形成国际航运中心的过程中，催生了许多相关的航运衍生服务产业。在航运交易方面，1744 年，弗吉尼亚—波罗的海咖啡馆设立后，来自波罗的海国家，从事粮食、纺织品等海运贸易的航运业人士经常集聚在此交换信息。1823 年，在咖啡馆中资格较老的商人的主持下，成立了波罗的海委员会。委员会制定了一系列的规章制度及入会手续，最初的会员有 23 个。委员会还决定开放一间交易室，交易室初期运作就吸引了来自巴黎、圣彼得堡、马赛、阿姆斯特丹等地的众多商人。1857 年，随着航运交易活动的大规模增加，波罗的海有限公司应运而生。到 1859 年，波罗的海的会员已经达到 700 余家。1869 年，随着苏伊士运河的开通，航运和贸易更加繁荣，波罗的海公司更加繁忙。1881 年，波罗的海公司成为英国第一个安装电话的公司，每日进出的电话多达 200 多个。1902 年，波罗的海公司与伦敦航运交易所、辛迪加有限公司合并，迁入圣玛丽大街的新大楼。第一次世界大战期间，波罗的海交易所的业务遭到了重创。1935 年，波罗的海交易所演变成了全球性的海运交易市场，其货物交易的功能就此终结。1985 年，为了减少运费波动给船东和租船人带来的风险，波罗的海交易所推出了世界上第一个货运运费指数期货市场，形成了目前国际通用的波罗的海运价指数。波罗的海现有来自 46 个国家的会员公司 550 余家，涉及船东、租船人、经纪人、金融机构、保险公司和海事律师等其他相关组织。

由于海运面临台风、海啸等多种风险，海上保险在保险业中最早发展起来。早期的海上保险业务是独资经营的，伊丽莎白一世统治时期，英国商人开始集聚在皇家交易所，同意立约分担航行风险。17 世纪，劳埃德咖啡馆开设后，英国商人、银行家经常集聚在此，讨论火灾、战争等对海运贸易造成的风险并进行估价，劳埃德咖啡馆逐渐成为英国海上保险事业的总枢纽。1769 年，劳埃德咖啡馆成为办理海上保险的正式组织。1826—1826 年，英国保险业迅速发展，数以百计的保险公司设立，在海险上有名气的公司，如利物浦公司、赔偿保险公司等都是在这期间成立的①。

与海上保险业起源类似，船舶登记业也起源于劳埃德咖啡馆。1760 年，由经常集聚在咖啡馆的航运业人士组织了船级社，这就是英国劳氏船级社的雏形，也是世界上第一个船级社。1764 年，船级社开始印制船舶登记资料，为保险人、商人和船东提供船舶的运行状况。1834 年，该组织改制为英国与国外航运劳氏船级社，雇用了 63 名验船师，制定了船舶检验的规则。到 1840 年，英国与国外航运劳氏船级社已经根据该规则检验了 1.5 万艘船舶。1852 年，劳氏船级社开始在世界各地设立办事处，1914 年改名为劳氏船级社。劳氏船级社在世界海运界享有盛名，是国际公认的权威船舶检验机构。

此外，英国还产生了海事法律、仲裁机构、航运业务咨询、船舶融资、航运教育培训、航运信息发布、航运媒体出版等一系列与航运相关的服务机构，伦敦积累沉淀的市场规范也成为国际惯例②。

第四节　灵活均势的外交政策

中世纪的英国外交在很大程度上受到罗马教廷的左右，在欧洲大陆不断地进行侵略战争。从亨利七世开始，英国的外交政策转为均势外交政策，伊丽莎白一世继承了这种外交政策并将其发扬光大。伊丽莎白一世时期的均势外交政策，体现在以国家安全和国家利益为基础，最大程度地谋求欧陆国家之间的势力均衡，以在夹缝中求得英国的生存③。在当时的国际形势下，如果欧洲大陆的某个国家过分强大，英国的安全将受到威胁，

①　金德尔伯格：《西欧金融史》，中国金融出版社 2007 年版，第 214 页。
②　董岗：《伦敦国际航运中心和英国航运业的动态演变规律研究》，载《水运工程》2009 年第 12 期，第 17—23 页。
③　Conyers Read. Mr Secretary Cecil and Queen Elizabeth［M］.London：Jonathan Cape，1995. p. 336.

而西班牙和法国在欧洲的势力最为强大，因此英国采取现实主义外交政策，不断地谋求西班牙和法国之间的势力均衡。伊丽莎白一世统治的前十年，英国最大的威胁来自于法国：因为法国不仅控制着英吉利海峡，还与苏格兰结为盟友。在这种情况下，英国首先借势将法国赶出了英格兰，同时与查理大公进行婚姻谈判，谋求与西班牙的友好关系，共同对抗法国。尼德兰革命后期，英国意识到如果尼德兰（低地）被西班牙占领，西班牙将成为英国最大的威胁。再加上当时法国国内出现了内乱，英国的外交政策逐步向联法抗西转变。到 16 世纪 90 年代，英西和谈再度开始，1604年《英西合约》签署，欧洲大陆的均势最终实现，来自欧洲大陆的威胁暂时消除，英国的安全得到了保障。

《英西合约》签订后，英国的对外关系重心转出欧洲大陆，逐渐走向打击荷兰、法国的海外势力、不断进行海外扩张、争夺海上霸主的道路。这一时期，英国的外交政策是随战争形势而变的。在第三次英荷战争期间，英国又与法国结成同盟，分别从海上、陆上打击荷兰。英法同盟破裂后，英国在其后的法荷战争中坐收渔利。在与法国争夺海上霸主的百年战争中，英国先后通过支持奥格斯堡联盟、与荷兰结盟等方式打击法国。在拿破仑战争中，英国多次参加反法同盟，最终击败法国，确立了海上霸权。

拿破仑战争后的维也纳会议上，英、俄、普、奥四国竟讨价还价，重新划分了欧洲版图，分割了海外殖民地，确定了欧洲的统治秩序，形成了维也纳体系。维也纳体系形成后，英国继续实行均势外交，体现为在欧洲大陆基本稳定时，干涉欧洲各国事务，当这种均衡被打破时，英国就扶弱抑强，维持均势。拿破仑战争后，俄国首先显现出了称霸欧洲的趋势，英国联合法国与俄国抗衡，最终在 19 世纪 50 年代的克里米亚战争中打败俄国。克里米亚战争后，英国对欧洲大陆实行更为彻底的不干涉政策，即"光辉孤立"政策。当然，这并不意味着完全置身于欧洲事务之外，英国利用列强之间的矛盾，使他们之间相互牵制达到均势，一旦这种均势遭到破坏，英国就做出行动维持均势。19 世纪末 20 世纪初，德国成为英国最大的威胁，英国与法俄结盟对抗德国，在第一次世界大战中战胜德国。第一次世界大战后，法国希望彻底削弱德国以称霸欧洲，英国坚决反对彻底削弱德国，为战后德国的重新崛起提供了机会。

英国的外交政策对英国海洋强国建设具有重要意义。伊丽莎白一世时期，通过均衡欧洲大陆国家的势力，英国得以在西班牙与法国之间谋求发展；海上争霸的过程中，通过灵活的外交政策，或与其他国家结盟，或者坐收渔利，夺得了海上霸权；在海洋霸权确立后，推行均衡外交与光辉孤立，既保障了英国自身的安全，也为海外扩张创造了条件。

第五节　确立金融霸权

英国的金融霸权是建立在海洋霸权基础之上的。17—18 世纪，英国与法国为争夺海洋霸主的地位，进行了长达百年的战争。战争以英国的胜利结束，英国自此称霸海上，殖民地遍布世界各地。由于殖民地与英国之间的贸易是以英镑为交易媒介的，因此，海上霸权的确立对英镑的推行具有十分重要的意义。

另一方面，英国"金融革命"促进了金融市场走向开放和成熟。"金融革命"是指 1688 年"光荣革命"后，英国国债市场迅速发展，英格兰银行和伦敦证券交易所成立，带动了英国金融体系的初步形成。英格兰银行成立于 1694 年，它是世界上成型最早的中央银行，被誉为各国中央银行体制的"鼻祖"。英格兰银行创立的最初目的是发行国债，弥补英西战争、英法战争产生的财政赤字，支持战争开销。英格兰银行确实做到了这一点，由于经营信誉高、结算简单便利，英格兰银行很快就得到了各界的认同。在英格兰银行的经营下，英国的公债在国内和国际大受欢迎，英国的国债从 1668 年的 100 万英镑上升到 1697 年的 1670 万英镑，到 1750 年为 7800 万英镑，1790 年达到了 2.44 亿英镑。英格兰银行不仅为英国筹集了大量战争以及经济发展所需的资金，更重要的是，英格兰银行繁忙的交易活动使得伦敦逐渐取代阿姆斯特丹，成为欧洲的金融中心。1711 年，南海公司成立，经英国政府授权，与东印度公司、英格兰银行一起为国家提供长期贷款，形成了一个庞大的资本市场。与法国及其他国家通过高利贷或增加税收的形式筹措资金、最终引起了社会动乱不同，得益于英格兰银行、南海公司和东印度公司三个机构的支持，英国以较低的融资成本，得到了大量的资金支持。随着英格兰银行引导的资本市场体系的有效运行，私人银行和地方银行也随之发展起来。1725 年，英国私人银行达到 24 家，1785 年为 52 家；1797 年英国的地方银行共有 400 家，1810 年已经超过了 700 家。这些私人银行和地方银行可以提供储蓄、贷款等服务，为城市建设提供了资金支持。私人银行和地方银行是英格兰银行的有益补充，与英格兰银行一起形成了英国的银行网络。英格兰银行促进了英国国债市场的繁荣，伦敦证券交易所则促进了英国的企业债券市场和股票市场的发展。英国最早的股份公司是成立于 1555 年，经玛丽女王特许经营的俄罗斯公司。股份公司的意义在于通过合股来分担贸易中的巨大风险，同时将除商人以外的其他阶层的资金吸引到海外贸易中，为海外冒险事业提供资金支持。1669 年，托马斯·格雷欣在伦敦市中心创建了皇家交易所，即后来的伦敦交易所。由于早期英国的股票市场不够成熟，皇家交易所主要提供货物商品的投机服务。查理二世统治期间，股份公司迅速发展，到 1693 年，英格兰和苏格兰地区已经有 140 余家股份公司。而到了 1695 年，苏格兰银行、东印度公司等股份公司的股票和债券都能够在皇家交易所繁忙而有序的流通了①。1773 年，皇家交易所正式以"证券交易所"命名。当时，伦敦股票市场的交易主要是三大公司以及其他股份公司的股票、公司债券和国债券。人们通过买卖股票和债券进行投机活动，证券经纪人作为中介，活跃在买卖双方之间。伦敦证券交易所对于英国的经济发展具有重要意义，据统计，1853 年，交易所提供了英国发展所需资金的 1/4；1913 年，这一比例超过了 1/3。伦敦证券交易所不仅为英国经济发展提供了巨额的资金支持，而且还为英国资本向国外输出，获得更高的收益提供了途径。直至现在，伦敦证券交易所与东京证券交易所、纽约证券交易所、纳斯达克证券交易所齐名，并称为全球四大证券交易所。至此，随着英国银行网络的形成，股份公司和证券交易所的发展，英国的金融体系初步建立起来。

以海洋霸权以及金融体系为基础，英国开始推行金本位制度，确立金融霸权。国际金本位体系（1870—1914 年）是历史上最早的国际货币体系，它的核心内容是：实行金本位制度的国家货币之间保持固定的汇率制度，黄金和货币之间可以自由兑换，黄金可以自由输入输出。英国从 1816 年开始实行金本位制度，随后凭借其海洋霸主的实力和国际金融中心的地位，开始在世界范围内推行金本位制度。首先接受金本位制度的国家是德国，德国最初实行的是银本位制度，1870 年普法战争结束后，德国在 1871 年和 1873 年颁布法律，实现了从银本位到金本位的转变。随

---

① 金德尔伯格：《西欧金融史》，中国金融出版社 2007 年版，第 214 页。

后，由于德国对白银的抛售以及新银矿的开采，欧洲白银价格大幅下降，以法国为首的拉丁同盟也开始向金本位制度靠拢。1876 年，法国也率先实行金本位制度。随后在 1878 年，拉丁同盟的其他国家也相继采取金本位制度。1880 年，拉丁同盟解散，印度作为英国的附属国，也开始转为金本位制度。1890 年，随着美国金本位制度的确立，国际金本位体系最终形成。金本位体系下，英镑成为世界通用的货币，40% 以上的国际贸易都采用英镑结算。英镑成为国际贸易结算货币和国际储备货币，标志着英国金融霸权的最终确立①。

第六节　海洋教育

英国的海洋教育在都铎王朝时期初具雏形。为了更好地发展海军，亨利八世在泰晤士河、泰恩河和亨伯河成立了航海技术学校，研究海军技术、造船技术和海军武器制造技术②③。英国海洋教育大规模的发展是在 19 世纪，成立了多所海军院校及海洋学校。1862 年，哈特利学院（现为南安普顿大学）成立，南安普顿是英格兰南岸的海港城市，造修船工业、远洋贸易十分发达。据 2013 年《英国卫报》的大学评比，南安普顿大学仅次于牛津与剑桥大学，位居全英第三。南安普敦大学的海洋学中心是全世界最大的海洋研究机构，主要研究海洋演变和发展研究、气候变化以及技术的发展，以探索海洋和海床的奥秘。同年，普利茅斯大学成立。普利茅斯是英国著名的军港，1588 年，英国在此击败了西班牙的"无敌舰队"；1620 年，搭乘"五月花"号的清教徒也是从此处登船去往新大陆的。普利茅斯大学设有海岸工程、海洋科学、海洋环境科学等十几个与海洋相关的专业，为英国培养了大批海洋科学研究的人才。1863 年，英国创建了皇家海军学院。皇家海军学院的教育分为两个阶段，首先进行共同科目训练，对学员进行入学教育，进行海军基本知识的学习，培养学员的

---

① 裴毅菲：《论英国社会保障制度的历史变迁》，载《科教导刊（中旬刊）》2011 年第 11 期，第 184—185 页。

② 王银星：《安全战略，地缘特征与英国海军的创建》，载《辽宁大学学报》（哲学社会科学版）2006 年第 34 期，第 3 页。

③ Mathisa. P: The First Industrial Nation, an Economic History of Britain 1700 – 1914. London, 1983. p. 110.

航海、武器操纵等基本海军技能及领导能力；完成共同科目训练后，学员可以选择转到海军工程、飞行、军需等学院，进行分科学习。皇家海军学院为英国培养了大批优秀的海军战士和海军将领，被誉为英国海军军官的"摇篮"。1880 年，英国皇家海军工程学院成立。皇家海军工程学院的主要任务是培养海军工程技术人才，使他们具有海军舰艇机器和设备的检修、操作、设计、建造的能力。1883 年在威尔士地区设立了卡迪夫大学，该大学是被称为"英国常春藤盟校"的英国罗素大学集团的主要缔造者以及主要成员之一。直至今天，卡迪夫大学在英国地球与海洋科学、海洋政策、海洋和海岸带环境管理等海洋相关研究中占据重要的位置，拥有两名诺贝尔奖获得者，为英国海洋教育发展做出了重要贡献。

第四章　可借鉴的经验

　　葡萄牙和西班牙海洋强国兴衰历程的借鉴意义在于，首先，海洋强国必须以强大的海洋军事力量为基础。从葡、西两国的兴衰来看，他们的强盛源于海军舰队对殖民地的征服，其衰落也是从海军舰队落后，被其他后起国家打败开始。而在当代，强大的海洋军事力量不仅是保护本国免遭侵犯的海上防线，同时更是维护国家海洋主权、海洋安全与海洋权益的坚实后盾。其次，掌控海上运输通道对于海洋强国建设意义重大。葡、西两国通过占领重要的海上运输通道，垄断海上贸易，确立海上商业霸权。占领海上运输通道意味着对航线、贸易的掌控，在战争发生时，如果海上运输线路被切断，对进口强烈依赖的商品如石油、粮食等的供给将出现不足，由此甚至会导致国家经济的崩溃，带来严重的后果。即使是在和平年代，也需要对海上运输通道有一定的控制力，防患于未然。最后，科技进步为海洋强国建设提供了保障。葡、西称霸海洋时期，科学技术尚不发达，技术的应用限于航海、造船技术，这些先进的技术为两国探索海上航路、海外扩张提供了物质保障。而在科学技术发达的今天，科技在海洋产业中的应用将促进海洋资源更充分的开发利用，重视海洋科技发展的意义更为重大。

　　从荷兰海洋强国兴衰历程中，可以得出，一方面，经济发展不能过分依赖海上贸易。荷兰领土面积较小，资源不足，在海洋强国鼎盛时期获取的财富未能转化成本国的资本，导致本国经济过分依赖于贸易，海上霸权丧失导致贸易骤减，经济也随之崩溃。另一方面，要不断改进提高海军装备技术。海军装备技术上的落后，是荷兰被英国打败的一个重要原因，海洋霸权也随之转移。在信息科技高速发展的今天，各国均投入巨资研发高技术含量的武器装备，现代战争更多的体现为高科技的较量，武器装备的技术显得尤为重要。

英国的海洋强国建设经验是十分值得借鉴的。首先，加强海洋军事力量建设，维持海洋强国长久不衰。英国在战胜法国取得海洋霸主的位置后，对海军的投入并未松懈，其海洋军事实力在当时一直是世界最强的，正因为如此，英国可以称霸海洋长达百余年。其次，海洋贸易带动了金融业、航运高端服务业的发展。海洋贸易繁荣为英国带来了巨大的财富，量变带来质变，带动了金融业的发展。同时，海洋贸易引致了海上保险、船舶登记、航运交易等高端航运服务业在英国最早出现。直至现在，即使伦敦港吞吐量不高，但其国际金融中心、高端航运服务业集聚中心的位置仍然不可撼动。再次，制定符合本国国情的海洋战略。英国在海洋强国建设过程中，先后确定了发展海外贸易、海上争霸、维持海上霸主地位战略，引导了海洋强国建设。海洋战略为海洋强国建设指引了方向，在不同的时期，要结合国内与国际形势，制定相应的发展战略。最后，海洋外交政策也是十分重要的。英国的均势外交政策起到了以最小的代价减少其他国家对海洋霸主地位威胁的目的，是英国的海洋霸权维持的重要因素之一。在当代，加强与其他国家在海洋军事、海洋经济上的合作，对海洋通道控制、对外贸易发展都有促进作用，对海洋强国战略实现也有重要意义。

第 二 编

美国海洋强国建设发展历程

第一章　以海军建设为主导的海洋强国建设阶段

　　这一阶段，在时间上是指建国初期到一战结束，即 1776—1918 年。在这一阶段，美国海洋强国建设可分三个时期：起步时期（1776—1815年）、发展时期（1815—1889 年）、扩张时期（1889—1918 年）。此时美国海洋强国建设主要体现在海军建设上，海洋整体战略也主要体现在以建设强大海军力量为主，同时重视应用先进科学技术提升船舰建造及应用水平，以及后期开始重视的海洋权益建设。

第一节　建设强大海军夺取海上霸权

　　从建国到一战结束美国海军建设目标明确，由起步时期的"守土保交"到扩张时期的"控制海洋"。

一　起步时期

　　起步时期从 1774—1815 年，是美国建国初期，其海军战略确定为"守土保交和袭击商船"，以此来保护本国不受入侵及海上贸易通畅。美国是典型的海洋性国家，它占据了有利的地理位置，"两洋"的地缘优势为其提供了天然保护屏障①，因而控制海洋对美国的经济和安全都具有重要意义。由于此时美国的经济基础薄弱，海军战略思想以"海上游击""要塞舰队""贸易掠夺"为主②，认为海军存在的意义就是要塞防御，海军不可以离开

---

① 杨金森：《海洋强国兴衰史略》，海洋出版社 2007 年版。
② 李铁民：《中国军事百科全书（第二版）》，《海军战略学科分册》，中国大百科全书出版社 2007 年版，第 231—233 页。

本国的主要港口作战，否则就会被敌人歼灭，并通过对英国海上交通线的袭扰，袭击英国商船，以达到维护美国独立的目标①。1775 年 10 月 13 日美国建立了大陆海军，并于年末建造快速帆船，1776 年试图建立欧洲大陆海军并与法国进行军事合作，1781—1790 年大陆海军被解散，国家商船队饱受北非海盗及法国私掠船的劫持之苦，后在美法准战争及"的黎波里—美国战争"期间美国海军船舰重新下水并取得了胜利。战后美国海军实力再次被削弱，后在 1812 年的英美战争及与阿尔及尔海盗的斗争中才第一次明白了长期建设海军的重要性，1813 年美国私掠船也加入战斗使得商业萎缩，此时美海军的活动范围主要在浅水海域。

二　发展时期

发展时期从 1815—1889 年，在此期间，美国确立了"走向海洋"的战略，用海洋保护国家安全，想法类似中国古代的"护城河"。此时美国的海军战略以防御为主，但同时具有了扩张性，甚至是远洋扩张的倾向。海军战略为"守土保交"及"西半球防御"：将保护国土和海上贸易作为主要战略，同时用"炮舰政策"来保护国土安全，用袭击和反袭击商船的方式扩大并保护海上贸易。但活跃于世界各地的海盗对美国的海外贸易造成了严重的影响。在 1815—1822 年间，仅加勒比海和墨西哥湾受到海盗袭击的美国商船就有 3000 多艘，1823—1826 年美海军肃清了海盗。1820 年组建非洲海军支队打击非洲的跨洋奴隶贸易。1835—1845 年海军还曾把小型汽船运至内河上游为陆战队员提供物品供给及迁移塞米诺尔族人至俄克拉荷马的印第安地区。后美国占领了得克萨斯，墨西哥战争期间（1845—1848 年）美国对墨西哥湾进行了海上封锁，"国会"号护卫舰绕行至合恩角合并了太平洋袖珍舰队，并首次认识到了维持漫长海上封锁线的困难②。美国内战期间（1861—1865 年）海战除了发生在海上还在内河之中，南部邦联制造了美第一艘铁甲舰"梅里麦克"号、各式鱼雷、鱼雷艇、世界第一艘战斗潜水艇"亨利"号，北部联邦对南部邦联实行了海上封锁并建造了 3815 吨的铁甲舰"密安托那姆"号出访英国，此时

---

① 季晓丹、王维：《美国海洋安全战略：历史演变及发展特点》，载《世界经济与政治论坛》2011 年第 2 期，第 69—84 页。

② ［英］赫恩：《美军战史·海军》，中国市场出版社 2011 年版。

美国北部联邦发展成世界上最强大的海军，也宣告了全世界帆船时代的结束。1884 年在罗德岛纽波特港建立海军战争学院提高海军军官素质。但内战之后美国海军没有继续向前发展。

三　扩张时期

扩张时期从 1890—1918 年，阿尔弗雷德·赛耶·马汉（Alfred Thayer Mahan）1890 年出版了《海权对 1660—1783 年历史的影响》，其"海权论"风靡欧美，成为美国海洋战略的指导思想。马汉通过总结英国利用海洋的经验，最早肯定了海洋对于国家的重要性，认为海权的本质是强大的海军和繁荣的海上贸易。"海权论"使美国的海洋战略发生了彻底的转变，他提出美国要放弃大陆政策走向海洋，保护海上商船队，占领海外殖民地，夺取夏威夷作为通向亚洲的跳板。"远洋进攻"的战略思想迅速发展起来，1890 年国会通过的海军法，同意建立一支深海海军，从此进入了建设全球海军的时代①。在此战略的指导下，1893 年夏威夷君主被推翻，1898 年夏威夷成为美国的一部分，美海军战略转变为"控制海洋"，认为任何一个国家要想成为强国，必须首先控制海洋，海军战略的目的就是获得海洋控制权②。这种理论标志着美国蓝色海军战略思想的形成，被西奥多富兰克林·罗斯福总统和威尔逊总统作为国策积极地实施。西奥多富兰克林·罗斯福总统将美国作为世界的中心，打算通过美国的领导影响国际行为准则以实现美国利益的最大化。

此时发生的战争主要包括美西战争（1898 年）、香蕉战争（1898—1934 年）、美菲战争（1899—1902 年）、八国联军侵华（1900 年）、一战（1914—1918 年）。美西战争（1898 年）中，美国打败了西班牙，获取了其在古巴和菲律宾地区的重要岛屿，包括关岛、威克岛、波多黎各岛（地理位置见图 2—1），使美国在加勒比海地区获得了霸主地位，在太平洋和加勒比海占领的岛屿是美国向亚洲和南美洲扩张的重要战略基地③。这场战争是美国瓜分殖民地的第一次帝国主义战争，它扫去了南北战争时

---

① 杨金森：《海洋强国兴衰史略》，海洋出版社 2007 年版。

② 李铁民：《中国军事百科全书（第二版）》，《海军战略百科分册》，中国大百科全书出版社 2007 年版，第 231—233 页。

③ 杨春龙：《美西战争与美国作为世界大国的崛起》，载《淮阴师范学院学报》（哲学社会科学版）2004 年第 6 期，第 764—768 页。

留下的阴霾，让国内空前团结一致，使欧洲列强得到了警告，也使美国人从此更多地参与远东事务，显示了美国海军的实力和潜力，标志着美国进入了世界列强。更重要的是，美国从此成为中国的邻国。香蕉战争主要发生在中美洲及加勒比海地区，美国控制了古巴和波多黎各。美菲战争后菲律宾成为美国的殖民地。八国联军侵华战争中美国派出了海军陆战队，后强迫中国签订了《辛丑条约》对中国造成了巨大的经济和文化遗产损失。另外在 20 世纪初，美国海军还曾作为维和部队被派至古巴、巴拿马、尼加拉瓜、洪都拉斯等国①。

　　第一次世界大战（1914—1918 年）初期，美国采取中立政策，为交战国提供军火、粮食等物资获取了 380 亿美元的利润，西方国家的订单使得本来萧条的美国工业变得欣欣向荣；同时美国迅速建立战时体制，扩充海军力量——威尔逊总统希望美国拥有和世界上最强大的英国海军并驾齐驱的水平，致力于建设"世界上所向无敌的大海军"。1916 年，美国的"大海军法案"最终通过，表明了美国海军的扩充趋势，为美国海洋扩展战略提供了保障②。与日本签订《兰辛—石井协定》承认日本在中国的特殊利益来维护美国在太平洋地区稳定的后方海域，并建立了大西洋护航体系，与英法结盟重点打击德国。1916 年开始在装甲巡洋舰上训练海军航

图 2—1　美国占领的关岛、威克岛、夏威夷以及波多黎各岛的位置

---

① ［英］赫恩著：《美军战史·海军》，中国市场出版社 2011 年版。

② Link, Arthur S. The Papers of Woodrow Wilson（Vol. 34），Prince：Princeton University Press. 1966.

空兵，到 1917 年海军有 39 个飞行员，到第一次世界大战末期美海军航空兵发展至 1656 个飞行员，驾驶的作战飞机也由单座侦察机发展至大型飞艇，担负着侦察、护航、袭击潜艇的任务。第一次世界大战末期（1917年 4 月），美国在战争格局基本清楚时对德国宣战，在战后获得了发言机会并成为军事大国①。一战使得欧洲列强衰弱分裂，美国却逐渐兴起，从战前的债务国变为世界上最大的债权国，在经济发展、海军规模和政治地位上都有了很大的提升。

　　总结这一时期美国对强大海军建设的认识过程如下：在还是英属殖民地时期，美国就受到了英国海洋意识的熏陶。在建国不久后美国就形成了走向海洋的意识，对于海军作用的认识为：海军可以保护航运和对外贸易，并进行对外防御。但是由于建立维持海军的费用庞大，海军被取消了。在华盛顿总统时期美国试图重建海军，但对于如何建设、建设什么样的海军产生了分歧使海军建设受到影响。在遭受北非海盗袭击商船被俘获之后，杰弗逊总统认为海军对商业、航运业和国家安全的效益是巨大的，维持它的费用远远低于海盗袭击遭受的损失。在 1812—1814 年英美战争时期英国海军对美国进行封锁并放火烧了华盛顿，这使得美国人深刻地品尝到了海军落后的苦果。此时美国开始将海军建设放在首位，并不断地修建海防工事和沿海公路。南北战争时期，海军对于北方的胜利起到了重要的作用。之后特雷西提出"海军是进攻性的"，马汉将此思想发展并提出海权论，使得美国对海洋的认识开始上升到国家战略的高度。第一次世界大战又极大地锻炼了美国海军，从世界二三流的地位升至世界一流，大大提高了美国的护航能力和运输能力②。战后，在美国和英法的操纵下形成了凡尔赛—华盛顿体系，由此，美国已开始获得世界领导权。

第二节　海洋船舰制造业及海洋运输业快速发展

　　美国在南北战争之后工业就迅猛发展，到第一次世界大战时期其工业产值已经居世界首位，黄金储备更是超过英法德三国。不断发展的经济实

---

　　①　杨金森：《海洋强国兴衰史略》，海洋出版社 2007 年版。
　　②　胡德坤、刘娟：《从海权大国向海权强国的转变——浅析第一次世界大战时期的美国海洋战略》，载《武汉大学学报》（哲学社会科学版）2010 年第 4 期，第 492—498 页。

力为其发展海洋产业提供了良好的基础，这一时期，海洋产业建设主要体现在舰艇制造业上，与此同时航运业也在快速发展。

一　海洋船舰制造业

美国人在造船技术方面不断探索，积极探索用高科技来增强海军实力。美国的造船业同时为从事海上贸易运输的商船及军用船舰提供建造及修理服务，由于军舰技术含量高，加上世界安全形势严峻，战争不断，因此建造军舰成为美国造船业的主要方向。

（1）美国海洋建设起步时期。1775 年 12 月 31 日大陆议会批准在 3 个月内建设 13 艘快速帆船提供给海军使用，包括 5 艘 32 炮帆船、5 艘 28 炮帆船和 5 艘 24 炮帆船。这一时期，在船舰装备性能发展上，美国建造的船舰种类主要是木质船，1814 年罗伯特·富尔顿设计制造出蒸汽动力明轮推进"富尔顿"号，该舰靠侧面的两个蒸汽动力明轮推进，装有 20 门大炮，专为港口防御而设计。

（2）美国海洋建设发展时期。1815 年以后的 6 年，国会每年支出 100 多万美元用于建造 6 艘 74 炮战舰和 12 艘 44 炮战舰，实际装配的舰炮数从 86 门至 102 门不等。1820 年初，美国已有 7 艘当时世界的一流战舰。1820—1830 年国会重视海防工事修建而忽视海军建设，到 1837 年美国海军实力仅居世界第八位，连一艘蒸汽战舰都没有。1890 年，批准建造 1 万吨级战列舰 3 艘[①]。20 世纪初开始每年造一艘战列舰，1903 年每年造 3 艘。1907 年拥有 20 艘世界一流的战列舰。在塔夫脱总统 4 年任期内造了 6 艘战列舰，还造了许多各类舰艇[②]。1916 年建造了 4 艘驱逐舰、400 艘猎潜艇、237 艘驱逐舰，这些舰艇为二战奠定了很好的基础。这一时期，在船舰装备性能发展上，1815 年海军开始使用蒸汽战舰以取代风帆战舰，同时采用了螺旋桨和装甲等新技术。1884 年国会拨款 13 亿美元建造装甲防护型的战舰，包括排水量 3000 吨的巡洋舰"亚特兰大"和"波士顿"号，排水量 4500 吨的巡洋舰"芝加哥"号和排水量 1500 吨的通信船"多尔芬"号，航速高达 17 节，并安装了 5 英寸、6 英寸和 8 英寸的滑膛

---

① ［英］赫恩：《美军战史·海军》，中国市场出版社 2011 年版。
② 陈海宏：《从"海军第一"到"海权论"——美国海军战略思想的演变》，载《军事历史研究》2008 年第 1 期，第 109—118 页。

炮，但命中率不高。而此时英国已经造出了 18 节、10 英寸滑膛炮的"艾丝美拉达"号，因此美军战舰没开始服役就已经过时了。1885 年，美国发现英国建造的前往巴西的"约楚尔罗"号装甲巡洋舰已经足以击败整个美国海军舰队，美国国会批准建造 2 艘战列舰"缅甸"号和"得克萨斯"号，分别为 6682 吨、4 门 10 英寸舰炮，6315 吨，2 门 12 英寸舰炮。至此风帆动力彻底退出了历史舞台。1910 年采用高舰舷、改进弹药操作流程等方法改进了"无畏"级战列舰。1910 年解决了飞行器设计的关键问题，并开始在圣迭戈的学校对海军进行飞行训练，建设海军航空基地。第一次世界大战期间，美国海军聘请托马斯·爱迪生为顾问并组建海军顾问委员会研究反潜艇作战，还提出为商船配备无线电及听音设备等措施。同时美国还认识到航空器的作用，大量培训海军航空兵。

（3）美国海洋建设扩张时期。到第一次世界大战前美国已经有了 8 艘"无畏"级战列舰，并有 2 艘 12 门 12 英寸舰炮的 3.2 万吨"新墨西哥"级战列舰在建造中。1916 年海军又开始建造 3.26 万吨级的战列舰"科罗拉多"号、"马里兰"号、"华盛顿"号和"西弗吉尼亚"号，均装备以最先进的 16 英寸舰炮。为加强驱逐舰队的实力，海军还建造了 400 艘猎潜艇，舰长 100 英尺，排水量 60 吨，主机为汽油改动机，航速 15 节，装有 3 英寸炮和发射深水炸弹的"Y"型弹架。同时，战列舰的建造让位于 273 艘驱逐舰，以适应护航和反潜作战任务的要求。这些驱逐舰均为 1200 吨级航速 35 节，装有 4 门 4 英寸舰炮、1 门 3 英寸高射炮、12 座 21 英寸鱼雷发射管和 2 个深水炸弹发射架，构成了海军的骨干力量。这些舰艇后来成为第二次世界大战中支援英国的重要力量[1]。

二　海洋运输及港口业

在美国独立之前，就已经与欧洲国家建立了海上的商贸关系，这缘于西欧国家对商业及贸易的重视。独立战争时期法国、西班牙、荷兰、丹麦等国通过船舶向美国运输"违禁品"，他们企图利用战争的时机获得利润，希望看到英国经济及航运地位的崩溃[2]。美国独立之后，航运业发展的外部形势并不

---

① ［英］赫恩：《美军战史·海军》，中国市场出版社 2011 年版。
② 郑雪飞：《美国独立战争期间欧洲中立国的海上贸易权利之争》，载《平顶山学院学报》2005 年第 3 期，第 8—14 页。

乐观，英国对美国运往英国的货物颁布了高关税法令并禁止其进入英属的西印度群岛进行贸易往来，西班牙封锁了密西西比河，法国也只开放了几个海港且规定 60 吨以下的美国船只才可靠泊。重重封锁使得美国开始寻求其他的贸易市场，出于对中国茶叶及精美瓷器的消费需求，美国选中了远在海外的中国。此时美国造船业不断发展，再加上部分商人劫持英国船只获得了大量财富以及美国人对出海航行的兴趣，美国的航运业逐渐发展起来。

此时美国商船载着棉花、烟草、大米、木材、面粉等航行至东亚地区、加勒比及巴西地区，与其交换丝绸、茶叶、瓷器、胡椒，咖啡、酒、水果、橡木等物品。1776 年美国人雷亚德参加了太平洋地区的探险，返美之后宣称美国商品在中国可以卖出很高的价格获得超额利润，这对一些商人产生了吸引力。1784 年美国商船"中国皇后号"由纽约绕行好望角并到达中国广州，标志着北美至中国航线的开辟和中美的远洋贸易往来的开始。1786 年"希望"号再次从纽约出发航行至广州。美国人将人参、毛皮、棉花等货物运至中国，中国将瓷器、茶叶、丝绸等货物运至纽约。从此中美贸易逐渐开展起来，美国成了中国第二大茶叶购买商和白银供应商①。1842 年美国提出要同其他国家一样享受最惠国待遇，并不满足于只有广州港开放②。1776—1888 年，美派往中国的商船多达 1100 多艘，对华贸易刺激了美国大陆及海外扩张及西部俄勒冈等地区的发展。与此同时，美国的商船也多次受到海盗袭击，1781—1790 年受到北非及法国的袭击，1812 年被英国及阿尔及尔袭击，1815—1822 年受到袭击的商船数多达 3000 多艘，受袭击区域在加勒比海地区及密西西比河三角洲地区。

1793 年法国独立战争爆发时，美国的海上贸易受到干扰，美国在亲英和亲法之间产生了犹豫并选择中立。1794 年美英签订"友好贸易与航海条约"（杰伊约），英国同意开放英属东印度群岛，但限制与英属西印度群岛的贸易，美国还取得了最惠国待遇，规定英国可以没收美国运往法国的食品并由英国提供赔偿，美国船上的法国财产也可以没收——在中立权利中美国稍微倾向于英国。后因杰伊条约法国开始袭扰美国的商船，这种情况直到 1799 年拿破仑执政后才停止。1809 年美国为了保护中立国

---

① 梁碧莹：《美国商船"中国皇后"号首航广州的历史背景及其影响》，载《学术研究》1985 年第 2 期，第 75—79 页。

② 李庆余：《美国外交史：从独立战争至 2004 年》，山东画报出版社 2008 年版。

的贸易权曾对英法两国实行海上禁运，但最终因国内商人走私导致失败。1815—1889 年海上安全态势相对稳定，美国海上贸易急剧增长，从 1820 年至 1860 年美国的进出口贸易几乎增长了 5 倍。由于 1860—1890 年的排华暴行，1905 年上海出现了抵制美货的运动，美国对华不友好的态度严重影响了中美贸易的发展。

19 世纪初，美国商人效仿英国开始向中国贩卖鸦片。1844 年随着《中美五口贸易章程》的签署，北美航线逐渐衰落①。1905 年巴拿马运河正式通航，该年通过商船 1000 多艘，缩短了美国往返大西洋和太平洋的距离。1916 年制定《航运法》确立了国际航运反垄断豁免制度、运价报备制度、无船承运人制度等特色制度，并影响了其他国家航运法规的制定。

一战初期，美国希望同所有交战国进行贸易往来，但英国力图切断德国的物资进口。美国为此动用了法律武器—1908 年美国提议交战各国签署《伦敦宣言》允许中立国与交战国进行贸易往来，1914 年英国对《伦敦宣言》做了本质性的更改后宣布接受，1916 年又宣布放弃。由于当时法律的不完备，美国认为自己拥有海上自由运输的权利，并且对于违禁物资的运输，美国的做法是作为中立国精减禁运物品数，作为交战国扩大禁运物品数。后来由于与协约国的贸易使得美国逐渐摆脱了本国的经济萧条，美国开始对交战双方采取双重标准，与英法之间的贸易往来不断增加。1917 年为了对抗德国潜艇，美国宣布将武装商船，将采取一切必要手段保护本国商船和公民的生命和财产安全②，并将一切出口物资列为禁运商品，逼迫欧洲其他中立国与协约国集团进行贸易往来③。

第三节　开始注重海洋权益的保护

美国 1793 年宣布领海范围包括离岸 3 海里的水域④，并通过海洋立

---

① 马英明：《北美航线——海上丝绸之路的最远端》，载《广州航海高等专科学校学报》2008 年第 16 期第 3 卷，第 29—31 页。

② United States Department of State. Foreign Relations of the United States, Supplement：The World War, 1915. Washington, 1928.

③ 郑雪飞：《第一次世界大战中美国中立政策评析》，载《河南大学学报》（社会科学版）2008 年第 2 期，第 82—88 页。

④ 刘中民：《领海制度形成与发展的国际关系分析》，载《太平洋学报》2008 年第 3 期，第 17—28 页。

法发布了一系列支持船舰制造业和海军发展的政策及法律法规，如 1916
年的《航运法》及《海军法案》①，建立了关于航运、贸易方面的海洋管
理机构对其实行规划和控制，采用的是州政府的管理模式，除了有关国家
整体安全、外交、航运和渔业的海洋事务政策如自由航行权利、领海保卫
和领土安全等方面由联邦政府决定外，其他由州政府主导，这种模式存在
局部利益与整体利益矛盾的问题，产生了重复建设、资源浪费和环境污染
等问题。1906 年颁布了《文物法》，这是最早关于自然保护方面的联邦立
法，商务部长负责管理海洋区域内的国家纪念物②。

一　外交与战争

美国在建国之前是英国殖民地，也是欧洲列强争夺的目标。当时欧洲
战争不断，使得美国人意识到帮助英国争取胜利只会换来对其更多的剥
削，不参与欧洲战争保持中立，积极争取民族独立，发展贸易是美国早期
的外交思想。此外，由于与英国力量对比悬殊，美国与法国结盟也是这一
时期的外交策略。

但是，法国本质上与美结盟是为了削弱英国的实力并将美国纳为自己
的殖民地。萨拉托加战役后英国想给予美国不完全独立，美国利用英法对
美的竞争一方面假装与英和谈一方面逼迫法国承认美国的独立地位，1778
年美法签订了友好通商条约及同盟条约。美国成功地联法反英实现了独
立。1779 年法国与西班牙签订《阿兰惠斯条约》决定共同对抗英国以抢
回直布罗陀海峡，这使得美国也被卷入战争，美国从此意识到了欧洲政治
关系的复杂性并坚定了独立的决心。1782 年在与英国的和谈中，美国撇
开法国单独与英国进行谈判，最终与英国签订了《巴黎和约》承认了美
国的"完全独立"地位，此时北美领土的占有国包括英、美、西，如图
2—2所示。1792—1814 年法国大革命引发的欧洲战争使得美国在亲法和
亲英之间产生犹豫，分歧最终导致美国联邦党和共和党的产生。1794 年
美国在中立权利上对英国让步，《杰伊条约》使美国获得了和平外交的环
境③。1795 年美西签订的《平尼克条约》给予了美国在密西西比河自由

---

①　杨金森：《海洋强国兴衰史略》，海洋出版社 2007 年版。

②　林新珍：《美国海洋保护区法律制度探析》，载《海洋环境科学》2011 年第 4 期，第
594—598 页。

③　托马斯·帕特森：《美国外交政策》，上、中、下，中国社会科学出版社 1989 年版。

航行、新奥尔良处置货物的权利、划定美西边界线在北纬 31°。1796 年
"华盛顿告别演说"表明美国要扩大贸易，避免同外国发生政治关系，建
立暂时的同盟用来应对紧急事件。与此同时法国对美英的《杰伊条约》
深感不满并开始袭击美国商船，1800 年《美法条约》废除了法美联盟。
第二次英美战争期间，美国的中立贸易再次遇到困境，英国封锁了美国的
海岸线，强征美国士兵，唆使印第安人进行边境挑衅，烧毁了华盛顿等，
1814 年美国放下了这些分歧与英国签订《根特合约》。此时，俄、普、奥
成立"神圣同盟"以复辟君主制，它们想在整个美洲地区实行贸易控制
和领土扩张。1823 年美国单独发表《门罗宣言》重申了美洲独立的思想，
但之后这个宣言逐渐成了美国单独干涉美洲事务的保护伞①。

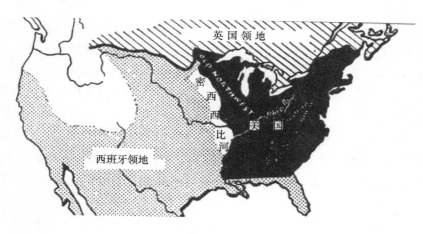

图 2—2　1783 年时北美的领土占有情况

　　1801 年杰弗逊总统上任之后，美国开始对国土进行扩张，为了获得
路易斯安那，美国以联合英国威胁刚从西班牙手中抢得路易斯安那的法
国。1803 年美国成功地得到了路易斯安那、新奥尔良及密西西比河以西
地区；为了获得佛罗里达，美国派兵攻打佛罗里达并于 1819 年使得美国
首次将领土延伸至太平洋地区，基于日后合并得克萨斯的考虑，美国同意
承担美法准战争期间西班牙对美商船造成的损失。1840 年的"天定命运"
思潮及商人对东方地区贸易的渴望促进了美国再次开始扩张领土，为了开

---

① 李庆余：《美国外交史：从独立战争至 2004 年》，山东画报出版社 2008 年版。

发中国市场，美国采用"搭英国便车"外交，趁鸦片战争时期，美国要求获得和英国同等的利益，开放了 5 个口岸，还获得了"领事裁判权"和"关税特权"，导致中美首次不平等外交，之后中国人到加州淘金和参与修建铁路及西部农场工作等；为了获得俄勒冈（本为英美共同领地），美国人大量移民至当地使得英国的放弃成为必然；为了争取得克萨斯（本为西班牙领地），美国先发动战争后通过外交手段，1848 年根据《瓜达卢佩—伊达尔戈和约》美国支付 485 万美元获得了新墨西哥、得克萨斯和加利福尼亚。1858 年美国趁英法发动第二次鸦片战争时期扩大了在中国的领事裁判权，中国被迫开放台湾为通商口岸，并获得了到内地游历及传教自由。1867 年由于俄国担心英国利用加拿大作为前沿基地及阿拉斯加的经济状况较差，美国趁机从俄国手中以 720 万美元购买了阿拉斯加。美国内战期间，南方联邦想利用欧洲国家对其棉花的依赖获取支持，北方联邦首先采用海上封锁战术，之后在"特伦特"号事件中对英国的让步防止了其他国参战。军事实力的不断强大是彻底改变英法西等国对美态度的根本原因。美国经济的发展以及 1893 年的经济危机使得美国更加重视向海外扩张，此时的外交政策是"扩大出口"。1890 年由于西沃德及马汉的影响，美国的扩张主义思潮再次出现，美国通过贸易对古巴和墨西哥进行经济控制，通过改变关税及对夏威夷的贸易优惠合并了夏威夷，1895 年通过解决委内瑞拉和英属圭亚那的争端，美国确立了在美洲的领导地位。

1895 年古巴爆发革命后，美国担心欧洲国家的干预采取中立政策，1898 年以"缅因号"事件为由对西班牙宣战，之后签订《巴黎和约》美国获得了菲律宾和古巴及西班牙掌管的其他岛屿。对于古巴，美国一方面拒绝其革命政府，一方面在联合决议中同意古巴独立，美西战争后，美制定《普拉特修正案》，使得古巴丧失了外交主权，并开创了"形式上给予其独立，实质上进行控制"的新殖民政策，美西战争之后，美国的外交改为"在加勒比海地区确立霸权和向中国市场扩张"。此时，美国一方面在国内实行保守性的改革，另一方面积极谋划在世界舞台上发挥作用，主导地区秩序。1860—1880 年，美国发生排华、排日等事件，美国政府通过 1897 年的《排华法》禁止中国移民，美国的反华行为影响了中美贸易及关系。1905 年美国调停了日俄战争，1906 年介入欧洲事务并参与摩洛哥危机的解决，此时的美国已经开始插手亚洲及欧洲事务。之后在西奥多富兰克林·罗斯福总统时期，美国采用"大棒政策"及"商业扩张"来建立世界霸权，对于加勒比海地区美国主要采用武力干涉。塔夫脱总统推行"金元外交"，向中南美洲及亚洲地区扩张，鼓励本国银行和商业、工业在国外投资发展。威尔逊总统推行"天职外交"，主张用美国的制度教导世界，建立世界民主秩序。1901 年美国通过外交手段避开英国，单独修建巴拿马运河并享有设防权。为了修建运河，美国对哥伦比亚实行了"大棒政策"：一方面调遣军队待命，一方面承诺给予金钱补偿。到 1905 年运河通航之后，美国利用运河的便利、强大的海军及门罗主义的保护在南美地区进行干预，将欧洲势力赶出美洲，这也标志美国确立了在加勒比海地区的霸权。20 世纪初，美国干预甚至采取军事行动的美洲国家包括：委内瑞拉、多米尼加、海地、尼加拉瓜、墨西哥，德国、俄国都与美国展开竞争，而英国通过一系列让步与美国重建友好关系，并成为日后美国最坚定的盟友。

二　海上执法

美国海洋执法从 1790 年开始，这一年美国海岸警卫队的前身"缉私快艇服务局"成立，它拥有 10 艘快艇组成的小型舰队，功能是防止走私、海盗及进口税征等。缉私局官员可以登船检查货物，在 1790—1798 年海军重组时期代替海军功能。1798—1800 年与海军合作打击海盗。1812 年之后的历次战争，海岸警卫队都参与其中。1831 年缉私局开始在大西洋沿岸进行冬季巡航并为船舰和船员提供帮助。1871 年缉私船局成立了救生队。1878 年缉私船局进行了转型。1913 年，由于"泰坦尼克号"沉没事故，缉私船局开始在有冰山的海上地区进行巡逻，并维持国际冰情巡逻队。1915 年缉私船局与救生队合并成为海岸警卫队，隶属财政部。

第一次世界大战初期，美国积极主张展开对外自由竞争，扩张美国的对外贸易，推崇门户开放，反对领土的吞并和特殊权益的存在。美国要建立由美国领导的新世界和国际新秩序①。中立外交的实质是通过贸易获取利润、观望欧洲形势使其彼此削弱实力。到 1916 年美国预感到参战将不可避免，于是一面备战一面站在英国的立场上调停英德冲突。1918 年美

---

① 小伊克奇：《思想、理想与美国外交》，第 110 页。

国提出"十四点原则"以期建立美国主导的世界新秩序①。

第四节　其他方面

在这一阶段的后期，美国在产业方面开始了近海海洋油气开发及海岛开发；在海上权益方面，奉行独立的外交政策，开始在国际上对重要战略基地、海上通道资源的争夺，开始关注其在南北极的利益；海洋科技方面，开启了近岸海洋探测及海洋生物研究。

一　近海海洋油气开发

1887 年，在加利福尼亚州巴巴拉海边的赛马兰德油田，美国建立了第一个海上钻井平台，并从此开始了海洋石油的勘探开发，这也是世界上最早的海上石油开发。1896 年，在距离加利福尼亚海岸 200 多米处建设了美国第一个海上钻井平台，美国石油工业也随之诞生。到 19 世纪末期，加利福尼亚的近海地区发现了丰富的油气资源。

二　海岛开发

1866 年通过与丹麦谈判购得了丹属西印度群岛，并开始为合并圣多明各岛（今海地）努力。1867 年，美国从俄国手中购买了阿拉斯加。19 世纪初美国开始向夏威夷移民。1791 年由纽约开往广州的"希望号"在夏威夷发现了檀香木并运至广州。1830 年夏威夷成为美国到中国的贸易基地。1898 年，美国兼并了夏威夷，并通过美西战争占领了关岛、威克岛、西印度群岛的其他岛屿以及波多黎各。1901 年美国在夏威夷岛上修建了各种娱乐设施，如王室游乐场、饭店等。1903 年美国向古巴租借了关塔那摩港成为永久的海军基地。1917 年，美国在阿拉斯加建立了大学，在全国设立了大量的野生动物保护区、国家公园等②。

三　对重要战略基地的争夺

在美国在海洋强国建设起步和发展时期，对海运通道还没有认识，认

---

① 李庆余：《美国外交史：从独立战争至 2004 年》，山东画报出版社 2008 年版。
② 同上。

为海洋是与世隔绝的天然屏障，对海洋没有太深的认识。到了美国海洋强国建设的扩张时期，马汉的海权论提出控制海上运输通道对于海洋强国的意义，这使得美国民众开始认识到海洋的作用，再加上美国远洋贸易的发展和海盗活动的威胁，美国开始思考如何控制海洋、控制运输通道来保护本国利益。为了争夺海上战略通道，美国占领了夏威夷，并从实力最弱的西班牙下手，通过美西战争成功地占领了关岛、威克岛、波多黎各等重要岛屿，在太平洋和加勒比海地区实现了全面控制。同时，马汉的海权论也激发了其他国家对于海洋战略通道的认识，再加上海洋探索范围的扩大，殖民地的建立，主要发达国家都开始争夺海上通道资源。第一次世界大战时期，美国主要向欧洲国家运送物资，在北美至欧洲的大西洋航线为本国商船护航。

四　海洋科技

（1）近岸海洋探测。美国海洋调查始于 1839 年，早期主要对美国东西海岸进行测量考察，还曾到中南美海域、格陵兰岛及北极区域进行探险，铺设了至欧洲的海底电缆。

东海岸（大西洋）：1807 年建立海岸测量处负责东海岸的大地、水文测量及大西洋沿岸水域海图的绘制。1860 年开展潮汐观测。1871 年，海岸测量处改名为美国海岸与大地测量局，负责大地测量工作。

西海岸（太平洋）：1898 年在西雅图建立常设办事机构，负责对华盛顿州至阿拉斯加沿岸的近海进行测量和调查。之后西雅图逐渐成为调查船基地和海洋研究中心[①]。

中南美海域：1851 年威廉·L·赫恩顿海军上尉到南美亚马孙河进行了适航性考察，伊萨克带队至巴拿马运河地区进行探险及勘察[②]。

南极地区：1830 年美国开始对南极大陆沿岸进行民间探险活动[③]。1908 年，对于英国政府提出对南极领土主权要求，美国政府采取了"两面政策"：一方面坚决拒绝承认任何国家对南极的任何部分所提出的主权要求；另一方面声称保留美国在南极的"基本历史权利"。

---

① 杨金森：《海洋强国兴衰史略》，海洋出版社 2007 年版。
② ［英］赫恩：《美军战史·海军》，中国市场出版社 2011 年版。
③ 张玉祥：《美国的海洋调查》，载《海洋科技资料》1978 年第 3 期，第 50—61 页。

北极地区：1850 年"格林内尔"探险队赴格陵兰岛极地海域考察时意外发现"林肯海"，从此建立了北极科考通道。1867 年美国从俄罗斯手中购买了阿拉斯加，从此之后美国非常注重维护其北极利益。

1866 年美"尼亚加拉"号汽船与英"阿伽门农"号共同铺设北美至欧洲的跨大西洋海底电缆。

（2）海洋气象及海洋生物研究。1830 年美国开始探测并制作有关海风、海流及海洋气象等方面的资料，1873 年在佩尼基斯岛建立了海洋生物实验室，1882 年第一艘远洋调查船"信天翁号"建成，1900 年到东南太平洋地区进行海洋生物相关的探测。此时的海洋科技发展以海洋探测技术发展为主，并建立了实验室开展海洋生物方面的研究。

第二章 全球性海洋强国建设阶段

这一阶段,在时间上是指第一次世界大战后至第二次世界大战结束,即 1918—1945 年。第一次世界大战结束后至第二次世界大战结束期间(1890—1945 年)是美国海洋强国建设的扩展时期。此时美国的海洋强国建设仍以海军建设为主,海洋战略为"统治海洋"。

这一阶段,美国海军战略随着马汉的海权论得到了发展:没有制空权就没有制海权,以航空母舰为核心,发展了通过控制海洋对敌进行经济封锁的观点,创造了越岛进攻作战法,强调建设一支水陆两栖型的海空力量,从平面作战思想发展到综合性立体决战①。

第一节 全球海军建设

第一次世界大战之后,美国封存了大多数船舰,1920 年美海军改造出了全通飞行甲板的航母"兰利"号,并于 1922 年加入服役,主要用于海军训练及实验使用。1922—1932 年《五国海军条约》使得美国的战列舰和航母吨位保持在 50 万吨。1921 年美陆军航空兵司令比利·米切尔做的实验证明了飞机可以击沉海军战列舰,并引起了日本的极大关注。富兰克林·罗斯福总统上台后通过《全国工业复兴法》提出要分配 24 亿美元给美海军用作船舰制造,到 1939 年美海军已经建造了 2 艘航母、6 艘战列舰、3 艘重型巡洋舰、13 艘轻型巡洋舰、38 艘潜艇及 83 艘驱逐舰。富兰克林·罗斯福总统对海军的建设对美国在第二次世界大战期间抵抗日本的进攻起到了重要的支持作用。

第二次世界大战爆发之后,美国提出了"争霸全球海洋"的战略,强调要控制全球的十六个咽喉要道。建成以本土为依托、遍布全球的军事

---

① 杨金森:《海洋强国兴衰史略》,海洋出版社 2007 年版。

"基地网"，军事基地（设施）高峰时总数高达 5000 多个，其中近半数在海外①。通过图 2—3 可以看出，战略要道主要分布在欧洲地区，其次是亚太地区，然后是印度洋地区及加勒比海地区。美国海军密切关注日本在太平洋地区的动向，同时担心英国作战失败后美国将陷入两洋作战的窘境。1940 年富兰克林·罗斯福总统批准了"两洋海军"的建设计划，投资 40 亿美元扩大海军规模，达到原先规模的两倍，并用 6 艘驱逐舰同英国交换了英海军基地的使用权。

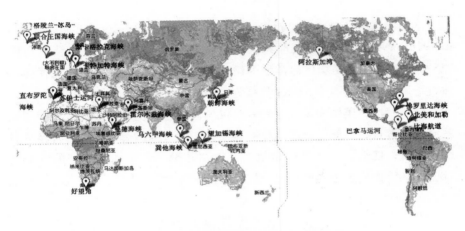

图 2—3   美国控制的世界上 16 个咽喉要道

1941 年 12 月 7 日，在太平洋战场上日本使用鱼雷攻击机轰炸珍珠港，造成美国 5 艘战列舰沉没，海军死伤 3500 多人。珍珠港事件后美国修复了 6 艘战列舰，并开始更多地依靠航母和巡洋舰，随后美国将航母重新编组成特混舰队，以美国在太平洋上的基地及澳大利亚为依托袭击了日本的航空基地等。美国还与澳大利亚、荷兰结成同盟共同对抗日本。1942 年美国轰炸机依托"大黄蜂"号航母在距日本 668 海里的海域起飞向东京投下 2000 磅炸弹后降落在中国，偷袭取得了成功。在珊瑚海海战中，美日双方均以航母上的轰炸机对对方进行轰炸，并挫败了日本夺取新几内亚及澳大利亚制海制空权的图谋。中途岛海战中，美国通过破译密码知道了日本的图谋并取得了重要胜利。1942 年美国海军在瓜达尔卡纳尔岛进

---

① 左立平编：《国家海上威慑论》，时事出版社 2012 年版。

行了全球性海洋强国建设时期的首次两栖作战，首次用潜艇击沉了日本主要船舰，"埃塞克斯级"航母、新的战列舰、飞机加入了美海军，海军人数也扩展至 340 万人。1943 年美国在吉尔伯特群岛实行跳岛登陆作战，并轰炸马绍尔群岛、马里亚纳群岛、塞班岛、天宁岛、关岛，增加了登岛作战的经验。1944 年美国控制了新几内亚，轰炸了菲律宾群岛、台湾岛、冲绳，但也在莱特湾战役中了日本诱饵舰队的陷阱。1945 年美海军猛烈轰炸位于塞班岛和东京中间的硫磺岛，成功的夺取了它并作为补给基地；控制了冲绳岛，攻陷了日本的机场，并于 8 月 6、9 日分别在广岛、长崎投下原子弹炸平了这两个城市①。

在大西洋战场上，由于 1937 年的《中立法案》美国船舰未能进入战区，但美国巧妙的发明了中立巡逻进入了欧洲战场。为了避免在大西洋作战，美国开始支援英国，同时保护整个美洲。1941 年美国提出了《租借法案》，授权总统可以以多种形式为对于美国安全有重大意义的国家提供军事援助，美国开始参与作战。1941 年美海军与加拿大海军联合并负责冰岛海域护航任务，并允许商船安装军事设备，建造战时特殊货船"自由轮"提高了航速以躲避潜艇袭击。同年，德国和意大利对美宣战，在美毫无准备的情况下袭击沉了美国船舰 112 艘。为应对德意日的《三国同盟条约》，美英签订了"ABC—1"计划决定先对付德国再打击日本，当下首要任务是为美国及苏联进行护航。此时美国与其盟国发展了声呐、巡逻机、雷达及无线电技术应对敌国潜艇。1940 年美国开始为英国建造护航型驱逐舰及其他战舰共计 1799 艘，但美国在 1943 年又都要了回来。护航型驱逐舰的大量建造为船队护航发挥了重要作用。1942 年美国开始允许黑人加入海军，黑人占 10% 左右的数量比例。1943 年德国在大西洋对护航舰队发动大规模袭击并从海上封锁了英国，美国为反击组织了由护航航母为核心的"杀手战斗群"解除了英国被封锁的困境。1945 年美国海军学院开始招收非裔美国人，种族歧视在海军中逐渐消除。在大西洋战场的指挥上，美英分别指挥大西洋西经 40 度的西、东两部分。1942 年美英联合进军北非，决定在地中海地区建立军事基地并开辟新战线，但由于在错误地点上登陆作战及操作失误，美国遭受了重大损失并开始思考改进登陆舰艇，后在历史上最具规模的西西里岛两栖作战中美英盟军成功地控

①　[英] 赫恩：《美军战史·海军》，中国市场出版社 2011 年版。

制了西西里岛并打败了意大利。在 1943 年的诺曼底登陆作战中，美英分别率领西部、东部舰队进行登陆并取得了胜利。1944 年在法国南部美英发起"龙骑兵"行动，并通过横穿莱茵河彻底打败了德国①。

第二次世界大战期间，美国建设全球性海军，占领了太平洋数个重要的岛屿，并在全球建立了近 500 个军事基地。可以看出，美国第二次世界大战期间在军事技术、船舰装备性能、作战理论及经验上都有了很大的发展和丰富。美国开发了雷达、无线电、声呐、原子弹技术，相继发展了多代航母、潜艇、战列舰，舰艇数量及海军人员大大增加，完善了登陆作战、两栖作战等方面的作战理论和经验，与英国结成重要联盟，逐步发展成为世界海上霸主，建成了全球性的海军，并成为世界上当时唯一拥有核武器的国家。

第二节　海洋海岛产业开发与建设

一　海洋船舰制造业的休假

第一次世界大战时期美国工业产值大幅增长，对外贸易量增加了 3 倍，到第一次世界大战结束时美国已经取代了英国的世界经济中心地位。第二次世界大战期间美国的 GDP 从战前的 880 亿美元增加到战后的 1350 亿美元，综合国力保持世界第一。战时海洋产业的发展集中于船舰制造业。

1920 年《商船法》授权美国政府可以向私人公司为新船建造提供贷款，同时出售船只。1922—1932 年美国海军进入十年"休假"时期。1933 年富兰克林·罗斯福总统下令投入 23.8 亿美元在接下来的 3 年内建造 32 艘军舰，包括"纽约镇"号和"企业"号航母。此时美国已经新建了 2 艘航母、6 艘战列舰、3 艘重型巡洋舰、13 艘轻型巡洋舰、83 艘驱逐舰以及 38 艘潜艇。1940 年 6 月海军作战部长提出以 40 亿美元新建 257 艘军舰和 15000 架海军战斗机，这可以使海军战斗舰队的规模提高一倍。7 月富兰克林·罗斯福总统签署了这一计划。1941 年建造 139 艘，总吨位 111.9 万吨；1942 年建造 816 艘，总吨位 613.5 万吨。1943 年共有 15 万名船舰建造从业人员。1943 年新建了 5 个海军船坞，与数十个造船私企签订合同，大力建造护航驱逐舰。第二次世界大战期间曾雇佣 130 多万雇员，建造了大量海军作战舰艇和民船，战争结束之后，民船和舰艇订单大幅减少。

---

① ［英］赫恩：《美军战史·海军》，中国市场出版社 2011 年版。

在船舰装备性能上，1922—1932 年，《五国海军条约》限定每艘战舰吨位不得超过 3.5 万吨，主炮口径不超过 16 英寸。1941 年，美国"帕特里克·亨利"自由轮项目启动，18 个船坞供给 171 个船台同时开工。典型的 EC—2 自由轮长 441 英尺，载重 4380 吨，可以最高 11 节航行 1700 英里。随后建成的 C-2 自由轮（3733 吨、14.5 节）和 T3 级（6646 吨、18 节）油轮、VC-2 胜利轮（4555 吨、17 节）将护航编队的总体速度提高了 50%，从而更利于潜艇规避。建造"帕特里克·亨利"自由轮用了 244 个工作日，到了 1944 年建造一艘自由轮的时间仅为 42 天。

二　海岛开发建设

通过两次世界大战，美国在全球范围内占领了许多重要的岛屿，并根据其价值不同分别制定了不同的发展规划。对军事价值较高的岛屿例如威克岛、约翰斯顿岛、关岛等，美国加强对其的军事投资，建设了各种军事基地、航空中转站、补给站，铺设了海底电缆。第一次世界大战之后，在华盛顿会议上，美国获得了在太平洋的耶浦岛铺设海底电缆的权利①。第二次世界大战时，美国在帕迈拉环礁附近挖凿了海上航道作为海军及空军的补给站点②，关岛成为美海军太平洋舰队的总司令部。1935 年在贝壳岛建立居民点并归属内政部管辖。1943 年在贝壳岛建立空军基地。1936 年，美国占领了太平洋海域的豪兰岛。1942 年在豪兰岛建立伊塔卡镇和一条飞机跑道作为美空军飞行加油点。1941 年在日本偷袭珍珠港时其建筑都被炸毁。1943 年美海军陆战队在其上建立了海军航空基地。

三　海洋运输与港口业

（1）船舶运输。一战爆发初期，美国作为中立国与欧洲及部分亚洲国家进行贸易往来，商船频繁往返于大西洋及太平洋航线，美国繁荣的船舰制造产业也为其海上贸易提供了很好的基础。第二次世界大战结束后美国已拥有世界船舶总吨位的一半以上，可以把本国的商品运往世界各地。在此期间美国于 1920 年制定了《滩涂法》、1922 年制定了《河流与港口

---

① 李庆余：《美国外交史：从独立战争至 2004 年》，山东画报出版社 2008 年版。
② 芦千文、周婕：《太平洋"海外领地"的现状及发展趋势》，载《国际关系学院学报》2012 年第 5 期，第 59—64 页。

法》、1936 年制定了《商船法》。

（2）港口。在 1920 年，美国的港口吞吐量为 4 亿吨，其中外贸吞吐量为 1.1 亿短吨，内贸吞吐量为 2.9 亿短吨，外贸吞吐量所占的比重仅为 28.30%。到 1940 年，港口吞吐量为 6.1 亿短吨，其中外贸吞吐量仍为 1.1 亿短吨，内贸吞吐量增加到 5 亿短吨，美国的对外贸易量处于停滞阶段。

（3）航线。第一次世界大战爆发时，美国商船主要从事沿海贸易，远洋贸易主要在欧洲、南美、非洲和近东地区，并且主要利用对方贸易国商船出口。在内河航运方面，1920 年开始对密西西比河的航道进行改造，1940 年开始对田纳西航道进行渠化并在 60 年代完成。60 年代至 70 年代对阿肯色河、伊利诺斯河等进行运河建设，建成了密西西比河水系航道网络，连接了密西西比河与五大湖区，并可直达墨西哥湾。1933 年设立每年 5 月 22 日为国家海运节，以此纪念 1918 年"萨瓦娜号"横渡大西洋到达英国利物浦①。

第三节　世界范围内的海洋权益扩张

一　海洋主权范围及海岸警卫队的发展

1945 年《美国关于大陆架的底土和海床的自然资源政策第 2667 号总统公告》提出在公海的美国海岸大陆架底土和海床的自然资源（主要是石油和矿产资源）也为美国所有，《关于某些公海区内美国近岸渔业政策的第 2668 号总统公告》提出美国将在其海岸附近的公海内建立渔业保护区②。这两项公告合称杜鲁门公告，它扩大了美国海洋管理的权利，引发了世界性的蓝色圈地运动。

20 世纪 40 年代发布了一系列关于海洋资源的法律法规③。第一次世界大战时期，美国海岸警卫队的军官和队员共计 5200 多人随海军参战，保护了商船和海上航线的安全。1918 年 TAMPA 号快艇发生海难，造成 115 人死亡。1920 年美国实行禁酒令，海岸警卫队负责防止酒类的海上走

---

① 惠良：《美国国家海运节》，载《航海》2004 年第 2 期，第 7—9 页。

② 舒建中：《美国对外政策与大陆架制度的建立》，载《国际论坛》2013 年第 4 期，第 39—44、80 页。

③ 孙悦民：《美国海洋资源政策建设的经验及启示》，载《海洋信息》2012 年第 4 期，第 53—57 页。

私。1939 年联邦灯塔科、1941 年水上检查航行局分别合并入海岸警卫队，并归属于海军部。第二次世界大战时期，海岸警卫队人员规模达到最大，并作为海军特别部门参战。他们的主要任务是处理危险爆炸物、保护船只和港口、天气报告、快艇护航，并作为陆军和海军的补充人员参战。1941年成立预备海岸警卫队，1942 年海岸警卫队妇女预备队成立。

二　海外基地的全球占领

在第二次世界大战时期的太平洋战场，日本为了争夺对太平洋的控制权，打通南下的海上运输通道偷袭了珍珠港，对美国发动了连续作战。美国凭借在太平洋上的重要战略基地获得了地理优势，日本舰队只能依靠航母长途跋涉作战，这使得美国人更加意识到战略基地的重要性——即使航母也不能替代战略基地。美国积极的践行着马汉的海权扩张思想，在全球范围内不断占领重要的岛屿和基地，到第二次世界大战结束时占领了 500个岛屿和军事基地，太平洋、大西洋和印度洋地区都获得了有效的控制。

三　未开发地区的权益

1928 年后，美国登上了南极大陆进行了间断性的、大规模的机械化考察，利用飞机发现了许多未被开发的地区。1928—1930 年美国人伯德对西经 150°以东的部分地区提出了主权要求，使得美国国务院不得不开始关注南极问题。20 世纪 30 年代后期，在美国民间力量的影响下，美国秘密鼓励考察者以个人名义宣布主权或做上标记，重新调查以前观察过和绘制过地图的地区，回忆考察情况并写进政府备忘录，为在南极地区实行控制权打下基础[①]。1939—1941 年进行了南极航线考察[②]。

四　世界海洋强国地位的确立

第一次世界大战后由于美国试图主导世界秩序的建立与英法等国的利益相冲突，1919 年美国与英法意操纵了巴黎和会的召开，对帝国主义国家的利益进行了重新调整，《巴黎和约》第 26 条规定建立国联，包括 5 个永

---

① 沈鹏：《二战后的"国家主权管辖范围外区域"资源问题及美国政策分析》，载《中国海洋大学学报》（社会科学版），2009 年第 2 期，第 36—41 页。

② 李福荣：《国外海洋调查装备发展概况》，载《海洋湖沼通报》1984 年第 1 期，第 72—79 页。

久性和其他几个核心国家以及所有国家参与讨论的集体联盟，赋予国联保护盟国领土完整、制止侵略的权力，从而维护世界秩序。但美国的国联提议引起了国内人民特别是共和党人的强烈反对，到 1921 年威尔逊总统下台后国会被共和党派操纵，声明美国加入除国联条款之外的《巴黎和约》。这件事反映了美国人民没有做好成为世界领导者的准备，欧洲国家对美国主导的世界新秩序没有太大兴趣①。可以看出这时候美国的外交政策已经从之前的独立、中立、参战转变为集体联盟、建立世界新秩序外交。

第一次世界大战之后到第二次世界大战期间，美国主张用法律制度来约束世界，同时继续通过贸易与投资实行经济扩张。由于没有加入国联，美国可以单独行动建立美国式的集体安全体系。一方面美国帮助欧洲重建，一方面不承担欧洲安全、稳定、经济繁荣的保护责任。这种外交政策也被称为"独立的国际主义"。

1921—1922 年的华盛顿会议上，美国再一次尝试建立集体安全体系，美国提议采取裁军手段停止军备竞赛、废除了威胁美国在太平洋利益的英日联盟，主张中国继续门户开放。1922 年美英法日意五国签订了《五国海军条约》对海军战舰吨位进行了限制。1924 年美国促进了欧洲国家签订《洛迦诺公约》希望维持欧洲的相对稳定。1927 年法国提议与美国签订安全条约，美国担心法美结盟会破坏欧洲均衡的势力，因此将法美提议的双边安全协议扩展成国际多边安全关系。1928 年 62 个国家签订了《国际反战条约》。这显示了世界正在形成由美国构建的国际集体安全体系。此时美国对于中国的政策为反对中国革命，维护各国列强在中国的利益和条约，具体表现在美国参与了 1927 年炮轰南京的事件、支持蒋介石建立中央政府反对孙中山的民族独立主义。1928 年以亲善旅行为标志，美国开始对拉丁美洲实行睦邻政策，古巴、海地、巴拿马和多米尼加、墨西哥都改善了与美国的关系。

20 世纪 30 年代世界发生了经济大萧条，欧洲各国均受影响并希望抹掉战争的债务赔款，这使得美国意识到不能在战争时期与交战国有经济联系。1932 年富兰克林·罗斯福提出"新政外交"——加强与世界的经济联系和促进世界和平外交。与此同时德国、意大利及日本建立了法西斯主义极端政权，1931 年日本侵犯中国，这损害了美国的利益，美国于 1932 年宣

---

① Authur S. Ltnk Wilson, the Diplomatist, akal His Major Izregn Policies, 1957. p. 155.

布不承认日本的违约行为，劝说欧洲国家采取类似政策。美国对此的态度是：美国要尽可能的孤立于战争之外，但不反对与别国合作维护国际秩序，要维护国际条约的不可侵犯性，美国的孤立可以从其随后颁布的《中立法》中体现出来。1934 年通过《泰丁斯—麦克杜菲法》给予菲律宾完全独立地位，美海军从菲撤出。为了扩大农产品市场及遏制日本在中国的扩张，美国于 1933 年 11 月 17 日同苏联建交。1933 年希特勒上台后德国宣布退出国联，重新建立庞大的陆军和空军，到 1939 年第二次世界大战爆发时国联集体安全体系已经彻底瓦解。1936 年为了应对法西斯的侵略，美国与拉美国家同意共同维护集体安全。1937 年"七七事变"时，美国首先没有援引中立法其希望通过战时贸易获取利润，直到 1937 年 10 月 5 日富兰克林·罗斯福总统发表的"隔离演说"表明了美国不采取行动只会受到威胁，但由于国内民众的反对，美国通过购买中国白银、对日本实行禁运这样谨慎的政策来阻止日本占领中国。1939 年美洲国家通过《巴拿马宣言》决定在西半球建立安全区远离欧洲战争，并减少同轴心国的贸易。

　　1939 年富兰克林·罗斯福总统意识到法西斯威胁到了美国，1940 年通过《选训选征兵役法》进行征兵，美国开始采用军事行为支援反法西斯联盟。在大西洋战场和太平洋战场分别采取援助英国对抗德国、援助中国对抗日本的政策。英美同苏联结盟，1941 年反法西斯联盟正式建立。1942 年富兰克林·罗斯福对苏联建议建立由美、英、苏、中管理世界维护和平的国际组织，但美苏在势力范围的划分上起了争执。1945 年美国通过《卡普尔迪佩克》公约加强了与拉美国家的地区性防御联盟关系，并与英苏共同建立雅尔塔体系，主导了联合国的建立并成为 5 个常任理事国之一。到二战时期，无论是军事部署的研究还是战后的体系构建，美国都以领导者的身份进行了参与。总之，从第一次世界大战之后到第二次世界大战时期，美国成功地发展成世界的领导者并确立了海上霸主的地位①。

第四节　其他方面

一　海洋油气业

1920 年美国开始对沿海油气田进行商业性开采。30 年代，在路易斯

---

　　①　托马斯·帕特森：《美国外交政策》，上、中、下，中国社会科学出版社 1989 年版。

安那州的近海发现了丰富的油气资源。1945 年，美国控制了资本主义世界（不包括美国）石油资源的 46.3%。

二　滨海旅游业

美国的海洋旅游业最早开始于第一次世界大战结束后，当时游艇数量有 40 万艘，之后一直稳步增加。1919 年美国开始修建著名的加州一号海滨公路，它从墨西哥一路沿着美国西海岸贯穿至加拿大，旧金山至洛杉矶一带风景尤其优美，成了加州黄金海岸的招牌，吸引了众多来自世界各地的游客。1934 年，美国在佛罗里达设立了大沼泽国家公园，这是首次设立的海滨国家公园。

三　海洋科技

1929 年美国"卡内基"号开始进行环球调查，1931 年"阿特兰蒂斯"号对北大西洋开展系统调查。1921—1940 年相继建立了 17 个海洋研究所。1939 年开展研究海洋温差发电技术。此时美国的海洋科技水平相对于欧洲国家还处于落后水平[1]。

第二次世界大战期间海岸测量处不断发展扩大，对大西洋地区的陆地和水文测量水平有了很大提高。1928—1955 年，美国登上了南极大陆进行了间断性的、大规模的机械化考察，利用飞机发现了许多未被开发的地区。1928—1930 年美国人伯德对西经 150° 以东的部分地区提出了主权要求，使得美国国务院不得不开始关注南极问题。20 世纪 30 年代后期，在美国民间力量的影响下，美国秘密鼓励考察者以个人名义宣布主权或做上标记，重新调查以前观察过和绘制过地图的地区，回忆考察情况并写进政府备忘录，为在南极地区实行控制权打下基础[2]。1939—1941 年进行了南极航线考察[3]。

---

① 张继先：《美国海洋科学发展的历史概况》，载《海洋科技资料》1978 年第 3 期，第 1—27 页。

② 沈鹏：《二战后的"国家主权管辖范围外区域"资源问题及美国政策分析》，载《中国海洋大学学报》（社会科学版）2009 年第 2 期，第 36—41 页。

③ 李福荣：《国外海洋调查装备发展概况》，载《海洋湖沼通报》1984 年第 1 期，第 72—79 页。

第三章　海上霸主地位确立与海洋开发阶段

这一阶段，在时间上是指第二次世界大战后至冷战结束，即 1945—1991 年。第二次世界大战后，世界很快进入了冷战时期，美国从 1947 年开始与苏联在世界范围内采用多种手段争霸。这一时期就美国整体海洋战略而言，实行的是"远洋战略"和"遏制战略"①，基本内容是实力威慑，前沿防御和盟国团结。在平时将适当兵力部署于敌国前沿地区进行威慑和前沿防御，当战争不可避免时团结盟国力量深入敌国其他敏感区域对敌人实行有效打击，使其顾此失彼。此外，由于第二次世界大战后世界总体进入了和平与发展阶段，美国的海洋强国建设方面也转向多方面发展。20 世纪 60 年代开始建设海洋经济发展海洋产业，不断扩张领海范围，注重海洋资源的开发利用，以科技兴海，并开始注重海洋环保。

第一节　海军世界海上霸主的确立

冷战时期配合美国采用的"遏制战略"，美国海军不断发展常规威慑力量和战略威慑力量。具体包括三个阶段：一是杜鲁门政府（1945—1953 年）实施"遏制战略"阶段，美海军的战略使用原则是两洋常规进攻。主要内容为：以实力为后盾，以常规实战为主要方式，依托军事联盟和基地网，在大西洋和太平洋两个方向上与社会主义阵营进行军事较量，巩固和扩大第二次世界大战后形成的势力范围。二是艾森豪威尔政府（1953—1961 年）实施"大规模报复战略"阶段，美海军战略使用原则是：实施全面核报复和局部核实战。海军航母的建造得以恢复，但航母编

---

① 杨金森：《海洋强国兴衰史略》，海洋出版社 2007 年版。

队不是作为夺取战区制空制海权以及向远洋投送力量的工具，而主要是投送核武器的工具，成为战略空军的补充手段。三是肯尼迪至约翰逊政府（1961—1969 年）实施"灵活反应战略"阶段，美海军的战略使用原则是核威慑和常规实战结合。主要内容是：以弹道导弹核潜艇为第二次打击力量，要求遭到苏联第一次核打击后，能确保摧毁苏联 25% 的人口和 50% 的工业能力；常规实战战略以打"两个半战争"为原则，美国海军参战的主要兵力是航母编队和两栖攻击编队；美国海军将主要以有限战争的方式干预世界各地危机①。之后在 1970—1981 年，美国对海军发展战略出现了犹豫及争论，里根政府上台后美国开始应对中东国家对美国的恐怖袭击，到 1990 年美海军作战部长特罗斯特才重新提出海军的发展战略是战略威慑、前沿存在、危机反应及军力重构。

第二次世界大战之后，美国成为世界海上霸主，苏联则发展了世界上最强大的陆军力量和原子弹技术②。根据对世界格局的划分，苏联在东欧地区确立了势力范围，建立了以苏联为首的社会主义阵营，并开始清理资产阶级分子。美国在战后削减海军力量，到 1947 年美国的船舰数量为 319 艘，次年通过的《国家安全法案》建立了国防部，削弱了海军部长的权力。1948 年，美国建立了地中海舰队以阻止苏联进入地中海地区，它成功的阻止了共产主义在意大利的发展，日后逐步发展为第 6 舰队。1949 年新中国的成立进一步扩大了社会主义阵营、苏联第一颗原子弹爆炸成功、朝鲜（由苏联接管）韩国（由美国接管）发生战争、苏联禁止联合国进入朝鲜地区等事件都使冷战逐渐升温。为了与苏联争霸及全面遏制共产主义的发展，美国于 1950 年开始援助所有被共产主义威胁的国家。此时的美海军参与的主要战争包括朝鲜战争（1950—1953 年）、越南战争（1955—1975 年）、阻止黎巴嫩政府被推翻（1958 年）、阻止中国共产党收复台湾（1959 年）、海上封锁古巴（1962 年）、在中东战争中支援以色列（1948、1956、1967、1973、1982 年）、打击利比亚、叙利亚恐怖主义（1981—1983 年）、扑灭美洲共产主义革命浪潮（1983 年），两伊战争到中东地区为油轮护航（1980—1988 年）。通过这些战争，美国海军避免了被空军取代的危险，并逐渐发展成世界上最强大的海军。美国海军在冷战

① 杨金森：《海洋强国兴衰史略》，海洋出版社 2007 年版。
② ［英］赫恩：《美军战史·海军》，中国市场出版社 2011 年版。

时期的发展并不是一帆风顺的，它也曾经历过指挥混乱、不知如何发展、削减军费、被恐怖主义袭击的困难时期，但是美国不断总结历史的经验教训并最终取得了冷战的胜利。

1950年朝韩战争爆发后，美国在远东地区的海军迅速前往韩国釜山支援韩国，并抽调驻扎于菲律宾的第7舰队至台湾海峡防止人民解放军收复台湾。朝鲜战争时期，美国海军出动了15艘航母及17万架飞机，建造了核潜艇，刺激了多种军舰及"黑豹"战斗机、舰载喷气式飞机、夜间战斗机等军事装备的发展。

越南战争是20世纪60年代冷战时期的热战，也是美国在第二次世界大战后参战人数最多的战争。当时在越南地区，胡志明的追随者保留了日本的战备武器并发动"八月革命"企图夺取政权，美国将此理解为共产主义夺取政权的暴动。1945年越南宣布独立，法国为了阻止其独立发动了战争。1954年法国与越南签订协议以北纬17度划分越南成为北越和南越，后来部分南越军人加入了越南共产党，北越开始支援南越共产党的活动。1955—1965年，美国第7舰队在南中国海及台湾海峡加强巡逻防止台湾被收复，并在越南增加了许多观察员。1965年美国公布《东京湾决议案》宣布可以在越南战争中无限制使用武装力量。在战争中越南的恶劣天气及模糊不清的目标指令使得美海军作战效率低下，导致"滚雷行动"的轰炸失败。1965年北越使用的苏制"萨姆导弹"击落了100多架美国战斗机，苏联还开发出能使导弹快速封装并重新部署的相关系统。1966年，美国升级了对北越的空袭指令，在南中国海北部建立洋基站补充海军物资，并在南越地区建立迪西航空站保障航母及舰载机的活动。在洋基站部署使得美海军锻炼了直升机营救能力。1965年为了袭击越共在湄公河三角洲的村庄，美国116特混舰队发起"狩猎警察"行动，后117特混舰队、海军陆战队、海岸警卫队均参与作战，发明了不同型号的江河作战巡逻艇。1966年美国决定轰炸北越的石油物资及设施，但由于约翰逊总统设定了多种约束，最后虽完成了对河内油料设施的轰炸，但贻误了最佳战机拖延了战争时间。1969年，美国约翰逊总统下台，美军开始撤出越南①。1975年美国采用直升机进行大规模撤退，美国驻南越的大使馆

①　[英]赫恩：《美军战史·海军》，中国市场出版社2011年版。

也被攻陷，越南共产党取得了胜利并统一了越南①。

1959 年，美第 7 舰队派 6 艘航母到达中国福建的马祖和金门，阻止大陆收复台湾。1962 年美国派 1400 名雇佣军推翻古巴政府遭受失败，古巴立刻寻求苏联援助，开始建设共计 42 个导弹阵地。美国发现后出动 183 艘军舰，组建 136 特混舰队、航母第 2、6 分队对古巴进行海上封锁。之后苏联致电白宫声明导弹只用作防御使用，双方达成协议：古巴拆除导弹，美国解除海上封锁，古巴成为美洲唯一的社会主义国家。1968 年朝鲜根据苏联的情报劫持了美国海军的"津韦布洛"号并缴获了船上的电子武器设备，俘虏了船员。此次事件暴露了美国指挥混乱的弱点，美国公开向朝鲜道歉遂解救回 82 名船员。在五次中东战争中，美国也为以色列提供了武器、技术、资金及空军支持，叙利亚和埃及从苏联得到的支持仅限于一些武器。到 1974 年苏联的军舰数量已经超过了美国，美国总统尼克松也因"水门事件"宣布辞职，美国国内对于海军的发展方向出现分歧意见。在 1977—1981 年，美国防部长布朗轻视海军的作用，美国海军出现衰落，伊朗危机使得美国无暇顾及苏联对阿富汗的侵略，中东恐怖主义不断滋长，于 1974 年 11 月袭击了美国驻德黑兰大使馆，随后又发生了对美国在伊斯兰堡、利比亚大使馆的袭击，直到 1981 年才释放人质。

1981 年里根总统上台后对海军发展的争论才得以消除，他增加了 95 亿美元的国防预算。1982 年美国的战舰已经装备了最先进的武器，美国海军开始重整旗鼓。1981—1982 年美国海军打击了利比亚的恐怖主义行为并破坏了其划定的"死亡线"，调停了巴以冲突。1983 年恐怖分子袭击了美国驻黎嫩的大使馆及海军陆战队 24 分队的总部大楼；古巴和尼加拉瓜的共产主义者再次发动革命，美国对叙利亚实行了报复性打击，并派海军陆战队扑灭了美洲的共产主义浪潮。1985 年的《格雷姆—路德曼—赫林斯法案》决定削减海军建设的大额投入项目资金，特别是航母、核潜艇。1980—1988 年的两伊战争导致石油禁运威胁到了美国的原油进口安全，美国海军前往波斯湾地区为油轮护航。1987 年苏联与美国约定销毁两国的短程、中程核导弹，两国的军备竞赛使得苏联达到无法承受的地步。1990 年海军作战部长提出了海军的任务包括掌握制海权、

① 邓红洲、李玉兰：《越南战争的经验教训、特点及影响》，载《军事历史》2004 年第 6 期，第 31—35 页。

投送兵力、提供战略海运能力及核威慑，海军船舰数量增至 546 艘，没有削减海军预算。

于此期间在武器装备及人员建设上，美国研制成功了核动力导弹及核潜艇，并增加船舰制造量，开始进军太空，海军还成立了海军的海豹突击队。1955 年美国开始研制弹道导弹舰载发射系统，1959 年核动力制导导弹加入美国海军，并应用于驱逐舰、巡洋舰、航母、制导导弹护卫舰上。1960 年美国海神号核潜艇历时 12 周完成全球水下巡航，打破了核潜艇不能实现全球水下巡航的记录。在 1953—1961 年，美国海军有了第一艘核潜艇、第一艘弹道导弹核潜艇、第一艘核动力航母、第一艘核动力制导导弹护卫舰、第一艘装备了导弹的航母。1962 年决定扩充海军人数至 62.5 万，新建 3 个航空联队的海军陆战队及 3 个师①。成立了三栖突袭作战队"海豹突击队"，培养非常规作战、反游击作战及特种秘密作战的专业精英作战队员。2 个突击队分属两洋舰队，人数为 200 人，在越南战争中训练了一批指挥官、暗杀了越共领导人、解救了美军战俘并创造了无人被俘的记录。1982 年美国核海军之父"里科弗"通过应用核能将军舰寿命延长至 30 年。

第二节　海洋海岛产业开发与建设

第二次世界大战后，整个世界进入了和平与发展为主流的阶段。各国经济的迅速恢复与发展，使得世界资源的消耗量快速增长，美国开始关注海洋资源、极地空间的开发利用，并不断发展其探测网络和技术。1966 年，在能源危机以及其他经济问题的压力下，美国开始开发海洋经济，此后美国海洋传统产业得到不断改造，捕捞业从近海捕捞走向远洋捕捞，传统的海洋捕捞业已发展成海洋捕捞、海水养殖、水产品精加工的现代海洋渔业。与此同时，计算机技术、新材料、新能源等在船舶设计和生产中的广泛应用，使现代船舶制造的自动化、现代化程度得到提高，并大大提升了海洋资源开发利用的效率②。成立海洋科学、工程和资源总统委员会，

---

① ［英］赫恩：《美军战史·海军》，中国市场出版社 2011 年版。
② 宋炳林：《美国海洋经济发展的经验及对中国的启示》，载《吉林工商学院学报》2012年第 1 期，第 26—28 页。

对美国的海洋问题进行全面审议，并于 1969 年提交了题为"我们的国家与海洋"的报告。全面发展海洋经济已成为美国海洋强国建设的重要战略之一。

20 世纪 60 年代开始，美国重视渔业资源、海洋油气资源、极地资源、国际海底资源的开发和保护。由于外国拖网渔船的侵扰，美国渔业捕捞量从世界第二下降至第六①。1976 年通过的《渔业养护和管理法》使得美国渔业管理范围从 12 海里拓展到 200 海里，涵盖了美国大陆架的面积，建立了美国水域渔业养护和管理的标准②。1973 年中东战争引起的阿拉伯石油禁运使得美国人意识到石油供应问题是关系到国家安全的大问题。尼克松总统建议扩大外大陆架的油气勘探开发租赁范围到大西洋、墨西哥湾和太平洋的近海区。

1974 年美国提出"海洋 GDP"概念及计算方法，确定了 66 个临海产业带。21 世纪开始美国反思海洋经济发展过程中人口大量增加、海洋环境恶化及海岸带管理的问题。

一   船舰制造业

1952—1955 年建成首艘超级航母"福来斯特"级，1959 年第四艘超级航母"独立号"建成。1956—1961 年建成排水量更大的"小鹰级"航母，1968 年第 4 艘小鹰级航母"肯尼迪"号建成。1958 年开始建设全球第一艘"企业"级核动力航母，1961 年服役。1961 年，艾森豪威尔总统签署了 1962 年的《国防预算案》，决定新建 871 艘军舰。1968 年美国开始建设第二代核动力航母"尼米兹"级，直到 2009 年共建设了 10 艘。总体来说，美国军用船舰和商船的订单量都大幅下降，此时以建造休闲娱乐性的船舶为主。第二次世界大战之后美国的商船交付量如图 2—4 所示。在 1970—1980 年美国的商船年交付量从 50 万吨增加至 100 万吨。1980—1985 年休闲娱乐性船舶年交付量不断上升至 63.7 万艘，之后一直下降至 1991 年的 44.8 万艘，之后缓慢增长并维持在 1999 年维持在 60 万艘左右，2000—2001 年出现较快增长，最高时达到 90 万艘如图 2—5 所示。1981

① Wenk Edard Jr. The Politics of Ocean, Seatle: University of Washington Press, 1972, p. 303.
② 刘佳、李双建:《从海权战略向海洋战略的转变——20 世纪 50—90 年代美国海洋战略评析》，载《太平洋学报》2011 年第 10 期，第 79—85 页。

年政府实行了两项政策：增加海军舰艇建造量至 600 艘；逐步取消民船建造差额补贴，除了特定航线的船舶，船舶可以从国外自由订购。1982、1985 年分别规定：国防系统建造改装维修更新的船舶必须在国内船厂进行；特定航线船舶及内贸航线船舶必须悬挂美国船旗，政府会继续为这些船舶提供补贴①。

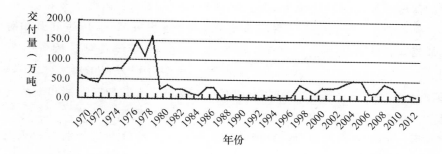

图 2—4　二战之后美国的商船交付量②

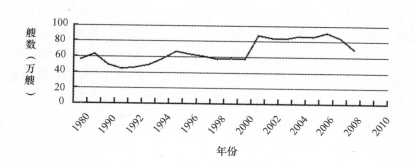

图 2—5　美国娱乐性船舶的年交付量③④

①　杨金森：《海洋强国兴衰史略》，海洋出版社 2007 年版。

②　Shipping Intelligence Network 2010http：//www. clarksons. net/sin2010.

③　National Marine Manufacturers Association，Boating 2004 （Chicago，IL：2005），annual retail unit estimates.

④　National Marine Manufacturers Association，2010 Recreational Boating Statistical Abstract （Chicago，IL：2010），pp. 78 – 79 and similar pages in previous editions.

二 海洋油气业

1947 年在墨西哥湾建造了世界上第一座钢制石油平台和第一座近海石油平台。1953 年《外大陆架土地法》授权出租大陆架地区进行海底油气勘探。1964 年，勘探能力已发展至钻井水深 100 米、勘探井 390 米、岩心钻探 6000 米。1965 年，在南加利福尼亚州海域打下 193 米深水井并开始深海石油勘探。1966 年，美国近海石油年投资额达到十多亿美元，年新钻井数量 753 口，美国海洋油气业进入快速发展期①。1975 年开始对墨西哥湾进行勘探并成为重点勘探海域，并在 70 年代发现了 18 个油气田，80 年代发现 123 个油气田，钻井最大水深分别为 450 米、2323 米。1978 年墨西哥湾坎佩切湾探明石油储量 50 亿吨、大陆架区石油和天然气储量分别为 20 亿吨、3600 亿立方米。1986 年美国能源部估算其近海油气禁采区（除墨西哥湾和阿拉斯加海域）石油、天然气储量分别为 180 亿桶、76 万立方英尺②。

三 海洋运输业

（1）商船。1950 年，其海运量居世界第一，但后来开始下降。在此期间分别制定了 1946 年《商船买卖法》、1954 年《货载保留法》、1970 年《岸线法》、1974 年《深水港口法》、1978 年《受控承运人法》、1984 年《航运法》、1988 年《外国船舶运输执业法》、1990 年《油污法》。

（2）海运运量。1977 年，美国海运装货量为 2.5 亿吨，卸货量为 6.7 亿吨，到 1990 年，海运装货量为 3.7 亿吨，卸货量为 4.9 亿吨。装货量呈波浪式变化，而卸货量则先降至 1983 年的 3.3 亿吨随后升至 1990 年的 4.9 亿吨。1990 年，美国进出口对外贸易总产值仅占 GDP 的 13%。

（3）港口。1950 年美国的港口吞吐量为 8.2 亿吨，其中外贸吞吐量为 1.7 亿吨，内贸吞吐量为 6.5 亿吨，外贸吞吐量所占的比重仅为 20.60%。到 1990 年，港口吞吐量为 21.6 亿吨，其中外贸吞吐量增长迅速为 10.4 亿吨，内贸吞吐量增加到 11.2 亿吨。外贸吞吐量所占的比重增加至 48.10%。在该时期内美国的外贸吞吐量和内贸吞吐量均保持着快速

---

① 张继先：《美国海洋科学发展的历史概况》，载《海洋科技资料》1978 年第 3 期，第 1—27 页。
② 石莉、林绍花、吴克勤等著：《美国海洋问题研究》，海洋出版社 2011 年版。

的增长，此时美国的海上运输也处于繁荣发展阶段。

（4）航线。20 世纪 60 年代随着非洲人民的独立，美国开始与其开展海上贸易。20 世纪 70 年代，美国设立了普惠制度，非洲的发展中国家都享受了此项优惠贸易政策的好处。

四　海洋海岛旅游业

1968 年皇家加勒比国际游轮公司在迈阿密成立，并建造了两艘 22.5 万吨也是世界上最大的邮轮"海洋绿洲号""海洋魅力号"。到 1970 年初，邮轮旅游在加勒比海地区兴起，美国游艇拥有量居世界第一，美国的海洋旅游产业开始快速发展。1971 年制定的《联邦游艇安全法》对游艇行业做了详尽的技术规定。1972 年嘉年华邮轮公司在美国迈阿密成立，并逐渐发展成为全球第一大邮轮公司。1975 年北美 25 家公司成立国际邮轮协会，致力于对邮轮经营环境的改善，相关人才的培养及邮轮旅游向着顾客需求方向发展。1980 年，邮轮游艇旅游逐渐发展起来，美国开始兴建高级酒店及旅游基础设施，改善全国集疏运网络。针对新的旅游形式制定了一系列的旅游安全方面的管理法规，不断在海外市场推广美国的旅游资源，不断根据实际情况调整旅游管理机构的相关职能。在 1970—1988 年，美国的游艇数量不断增加，游艇产业快速发展，从平均 23 人一艘游艇普及至平均 16 人一艘游艇①。

五　海岛开发建设

此时美国开始颁布相关法律，注重对海岛的保护和生态修复工作。1962 年公布《水资源保护法》以来，美国已经对许多海岛进行了修复工作②。1966 年《海洋资源和工程法》，海岛被归类于海洋环境，要求进行保护管理。1969 年《环境政策法》规定海岛的建设要对其进行环境影响的评估。1972 年《海岸带管理法》、1978 年《外大陆架土地法修正案》要求海岛遵循海岸带的相关规定③。美国利用创建潮间带沼泽地并种植植

---

①　吴有华、林晓宁：《美国游艇业发展历程与分析》，载《科技风》2010 年第 14 期，第 48 页。

②　PILKEY．O. H，CLAYTON. T. D·Summary of beach replenishment experience on US east coast barrier island［J］．Journal of Coastal Research，1989，5（1）：147 – 159.

③　张保明：《美国关注海洋》，载《国外科技动态》1998 年第 11 期，第 4—5 页。

物的方法对美国东部地区超过 700 个岛屿进行了生态修复①。1988 年《海洋自然保护区规划条例》规定了对于海洋保护区的选定，开发的评价内容要在联邦政府进行登记并在当地知名报刊上广而告之，评价内容包括对环境的影响。

同时，随着冷战的进行及核武器的研发，一些海岛成为美国的核试验基地和航母基地，为美国实行战略威慑，建立全球防卫网络提供了重要的作用。例如约翰斯顿岛此时发展成为美国的核武器实验区及飞机的加油站，阿拉斯加地区成为重要的主战场，关岛在朝鲜战争及越南战争时期作为重要的海空基地在军队集结、弹药物资保障等方面发挥了重要作用。除了关注并开发其军事价值外，美国对有居民海岛的其他经济产业也进行引导开发，并注重其环境保护。1970 年关岛开始发展旅游经济和制造产业，关岛是一个免税港，岛上热带雨林和港湾密布，吸引了众多游客。1990 年将贝克岛划归夏威夷管辖，国家将其设为野生动物保护区，无常住居民，只对科研人员开放。

第三节   大力扩张海洋权益

一   海洋主权、海洋立法和执法

（1）海洋主权。1953 年《水下土地法》和《外大陆架土地法》规定海岸线 3 海里内的海底区域划归州政府管理，3 海里之外的海底区域归联邦政府所有。1957 年美国主导召开了第一次联合国海洋法会议。1958 年提出了《大陆架公约》。杜鲁门公告的影响持续到了第三次联合国海洋法会议（1973—1982 年），该会议提出《联合国海洋法公约》，对大陆架和专属经济区都做了规定，确立了世界海洋的新秩序。1983 年 3 月，里根总统宣布了 200 海里的专属经济区，把原先的大陆架和渔业资源管辖系统转化为管理获得所有海洋和大陆架资源，其中包括水体本身（但不限制自由航行的权利）的专属制度。1988 年，美国正式把领海从 3 海里延伸到 12 海里，使得美国可行使主权的面积扩大了 4 倍，与其陆域国土面

---

① Garbisch E W. Hambleton Island restoration: Environmental Concern's first wetland creation project. Ecological Engineering, 2005（24）：289－307.

积基本相等①。

（2）海洋管理及立法。1957 年，美国国家科学院成立了一个新的海洋学委员会，1959 年该委员会的《1960—1970 年海洋学报告》使得联邦政府开始重视海洋问题②。20 世纪 60 年代，美国率先提出"海洋和海岸带综合管理"的理念，形成了海洋资源政策管理体系。1966 年的乔治滩渔场爆炸事件、1969 年的联合石油公司圣巴巴拉海峡石油泄漏事件、海洋科学工程和资源会员会提出的《我们的国家与海洋》报告促成了海洋开发保护法令的提出。1969 年制定《美国与海洋》规划海洋资源的利用。1970 年成立了美国国家海洋与大气管理局 NOAA，在管理海洋资源，保护海洋、海岸、大气资源，制定国家海洋政策等方面发挥了重要作用③。从第二次世界大战之后到 20 世纪 60 年代，美国采取的是联邦政府部门和州政府共同对海洋开发进行管理，并开始向部门管理模式发展。1972 年颁布《海岸带管理法》，在世界范围内掀起了海洋和沿海地区管理思想的变革，1972 年颁布《海洋哺乳动物保护法》《国家海洋庇护区法》《联邦水污染防治法》，1973 年颁布《濒危物种法》，1976 年颁布《玛格努森—斯蒂文斯渔业养护与管理法》。1977 年出台《渔业养护与管理法》，将渔业管辖范围从 12 扩展至 200 海里④。从 1980 年开始，美国不断修订海洋法律政策，制定长期规划，并对海洋的新能源开始关注。

（3）海洋执法。1946 年海上检查和导航局合并为美国海岸警卫队，并隶属财政部管理。1967 年由运输部领导。1965 年越南战争期间，海岸警卫队负责在南越水域巡逻和防止共产党军队从北越跑到南越。1967 年海岸警卫队转入运输部。1972 年《港口航道安全法》为海岸警卫队增加了制定油轮和污染物运载船舶建造规定和防止港口发生交通事故的任务。

①　Biliana Cicin – Sain，Robert W. Knecht. "The Problem of Governance of U. S. Ocean Resources and the New Exclusive Economic Zone"，Ocean Development and International Law，1985，15（3 - 4），pp. 289 - 320.

②　Pew Oceans Commission 编；《规划美国海洋事业的航程》，周秋麟等译，海洋出版社 2005 年版。

③　刘佳、李双建：《从海权战略向海洋战略的转变——20 世纪 50—90 年代美国海洋战略评析》，载《太平洋学报》2011 年第 10 期，第 79—85 页。

④　李双建、于保华、魏婷：《美国海洋管理战略及对中国的借鉴》，载《国土资源情报》2012 年第 8 期，第 20—25 页。

1974 年妇女可以成为海岸警卫队正规队员。1989 年海岸警卫队负责"威廉王子湾漏油事件"的原油清除工作。

二   运输通道安全

重视运输通道安全及联盟体系的构建。海外驻军及国际战略同盟是美国维护海上安全的重要手段。尤其是第二次世界大战结束以后，美国更加重视海上战略通道，为了在冷战中获得优势，加紧了其在全球扩张的脚步，对欧亚大陆采取"边缘包围"战略，对东亚大陆采取"海上包围战略"①，通过岛链政策对社会主义国家进行封锁。这些岛链控制了中国、俄罗斯、日本、韩国、朝鲜等东亚国家的经济运输命脉并产生威慑作用，战争爆发时美国可以在 2 天至 4 天之内抵达亚太地区。

1951 年 1 月，时任美国国务院顾问的约翰·福斯特·杜勒斯首次提出"岛链"概念，他指出，"美国在太平洋地区的防御范围应是日本—琉球群岛—台湾—菲律宾—澳大利亚这条岛链线"②。美国依托"岛链"建立了配置有序、能够相互支援的西太平洋基地体系。第二次世界大战之后经过美国的经营，形成了以日本横须贺海军基地为中心的东北亚基地群，以菲律宾苏比克海军基地为中心的东南亚基地群，以关岛为中心的密克罗尼西亚基地群。岛链封锁的形成既遏制了亚洲国家向海洋发展，又为美国在西太平洋构建了重要的防御威慑体系。与此同时，美国在 1949 年主导成立了北大西洋公约组织，与欧洲国家结成了战略联盟，同时在亚洲与韩国、菲律宾和日本结成伙伴关系，这些都成为美国称霸全球海洋的重要支柱。

三   外交

第二次世界大战之后冷战结束，美国奉行全球主义，通过联合国继续维护集体安全，通过建立联合国善后救济总署、世界银行、国际货币基金组织强调经济繁荣与稳定，通过建立并控制这些国际性组织来控制

---

① 梁芳编：《海上战略通道论》，时事出版社 2011 年版。
② 王传剑：《从'双重遏制'到'双重规制'——战后美韩军事同盟的历史考察》，载《美国研究》2002 年第 2 期，第 31—46 页。

世界。随着苏联推行的扩张外交政策，联合国也变成了美苏两国的"战场"。1946年杜鲁门提出要采取强硬政策逼迫苏联接受集体安全及服从美国的想法。之后美国将"强硬"政策改为杜鲁门提出的"遏制"政策。1953—1961年美国实行的是艾森豪威尔的大规模报复战略下的外交：当外交不能成功时就采用军事报复行动甚至采用核武器。在此期间美国还对东欧实行通过美国煽动苏联会自动解散的"解放政策"。1961—1963年肯尼迪总统时期，美国提出灵活反应战略，据此美国跳过外交行为而直接开展大规模的全面报复战争。1961年针对柏林问题，美国接受了苏联分裂德国成东德西德的做法。针对此时非洲、东南亚及中东国家的独立，美国也推行遏制政策，干预反帝独立和建立共产主义，倾向建立亲美的傀儡政权。越南战争失败后美国开始调整外交政策。1969年美苏举行了限制战略武器的谈判，但直到1996年才签订了控制武器的协定。1973年，在《70年代美国对外政策——缔结持久和平》报告中美国提出要把与欧洲和日本的战略伙伴关系提升到很重要的位置，但之后欧洲国家因为进口阿拉伯石油倾向于独立外交。美国在西欧布置导弹，威胁欧洲国家。从1987年签订的《中导条约》中可以看出欧美联盟在今后将长期存在。

在与美洲国家的关系上，美国主要通过施加经济制裁、发动战争、建立自由贸易区等手段维护本国权益。1988、1990年美国相继与加拿大、墨西哥确定了双边自由贸易协定，并提出了建立北美自由贸易区的倡议包括：减少拉美国家的债务、引入多边投资基金、推动北美贸易的自由化。

与主要战略伙伴日本的关系也因美国的贸易逆差，日本逐渐赶超美国产生过矛盾。1989年美国确认日本从事对美不公平贸易，根据美国1988年的超级"301条款"将对日本进行调查并采取行动。美国要求日本放弃贸易保护，开放市场。1991年美国向日本继续施加压力。同时在冷战时期，美国为日本提供了安全保卫、技术支持以及发展商业的优惠条件，这些都为日本节省了大量的人力物力进行经济开发。随着日本逐渐赶超美国，美国开始要求日本更多的分担其军事保护责任，而日本却根据《和平宪法》拒绝了美国的提议。海湾战争时期，日本对支援美国带领的联合国军队表现得也很消极。美国通过日本修正案要求日本支付所有美军在日的相关费用否则会撤军。最后日本妥协缓解了美日的关系。

在对待中国的外交政策上，美国大体采用遏制外交。从 1953 年开始就陆续与中国周边的国家甚至中国台湾签订条约建立军事同盟，同时采用支持国民党、支持台湾独立的政策。美国要求不动用武力，保持两岸僵局，形成"两个中国"的状态。之后美国根据中苏军事冲突试图利用中国遏制苏联，对华改为友好政策。1969 年尼克松总统通过限制在台湾海峡的军事行动、解除对中国的贸易往来等一系列措施试图对中国表示友好，1972 年尼克松总统首次访华，1979 年中美建立外交关系废除了《美台共同防御条约》。但与中国建交的同时，美国又秘密同台湾地区进行接触，1981 年发生对台出售武器事件、颁布《与台湾关系法》。到布什总统执政时期（1989—1993 年）美国对华外交政策从友好转变为强硬和敌对，但不拒绝与中国的贸易。1989 年布什总统曾到中国出访，还邀请人大委员访美，美国不希望中苏关系的缓和影响中美关系。但 1989 年中国发生了由资产阶级自由化思潮引发的社会动乱，美国对此采取了两次对华制裁，分别是禁止向中国出售武器、停止高层访问和合作协定，要求盟国联合制裁中国，但美国却没有取消对华最惠国待遇，希望通过贸易渗透美国文化，甚至改变中国的行为。1991 年在海湾战争时期，为了合作应对危机中美恢复了外交关系。海湾战争之后美国认为中国不再简单是其对抗苏联的棋子了，它对美国的地位构成了严重威胁。1992 年美国对台出售武器，但没有停止同中国的外交往来和最惠国待遇。

在对待其他第三世界国家上，美国从 1969 年开始对其实行经济援助，利用其独立机会帮助其建立"新秩序"，在不得已时采取低程度的武装干涉。1973 年美国希望与伊朗建立紧密联盟，缓和中东关系，并给予色列和埃及大量援助，不断调节地区冲突。对拉美国家采取霸权政策：于 1973 年取消了对智利的经济援助，1977 年与古巴关系恶化，1978 年对巴拿马政府妥协。德国统一后，美国努力劝说其加入北约。1989 年与澳大利亚、加拿大、日本等国举行了首届亚太经济合作部长级会议，成立了亚太经合组织。1991 年美国承认了从东欧独立的国家的地位并同其建立外交关系，但在经济援助上持迟疑态度。美国参与的主要国际联盟如表 2—1 所示。

表 2—1　　　　　　　　二战以后美国参与的主要国际联盟

年份	美国成立联盟	联盟国	联盟功能
1947	美洲国家组织	所有美洲国家	实现美洲所有国家共同性的地区防御和安全保障
1949	北大西洋公约	美、加、英、荷、法、葡、意、冰岛、挪威、丹麦、西德、比利时、卢森堡、希腊、土耳其（共12国）	资本主义阵营的军事协作，美国控制了欧洲防务体系，获得了欧洲的领导地位
1951	美澳新条约组织	美国、澳大利亚、新西兰	控制澳洲地区的军事联盟
1951	美日安全条约	美国、日本	日本从属于美国、美国可以在日本无限制建设和使用军事基地
1954	美菲条约	美国、菲律宾	互相提供军事援助
1954	东南亚条约组织	美、英、法、澳、菲、泰、新西兰、巴基斯坦	镇压东南亚地区的民族解放运动、对抗中国和越南
1954	美韩条约	美国、韩国	美国在韩国部署军队、共同对抗威胁
1954	美台条约	美国、中国台湾	宣示台湾国际地位、阻止大陆收复台湾、在台湾进行军事安排
1954	美巴条约	美国、巴基斯坦	美国为巴基斯坦提供援助和防御
1959	中央条约组织	美、英、土耳其、巴基斯坦、伊朗	控制中东国家，保障中东国家安全

第四节　海洋科教的大力发展

在此期间，美国开始把发展海洋科技作为发展海洋强国的核心内容之一，增加了对海洋科学研究的预算，制定了海洋科学规划，启动深海钻探计划，推动国际海洋科研项目发展。

一   建立众多的海洋科研机构加大资金投入

20 世纪 50 年代，建立了近百个海洋科研机构。《1960—1970 年海洋学报告》建议联邦政府对海洋研究的资助翻一番，建造一个新的研究团队并加强与学术科研机构的合作关系，该建议成为肯尼迪总统海洋政策的基础。1960 年，联邦科学技术委员会成立了机构间海洋委员会，负责"制定一项国家海洋学规划"[①]。从 60 年代开始美国开始重视海洋科技问题。1966 年，《中国与海洋》报告对海洋对于国家安全作用、海洋资源的经济贡献、环境保护和资源重要性方面做了深入研究，形成了"海洋是资源宝库"的观念，并且开始实行"科技兴海"政策[②]，制定并实施了海底居住试验计划、深海钻探计划，开始向海洋伸出探索之手。1966 年，美国国会在国家科学基金会（NSF）内部设立了国家海洋补助金学院计划，成为支持美国海洋学和与海洋相关的其他科学和法律研究的主要经费来源，这在提高美国的海洋科技能力中发挥了关键作用。到了 70 年代，从事海洋科研的政府机构及教育科研单位数目增加到了数百个，建立大学海洋研究所协调海洋调查船的使用，美国政府决定每年为海底勘探和开采投资 2500 万美元[③]。80 年代建造了深海实验室。1985 在海洋领域顺利推行了一批以美国为主导或主要参与者的国际大型研究计划，有力地推动了美国海洋科学研究的快速发展[④][⑤]。80 年代末，美国国家科学基金会、国家宇航局、国家海洋与大气局、能源部、国务院等几个联邦机构联合向美国海洋界首脑提出《美国全球海洋科学规划》，该报告由联邦机构间协调工作组——全球海洋科学规划工作组制定，其目的是为美国各有关机构制定规划和计划提供科学和技术依据[⑥]。

---

① Pew Oceans Commission 编：《规划美国海洋事业的航程》，周秋麟等译，海洋出版社 2005 年版。

② 杨金森：《海洋强国兴衰史略》，海洋出版社 2007 年版。

③ 沈曦：《国外海洋工程高技术发展状态》，载《中国海洋平台》1996 年第 1 期，第 5—9、43、46 页。

④ 石莉：《美国海洋科技发展趋势及对我们的启示》，载《海洋开发与管理》2008 年第 4 期，第 9—11 页。

⑤ 倪国江、文艳：《美国海洋科技发展的推进因素及对中国的启示》，载《海洋开发与管理》2009 年第 6 期，第 29—34 页。

⑥ 周芳、卢长利：《国外海洋科技创新体系建设经验及启示》，载《对外经贸》2013 年第 4 期，第 43—45 页。

二　重视技术开发与创新

在冷战时期，美国在海洋发电技术、海洋资源勘探开发技术、海洋生物技术及海水淡化技术方面都取得了一定成就。在温差发电技术上，美国1965年开始研究温差发电技术，并于1979年在夏威夷岛建成世界上第一座温差发电装置。1984年开始研究4万千瓦的岸基和离岸固定式发电装置，在温差发电站的设计和选址方面也做了很多研究[①]。在海洋资源勘探开发技术上，美国1960年"曲思特"号潜水器下潜至10800米深度。1964年发明了世界上第一艘载人潜水器下潜深度2000米。1970年共拥有载人调查潜艇49艘。1990年发明了无人无缆并能穿过北极冰层的潜水器。在海洋生物技术上，20世纪70年代美国开始利用细菌清除海洋油污。1986年将虹鳟的生长激素基因转移到鲇鱼体内缩短了鲶鱼的养殖周期，并运用染色体操作技术培育了三倍体牡蛎。1988年开始开展海洋药物学方面的研究。海水淡化技术方面，于20世纪五六十年代分别开发成功了电渗析海水淡化技术、反渗透淡化技术。

三　大力实施海洋科考与探测

（1）太平洋。1965年，海岸与大地测量局更名为太平洋海洋中心[②]。

（2）大西洋。60年代开始主要对赤道地区的印度洋进行调查，开展了"国际热带大西洋合作调查""热带大西洋试验"获得了很多一手资料。

（3）印度洋。60年代，美国对印度洋地区的海洋环境、海洋生物进行了少量的考察。真正对印度洋的调查从70年代开始，出于遏制苏联的需要，美国开始重视印度洋军事及资源开发。

（4）南极。1946——1948年，美国进行了大规模的"远跳行动"和"风车行动"考察南极[③]。从1955年至1977年每年一次进行了"冻结"规划考察，空军和海军分别派出大量侦察机、运输机、巡逻机和破冰船等进行海洋地球物理考察，但飞机失事现象较多。1956年美国开始在南极

---

①　王传崑：《国外海洋能技术的发展》，载《太阳能》2008年第12期，第17—20页。

②　杨金森：《海洋强国兴衰史略》，海洋出版社2007年版。

③　美国极地办公室："美国南极开拓"，http：//www.nsf.gov/pubs/1996/nstc96rp/chi.htm# ch－ib.

设立科考站，在 1957—1958 年间（国际地球物理年）美国在南极建立 9
个科考站，居世界第三。1958 年 3 月，美国国务院在致阿根廷、澳大利
亚、比利时、智利、法国、日本、挪威、新西兰、南非、苏联、英国大使
馆的备忘录中，向他们提出了美国关于南极政策的公开设想。1959 年美
国与会各国签署了《南极条约》，以一种冻结领土及资源争夺的方式暂时
解决①。1962—1972 年美国对南极周围水域进行海洋调查，调查航次 55
个，航程 37 万海里，平均年调查天数 283.3 天。到 1973 年美国在南极设
立 4 个全年科考站，如表 2—2 所示。

表 2—2   美国在南极建立的全年科考站②

科考站	建立年份	过冬工作人数	主要观测项目
麦克默多	1956	140	极光、宇宙射线、气象、生物学、卫星天地测量
阿斯科特	1957	23	地壳物理学、地震、医学、卫星测量、环境污染
帕尔默	1965	14	石油、天然气、矿产资源（铜）、卫星测量
赛普尔	1973	4	电离层、气象

（5）北极地区。1983 年《美国北极政策指令》强调"美国在北极地
区有着独特的关键性利益"，美国要保护的北极利益包括海空自由航行飞
行权、资源开采权、科学考察权。1984 年《北极研究与政策法案》成立，
机构间北极政策组为美国与其他国家就北极问题开展合作提供建议③。

（6）国际海底地区。20 世纪 70 年代美国开始重视国际海底区域资
源，并采取单边主义强调美国利益。1980 年，美国国会的《深海底硬矿
物资源法》制定完成，1980 年 6 月 28 日美国卡特总统签署该法，1982 年
美国拒绝《联合国海洋法公约》④。

---

① 沈鹏：《二战后的"国家主权管辖范围外区域"资源问题及美国政策分析》，载《中国
海洋大学学报》（社会科学版）2009 年第 2 期，第 36—41 页。

② 张玉祥：《美国的海洋调查》，载《海洋科技资料》1978 年第 3 期，第 50—61 页。

③ 白佳玉、李静：《美国北极政策研究》，载《中国海洋大学学报》（社会科学版）2009
年第 5 期，第 20—24 页。

④ 沈鹏：《二战后的"国家主权管辖范围外区域"资源问题及美国政策分析》，载《中国
海洋大学学报》（社会科学版）2009 年第 2 期，第 36—41 页。

第五节　海洋环保建设

一　开始关注海洋环保建设与可持续发展

1978 年国会颁布了《外大陆架土地法修正案》保证州和地方政府所管辖水域的环境和资源按照《海岸带管理法》获得应有保护。但由于美国渔业存在过度捕捞现象，海洋环境污染问题并没有得到重视。针对渔业资源不断衰退、生态环境不断恶化等问题，美国开始注重保护鱼类资源的问题[①]。70 年代相继颁布了《海洋保护、研究和自然保护区法》《海洋哺乳动物保护法》《濒危物种法》《深水港口法》等法律[②]。美国科研人员对渔民进行了保护环境、资源和濒临灭绝水生生物方面的教育，政府设立了渔业管理联合单位，以协调各有关方面和部门对水生生物资源的管理，取得了良好的效果。

1989 年，埃克森石油公司"瓦德兹号"油船在阿拉斯加威廉王子海湾搁浅后发生了溢油事故，排放了 3.8 万吨原油，造成 10—30 万海鸟死亡，400 头海獭受污染死亡，侵蚀了海岸线。3.8 万吨石油只蒸发了30%—40%，回收了10%—25%，其余仍滞留在海洋中，估计恢复到漏油前状态需要 5—25 年时间。这促使了环境保护立法运动的复苏，直接导致了《石油污染法》的实施以及对《海岸带管理法》的修订，单壳油轮被要求退出航运市场。从这一时期开始，联邦政府对海洋资源可持续利用和环境保护的重视程度日渐提高，开始重新考虑制定新的海洋战略和政策，寻求一条可持续开发利用海洋的新道路[③]。

二　开始关注海岛环境保护

此时美国开始颁布相关法律，注重对海岛的保护和生态修复工作。自

---

①　张利：《借鉴美国渔业管理模式大力发展内蒙古休闲渔业》，载《内蒙古农业科技》2008 年第 4 期，第 28—30 页。

②　刘佳、李双建：《从海权战略向海洋战略的转变——20 世纪 50—90 年代美国海洋战略评析》，载《太平洋学报》2011 年第 10 期，第 79—85 页。

③　王曦、谢海波：《美国埃克森·瓦德兹号油轮原油泄漏污染海洋案分析》，载《中国审判》2012 年第 2 期，第 20—24 页。

1962 年公布《水资源保护法》以来，美国已经对许多海岛进行了修复工作①。1966 年《海洋资源和工程法》，海岛被归类于海洋环境，要求进行保护管理。1969 年《国家环境政策法》规定海岛的建设要对其进行环境影响的评估。1972 年《海岸带管理法》、1978 年《外大陆架土地法修正案》要求海岛遵循海岸带的相关规定②。美国利用创建潮间带沼泽地并种植植物的方法对美国东部地区超过 700 个岛屿进行了生态修复③。1988 年《海洋自然保护区规划条例》规定了对于海洋保护区的选定、开发的评价的内容要在联邦政府进行登记并在当地知名报刊上广而告之，评价内容包括对于环境的影响。

①　Pilkey o h, Clayton t d・Summary of beach replenishment experience on US east coast barrier island. Journal of Coastal Research, 1989, 5（1）: 147–159.

②　张保明：《美国关注海洋》，载《国外科技动态》1998 年第 11 期，第 4—5 页。

③　GARBISCH E W. Hambleton Island restoration: Environmental Concern's first wetland creation project. Ecological Engineering, 2005（24）: 289–307.

第四章　主导海上安全秩序与海洋海岛可持续发展阶段

这一阶段，在时间上是指 1991 年至今。冷战结束之后，美国的海洋强国建设进入全面发展时期。进入 21 世纪，海军发展不再是美国海洋强国建设的重点内容。美国在快速发展海洋经济的同时高度注重海洋环境保护问题和海洋资源的开发利用。此时，随着时代发展和海洋地位的提高，美国海洋安全战略由侧重战时的运用发展为注重平时和危机时的运用。由应对传统安全威胁转向应对非传统安全威胁，强调正式联盟框架下的合作，转向在正式联盟和非正式组织双重框架下的合作及与更多的国家合作，安全战略出现更大弹性，用"巧实力"处理国际关系①。

1991 年冷战结束之后美国海洋战略为保持其全球海洋利益，控制全球海洋，巩固其第一海洋强国的地位②。美国在将欧洲作为战略重心、遏制俄罗斯的同时，对西太平洋沿岸格局关注度逐步提升，不断加强其政治军事存在③。

第一节　以强大海军为基础主导全球海上安全秩序

这一时期，美国海军三次调整军事战略，为保障浅海区两栖作战的需要，美国海军提出"要把全世界四分之三海岸线摸得跟自家后花园一

---

① 季晓丹、王维：《美国海洋安全战略：历史演变及发展特点》，载《世界经济与政治论坛》2011 年第 2 期，第 69—84 页。
② 杨金森：《海洋强国兴衰史略》，海洋出版社 2007 年版。
③ 石莉、林绍花、吴克勤等著：《美国海洋问题研究》，海洋出版社 2011 年版。

样熟"。1992 年 2 月布什政府提出"地区防务"战略、"由海向陆"战略、"由海向陆新战略";1995 年 2 月克林顿政府推出了"灵活与选择参与"战略;1997 年 5 月克林顿政府又提出了"塑造—反应—准备"三位一体的军事战略。作战地区以中东和东北亚地区为重点,主要作战对象由苏联转变为地区性强国,战争准备由重点对付世界大战转变为干预地区冲突,战略指导由以"核威慑"为基础转变为以核武器和高技术常规武器威慑并举,更注重高技术的常规威慑,强调"预防性防务"和"塑造"有利国际环境,对危机迅速做出"反应",在军队建设上,由大战型军队向局部战争型军队转变,奉行精兵政策,加强以信息战和精确打击为重点的质量建设,为对付未来威胁做"准备",在兵力部署上由"前沿部署"转向"前沿存在",注重提高全球快速反应和兵力投送能力。

1990 年伊拉克吞并了科威特,美国联合其他 33 个国家组成多国部队,海军立刻进入波斯湾待命。在警告伊拉克撤军的同时,美国先后派出四个航母战斗群共 6 艘航母向红海进发。美国将物资运入沙特将其作为基地,并派出 10 万左右的海军、海军陆战队及海岸警卫队人员,240 艘军舰于波斯湾待命,这也是海军陆战队首次参战。到当年 10 月,美国创造了有史以来最快的海上物资运输记录。1991 年美国决定实施"沙漠风暴"行动,并于 1 月 17 日向伊拉克发射了数百颗巡航导弹。美国首次对伊拉克应用了空地一体作战理论,首次使用了"战斧 II"型对地攻击导弹及无人机。战列舰上的 16 英寸火炮发射了大量炮弹和巡航导弹成为战列舰的告别演出,精确的制导导弹革命性地击毁了伊拉克的战机、机场、导弹基地、控制联络中心,而美国海军伤亡人数只有 18 人。海湾战争也是冷战结束后最大规模的海战。1992—2001 年美国派海军到南斯拉夫联盟地区进行物资补给及维和任务。1992 年美国派海豹突击队到索马里近海地区掩护联合国部队的维和行动。

与此同时,恐怖主义开始威胁世界的和平。沙特富翁本·拉登以阿富汗为基地建立了全球的恐怖基地网,他们要将西方发达国家赶出中东地区,建立半军事化组织并清洗中东的犹太人和基督徒。1993 年纽约世贸中心被炸弹引爆,1995 年美国驻沙特利雅得大使馆发生爆炸,1996 年美国 19 名飞行员在沙特地区遇袭,1998 年本·拉登公开说明要对所有军人和平民进行袭击,并袭击了美国驻肯尼亚内罗毕及坦桑尼亚达雷斯萨达姆的大使馆，造成 5036 人伤亡。2000 年"科尔号"驱逐舰在也门港口遇袭。2001 年 1 架客机撞向美国五角大楼，2 架客机撞向双子塔，1 架客机坠毁在宾夕法尼亚州，造成 3000 人伤亡。布什总统立刻对恐怖主义宣战，于 2001 年 10 月 7 日派出 2 个航母战斗群奔赴红海地区对塔利班政府进行"外科手术式"的精准打击，到 12 月 5 号塔利班政府及部队已被击垮。2003 年，美国怀疑伊拉克藏有大规模杀伤武器对其进行空袭，以消灭萨达姆和恐怖主义。相比于海湾战争，美国在伊拉克战争中的空中打击技术更为精准，造成的伤亡也更小。2004 年"乔治·华盛顿"号航母返美创造了无飞机损失的战绩。2005 年新任海军部长马伦为海军 2006、2007 年的发展分别制定了 1320 亿、1270 亿美元的预算，并将"维持战备状态、建设未来舰队、培养 21 世纪领导人"作为未来的建设重点。到 2006 年海军军官及士兵人数达到 35 万，海军预备役人数 13 万，舰艇数量 281 艘，飞机数量 4000 架。建设的重点是大西洋舰队、太平洋舰队、航母攻击部队、舰载机联队及远征攻击群，强调灵活的配置舰种①。美国的航母战斗群配置如表 2—3 所示。2007 年，美国发布"2006 年美国海洋政策报告"，制定了新的国家海洋研究战略。2007 年 10 月 17 日，美国海军、海军陆战队和海岸警卫队联合发布了名为《21 世纪海上力量合作战略》（A Cooperative Strategy for 21st Century Sea Power）的新海上安全战略。该报告是自 1986 年冷战后期美国海上战略制定以来对海上安全战略的首次重大修改，突出强调了海上安全合作的重要性以及要建立以美国为主导的海上安全秩序，在世界范围内维护美国的国家利益，同时促进全球安全与繁荣。加强在西太平洋的海军力量存在是美国全球海洋战略的新动向②。2011 年美国共有 10 艘核动力航母"尼米兹"级、24 艘"提康德罗加"级制导导弹巡洋舰、55 艘"阿利伯克"级驱逐舰分布于航母攻击群、远征攻击群等，是目前世界上最先进、实力最强大的海军力量。

① ［英］赫恩：《美军战史·海军》，中国市场出版社 2011 年版。
② Pew Oceans Commission 编：《规划美国海洋事业的航程》，周秋麟、牛文生等译，海洋出版社 2005 年版。

表 2—3   目前美国航母战斗群通常的船舰配置情况

船舰类型	数量	功能
"尼米兹"级核动力航母	1 艘	核心配置，武力威慑，火力攻击，海上基地，舰载机起飞平台
"提康德罗加"级制导导弹巡洋舰	至少 1 艘	护卫中枢，防空，反潜，反舰，巡航导弹远程精确打击地面目标，可远征作战，独立作战
"阿利·伯克"级驱逐舰	2—3 艘	协助巡洋舰进行防卫，防空，反潜，反舰，可独立作战
"洛杉矶"级攻击核潜艇	2 艘	对水面、水下船舰进行警戒、攻击
海上补给舰	1 艘	物资补给
"佩里"级导弹巡防舰	1 艘	反潜，巡防
整体航母战斗群	至少 9 艘	首先用航母舰载机等清除航母数百公里内的敌人，其他船舰保护航母安全，并支持作战和进行人员搜救。主要用于维护运输通道安全，支持两栖部队作战，与陆上飞机协同争取制空权，威慑，海空作战

第二节　海洋海岛产业开发与建设

1999 年，美国成立国家海洋经济计划国家咨询委员会，启动实施"国家海洋经济计划"（NOEP）。该计划的宗旨就是提供最新的海洋经济及海岸经济信息，并预测美国的海岸领域以及海岸线可能会发生的一些趋势。2000 年《海洋法令》提出制定新的国家海洋政策的原则：有利于促进对生命与财产的保护、海洋资源的可持续利用；加大技术投资、促进能源开发等，以确保美国在国际事务中的领导地位。法令要求设立海洋政策委员会，以制定美国在新世纪的海洋政策。2004 年，正式提交了名为《21 世纪海洋蓝图》的国家海洋政策报告。随后，美国公布《美国海洋行动计划》，提出了具体的落实措施①。美国制定海洋政策的原则是在经济发展和海洋环境、资源管理方面取得平衡，并努力在生态保护和能源供

---

①　宋炳林：《美国海洋经济发展的经验及对中国的启示》，载《吉林工商学院学报》2012年第 1 期，第 26—28 页。

应方面取得平衡①。

一　海洋测绘网络建成

科索沃战争时期，美国动用的侦察卫星包括 2 颗军事侦察卫星、3 颗图像数据传送卫星、3 颗轻型卫星。动用的气象卫星包括：美国空军军事气象卫星、4 颗海洋和大气观测气象卫星、2 颗欧洲气象卫星。除此之外，美国还动用了 24 个航天器及其他的通讯和数据卫星，建立起太空数据观测网②。1991 年与法国合作发射 TOPEX – POSEIDON 海洋地形学观测卫星，可以对海平面变化和全球气象进行精确探测③。1994 年《美国北极政策指令》强调了北极对于美国国土安全、环境保护和土著及其他北极居民的作用，支持对北极的科研工作，加大国际合作，改善北极生态环境④。1998 年美国主导建设全球海洋观测网（TO – GA 计划），研制并建立由 65 个 "Altas" 浮标组成的 "热带海洋探测网" 探测厄尔尼诺现象。

2000 年以来，美国的海洋测绘业快速发展。例如，美国利用世界海洋观测系统（GOOS）在本国建立了先进的海洋观测网，为海军的活动和海洋观测工作提供了有力的支持，力求实现全球海洋透明化⑤。2001 年发射 Jason 卫星对大洋海面进行了 12 年的观测。2002 年 NOAA 主持了 "可持续海洋考察"，对美国西海岸的海洋生物群落进行调查⑥。2004 年建立了国家渔业信息系统（FIS）及 6 大经济区的渔业信息网络，为渔业提供及时准确的数据信息、信息共享及在决策方面提供支持⑦。NOAA 的极轨环境卫星搭载的海洋遥感器提供全球海面温度观测数据。国防气象卫星的传感器微薄成像仪提供海冰、风场、湿度数据；太平洋锚系浮标阵是

---

① 刘佳、李双建：《从海权战略向海洋战略的转变——20 世纪 50—90 年代美国海洋战略评析》，载《太平洋学报》2011 年第 10 期，第 79—85 页。
② 黄大鹏：《从科索沃战争看后冷战时代美国的对外战略思维模式》，载《文山师范高等专科学校学报》2008 年第 1 期，第 43—45 页。
③ 倪国江、文艳：《美国海洋科技发展的推进因素及对中国的启示》，载《海洋开发与管理》2009 年第 6 期，第 29—34 页。
④ 张玉祥：《美国的海洋调查》，载《海洋科技资料》1978 年第 3 期，第 50—61 页。
⑤ 杨金森：《海洋强国兴衰史略》，海洋出版社 2007 年版。
⑥ 石莉：《美国海洋科技发展趋势及对我们的启示》，载《海洋开发与管理》2008 年第 4 期，第 9—11 页。
⑦ 吴维宁、卢卫平：《美国国家渔业信息网络建设及其启示》，载《中国水产》2005 年第 6 期，第 33—34 页。

GOOS 效益创造的典范①。2009 年《美国北极政策指令》重申了北极对美国国土安全的意义，肯定了大陆架划界的必要性并期待北极航运的发展，并将北极环境的保护放在发展经济之前②。

二　海洋油气业向深海领域发展

此时美国的深海开采技术不断发展，石油和天然气日产量加大，阿拉斯加州油田开始投产，墨西哥湾油田开采水深不断加大，海上开采范围包括除南极大陆外的所有大陆架海底区域。1997 年，墨西哥湾 Ran—Powell 和 Mensa 油田开采水深分别为 980 米、1615 米。2001 年，阿拉斯加州的油井投产并开始大规模生产，其油田通过输油管道直接与南方地区的港口相连。2000—2002 年墨西哥湾开采最大水深 2423 米，投产项目 65 个③。2006 年开始其海上油气勘探范围包括了所有大陆架、大陆坡和深海地区，除了南极洲外，年油气产量超过千万吨④。2010 年在近海石油的生产中，30% 的产量来自于外大陆架地区的租赁获得。其中，外大陆架的近海石油产量主要来自路易斯安那州（占 88%）和加利福尼亚州（占 4%）。海洋天然气的产量中，源自外大陆架地区的租赁所得占 11%，周围水域产量占 3%。其中，外大陆架地区的海洋天然气产量主要源自与路易斯安那州（占 71%）。另外，美国对海上油田的租赁开发的 98% 都集中在墨西哥湾地区。2011 年美国原油和天然气日产量分别为 560 万桶/日、220 万桶/日，成为全球石油产量增长最快的国家之一。2012 年美国继续维持全球最大天然气生产国地位，年天然气产量 7000 亿立方米⑤。2017 年美天然气年产量可增至 7690 亿立方米。

三　海洋交通运输与港口业

1996 年《海运保安法》规定为对国家海运安全有重大意义的船队提供 10 亿美元补贴，要求其在战时作为国家武装力量由国家支配。1998 年

---

①　Norman Estabrcok，沈乃宏：《海洋高技术现状》，载《海洋信息》1996 年第 11 期，第 11—18 页。

②　白佳玉、李静：《美国北极政策研究》，载《中国海洋大学学报》（社会科学版）2009 年第 5 期，第 20—24 页。

③　王同良：《重大油气发现》，载《世界石油年鉴》2003 年。

④　刘淮：《国外深海技术发展研究（上）》，载《船艇》2006 年第 10 期，第 6—18 页。

⑤　BP Amoco statistical review of world energy. BP Amoco plc，2013.

制定《航运改革法》。2002 年《海运安全法》。"9·11"后海关实行了三项管理计划包括：要求海关的贸易伙伴对自己的供应链进行监管、反对恐怖主义、装船前 24 小时货物清单滚动报关、根据船货信息及单证决定检验程度。1998 年、2003 年随着美国总统访问非洲，美国启动了对非洲国家的新贸易政策，再加上美国希望从非洲国家获得石油资源以及反恐的需要，与非洲国家在海上贸易方面的往来逐渐增加。

海运量一直保持着增长的态势：1990—2004 年美国的海洋交通业产值保持平稳增长，从 1990 年的 80 亿美元增加到 2004 年的 300 亿美元，吸引的就业人数从 1990 年的 12 万人增加至 2004 年的 35 万人。近年来，美国国内的短途海运发展较快，从事内陆河流和湖泊运输以及往返于阿拉斯加、夏威夷、波多黎各和关岛的货运船只超过 38000 艘，单项航行总里程 40233 千米，每年运货约 10 亿吨，价值 2200 亿美元。2007 年开始发展海洋短途运输，将其列为"海洋高速公路计划"[1]。港口吞吐量逐年增加，但在 2008 年受金融危机影响有所下降。2009 年在世界货物吞吐量前 20 位的港口中，美国占 3 个，分别是南路易斯安那港、休斯敦港、洛杉矶港，分别位列第 10、12、20 位，其中南路易斯安那港主要经营内贸货物，其他两个港口以外贸货物为主[2]。2012 年世界前 20 大集装箱吞吐量港口中，美国只占 1 个，洛杉矶港位列 16 位，年吞吐量达到 808 万吨。

四　海洋旅游业

1996 年美国国会设立"旅游产业功能组"（后改名"国家旅游办公室"）代替了"国家官方旅游局"，以促进美国旅游业的发展和就业人数的增加。每个州及重要的旅游城市都设立了相应的旅游管理机构，针对当地的特色旅游资源进行管理，发布相关旅游信息及进行市场宣传，积极推进旅游资源的开发与环境保护。美国还建立了旅游行业协会，负责协调政府及旅游服务提供者及游客等的关系和利益。1998 年《沿海旅游与休闲》报告认为，美国的首选海洋旅游资源包括得克萨斯州的科珀斯克里斯蒂、纽约的长岛海峡、佛罗里达的印第安河泻湖、加利福尼亚的圣莫尼卡湾、

---

① 石莉、林绍花、吴克勤等著：《美国海洋问题研究》，海洋出版社 2011 年版。

② ISL Shipping Statistics and Msrket Review。https：//shop. isl. org/ISL – Shipping – Statistics – and – Market – Review – – SSMR – .

旧金山湾等；其次是美国的国家公园和历史景点。旅游范围逐渐扩展到美国整个大陆沿海、阿拉斯加的东南部、夏威夷和海岛地区。

2000 年以来海洋邮轮旅游逐渐发展起来。2006 年邮轮业及其乘客的消费为美国国民经济增加 357 亿美元，2008 年增长到 380 亿美元。2007 年，邮轮业运送美国游客 945 万人次，直接和间接为美国就业增加了 35 万个就业岗位。在邮轮旅游业的发展上，2006 年全球邮轮旅游人数中到美国的旅游人数超过了 75%，美国成为全球最大的邮轮旅游市场，也拥有了全世界最多的邮轮母港。到全美最大的三个邮轮母港迈阿密港、卡纳维拉尔港、埃弗格雷斯港旅游的人数达到 189 万、140 万和 115 万，分别占全球的 16%、12%、10%，佛罗里达州成为美国邮轮旅游的中心。2008 年皇家加勒比国际游轮公司开始开发中国市场，开辟了从上海及香港出发的邮轮旅游航线①。2009 年开辟华北地区航线及海峡两岸航线，并将天津增设为邮轮母港，全年提供 35 个中国至东南亚多国的旅游航线。2011 年美国的邮轮旅游人数达到 1050 万左右，占全球邮轮旅游人数的 56.3%。未来北美市场仍然是全球最主要的游轮旅游市场，环加勒比海地区是全球的游轮旅游主要地区。

在游艇旅游业的发展上，2007 年游艇的拥有量增加到 1681 万艘，年消费额也增至 400 亿美元左右。2007 年美国的游艇厂商都开始受到行业管理部门的管辖。2008 年后受到金融危机的影响，游艇业年消费额跌至 300 亿美元左右。

近年来美国旅游业者利用网络向全球用户做宣传，已经建立了完善的旅游基础设施，对旅馆实行了科学的连锁式经营，管理水平世界领先。发达的集疏运网络及完善的导航信息系统更是为其滨海旅游业的发展提供了良好的发展基础。

五　海岛开发建设

此时美国成立了专门的海岛事务管理机构，并采取多种手段推动海岛经济的发展。1993 年关岛有 36 所中小学校、公立私立大学各 2 所。1994 年美国将关岛军用土地归还民用。1999 年成立海岛事务管理机构，该主

---

① 张锋、林善浪：《国际邮轮产业发展现状及趋势分析》，载《中国港口》2008 年第 8 期，第 25—26、42 页。

管机构主要负责政策建议、海岛事务协商和与其他部的合作。近年来通过各种措施扩大海岛的对外贸易发展，推动海岛经济多元化发展，特别是旅游产业的发展。2004 年在洛杉矶举办第二届海岛商机大会，参会投资者数量达到 900 人以上。

同时为了对潜在竞争对手造成威慑作用，海岛军事建设也一直在继续，将一些拥有军事价值的海岛发展成为核武器、化学武器、船舰等的存储基地和训练基地、靠泊基地。2001 年美国将关岛升级作为美在太平洋地区的重要军事基地，近年关岛的重要性持续升级，目前已成为美国的超级军事基地、航母停靠母港和其遏制中国军事发展的重要基地。

注重对海岛的环境保护和推进相关的科学研究。2005 年美国自然保育协会从私人手中购买了帕迈拉环礁，该岛位于波利尼西亚海域，生态系统完善，鸟群、鱼群和雨林都未经破坏，珊瑚种类是夏威夷岛的三倍之多。美国重点关注其生态保护及科研价值。为了募集自然保护的资金，美国自然保育协会用飞机将一些富豪载至该岛旅游参观；同时该岛还是观察全球气候变化的理想地点，蕴藏了十多个世纪的气象变化资料。豪兰岛成为无人岛，美国政府在其上设立了自然保护区，由鱼类和野生动物服务组织管理，只对科学家开放。每两年鱼类和野生动物服务组织登岛一次，每年有海岸警卫队巡视。阿拉斯加地区拥有了美国数量最多的国家公园、最多的私人飞机和世界顶级的钓鱼场所，它没有州税、是美国重要的石油和天然气产地，水产资源、矿产资源、林业资源丰富，旅游业发展较好，有着独特的旅游风俗。

有居民海岛的旅游价值开发能力不断增强：夏威夷成为世界闻名的"阳光、冲浪海岛"的代名词，不断完善旅游基础设施，开发特色旅游项目，利用网络平台为来自世界各地的游客提供详尽的海岛旅游攻略等，成功吸引了大批来自世界各地的游客；关岛有着世界顶级的五星级酒店和廉价旅店，形成了珊瑚礁、情人崖、太平洋战争历史公园等特色景点，除此之外，还有当地的民乐演奏、椰子蟹等民俗展示和美味以及亚太最大的免税购物中心；阿拉斯加的美食节、北极光奇景和菠萝饰品等圣诞习俗都独具特色。

六　船舰制造业

1992、1993、1997 年相继制定了《国防工业改造、再投资和转向援助法》《国家造船与现代化改造法》《海上保障与竞争法》《造船能力维护协议》，希望通过政策导向鼓励对民用船舶的建造，并降低军用船的建造成本①。美国开始利用盟国关系出售巡逻船舶来增加船舰制造业的订单数量，商船年交付量在 1998—2005 年期间有了小幅上升，目前年交付量在 10—20 万吨左右。休闲娱乐性船舶年交付量在 1995 年达到 66.4 万艘后下降，在 1998 年开始上升，2006 年高达 91.2 万艘，目前为 52 万艘左右的年交付量。到 2009 年之前，美国主要建造"尼米兹"级核动力航母，之后开始建设第三代核动力航母"福特"级，2013 年 10 月举行了船坞进水仪式，预计于 2015 年开始服役，计划建造 3 艘"福特"级航母。此外，目前美国正在升级"尼米兹"级航母的综合舰桥系统，建造了第10 艘"圣安东尼奥"级两栖舰，开始建造第二艘海军联合高速船。美国目前主要的海军舰艇性能如表 2—4 所示。

表 2—4   目前美国海军主要舰艇性能一览表

海军舰艇	性　能
"尼米兹"级核动力航母	2 个核反应堆，4 台汽轮机，最大航速超过 30 节，舰载机 85 架，舰载 3 座"海麻雀"近距离防空导弹装置，4 座 20 毫米 6 管密集阵火炮，舰员 3200 人，航空联队 2480 人
"提康德罗加"级制导导弹巡洋舰	单舰成本 10 亿美元，舰长 567 英尺，航速超过 30 节，舰载 2 架 SH‑2"海妖"直升机或 SH‑60"海鹰"直升机，舰员 362 人，舰载"标准"舰空导弹、"阿斯洛克"垂直发射反潜导弹，"战斧"巡航导弹，6 枚 MK46 鱼雷，2 座 MK45 型舰炮，2 套 SH‑2 近距武器系统
"阿利伯克"级驱逐舰	舰长 505 英尺，排水量 8400—9200 吨，火力、舰员配置类似巡洋舰
海上补给舰	排水量 48800 吨，航速 25 节，可运载 17700 桶石油、2150 吨弹药、500 吨干货及 250 吨冷冻食物，舰员 189 人，舰载 2 架"海上骑士"直升机或 2 架"海鹰"直升机
"洛杉矶"级核潜艇	水上、水下排水量分别为 6080、6930 吨，水下航速 35 节以上，最大潜深 450 米，人员编制 133 人，有消声瓦，首水平舵，AN/BQQ5 综合声呐作用距离高达 100 海里，有完善的电子/水声对抗设备、卫星/惯性导航系统、甚高频/甚低频接收机和拖曳通信天线，有 4 具 533 毫米鱼雷发射管，可发射"战斧"巡航导弹、"捕鲸叉"反舰导弹和 MK48 重型鱼雷

① 付征南：《打造全球联合舰队：美国干舰海军计划揭秘》，载《海事大观》第 7 期，第43—47 页。

第三节　海洋权益维护

一　海洋立法

1992 年美国的"海洋和海岸带综合管理理念"在联合国环境与发展大会上被写入《21 世纪议程》①。《2000 年海洋法案》成立海洋政策委员会，美国制定新的海洋政策提供指导，2000 年第 13158 号行政令要求加强对海洋保护区的管理、保护和养护，并扩大和建立新的海洋保护区②。2002 年开始相继发出"集装箱安全倡议"、"防扩散安全倡议"、"地区海上安全倡议"，推出《国家海上安全战略》和《21 世纪海上力量合作战略》，为应对恐怖主义、核扩散、跨国犯罪和海盗、海上污染、自然灾害等非传统安全威胁制定了相应的法律法规③。2004 年的《美国海洋行动计划》提出要构建综合的海洋管理模式，《21 世纪海洋蓝图》描绘了美国海洋事业的发展蓝图。2009 年《美国政府部门间海洋政策工作组中期报告》提出要建立以生态保护为核心的海洋综合管理机制④，具体包括保护生物多样性、可持续发展、科学发展，提高了海洋意识，并建立了《有效海洋空间规划框架》，希望通过空间规划过程减少对海洋生态系统的负面影响，恢复海洋系统的功能⑤。美国已经签署生效的国际海洋公约有100 多个，但美国没有加入《联合国海洋法公约》。主要涉及内容是海洋资源的开发与保护，包括海洋生物、海底矿产、海洋化学、海洋空间和海洋新能源⑥。

---

①　Agenda of the 21st Centry of the United Nations，http：//www．un．org/chinese/events/wssd/agenda21．htm.

②　CLINTONW. Executive Order 13158：Marine Protected Areas．http：//www．Mpa．gov/pdf/eo/execordermpa．pd，f2000 - 5 - 26.

③　季晓丹、王维：《美国海洋安全战略：历史演变及发展特点》，载《世界经济与政治论坛》2011 年第 2 期，第 69—84 页。

④　The White House Council on Environmental Quality，Interim Report of the Interagency Ocean Policy Task Force，September 10，2009.

⑤　李双建、于保华、魏婷：《美国海洋管理战略及对中国的借鉴》，载《国土资源情报》2012 年第 8 期，第 20—25 页。

⑥　孙悦民：《美国海洋资源政策建设的经验及启示》，载《海洋信息》2012 年第 4 期，第53—57 页。

二 外交手段多样化发展

冷战之后美国提出要建立自由、民主、和平的世界新秩序，并强调了美国在世界的领导地位以及国际安全联盟的意义。世界整体在朝着多极化的方向发生改变，中国、欧盟、日本、俄罗斯的实力都不可小觑。苏联解体后，美国提出要超越遏制，重建由美国领导的世界新秩序，并强调了联合国在反对侵略，解决争端上的作用。海湾战争时期，美国与阿拉伯国家及以色列建立了反伊联盟，通过联合国的决议及战争准备赢得了胜利，在国际上也得到了赞扬。战后在中东地区的地位迅速提高。1991 年美国开展穿梭外交，使以色列、巴勒斯坦和叙利亚等中东国家参与和平谈判，还通过推迟给以色列的贷款和担保施加经济压力。1992 年德国和欧共体先后承认了从南联盟的内战中独立的克罗地亚和斯洛文尼亚，波斯尼亚也宣布独立，这严重破坏了美国构想的和平世界秩序。但美国对巴尔干半岛危机不愿动用武力，采取施加经济制裁和武器禁运等方式要求南联盟各方保持克制的外交政策。1993 年美国促成了《巴黎和平协定》的签署。为阻止科索沃战争的爆发，美国敦促冲突国家达成和平协议失败后带领北约军队进行了军事打击。可以看出，此时美国开始更多发挥北约及联合国的作用维护全球及地区的和平，外交政策为"反应外交"。

顺应经济全球化的局势，克林顿政府时期提出"经济安全"、不断扩张全球的自由经济市场、开展预防性的外交政策。1994 美国提出其国内政策与外交政策的界限已经逐渐消失，未来会更多地介入国际事务。具体来说，美国要巩固加强欧洲共同体，援助并扶持东欧国家发展自由市场经济，在对国际舆论及需要人道主义救援时才关注落后地区。欧洲仍是美国外交的重点地区，不断扩大北约，建立与原华约成员国的战略伙伴关系。1997 年签署《俄罗斯与北约相互关系、合作与安全的基本文件》，俄罗斯开始参与北约会议。到 2004 年北约已经扩张至 26 个成员国，许多原华约成员国都加入了北约。在扩张全球市场方面，既北美自由贸易协定之后，1994 年美国签署《乌拉圭回合协议》提出建立世贸组织，在东亚地区提出创建太平洋自由贸易区。1995 年成为世贸组织成员国。为了逼迫日本开放市场，克林顿公开表示要采取更具进攻性的手段，之后日本开放市场，美国在亚太地区的军队人数逐渐减少。为了争取中国市场，1996 年克林顿同江泽民主席在 APEC 会议期间举行了会面讨论了扩大贸易及冻结朝鲜核武器等问题。1999 年与其他七国发起了 G20 峰会，以推动发达国家和发展中国家的合作和经济增长。与此同时，美国还同日本继续利用台湾遏制中国，利用《与台湾关系法》，继续对台出售军火武器。1997 年的《美日新安保条约》提出防卫重点除了日本还包括台湾地区，并在台湾海峡进行军演。1996 年提出预防性外交，采用政治手段避免核武器及其他武器的扩散，必要时采取军事手段进行强制干预。由于竞选的需要，美国对古巴引进外资的做法进行了处罚，颁布了《域外制裁法》，由此可以看出美国的外交受控于美国内部政治关系。

在国际环境保护方面，1992 年美国公然拒绝了联合国提出的每年花费 1250 亿美元用于污染控制等领域。到 1993 年克林顿总统提出要为环境保护作出努力，签署了生物多样性协定及海洋法，恢复了对联合国的居民行动基金赞助。1994 年美国提出了可持续发展战略表示它会同联合国等国际组织进行合作。2004 年要求船舶按规定排放压载水的条约谈判成功，与俄罗斯签署了极地熊协定，与加勒比海地区国家举办"白水至蓝水"伙伴关系会议，以支持加勒比海地区良好生态系统的构建。这表明美国的外交开始与时俱进的增加了环保方面的意识。

小布什总统是一个现实主义和单边主义者，他执政时期（2001—2009 年）美国的外交政策主要为世界霸权主义、追求单一国家的利益最大化、增强军事实力，并只在利益相关时才进行军事干涉、国际组织如果不能实现美国利益就是不必要的、目标实现后联盟就可解除了、美国要不受约束的自由行动。美国拒绝了一系列的国际协定，包括《京都议定书》《全面禁止核试验条约》《国际刑事法庭协定》，与欧盟之间也有了争论。"9·11"事件之后，美国提出要在全球范围打击恐怖主义者和恐怖主义的国家直到所有恐怖集团都被消灭才结束①。当年 10 月美国连同英国对阿富汗宣战，战后美国宣布在 5 年内为阿富汗的重建捐赠 45 亿美元。反恐战争获得了包括法国、中国、联合国等的支持。2003 年北约首次在阿富汗履行保卫成员国的职责。2002 年美国根据"先发制人"的国家安全战略，并开始开展"单边外交"。虽然联合国发布了 1441 号决议，美国仍然在 2003 年联合英国、澳大利亚、波兰、科威特等中东国家对伊拉克发动了战争。由此可以看出，美国此时的外交主要体现在单边主义和

---

① 拉夫博：《布什主义》，载《外交史》2002 年秋季号，第 557 页。

"9·11"事件后以反恐为联系的美国领导的全球主义。

三　"巧实力外交"的提出

2009 年 1 月，国务卿希拉里提出美国将采取"巧实力"战略来处理国际关系。所谓"巧实力"，既不是硬实力，也不是软实力，而是巧妙地利用一切可用的"硬实力"和"软实力"，即运用外交、经济、军事、政治、法律和文化等各种手段的组合来维护本国利益①。从美国外交发展的历史来看，美国曾通过经济援助与制裁、增加或减少进出口贸易往来、制定相应的保护或优惠的关税政策来控制他国经济，从而达到使对方屈服、与美国结盟的目的；美国也曾运用外交与军事双保险，一边采取外交谈判，一边使用派遣军队、扩充军队人数、研发新的武器等军事手段获取了美国的独立和盟国的支持，"大棒政策"外交就是这一种外交的典型例证；通过利用欧洲、中东、亚洲的复杂政治关系，美国获得了民族的解放、担任了国际协调者及领导者的角色，利用彼此牵制的政治关系阻碍苏联、中国的发展，这是美国外交近代以来常用的招数；美国还通过宣传本国文化、宗教、移民等文化手段让世界多国按照美国的发展模式去发展本国经济。目前由于世界总体处于和平及发展阶段，美国主要通过和平友好而不是强硬外交在世界范围内维护本国利益，并采用多种手段相结合的方式达到本国的目的，这就是当前美国的"巧实力"外交。目前美国的外交关系是世界上最庞大的，几乎所有国家都在美国设立了大使馆。英国、澳大利亚、日本、加拿大和以色列是美国最亲密的盟友，目前没有与美国建立外交关系的只有朝鲜、古巴、伊朗、索马里、苏丹 5 个国家。

四　海洋执法

1991 年美国根据联合国的决议带领多国军队对伊拉克开战了"沙漠风暴"军事行动。1992 年根据联合国 794 号决议，美国带领其他武装力量到索马里采取军事行动制止索马里危机，12 月美派出海军陆战队在摩加迪沙登陆。1992—1994 年，阻止古巴和海地非法移民进入美国。1994

---

①　季晓丹、王维：《美国海洋安全战略：历史演变及发展特点》，载《世界经济与政治论坛》2011 年第 2 期，第 69—84 页。

年美国带领北约军队到波斯尼亚，以表示美国正在履行自己的国际责任①。2001 年"9·11"事件之后海岸警卫队更改隶属国土安全部，主要任务是防止恐怖分子袭击。2002 年《海岸警卫队国土安全战略》要求提升海岸警卫队的现代化水平，开展多层次的海洋防卫②。目前美国的海岸警卫队已发展成世界上最大最完善的海上执法队伍，也是美国的五大军种之一，保护着美国的领海、专属经济区的国家利益及海域利益。其主要装备有大中型巡逻船舰 200 余艘，小型巡逻船舰 1400 余艘，200 架各类飞机直升机等，官兵 4.5 万人，预备役官兵 8000 人。

美国的海上霸权主义及其对全球海上通道的控制对中国曾经造成了巨大的影响。1993 年中国"银河号"集装箱船由天津港出发目的地为科威特，在途经印度洋时被美国 2 艘军舰和 5 架直升机跟踪监视、拦截、登船检查甚至要求返航，指责其运输化学武器。后来美国对其扣留 3 周，对全船 628 个集装箱进行了逐一检查却没有发现任何化学武器。事后美方却拒绝道歉且态度强硬③。

第四节　海洋科技水平世界领先

从 1996—2000 年，美国政府投入海洋科研的经费达到 110 亿美元。2001—2005 年间科研经费投入增加至 390 亿美元，并启动了大批海洋科研项目，其中在 2002、2003 年分别实施了"白令海生态系统广泛研究计划"和为期 20 年的"综合大洋钻探计划"。在 2004 年，美国开始重新评估海洋的价值，提出了"海洋是宝贵财富"的思想④，并成立了海洋科学委员会。2007 年发布了《规划美国今后十年海洋科学事业：海洋研究优先计划和实施战略》，强调从人类与海洋相互作用的视角开展海洋研究，跨学科的交叉性研究，重视社会科学在海洋研究中的作用，强调基础研究的重要性，认为海洋科研成果必须积极转化为易于理解的信息，及时提供

---

① 李庆余：《美国外交史：从独立战争至 2004 年》，山东画报出版社 2008 年版。

② 何学明、王华民编著：《美国海上安全与海岸警卫战略思想研究》，海洋出版社 2009 年版，第 3 页。

③ 王巧荣：《严重侵犯中国主权的"银河"号事件》，载《党史文汇》2009 年第 7 期，第 10—14 页。

④ 杨金森：《海洋强国兴衰史略》，海洋出版社 2007 年版。

给社会①。2011 年，美国的海洋科研水平远远超过其他国家，根据汤姆森路透集团发布的世界前 30 名研究机构中，美国占了 17 个，远高于英国等发达国家。2012 年，美国海洋和大气管理局的研发预算达到 7000 万美元。

在此期间，美国在海洋油气、矿产资源勘探开发技术、海洋生物医药技术及海洋生态修复技术方面取得了一定的成绩。在海洋资源勘探开发技术方面，美国广泛利用深潜探测装备进行海洋资源的勘探，深海油气、深海矿产资源开发技术也呈现出良好的发展态势。2002 年研发成功的"杰逊 2 号深潜器"下潜深度达到 6500 米，2004 年"国家海洋勘探法案"提出要优先勘探开发那些有重大科研和医学价值的深海渔区，并从 2005 年开始每年投入 4500—8000 万美元支持深海技术的开发②。2009 年美国已经广泛地应用水下完井、连接和浮式生产系统等先进的油气开发技术，锰结核和海底热液矿产等深海矿产的开发技术已达到世界领先地位，并开始研究适合在海底热液采矿船上使用的自动钻探爆破采矿技术，用于开采3000 米深海底的热液矿。利用海洋生态修复技术，2001—2003 年修复和保护了大量的海洋、河口及海岸的鱼类栖息地、海岸湿地，拓展了路易斯安那州的海岸线，修复了弗吉尼亚海滩和阿萨蒂格岛海岸③。目前美国每年可研制出 1500 种海洋药物，其中抗癌性药物占 1%，并已有超过 10 种海洋抗癌药物进入了临床试验阶段④。

此外，美国在海洋声层析技术、ADCP 测流技术和测深侧扫声纳技术等领域都取得了很大的发展，还致力于远距离声源传播的高精度测量和实时传输技术的水下声波成像系统的研究，用于侦察监视、远程高精度测量和高分辨率成像，具有巨大的经济价值和军事意义⑤。

目前美国在海洋油气开发技术、海洋生物技术、海水淡化技术、海洋能发电技术、海洋测绘技术、海底采矿技术都处于世界领先水平。未来10 年海洋研究优先领域集中在海洋预测，可对基于生态系统的管理提供

---

① 石莉：《美国海洋科技发展趋势及对我们的启示》，载《海洋开发与管理》2008 年第 4 期，第 9—11 页。

② 刘淮：《国外深海技术发展研究（上）》，载《船艇》2006 年第 10 期，第 6—18 页。

③ 石莉：《美国海洋科技与管理发展》，载《海洋信息》2006 年第 2 期，第 16—18 页。

④ 宋军继：《美国海洋高新技术产业发展经验及启示》，载《东岳论丛》2013 年第 4 期，第 176—179 页。

⑤ 倪国江、文艳：《美国海洋科技发展的推进因素及对中国的启示》，载《海洋开发与管理》2009 年第 6 期，第 29—34 页。

科学支持和海洋观测能力。优先研究方面有：自然和文化的海洋资源管理，提高自然灾害的恢复能力，实施海上作业，气候系统中海洋的作用，提高生态系统健康水平，提高人类健康水平①。

第五节　以环保建设为核心发展海洋经济

一　海洋环境污染状况

1993—1998 年农业废弃物和城市污染流入海洋，造成美国 40% 的港湾和沿海水域已成为不可捕鱼或不可游泳的地区，30% 的地区属于限制捕捞区②。到 1996 年美国已有 67 种鱼类资源枯竭，64 种鱼类资源持续减少，有 2500 处沿海浴场宣告关闭或发出警告。靠近工业设施和港口的沿海地区（特别是水循环缓慢的地区）的沉积物已显示出化学污染浓度增长的趋势。由于担心要疏浚港口地区的污染沉积物，人们已延迟了主要港口和航道的维护工作。石油污染（油轮污染 5%，其他来自城市及工业生产）仍然是主要问题。1998 年由于采取了有效的保护措施，美国海域中的一些海洋哺乳动物和海龟在持续减少后其数量正在恢复，但是由于丧失了栖息地以及人类的活动正在毁灭其他鱼种，如三文鱼，甚至一些鲜为人知的海洋生物可能在被辨认之前就已消失。2001 年鳕鱼捕捞量超过配额量两倍，共捕捞 1.8 万吨。2004 年由于捕捞量的减少，美国开始大量进口海产品。2010 年美国墨西哥湾"深水地平线"钻井平台发生爆炸并沉入海底，对海洋造成了 5180 平方千米的污染。

二　海洋环境污染治理

1994 年以前，美国的水产养殖废水可以直接排入江河，但由于对海洋造成污染受到广泛关注而促成了相关法律法规的出台。1996 年批准了"10 年恢复计划"。从 2001 年开始，美国采取各种措施治理海洋环境污染，并重视海洋经济发展过程中对海洋和海岸地区环境质量造成的破坏，关注气候变化对于海洋生物资源产生的不良影响，避免过度捕捞对渔业资

---

① 乔俊果：《21 世纪美英海洋科学战略比较研究》，载《海洋信息》2011 年第 2 期，第 25—28 页。

② Pew Oceans Commission 编：《规划美国海洋事业的航程》，周秋麟，牛文生等译，海洋出版社 2005 年版。

源带来的致命性打击，努力在海洋环境资源管理与经济发展之间达到良性
的平衡①。2001—2003 年，环境保护局全国河口计划保护恢复了 28 个河
口约 71 万英亩的栖息地，美国国家海洋和大气管理局（NOAA）已经恢
复了海洋、河口和河岸对海洋鱼类有利的重要栖息地 11020 英亩。2002
年为确实保护具有显著生态、娱乐、历史和欣赏价值的沿海区，NOAA 为
40 个土地征购项目共提供 5000 万美元的补偿。

　　到 2003 年已研究成功并已注册使用的治疗鱼病疫苗多达 6 种。美国
海事管理局（MARAD）在合作伙伴的协助下，开始了商船目前排放量清
单编制，并启动大型柴油发动机改装技术的研究。矿产管理服务局扩展了
路易斯安那州霍利海滩的海岸线；利用 320 万立方码的外大陆架海砂，恢
复弗吉尼亚海滩；修复了马里兰州严重受侵蚀的阿萨蒂格岛海岸；恢复和
保护海岸湿地分别为 4680 英亩和 11600 英亩。2004—2005 年，为路易斯
安那州沿岸的恢复提供 1500 万立方码的外大陆架海砂。恢复和保护海岸
高地分别为 550 英亩和 6900 英亩；履行伙伴关系协议 109 项；恢复海岸
栖息地 51 英里；拆除鱼障 7 个。渔业和环保部门已经制定了水产养殖废
水排放标准，主要是对养殖废水中悬浮物、总磷、COD 等排放浓度做出
规定。比较而言，美国的养殖废水排放标准并不高，2006 年美国陆军工
程兵与路易斯安那州和其他联邦机构合作开展约 161 平方英里湿地保护和
恢复项目。2010 年奥巴马总统签署行政令，宣布出台管理海洋、海岸带
和大湖区的国家政策。海洋保护区面积占领海比重为 24.7%。2012 年，
为美国全球变化研究计划（USGCRP）提供 26 亿美元资金，比 2010 财年
预算执行水平增加了 4.46 亿美元。此外，在低碳绿色港口的建设方面，
美国洛杉矶长滩港联合实施的"圣佩罗湾洁净空气行动计划"、纽约—新
泽西两港联合实施的"洁净空气措施和港口空气管理计划"②。

---

① 宋炳林：《美国海洋经济发展的经验及对中国的启示》，载《吉林工商学院学报》2012
年第 1 期，第 26—28 页。
② 董伟：《美国海洋经济相关理论和方法》，载《海洋信息》2005 年第 4 期，第 13—
15 页。

第 三 编

美国海洋强国建设经验借鉴

第一章　始终注重强大海军的建设

——海洋强国建设的保障

海军的建设主要包括海军保障能力建设、海军装备建设及海军人员建设三方面。具体来说，主要体现在海军军费，海军主要装备如战列舰、航空母舰、核潜艇的数量及其性能的先进性，海军基地数量、位置及其覆盖范围，海军人数及军事院校训练状况。

第一节　海军军费长期保持世界第一

美国海军军费的发展总体呈上升趋势。早期美国的海军军费主要用于船舰的建造，在 1812—1817 年美国国会每年拨款 100 万美元建造战列舰和护卫舰。到 1898 年美国开始海外扩张的时期，美国每年的国防费用为 5000 万美元。1917 年海军军费为 9000 万美元，1921 年增长至 2.5 亿美元，1933 年富兰克林·罗斯福总统建设海军时期年投入海军费用 23.8 亿美元。1940 年根据海军部长提议，海军军费扩充至 40 亿美元。1952 年杜鲁门总统提出 5 年投资 500 亿美元的海军建设计划。1980 年海军军费达到 110 亿美元，1990 年发展至 1000 亿美元。2007 年美国海军军费达到 1270 亿美元，根据美国国防部的报道，2014 年美国海军的军费将达到 1558 亿美元，发展趋势如图 3—1 所示。目前美国是世界海军军费及整体国防军费最多的国家。

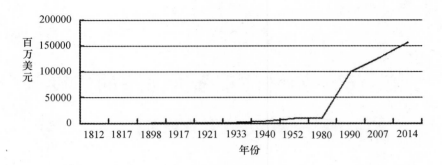

图 3—1　美海军军费发展状况

第二节　装备发展长期保持数量和性能上的优势

从舰艇总量上看，在 1781—1784 年美国的舰艇总量没有超过 34 艘。南北战争之后发展到 52 艘，到 1891 年共有 60 艘战舰。一战前期，美国拥有世界上最先进的战列舰 5 艘和巡洋舰 16 艘。第二次世界大战前期，美国舰艇总数 1200 艘。冷战时期舰艇数量为 600 艘左右。1991 年舰艇470 艘，之后总量一直下降，性能不断提升，到 2000、2007 年分别有320、294 艘。目前美国海军舰艇总数 279 艘，计划到 2035 年拥有 325 艘高性能战舰。

战列舰是从 1860 年至第二次世界大战结束的海军核心舰种，以火炮和重型装甲为主要特征。第一艘战列舰是由英国设计建造，最后于 1991年的海湾战争中退出历史舞台。航母是从第二次世界大战逐渐发展起来的，并取代了战列舰成为海军的核心舰种，它以舰载机为主要作战武器。目前美国大多以航母战斗群为基本作战单位，战时由巡洋舰、驱逐舰、核潜艇等其他舰种护卫航母，在对地目标攻击的同时启用舰载机进行空中轰炸。核潜艇也是第二次世界大战之后美国进行战略威慑的重要核武器，其特点是隐蔽性高、航速快、续航能力长，是美国重要的海军舰种之一。美国两个核心海军舰种的发展历程如图 3—2 所示。

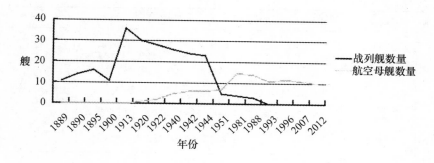

图3—2　美国战列舰和航母数量发展趋势图

　　图3—2表明，战列舰从1889年开始发展，在1900年曾经由于政府的不重视数量减少，后大力扩充战列舰建设。20世纪30年代由于《关于限制海军军备条约》，美国没有新建大吨位战舰。到了第二次世界大战时期，航母发展起来逐渐成为海军的核心舰艇。美国的普通航母发展经历了7代，核动力航母发展了3代，如表3—1所示。巡洋舰的发展从1900年的十几艘发展到第二次世界大战末期的67艘，冷战结束时为38艘。目前为45艘。核潜艇是美国实施海上威慑的最重要的战略武器和核武器，可以对目标造成突然性打击。相比于常规潜艇，核潜艇水下续航能力提高了20万海里，航速是其10倍，噪声更小，更具隐蔽性。美国从1952年制造了世界上第一艘核潜艇"鹦鹉螺"号起共发展了6代攻击核潜艇和4代弹道导弹核潜艇，而中国从90年代才开始发展核潜艇，只发展了2代攻击核潜艇和3代弹道导弹核潜艇。

表3—1　　　　　　　　　　美国各代航母特征归纳①

级别	航母	建造年份	建设艘数	性能特征	参与战争
普通1	列星顿级	1921年	2	满载50000吨，最大航速34节，舰载机91架，舰员2122人，4座双联装230毫米火炮，12门单管127毫米高射炮，24挺机枪	太平洋海战

①　America's Navy http：//www. navy. mil/navydata/ships/carriers/carriers. asp.

续表

级别	航母	建造年份	建设艘数	性能特征	参与战争
2	约克镇级	1934 年	3	满载 20000 吨级，最大航速 33 节，4 个舰载机联队，舰首 2 座弹射器、机库 2 弹射器，前后设有拦截索，3 座升降平台，首尾各有 4 门 38 单装火炮，舰艇前方和后方各有 2 门 4 联装 75 防空炮。舰体共有 24 挺 0.5 英寸勃朗宁机枪，有火控系统	太平洋海战
3	埃塞克斯级	1940 年	24	满载 34880 吨，航速 32.7 节，舰载机最初为 100 架后为 103 架，12 门双联装 127 毫米口径高平两用炮，高射炮数量在整个战争期间变动较大，各舰不一，3442 人	太平洋海战
4	独立级	1942 年	9	克里夫兰级轻巡洋舰改造而成，满载 14131 吨，最高 32 节，2 架水上飞机，舰员 1258 人，主炮为 4 个三联装 MK16 型 152 毫米舰炮，副炮为 6 个双联装 MK12 型 127 毫米舰炮，12 门 40 毫米博福斯高炮，20 门 20 毫米厄利孔高炮	太平洋海战，莱特湾海战
5	中途岛级	1943 年	2	满载 59901 吨，航速 33 节，4000 人，舰载机 137 架，18 门单管 5 英寸炮，21 门双 40 毫米防空炮，28 门 20 毫米单管防空炮	加入太平洋舰队，环球航行，训练演习
6	福莱斯特级	1952 年	4	满载 76614 吨，航速 30 节，4676 人，80 架飞机，8 门单 127 毫米炮，3 座 Mk29 八联装"北约海麻雀"对空导弹，3 座 MK15.6 管 20 毫米"密集阵"近防炮	越南战争
7	小鹰级	1956 年	4	满载为 61170 或 81800 吨，最大航速 30 节，90 架舰载机，导弹 3×8 联 MK－29"北约海麻雀"，火炮为 3×6 管密集阵武器系统	越南战争，美国利比亚冲突，海湾战争

续表

级别	航母	建造年份	建设艘数	性能特征	参与战争
核动力1	企业级	1958年	1	93970吨，最大航速35节，续航力40万海里（20节），5695人，导弹8×8联装MK-29"北约海麻雀"，火炮3×6管20毫米密集阵武器系统	参与过越战、伊战、阿战，不靠岸完成环球航行
2	尼米兹级	1956年	10	102000吨，33节，续航力70-100万海里，6054人，舰载机80多架，舰炮4座6管MKl5型20毫米"密集阵"火炮（CVN68-69号舰上装3座）。射速3000发/分，射程1.5千米	海湾战争、阿富汗战争，为美打击叙利亚做准备，现役，应对地区或局部冲突
3	福特级	2013年	在2058年之前建造10艘同级舰	满载112000吨，航速大于30节，食物可储存60天，乘员1715人，标准75架各型飞机，导弹为2个RIM-162 ESSM和2个RIM-116 RAM	取代"尼米兹"级航母成为美第三代核动力航母

此外，美国海军部拥有自己的船厂，1995年以前有8家海军船厂。1995年后，美国海军船厂再次削减，目前只剩下诺福克、朴次茅斯、珍珠港以及普吉特海峡4家海军船厂，其中诺福克和朴次茅斯船厂位于东海岸，珍珠港船厂位于夏威夷，普吉特海峡船厂位于西海岸。海军船厂隶属于美国海军部，由海上系统司令部领导。海军船厂从20世纪70年代开始不再建造舰艇，只进行舰艇的维修和现代化改装。但这些船厂仍有很强的生产能力和技术力量，一旦需要，能够建造海军需要的航空母舰和核潜艇等各种舰艇。

第三节　在世界范围内建立海军基地

美国从第二次世界大战以来开始大规模在海外建立陆海空基地，并以战争为机遇建立众多军事基地，在战争结束时又开始调整关闭。第二次世界大战时期美国有500个军事基地，1950年初有152个军事基地，加上辅助基地和其他设施达到2000多处。冷战结束时美国关闭了60%的基地。1993年基地数为157个，1998年为164个，2003年随着海湾战争的爆发美国将军事基地增加到了 478 个，2008 年海军基地数为 184 个。另外，美国已经建成了海底军事基地，建造能力包括可以容纳几千人的海底军事隧道和浅海底基地，已经建成了核武器试验场供导弹试验以及大西洋水下试验评价中心①。美国主要海军基地分布如图 3—3 所示。

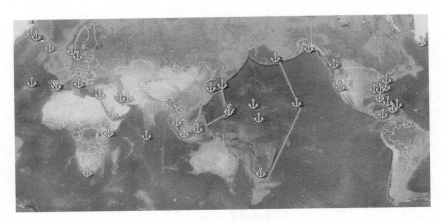

图 3—3　美国主要海军基地

第四节　海军训练严格实战经验丰富

　　美国海军人数在战时很多，在平时就削减海军力量，这是美国海军的一个鲜明的特点。在第一次世界大战前后美国海军人数分别为 7 万、50 万，第二次世界大战期间和之后美国海军人数分别为 403 万、114 万，后来在冷战时期海军人数在 46 万左右，冷战结束为 42 万左右。目前海军人数 32 万②。美国海军的兵役制度从 1815 年的"新兵训练制"发展到 1842 年的"连续服役制"③，这两种制度使得外国水手数量逐渐减少，提高了美国海军的素质，并提高了海军的生活待遇。之后美国实行"平时募兵

　　① 倪国江、文艳：《美国海洋科技发展的推进因素及对中国的启示》，载《海洋开发与管理》2009 年第 6 期，第 29—34 页。

　　② 张景恩、杨春萍：《世界与其他国家与地区》，《世界军事年鉴 2011》，肖石忠主编，解放军出版社 2011 年版，第 110 页。

　　③ 陈海宏：《从"海军第一"到"海权论"——美国海军战略思想的演变》，载《军事历史研究》2008 年第 1 期，第 109—118 页。

制、战时征募混合制",这既节约了平时的开支,又补充了战时的力量。目前美国实行的"志愿兵役制"。士兵 1 年工资近 2 万美元并享受各项优惠待遇和各类保险,吸引了许多民众报名参军。

美国海军的训练由训练司令部和两洋舰队分别负责岸上训练及新兵训练、海上训练。海军训练基地有 37 个,海军陆战队 7 个,其中新兵训练中心 14 个,同一基地训练中心 8 个、军事院校 138 所、官兵专业训练中心及院校 80 所、军官进修深造院校 12 所、飞行训练学校 16 所。海军陆战队陆空联合训练中心是部队训练中心。训练区分士兵和军官。士兵训练包括新兵入伍训练、士兵初级专业技术训练和军士与军士长训练;军官训练包括任命前养成教育和任命后深造提高两大阶段。海军的训练分为海上训练、航空兵训练和水下潜艇训练。其中海上和水下训练以舰艇为单位,海军航空兵的训练主要包括航母及海上基地的起降、海上训练、电子战、空战和反舰作战等,类似空军训练。演习是战术训练的主要形式。海军陆战队的训练还包括陆空联合中心的陆战轮训①。然而美国海军的士兵选拔淘汰率非常高,他们还要经受严格的训练和多方面的培训。加入美国海军海豹特种部队要经受 6 个月的魔鬼训练,淘汰率高达 98%②。美国海军军官学校是世界著名的军校,也是美国海军唯一的正规军官学校。它创办于 1845 年,目前学员人数 4500 人。培训内容包括入门的军事理论课、海上舰队的训练、港口及海上基地训练,毕业之后学员要到海军部队中服役至少 5 年。这里培养出了马汉、诺贝尔奖获得者米切尔森及美国总统卡特、布什及许许多多的海军著名上将和宇航员③。从 20 世纪 90 年代开始,美国海军大力发展先进的综合性的模拟训练系统以取代实战训练,逼真得就像在港内的战舰甚至航母上进行实际训练。2000 年开始,美国海军的训练注重两栖登陆综合训练、区域战、城市巷战和特种作战训练,并用网络连接数十个训练机构集中训练,不断压缩训练周期,试验"海上交换训练",建立 37 支全球远征大队加强远征作战能力。2007 年美国加大科研投入提高训练逼真程度,通过与盟国的联合军演提高反恐和反潜能力,整合相似类型的军演以节约资源,在全球热点地区如西太平洋、波斯湾出动

---

① 詹姆斯·阿莫斯、陈来、黄春芳:《新形势下的美国海军陆战队建设》,载《国外坦克》2013 年第 10 期,第 15—23 页。

② America's Navy http://www.navy.mil/navydata/ships/carriers/carriers.asp.

③ 高再其:《美国海军军官学校》,载《天津航海》1985 年第 4 期,第 11 页。

3 支航母打击大队进行前沿威慑性训练。

美国参加的主要军事战争有 37 次，主要有独立战争（1775—1783 年）；美英战争（1812—1815 年）；墨西哥战争（1846—1848 年）；南北战争（1861—1865 年）；美西战争（1898 年 4—8 月）；第一次世界大战（1914—1918 年）；第二次世界大战（1939—1945 年）；朝鲜战争（1950—1953 年）；越南战争（1955—1975 年）；入侵格林纳达的战争（1983 年 10 月 25 日—11 月 2 日）；巴拿马战争（1989 年 12 月—1990 年 1 月）；海湾战争（1991 年 1—2 月）；利比亚战争（2011 年 2—10 月）。美国以战争为契机，获得了独立并逐步走上帝国主义的侵略道路，获取了经济财富，成为世界经济中心，占领了许多海外地区作为殖民地和军事战略基地，成功地控制了全球的咽喉要道，对本国的石油进口产地和运输航路安全进行了绝对的掌控，在全球确立了霸主地位。

同时，美国注重运用海上威慑战略进行非军事形式的斗争，主要形式包括舰队出访、海上军演、海上巡逻警戒、武器装备实验等。最早在 1907 年为了炫耀美国海军实力，老罗斯福总统下令 16 艘新型战列舰组成"大白色"舰队从美国汉普顿锚地出发进行为期 14 个月的环球航行①。之后在美国的控制下曾有华盛顿会议上《关于限制海军军备条约》和巴黎和会上《伦敦海军条约》的签署，美国成功地控制了其他主要海军强国的战舰吨位的发展情况。之后美国开始热衷于军事演习，美国除了加强其传统盟友韩国、日本、菲律宾、印度、澳大利亚等的军演外，还不断加强与非盟友国家例如中东、北非、南亚及独联体国家的联合军演。军演的次数曾高达 61 次/年（1985—1986 年），近些年一般在 20—30 次/年不等。例如，从 1964 年与韩国举行每年一度的美韩联合军演，1992 年与印度进行"马拉巴尔"联合演习，1995 年与新加坡进行联合军演。另外，美国还参加北约联合军演如北约代号为"海上微风""合作射手""忠诚水手"等的联合军演。除了联合演习的对象多样化，美国军演还呈现出如下特点：一是演习目的的多样化。美国军演目的除了包括提高联合应对能力，还包括针对恐怖主义、海上救援、禁止毒品贸易等多种目的。二是演习的实质对象主要是针对威胁美国霸权地位、威胁美国石油进口安全、威胁美国本土利益的国家进行的。例如，美国与科威特结盟，并常在中东地

---

① ［英］赫恩：《美军战史·海军》，中国市场出版社 2011 年版。

区、地中海地区进行军演。近年来，美国针对中国，不断与东南亚国家进行太平洋军演，并加强与中国台湾的军事合作。

表 3—2　　　　　　　　　　　中美海军及军事整体实力对比①

实力项目	中国	美国
军事整体实力世界排名	3	1
总军舰实力	972	290
航母实力	1	10
潜艇舰队实力	63	71
护卫舰实力	47	24
驱逐舰实力	25	61
水雷船舰实力	52	14
海岸巡逻艇实力	322	12
两栖突击舰实力	228	28
总飞机实力	5048	15293
直升机实力	901	6665
牵引火炮实力	25000	1791
后勤车辆实力	75850	106407
国防预算（亿美元）	1292.7	6895.9
总人口数（亿）	13.4	3.1
符合服兵役条件人口数（亿）	6.2	1.2
年达到服役年龄人数（万）	1953.9	421.7
现役军人数量（万人）	228.5	147.8

表3—2表明，中国整体的军事及海军实力在不断提高并快速发展，虽然在国防预算、航母、潜艇、驱逐舰、飞机后勤等方面落后于美国，但是中国海军在护卫舰、水雷舰艇、海岸巡逻艇、两栖舰艇、火炮实力方面都超越了美国，并且中国在人口数量、服兵役人数及军人数量方面都具有优势。

①　Global Fire Power http：//www.globalfirepower.com.

第二章　海洋海岛产业开发与建设

——海洋强国建设的基础

美国发展较好的海洋、海岛产业主要包括海洋油气业、海洋交通运输与港口业、海岛开发建设与管理、船舰制造业、海洋旅游业及海洋研究与探测业。

第一节　注重保护本国海洋油气资源

美国具有海上油气资源的海域面积为 174 万平方千米左右，占总海域面积的 2.4% 左右。近海地区的石油产量、天然气产量分别占国内总产量的 32%、19%。水域海上油气的主要生产海域为墨西哥湾（占 95% 以上）、阿拉斯加海域、太平洋海域①。美国的油气勘探和开发都走在世界前列，从 19 世纪开始陆续在加利福尼亚州、路易斯安那州等近海海域发现油气资源，1947 年开始开采墨西哥湾海域，20 世纪 60 年代建立了阿拉斯加油运系统，20 世纪 70 年代建立石油储备，20 世纪 90 年代发展深海油气开发技术。美国鼓励本国企业去其他国家开采海上油气资源，同时将本国一些油气储量丰富地区如科罗拉多州、犹他州、怀俄明州等划为禁止开采区域，由此可以看出美国非常重视对油气资源的储备问题。

美国的海洋油气业从 1954 年开始发展，最初的海上石油、天然气年产量分别为 2.4 百万桶、600 亿立方英尺。之后产量一直稳步上升，1958 年分别增至 2 千万桶、144 亿立方英尺；1964 年 1.11 亿桶、645 亿立方英

---

① 王海壮、栾维新：《中美海洋经济发展比较及启示》，中国太平洋学会、中国海洋学会、中国海洋大学：《2009 中国海洋论坛论文集》，中国太平洋学会、中国海洋学会、中国海洋大学 2009 年第 12 期。

尺。1972 年海上石油的产量开始下降，1982—1987 年海上石油产量曾小幅上升，之后再次下降，1991 年后石油产量再次回升，2004 年以后产量在 600 万桶/年左右。海上天然气产量在 1981 年之前都呈上升趋势，1982—2003 年产量在 4000—5000 百亿立方英尺范围波动，从 2004 年开始产量逐年下降，从 3600 百亿下降至 2300 百亿立方英尺/年。1970—2010 年美国天然气及原油产量变化情况如图 3—4 所示。

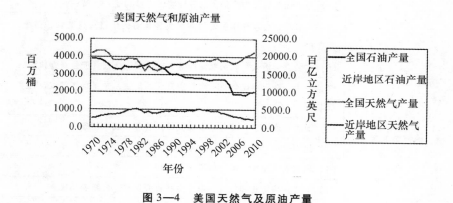

图 3—4　美国天然气及原油产量

第二节　强化对海洋交通运输和港口业的管理

　　美国对于海洋交通运输业的监管机构如表 3—3 所示。其中海岸警卫队和陆军工程兵平时对航运和港口进行管理，在事故发生时进行救助。环境保护署负责处理国内湖区及内河的溢油事故，美国海岸警卫队则主要对大洋和阿拉斯加海域的船舶溢油问题进行监管。

表 3—3　　　　　美国交通运输与港口业相关管理机构及其职能分配

部门	与海洋相关的主要职能
运输部海运管理局	（1）建立并管理商船队，维持国内货物承运份额和对外运输发展，战时补充海军
	（2）船舰造修业及港口管理、多式联运系统建设，提高执法效率

续表

部门	与海洋相关的主要职能
联邦海事委员会（FMC）	（1）向国会提出相关航运方面的立法和修改法建议，并制定具体的法律规定
	（2）保护本国承托运人免受外国法律及商业惯例的损害
	（3）对公共承运人的经营、收费和规则进行监管，保障公众获得运价信息
	（4）为客船及远洋中介提供财务证明、许可制度、担保
	（5）对班轮公会及远洋船公司和码头经营者的价格进行监管，避免过度垄断
	（6）对公共承运人、码头经营商等实行的歧视性收费进行调查和管制
海岸警卫队	（1）海事安全：移民禁止、海洋法及公约实施、专属经济区权益维护、禁毒
	（2）海事畅通：航行服务、水运及桥梁管理、破冰服务
	（3）海事保障：海洋救助、海冰巡逻
	（4）国家安全保护：港口航道安全保护
	（5）海洋污染防止和教育、海洋生物资源保护、外籍船舶检查
陆军工程兵	（1）水资源保护开发
	（2）水运设施如防波堤等的管理和维护
	（3）生态环境的恢复及监管
	（4）应急事故救助
	（5）船港等的数据收集
港务局	管理地方港口，设立会计中心对码头运营商的财务进行监管
海关	国家安全监管，进出口贸易监管
行业协会	沟通国会、政府、企业，协调关系，信息及情报提供

在船舶及其经营上，美国不采取保护本国商船运输本国货物的保护主义，只对无船承运人等实行许可及财务担保制度。美国对报关经纪人、船舶修理、拖轮、救捞、挖泥船出租方面规定必须由美控股公司参与，在航运公司设立和多式联运业务上不设立门槛限制。对外国船员和美国国内运输采取规定数量比例和补贴支持。不强制船舶报废，采取市场淘汰制，在安全和环保方面定期进行检查。对国内沿海运输采用本国船舶保护制度。班轮公会享受反垄断豁免，但必须提前向美国联邦海事委员会提前备案，

采用单独豁免制。1998 年后取消运价报备制度，只需在电子运费系统公开运费（承托运人有协议者除外），并由联邦海事委员会对承运人的准入和运价准确性方面进行批准核实①。

　　美国的商船发展主要是从第一次世界大战爆发之后，之前美国商船数量较少，后为协约国提供物资进出口的商船数量逐渐增加。到第二次世界大战结束美国已拥有世界船舶总吨位的一半以上，第二次世界大战结束后美国的商船数量逐渐减少，从 1960 年 3000 艘降低到目前的 2055 艘左右，载重吨共计 5462.3 万吨。如图 3—5 所示，在 20 世纪 90 年代至 2011 年，美国拥有的商船总吨数在 4000—5000 万吨之间浮动，目前大于 5000 万吨。其中，美国籍的商船载重吨在 1997—2001 年之间大于 2000 万载重吨，从 2002 年开始在 1000 万—2000 万吨之间浮动。

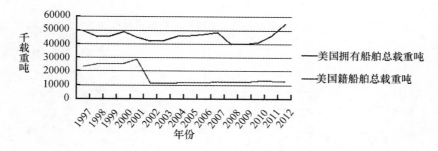

图 3—5　美国近年拥有的商船吨数

　　自 1980 年以来，美国籍的三类主要船舶（油轮、集装箱船、散货船）的拥有量及所占比例变化情况如图 3—6、图 3—7 所示。其中油轮的拥有量和总量的发展趋势一致，在 2001 年之前一直在 1000 万吨以上，从 2002 年开始拥有量在 300 万—400 万吨之间浮动，其占美国船舶总量的比例一直呈下降趋势，从大于 60% 下降至目前的 30% 左右，是美国船舶拥有量比例最高的船舶。集装箱船是拥有量第二的船舶，在 1980—1997 年之间拥有量在 200 万—400 万吨之间浮动，从 1998 年开始大于 400 万吨，

---

　　① 张晋元：《美国港口与航运法律体制》，载《大连海事大学学报》（社会科学版）2008 年第 2 期，第 1—3 页。

后开始下降，目前在 300 万—400 万吨的范围内。其占美国船舶数量的比例也在一直上升，2004 年高达 32%，目前比例在 22%。散货船吨位在 1985 年开始大于 100 万吨，1998 年超过 300 万吨，2001 年超过 400 万吨，后下降至 200 万吨左右，目前小于 100 万吨。其数量比例主要呈上升趋势，2011 年比例下降，目前占吨位比例为 4% 左右。

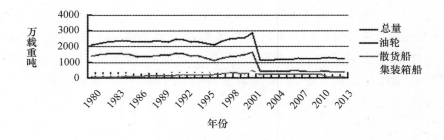

图 3—6　美国三类主要船舶的吨位状况①

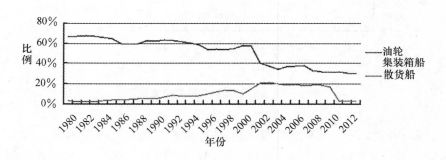

图 3—7　美国三类主要船舶比例

　　在港口方面，对港口的立法主要针对航道疏浚和港口安全方面，规定只能在规定岸线地点修建码头，不能无限制地发展码头。以地主港经营模式为主。该模式在港口使用上不提供最惠国待遇，只根据互惠原则对 40 几个国家的国际贸易运输收入免征船东所得税和源自美洲国家港

　　①　Shipping Intelligence Network 2010 http：//www. clarksons. net/sin2010.

口的船舶免征船舶吨税。美国建立了 350 个港口的数据系统，详细记录了船舶的航行及靠港记录。美国的港口吞吐量发展如图 3—8 所示，其发展总体呈上升趋势，2006 年曾高达 26 亿吨，后小幅下降，目前为 24 亿吨左右。

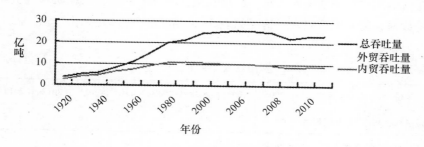

图 3—8　美国港口吞吐量发展

　　在货物运输方面，美国的水路货运量发展如图 3—9 所示。总体呈上升趋势，在 1990 年超过 2 亿吨，之后一直大于 2 亿吨，目前在 2.4 亿吨左右。本国承运人运输的货物量在 1994 年被外国承运人超过，目前外国承运人年水路货运量在 1.4 亿吨，本国在 0.8 亿吨左右。其中，本国沿海运输货运量一直在 0.1 亿—0.2 亿吨之间波动。

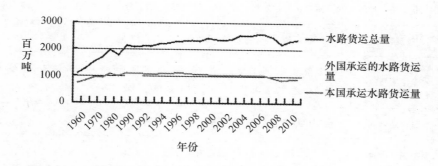

图 3—9　美国水路货运量

　　在航线发展上，在 1784 年美国就开辟了到中国的航线。其航线的发展主要在第一次世界大战时期，美国由于为协约国提供物资及军火需要航行于北美至欧洲的大西洋航线、北美至非洲、南美、近东的航线也随之开辟。在第二次世界大战时期，美国在太平洋地区占领了重要的海上基地，美国至东南亚地区的航线也相继繁荣起来。冷战时期由于军事需要及全球范围军事基地的占领，美国建立了到全球各地区的航线网络。目前美国的航线网络发达程度列世界之首，航路长度为41009公里。根据联合国贸发会的数据，美国的航线发展情况如表3—4所示。

表 3—4　　　　　　　　　　美国航线发展指数①

年份	2004	2005	2006	2007	2008	2009	2010	2011	2012	2013
美国航线指数	83.3	87.6	85.8	83.7	82.5	82.4	83.8	81.6	91.7	92.8

注：以2004年为基数，最大为100。

第三节　科学规划与管理海岛的开发

美国的主要海岛分布情况如表3—5和图3—10所示。

表 3—5　　　　　　　　美国本土及海外主要海岛分布情况

性质	岛屿名称
本土及联邦海岛	夏威夷、阿拉斯加、北马里亚纳群岛、波多黎各
建制领地	帕迈拉环礁
无建制领地	美属萨摩亚、贝克岛、豪兰岛、关岛、贾维斯岛、约翰斯顿岛、金曼礁、中途岛、纳瓦萨岛、美属维尔京群岛、威克岛
自由结合区	马绍尔群岛、密克罗尼西亚、帕劳共和国
英美共管地	迪戈加西亚、坎顿岛、恩德伯里岛

---

① UN data http：//unctadstat. unctad. org.

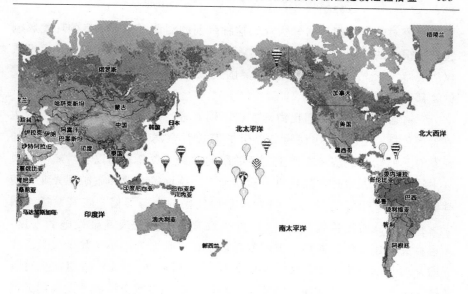

图 3—10　本土及海外主要海岛分布情况①

注：其中 🎈表示美国本土及联邦领地，🎈表示建制领地，🎈表示无建制领地，🎈代表自由结合区，🎈代表英美共管区。

美国的海岛分布情况如表 3—5 和图 3—10 所示。

有关海岛的立法：美国有关海岛的立法比较分散，美国海岛可以由联邦所有、私人拥有、遵循不动产相关的法律规定，海岛被归类为自然资源系统，适用自然资源法和环境保护法的内容。各州涉及海岛的立法数量较多；例如《加利福尼亚州海岸带条例》《康涅狄格州海岸带管理条例》《得克萨斯州自然资源法典》《罗得岛州海岸开发法》等，主要注重行政管理及生态保护方面。对存在珍稀物种或其他重要价值、生态环境特别脆弱的岛屿采用保护模式。州政府针对不同岛屿制定专门的管理规划，执行时除了政府还有民间力量进行协助②。

海岛的管理：海岛事务的主管机构为海岛事务办公室和跨部门海岛事务综合管理局，它们分别主要负责海岛的民政事务和政策建议。海岛的开

① 梅宏、王霄：《美国海岛的管理和立法》，载《中国海洋报》2011 - 05 - 20。
② 唐伟、杨建强、赵蓓、姜独祎：《国内外海岛生态系统管理对比研究》，载《海洋开发与管理》2009 年第 9 期，第 6—10 页。

发过程要对政府负责和告知大众，这种事前的测评对减少不良的环境影响起到了很大的作用。对海岛居民实行特殊化管理具体包括设立"无投票权代表席"，部分海岛居民不享受美国公民权而只享受美国国民权及不支付联邦税等其他规定。

对有居民海岛和无居民海岛实行不同管理。对有居民的海岛实行的主要管理包括：（1）有居民海岛以保护模式引导其经济发展，保证美国的开发对其原始的经济形态产生良性的影响。例如关岛之前以农耕经济模式为主，美国占领后开发其建筑、食品加工、炼油等工业和旅游观光业，使其经济得到了很好的开发。（2）尊重原住民的生态习俗，将其发扬光大成为独特的旅游宣传特色。（3）重视教育和相关交通基础设施的发展：无论在关岛还是阿拉斯加，美国都建设了相当数量的中小学甚至大学。完善的交通基础设施也为其经济开发提供了有利条件。（4）特别重视对其环境和资源的保护。在建筑物建设、经济发展和自然资源的开发利用方面都注重可持续发展，通过建立自然保护区、国家公园等多种手段保护海岛丰富的生物资源。（5）在旅游业发展上，美国设置了丰富的、各具特色的海岛节日形成独特的吸引力，丰富的节日及不同的习俗设置符合了有季节性特征的海岛游客的不同需求，例如夏威夷一年中每个月都有不同的节日或庆典，主打的是"阳光沙滩和蜜月浪漫"牌，热情的花环、草裙舞给人留下深刻且美好的印象，阿拉斯加也根据其自然环境开发了菠萝型圣诞饰品、阿拉斯加美食节等特色节日。另外，美国海岛旅游业的成功也依赖于其成功的宣传手段：夏威夷州每年在世界各地对游客的旅游进行调查并根据顾客需求做出相应的调整，并利用网络等多种媒体手段进行旅游资源宣传。

无居民海岛的管理主要在其军事、国家主权和科研价值的建设和维护方面，海岸警卫队等对其定期巡逻、保护其原始特性，对其进行重点战略部署和规划。总而言之，针对不同海岛制定适应其本身特性的发展规划，特别注重对其环境的保护。

第四节　保持船舰制造技术世界领先

美国的船舰造修业为军用船舰、商船、休闲娱乐性船舶提供建造及维修服务，其发展历史不同于美国海洋强国建设整体的发展趋势。在建国之后至第二次世界大战之前发展的是军用船舰和商船，其船舰制造实力在1780—1870 年曾称霸世界，被英国赶超后不断研发高科技武器装备，并加大建造量，到第二次世界大战时期船舶供应量占世界的一半以上，第二次世界大战后二者的订单都大幅下降，开始提倡发展高性能战舰。在 80年代，随着海洋旅游业的发展，休闲娱乐船舰的生产开始繁荣起来，并成为目前建造数量较多的船舶。目前仍然拥有完整的科研体系和工业生产体系，注重发展新型装备技术提升海军船舰制造能力。

美国船舰制造业的发展及海军整体的发展都与美国政府对海军的认识息息相关：早期美国政府认为海军的作用只在战争时期，在平时不需要维持，于是 1820—1837 年美国海军连一艘蒸汽战舰都没有。后来由于遭受海盗袭击之苦，美国对海军产生了重新的认识，再加上战争的需要，美国开始重视海军的地位，并采取各种政策给予支持，可效果不甚理想，采取的方式主要包括立法、补贴、增加军用船舶订单来弥补民用船舶订单的减少。相关的保护性法律有 20 多项，如 1916 年的航运法，1930 年的关税法以及 1920 年、1936 年和 1970 年的民船法等；引入的补贴包括信汇补贴、航运业补贴①。

目前运输部下属的海事管理署负责对民船制造和航运业进行管理。美国的船厂以私营为主，只有 4 家国营厂。根据克拉克森的统计，目前美国有 24 家主要船厂。其中，6 大私营船厂（通用电力电艇公司、纽波特纽斯造船公司和英格尔斯船厂、巴斯钢铁公司、阿冯达尔船厂、国家钢铁与造船公司）是美国海军舰艇的主要制造商，他们分别主要生产的产品是：核潜艇、航母、驱逐舰、巡洋舰和大型两栖战舰；佩里级护卫舰及宙斯盾巡洋舰和驱逐舰；两栖战舰、水雷战舰艇和大型运输船；各类大、中型军辅船。其商用造船业在国际市场的地位早已让位于中日韩三国。

其中，美国亨廷顿英格尔斯工业公司（HII）是世界上最大的海军造船厂，是由历史悠久的诺斯罗普·格鲁曼公司下属造船部门在 2011 年 4月剥离后成立的。独立出来的新公司包括两个部门——总部设在密西西比州帕斯卡古拉的英格尔斯造船公司和位于弗吉尼亚州的纽波特纽斯造船厂，后者有大约 37000 名雇员，是美国唯一建造航母的船厂。亨廷顿英格尔斯工业公司在 2012 年从美国海军获得的主要合同包括：第 2 艘 "美

① 杨金森：《海洋强国兴衰史略》，海洋出版社 2007 年版。

国”级两栖攻击舰“的黎波里”号（LHA 7）和第 11 艘“圣安东尼奥”级两栖船坞运输舰（LPD 27）的详细设计和建造合同、“尼米兹”级航空母舰“亚伯拉罕·林肯”（CVN 72）号的中期换料复合大修合同、第 2 艘“杰拉尔德·R. 福特”级航母、“约翰·F. 肯尼迪”号（CVN 79）的长期采办和建造准备合同。

第五节　大力发展海洋旅游业

美国对于滨海旅游业的管理采取地方分权管理模式，并通过旅游协会对整个产业实行间接管理，不断弱化政府职能，提倡旅游行业的自行管理，并强化旅游协会、旅行社及旅行中介服务者等组织的社会管理功能。

美国的邮轮旅游从 20 世纪 60 年代末于加勒比海地区兴起，一直在世界上保持领先地位，占全球邮轮旅游人数的一半以上，还拥有全球数量最多的邮轮母港，目前邮轮旅游整体实力居世界第一。从 1980—2012 年，世界邮轮旅游人数主要呈上升趋势，除了在 1995 年有小幅下降，邮轮旅游人数从 1980 年的 170 万人左右上升至 2011 年的 1600 万人左右[1]。美国的邮轮发展情况与世界邮轮整体发展趋势一致。它拥有全球最大的两家邮轮旅游公司——嘉年华邮轮和皇家加勒比邮轮公司，拥有的邮轮数量占全球的 43%，对全球邮轮市场垄断程度高达 88%，经营的航线范围主要在美洲、欧洲及澳洲地区，并从 2007 年开始开发亚洲特别是中国市场。

游艇业的发展整体呈上升趋势，仅在 1988—1996 年期间和 2006 年以后游艇业的消费额和拥有数量等出现小幅下降。目前美国游艇业销售额超过世界总额的 50%，拥有成熟的法律体系及行业标准，游艇供应链的发展较为成熟，在游艇的建造和销售上都处于世界领先地位。每年还会举办 200 多场的国际游艇展以促进游艇贸易。

在海岸旅游及海岛旅游方面，美国比较著名的就是对加州黄金海岸的开发和夏威夷等海岛的旅游开发。美国注重发展特色旅游，海岸带的旅游主要通过建立知名的滨海大道及完善的旅游基础设施、便捷的交通网络来吸引游客，海岛旅游在特色开发的同时又注意生态环境的保护。在对行业

---

① 王占坤、赵鹏、郭越：《国际邮轮发展现状及对中国启示》，载《海洋经济》2012 年，第 2 期第 6 卷，第 15—19 页。

自主性管理、高水平的酒店管理、特色开发及市场营销策略方面，美国都值得我们学习。

第六节　重视海洋研究与探测

美国目前正在发展的是综合海洋观测系统（IOOS），包括水色卫星、海洋浮标、海洋调查船、潜水器等多种先进设备①。目前美国拥有的海洋卫星情况为：照相侦察卫星 3 颗、电子及通信侦察卫星 7 颗、导航卫星 24 颗、国防支援计划卫星 4 颗；根据克拉克森的统计，到 2013 年美国拥有的地球物理考察船、科研用船及大洋绘图船舶共 100 艘左右，主要属于国力海洋大学的实验室系统、NOAA、美国海军及美国海岸警卫队，其中全球级、大洋级、近岸级船舶数量的比例为 48%、34%、18% 左右，有 7 大远洋调查船队②。其无人潜水器除了完成水下观测作业还可以进行水下取样和光缆的安装及维护，是当今世界利用率最高的 ROV。美国主导在全球建设 3000 个剖面浮标建成全球实时海洋观测网（TO－GA 计划），并利用浮标、海洋遥感器、传感器微波成像仪等多种设备建立了自己的全球 ARGO 数据库，提供全球实时海水温度盐度数据，形成了美国主导的全球海洋观测网络。

美国对于海洋资料的掌握如图 3—11 所示，其主要调查地区在北大西洋和北太平洋。对于太平洋的调查早期主要集中在东北地区，在对南极科考的途中对南平洋地区进行考察，近年来对西太平洋地区、南太平洋地区较为关注。目前对西太平洋地区的调查重点是赤道的潜流、东亚和东南亚的地质构造及矿物资源；对南太平洋地区的调查重点是其海底矿产分布及成分、西南太平洋表层流场、温盐变性、地壳构造、东南太平洋环流的厄尔尼诺现象。大西洋的调查从第二次世界大战时期开始有了较大发展，主要资料掌握地区为赤道，而对于南大西洋了解甚少，目前的调查重点在大西洋的生物渔业资源、中大西洋东北部上升流和其矿产资源、西南大西洋亚热带辐合带。目前美国已经成为印度洋的调查大国，有 5 个调查单位、

---

① 倪国江、文艳：《美国海洋科技发展的推进因素及对中国的启示》，载《海洋开发与管理》2009 年第 6 期，第 29—34 页。
② 朱建华、夏登文、李尉尉、徐伟、岳奇：《美国海洋调查船现状与发展趋势分析》，载《海洋开发与管理》2012 年第 3 期，第 52—55 页。

26 艘调查船参与其中，并在阿拉伯海、亚丁湾、非洲东部、澳洲西南部都建立了海洋观测站，目前的调查重点是其渔业、阿拉伯海季风环流、东印度洋表层流场。在南极地区美国重点调查其矿产、石油等资源，在北极地区美国成为 8 个对其拥有主权的国家之一。

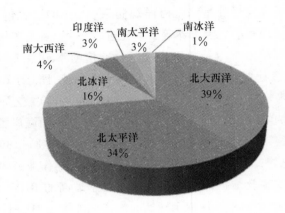

图 3—11   美国海洋资料掌握情况比例

分析美国成为世界海洋测绘网主导国家的演变历程，可以吸取如下几条经验：（1）美国人民对世界海洋探索具有很高的热情和开放的态度。起初对于海洋的探索都是以民众为主，取得一定成就后政府进行鼓励和支持。（2）发展先进的海洋科技，用先进的探测手段提高探测效率。除了探索的热情，美国利用飞机和先进的船舰进行大面积大规模的探索，并建立了科考站，这些无疑都依赖于美国雄厚的科技实力。（3）注重国际合作，善于处理国际问题：美国对大洋的探索很多都是与别国合作完成，在面对其他国家对共同开发的领地宣示主权时，美国选择不承认并保留其在该地区权利的态度。（4）海洋探测的实质目的往往与重要资源、领地争夺、维护其在全球的领导地位有关：美国非常重视海底的矿产和油气资源的勘探，从俄罗斯购买阿拉斯加及对北冰洋、北极航线探索的成功使其成为北极的主权国家之一，在世界各咽喉地点探测地形温盐度等海洋资料也为其军事作战提供了有利的情报。

第三章 海洋权益维护

——海洋强国建设的目标

美国主要从海洋主权、海上执法、运输通道安全及外交方面强化其海洋权益的维护，维护本国的海洋权益是海洋强国建设的目标，它是建立在强大海军的基础上的。

第一节 注重海洋主权、海上执法及立法建设

美国对于海洋政治主权的扩张一直创世界之先例，从 1779 年宣布 3 海里范围为其主权海域到 1945 年杜鲁门公告宣布占领大陆架下的海底资源引发世界蓝色圈地运动和世界联合国海洋法会议对大陆架和专属经济区的规定，再到 1983 年 200 海里专属经济区的宣布，美国将国土面积整整扩大了 4 倍。美国不存在与其他国家有争议海域的问题。

美国的海洋管理体制从州政府的分散管理发展至如今的联邦政府制定总体规划，由部门具体执行的综合管理体制。早期的海洋立法主要是关于海运、进出口贸易、船舰制造和海军发展方面，从 20 世纪 40 年代开始陆续颁布与海洋相关的法律法规，1957 年成立海洋委员会后美国开始重视海洋问题，并陆续发布海洋资源、海岸带综合管理、海洋环境及物种保护方面的法律。目前，美国的海洋立法强调海洋生态的建设和海洋保护区的设立，针对非传统安全威胁和海洋意识的提高方面也做了相关的规定。改变了以往各自为政的特点，海洋管理和法律都以国家整体利益为导向，政策法律制定及时，公民可以广泛参与。监督体系主要包括国会、司法、政党、行政、社会及舆论监督等，相对独立。对于国际的海洋法规，美国虽主导着国际公约的建立，却坚持着本国利益最大的原则及有选择性地加入。虽然已经针对美国利益修订了《联合国海洋法公约》，可美国仍未加

入，其凭借强大的经济和科技实力坚持自由勘探开发的原则，抢先占领海洋利益。

在海上执法方面，美国海岸警卫队是世界最强大的海洋执法队伍之一和世界海上执法队伍的鼻祖，早期打击海盗、走私、保护商船进行巡逻，后与海军一起参与了许多重要的战争如第一次世界大战、第二次世界大战、越南战争、海湾战争、伊拉克战争，到70年代还曾维护港口秩序、清理海上油污，目前重点打击恐怖主义、建立多层次海洋防卫体系。美国的海岸警卫队在大西洋和太平洋两个区内分别设置两个地区司令部，下设9个分区司令部，如图3—12所示。它配备的巡逻船舰设备先进，信息共享效率较高，执法人员训练有素，《海岸警卫队法》为其职能任务和机构设置等各方面做了详细的规定。它不仅涵盖了目前中国设置的渔政、海关、海监、边防等几大部门所具有的功能，还加入了环境保护方面的功能，避免了互相推诿和职能机构重复设置，简化了办事程序，提高了办事效率。

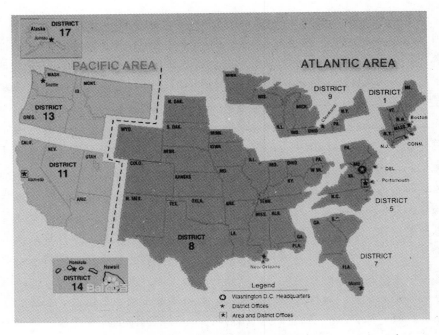

图3—12   美国海岸警卫队地区部署

第二节　控制全球海上运输通道

美国对运输通道的认识主要源于英国对美国的海上侵略和马汉的海权理论，之后美国为了抢占战略要地从实力最弱的老牌帝国主义国家西班牙下手，打赢了美西战争在太平洋占领了重要的基地。凭借这些基地，美国在第二次世界大战时期成功地打败了依靠航母进攻的日本后开始全球范围内全面地抢占战略要道和基地。冷战时期为了遏制苏联，美国建立了北约联盟，在欧亚大陆对苏联形成包围之势，并提出了岛链政策从苏联的西南出口进行海上封锁，同时也封锁了中国、日本、韩国等其他东亚国家。目前，凭借着在全球建立的基地、岛链封锁、北约联盟和强大的海军实力，美国成功地实现了对全球的控制。

美国对于运输通道的维护主要通过战争抢占重要的岛屿、基地。美国通过美西战争、第一次世界大战、第二次世界大战、冷战在全球成功地建立了自己的军事基地网，无论是从数量上还是位置上都有很大的优势。从第二次世界大战时建立的 500 个发展到冷战前期多达 2000 多个军事基地和设施，后在冷战结束时关闭了近 60% 的基地，1993 年海军基地 157 个，1998 年猛增至 969 个，之后不断下降，到 2008 年共 184 个。这些军事基地以本土为大本营，基地网总体可覆盖全球范围，主要分布在欧洲、北非及中东、亚太及印度洋、北美四个地区，主要的海军基地。目前美国本土和海外的海军基地数量分别为 1044 个和 184 个。其海军军事基地主要布置在太平洋及印度洋地区，主要战略基地位于关岛、日本、菲律宾①。

本土的海军基地主要分布在东部地区。比较著名的包括汉普顿锚地（世界最大的海军基地、大西洋舰队母港、尼米兹级航母制造公司所在地）、圣迭戈（美国第二大海军基地、海豹特种部队训练基地、指挥中心）、杰克逊维尔（美国第三大海军基地、舰载机飞行员训练基地）、夏威夷群岛（美国太平洋舰队总部）、普吉特海湾（最现代化的海军基地之一）等。本土以外的主要基地除了包括美国控制的 16 条咽喉要道，在四个主要分布地区的主要海军基地。美国对运输通道的控制主要是通过关键

---

① 张景恩、杨春萍：《世界与其他国家与地区》，《世界军事年鉴 2011》，肖石忠主编，解放军出版社 2011 年版，第 110 页。

节点及军事联盟来实现的。纵观美国对战略基地的选取可以看出 3 个
"靠近":靠近世界重要能源特别是石油产地、靠近世界主要海上交通航
线、靠近潜在的竞争对手。近些年来,美国对海上战略通道的控制呈现出
了新的特点,包括特别关注台湾问题及与打击恐怖主义结合(提出"集
装箱安全倡议""防扩散安全倡议"和"区域海上安全倡议")并不断举
行军事演习。美国重视战略通道的深层次原因包括以下几点:首先,通过
控制战略通道维护其在全球的统治地位,无论是从军事方面以及心理威慑
方面都具有重大意义;其次,充分保障石油的进口安全,从产地、运输通
道进行全方位的控制;再次,保障海上交通的顺畅和安全对保护海上进出
口贸易及经济繁荣稳定有重要意义。

表 3—6   美国本土以外海军主要基地及作用

基地分类	海军基地	作用
欧洲地区	西班牙罗塔(美第 6 海军舰队主要基地)、冰岛凯夫拉维克、亚速尔群岛的拉日什	扼大西洋、北海、地中海的重要海峡通道,为欧洲地区、近东、非洲作战提供援助
北非及中东	沙特阿拉伯的朱拜勒、埃及的巴纳斯角、肯尼亚的蒙巴萨、巴林的麦纳麦(美中央总部海军司令部和美第 5 舰队司令部驻地)	对红海、中东地区及波斯湾作战提供援助,靠近石油资源,维护石油进口安全
亚太、印度洋地区	关岛(美在西太平洋最大的海空基地)、夏威夷群岛、迪戈加西亚岛(美在印度洋唯一基地)	第一岛链封锁中国、朝鲜、蒙古等国南下太平洋通道,第二岛链主要针对俄罗斯、日本,第三岛链是最后的防线,是美国在太平洋地区的重要支撑节点,迪戈加西亚岛为美国战略核潜艇等船舰导航提供服务,关岛是美国牵制中国威慑东亚的最重要岛屿,夏威夷群岛是美太平洋地区指挥中枢,整体对进口物资尤其是原油提供安全保障
北美、拉丁美洲	古巴关塔那摩、波多黎各	控制巴拿马运河及加勒比海地区,保护美国南部地区

第三节　通过灵活外交维持海洋霸权

美国在海洋强国建设之初奉行的是"独立、贸易发展、利用英法关系暂时结盟"的外交政策，为了获得独立美国曾与法国、西班牙和荷兰结成盟友。在领土扩张时期，美国采用军事结合外交的双保险达到合并的目的，搭便车外交、文化传播、大棒政策、金元外交及天职外交是此时的外交手段。美国还发明了新殖民政策，在形式上给予独立实际上进行控制。随着美国实力的增强，外交上也表现出了明显的侵略性和以大国姿态更多参与世界事务的特征，到美西战争之前美国已经成为北美及加勒比海地区的霸主，并对开发亚洲特别是中国市场表现出了极大兴趣。第一次世界大战时期美国推崇第一次世界大战门户开放，反对领土吞并，要求获取世界的领导权、建立世界新秩序。第一次世界大战到第二次世界大战期间，美国一边扩张经济、加强与世界的经济联系，一边主张建立集体安全体系。第二次世界大战时期它主导了联合国的建立，成功地登上了世界领导者的席位。冷战时期，它带领西欧和北美发达国家建立北约，与英国结成最可靠盟友，并陆续与韩国、日本、印度、澳大利亚等国建立了伙伴关系，每年定期举行军演。此时外交政策为遏制、反独立、反共，对苏联推行强硬政策，建立北约联盟共同对抗。冷战结束后，美国开展过穿梭外交、反应外交、预防性外交、单边外交、巧实力外交，不断与世界各国在多方面开展合作，综合运用多种手段维护本国利益。

根据美国外交的历史发展情况可以看出，外交在根本上是由一国的军事实力和经济实力做支撑的。美国在获取独立时就懂得如何利用欧洲国家的政治关系来争取自己的利益，在危难时刻坚持独立的主张，基于全局的考虑也曾做过让步。外交的主要目的为发展美国的全球贸易和经济、维护本国利益，它以军事为保障、与军事形势紧紧相连，并以其雄厚的经济实力作为基础。美国能根据长远的利益处理外交关系，有坚持的原则也有妥协的内容。建立战略联盟、发展多种形式的国际合作组织也是美国外交的惯用手段，美国对欧洲、亚太、中东等主要地区进行重点关注，找到能牵制主要竞争对手发展的政治或其他问题来维持地区均势。通过构建集体安全联盟和主张全球市场自由化，美国维护了世界整体的和平环境，更有利于发展它的全球贸易进而进行经济控制以及利润获取。当本国利益与国际条约相违背，美国会通过事先在国内发布有关法律的方式为其行动找到依据。美国国内党派对其整体的外交观念存在分歧，有保守派也有改革派、有友好派也有强硬派，因而从整体发展来看美国的外交政策有一定的波动。目前美国已经学会利用经济、军事、政治、法律、文化等多种手段来实现本国的目标，外交政策通常与这些手段的政策相关，多管齐下，确保美国主导世界经济秩序。

第四章　海洋科技与教育

——海洋强国建设的支撑

　　1839—1918 年是美国海洋科技的起步阶段，这一阶段美国在其东西海岸、中南美、格陵兰岛、北极海域都开展了数据与资料的收集工作，在南极地区进行民间探险活动，并建造了"布莱克"号和"信天翁"号两艘海洋调查船，铺设了北美至欧洲的跨洋海底电缆，在加利福尼亚近海建立了海上钻井平台并进行海洋石油的勘探开发，开展水深、海流、海洋气象等的探测和资料收集工作，建造了海洋生物实验室开展海洋生物研究。1845 年、1874 年、1891 年美国海军军官学校（安娜斯波利斯军校）、美国第一所航海院校——纽约州立大学海运学院、马萨诸塞海运学院相继成立。1903 年建立全美最大的海洋研究所——斯克里普斯海洋研究所，1909 年成立美国海军研究生院为海军提供高级教育。

　　1918—1945 年，这一阶段美国海洋科研体系建设初具规模。1920 年开始进行沿海的海洋油气商业开发。1929 年和 1931 年相继开展了环球海洋调查和北大西洋的系统海洋调查，对南极海域、南极航线的开发利用进行了大规模的机械化调查，开始绘制海图。期间建立了近 17 个海洋研究所，包括著名的伍兹霍尔海洋研究所，并开始研究海洋温差发电技术和水声学、波浪传播、水下爆破、地球物理学等军事海洋学技术，为美国现代海洋科学技术的发展奠定了基础。1931—1943 年相继成立了加州海运学院、缅因海运学院、美国商船学院为美国商船队服务。总体来说，该时期美国海洋科学的研究仍远远落后于欧洲老牌资本主义国家。

　　1945 年之后美国海洋技术进入快速发展时期。这一时期美国的海洋科技全面发展：建造了世界首个钢制石油平台和近海石油平台；在大陆架海域进行海地的油气资源勘探，钻井水深从 20 世纪 50 年代的 100 米发展至 80 年代的 2323 米。1947 年之后美国开始研究太空卫星技术，启动深海钻探计划。50 年代开始增加海洋科技投入，成功开发了电渗析海水淡化技术，建立了近百个海洋科研机构，推动国际海洋科研项目的研究。从 60 年代开始，美国成立了海洋委员会进行海洋科技规划的制定和管理，《我们的国家与海洋》的海洋政策报告使得美国开始重视海洋科技，实行"科技兴海"这一时期，美国在印度洋、大西洋获得了大量的海洋资料，并开始在南极建立科考站。1964 年发明世界首艘载人潜水器可下潜 2000 米。1965 年开始研究海洋温差发电技术，反渗透淡化技术也研制成功。此时美国政府开始对科技给予资金支持。海洋科技开始向深海和大洋进行发展和探索。70 年代，美国开始利用细菌清除海洋油污，建立了世界首个温差发电装置，开始重视国际海底资源的争夺和开发，海洋科研机构增加到数百个，政府海洋科研机构开始建立，这一时期政府每年为海底勘探和开发投资 2500 万美元。80 年代，美国开始主导国际海洋研究计划，制定了《全球海洋科学规划》。这一时期美国海洋科研水平快速发展，成立北极政策组维护北极利益，海洋生物技术、海水淡化技术、海洋能发电技术、海洋测绘技术、海底采矿技术都保持世界领先地位。

1990 年美国发表了《90 年代海洋科技发展报告》，明确提出以发展海洋科技来满足对海洋不断增长的需求，以便继续"保持和增强在海洋科技领域的领导地位"。美国的海洋技术在 20 世纪 90 年代之后取得了举世瞩目的成就：美国开始利用深潜装备进行深海的油气和矿产资源的开发，2002 年下潜深度 6500 米；2003 年海洋生态修复技术成功应用，修复了众多的海岸线和湿地；2004 年开始勘探开发深海渔区。2007 年美国发布了《规划美国今后十年海洋科学事业：海洋研究优先计划和实施战略》，明确了美国未来 10 年的海洋科学事业的发展方向。2009 年美国的油气开发技术和深海矿产开发技术达到世界领先水平，并开始研究海底热液采矿船的自动爆破钻探技术。此时，美国研制的海洋药物种类也超过 1500 种，海洋声层析技术、测流技术、测深技术都取得了重大突破，海洋勘探技术、海洋生物技术、海洋资源开发、环境保护及生态修复等领域均处于世界领先水平。

第一节　海洋科研机构

美国从事海洋科研的机构众多，主要包括国家海洋和大气管理局、海军海洋局、海军研究所、国家科学基金会、海岸警卫队等政府机构及研发实验室，私营企业和大学。海洋科研政府机构于 20 世纪 70 年代建立，目前有 20 多个。美国海洋研发实验室有 700 多个，实验室与大学的科研经费都是来自于国家科研基金和社会团体发展基金，这些基金被用于从事公益性质的科研活动并无偿向社会提供咨询服务①。主要的海洋研究所、实验室及美国 2 个科技园区如表 3—7 所示。主要的海洋科研领域包括海洋和渔业资源、舰艇制造、生态环境保护和濒危动植物保护研究项目是政府大力支持的。私营企业主要从事海军舰艇研究，特别是核潜艇研究，不重视民用商船领域的研究。

表 3—7　　美国主要的海洋科研中心、实验室及科技园区状况一览表

名称	特点
斯克里普斯海洋研究所	1903 年建立，全美最大，6 个实验室，4 艘调查船、一个浮动式海洋仪器平台（NIP）、一个海洋研究浮标（ORS），6 艘调查船，其中 3 艘为政府所有。两架调查用的飞机，一艘可载 3 人的"阿尔文"号潜水器
伍兹霍尔海洋研究所	1930 年建立，经费主要源于海军，5 个实验室，3 个研究中心，1 个教育学院
太平洋海洋环境实验室	物理海洋学、化学海洋学、地质海洋学、海洋气象学，以及保护人类健康和开发海洋资源
大西洋海洋学与气象学实验室	海洋学和热带气象学
国家海洋大气局研究实验室	10 个实验室（2 个海洋学研究，4 个多学科）2 个中心（国家海洋监测中心）
海军研究所及 5 个系统司令部	海军研究所隶属于海军研究局，下设系统部、材料科学与部件技术部、海军空间技术中心、海洋与技术部等研究机构；5 个系统司令部包括海军海上系统司令部（管理 4 家海军船厂，一个水下作战中心和一个水面作战中心，主要从事船舰总体、机械和电气等方面的科研开发工作，各类研究人员接近 8000 名，从事舰艇总体研究）、海军航空系统司令部、海军空间与作战系统司令部、海军设施工程司令部和海军供给系统司令部。研究能力最强、技术实力雄厚，试验设备完善，任务多，经费充足，并拥有一定的试制力量，必要时可完成从设想到原型的制造，甚至武器的中间生产，研究领域十分广泛
密西西比河口海洋科技园区	军事和空间领域的高技术向海洋空间和海洋资源开发的转移，加速密西西比河域海洋产业发展
夏威夷海洋科技园区	海洋热能转换技术的开发和市场开拓，同时从事海洋生物、海洋矿产、海洋环境保护等领域的技术产品开发

① ISL Shipping Statistics and Market Review https：//shop. isl. org/ISL – Shipping – Statistics – and – Market – Review – – SSMR – 。

　　美国的海洋大学中，高等公立海运院校有 7 所（见表 3—8），从事海洋调查研究的有 20 所，教授海洋学专业知识的专科和综合大学 80 所，从事海军研究的有 140 多所，涉海高等院校有 142 所。主要分布在美国东北岸。开设的专业包括野生动物保护系、渔业及水产养殖系、海洋科学系、海洋生物和生物海洋学、海洋资源管理、海洋科学、海运、海洋工程以及海洋学，专业就读人数如表 3—9 所示。美国的高等海运院校的规模较小，不实行全国统一招生而是推荐制，学员主要来自本州。采用大学教育、职业教育和军事教育"三位一体"的教育方式，培养课程包括高级商船船员课程、岸上相关工作岗位培训课程和海军计划课程，毕业时可以获得学士学位证书，通过美国海岸警备队考试获得三副、三管轮证书，并由美国海军授予海军预备役少尉军衔或美国海军陆战队少尉军衔①。

表 3—8　　　　　　　　　　　　美国 7 所高等海运院校

高等海运院校名称	特点
美国商船学院	联邦政府管理，联邦政府拨款和校友捐赠，免学费，获商船船员资格证书
纽约州立大学海运学院	州政府管理，州政府拨款、学费、联邦政府补贴、校友捐赠
加利福尼亚海运学院	州政府管理，4 个本科专业，650 学生，州政府拨款、学费、联邦政府补贴、校友捐赠
缅因海运学院	州政府管理，本科专业 9 个，硕士 4 个，750 名学生，州政府拨款、学费、联邦政府补贴、校友捐赠
得克萨斯 A&M 大学加尔维斯顿分校	州政府管理，州政府拨款、学费、联邦政府补贴、校友捐赠
马萨诸塞海运学院	州政府管理，州政府拨款、学费、联邦政府补贴、校友捐赠
西北密歇根学院	州政府管理，州政府拨款、学费、联邦政府补贴、校友捐赠

---

　　①　黄广茂：《美国航海教育的经验对中国航海教育的启示》，载《南通航运职业技术学院学报》2007 年第 4 期，第 88—92 页。

美国的海军教育始于 1845 年美国海军学院（安娜斯波利斯海军军官学校）的建立，起初美国的海军教育主要是向英国和德国学习。目前美国海军学院已发展成为美国海军的"西点军校"，担负着美国海军初级军官的教育。1919 年成立的美国海军研究生院为海军进行高等教育培训。美国海军院校的入学条件非常严苛，对入学成绩、身体素质和精神素质、道德品质等的要求都非常高。培训时采用阶梯模式，美国的海军每升一级都要到院校进行培训，设立了初、中、高不同等级的培训学校，培训的等级越低则时间越长、内容越广泛。其中初级培训主要进行专业的军事训练，中级培训进行战术学习，高级培训主要是军事理论和政策的研究。实地的参观和海上训练是主要的培训科目，港口、造船厂、海军科研实验室等都是他们组织训练的地方。不同兵种的交流、与地方高等院校的配合也是美海军培养的重要方式①②。

表 3—9　　　　　　　　142 所院校 2008 年毕业生专业统计

专业名称	学士	硕士	博士
海洋生物和生物海洋	49.7	50.1	50.0
海洋工程	9.2	15.2	12.2
海洋学	3.8	11.9	32.1
其他	37.3	22.8	5.8

第二节　科研经费

美国在 1996—2000 年 5 年间投入海洋科学技术研究与开发经费达 110 亿美元，其投入从占国内生产总值的 2.6% 增至 3%。国家科学基金会（NSF）是代表美国政府的美国海洋科研机构最主要的经费来源，国防部和海军也会投入大量资金。除政府部门外，"国家海洋补助金""海洋政策信托基金""美国国家海洋学伙伴研究计划"及企业和社会捐赠为美国

---

①　蔡云安：《美国海军院校的特点及苏、美海军院校训练的比较》，载《海军工程大学学报》1985 年第 1 期，第 13 页。
②　方江：《中外海军院校教育比较研究》，载《高等教育研究学报》2011 年第 34 期第 2 卷，第 40—43 页。

海洋科研提供了科研经费。海洋科研的主管机构主要包括海洋科学委员会、国家海洋和大气管理局等，其主要职能分别为制定海洋科研计划、了解并预测海洋环境变化和维护管理海洋资源。

第三节　科技合作

美国政府与企业、科研机构和大学等建立了伙伴关系，形成风险共担、收益共享的利益体。由政府提供部分资金和政策支持，科研机构参与研发，公司拓宽后续经费渠道，开拓新的市场，提高高新技术产品的竞争力。美国设置海洋石油业合作研究计划，在密西西比河口区和夏威夷建立了两个科技园，从事海洋资源和海洋空间开发、海洋生物和海洋环境的保护、海洋矿产的勘探和开发等。

美国还非常注重与其他国家在海洋科研领域的合作，10个重要的海洋科研试验都是与别国海洋科学家共同努力完成的，包括国际地圈生物圈计划（IGBP）、世界大洋环流实验（WOCE）、热带海洋和全球大气实验（TOGA）、全球海洋通量联合研究（JGOFS）、国际大洋钻探计划（ODP）、全球海洋观测计划（GOOS）、全球海洋生态系统动力学研究（GLOBEC）、洋中脊跨学科全球实验计划（RIDGE）、世界气候研究计划（WCRP）和全球对流层化学研究（GTCP）。

目前美国的海洋科技研发正通过科技合作方式达到既减少政府投入，又能达到要求的效果。

在海洋教育方面，美国正在开展全民海洋教育，专门制定了加强海洋教育、强化国民海洋意识的政策，包括将海洋知识写入中小学课本等具体措施。教育对象从幼儿园到高中生、大学生、研究生、博士后以及一般成人，除了各州政府、主要教育单位、大学，私人和非营利组织、各种协会也在推动海洋教育活动。

第五章　海洋环境保护

——海洋产业可持续发展的保障

　　20 世纪 60 年代美国公布了《水资源保护法》并开始对海岛进行大规模的生态修复，对海洋保护区制定了环保相关的法律法规。在一些无人海岛上设立了保护区，限制开放科研海岛。到 70 年代美国已经存在渔业过度捕捞、生态环境恶化、物种不断减少、废水未经处理直接排放入海、油轮造成的石油污染等海洋环境问题，国家也开始关注环保问题。国会陆续针对渔业资源大量减少和海洋环境恶化等问题颁布了一些与环境保护相关的法律，科研人员也开始研究海洋资源和濒危物种的保护，设立了渔业管理联合单位来管理海洋渔业资源。

　　1989 年威廉王子湾的漏油事件彻底唤醒了美国人对于海洋环保的意识。他们开始将"恢复遭到破坏的生态环境"与全面发展海洋事业建设海洋强国结合起来。当他们无法判断开发资源是否会对生态环境带来影响时，他们会选择宁可不做也不要做错的原则。

　　美国非常重视对渔业资源的保护，例如在鱼病治疗时联邦政府禁止滥用那些可能造成残留污染的药物；提出了"个体可转让配额制度"让渔民自愿选择时机出海，转让也使得渔民可以将捕捞外包给那些作业效率更高成本更低的人，这也使得美国水产品价格下降，品种增加；从渔业政策法规到采取的技术措施都处处体现出可持续发展思想，强调水产养殖的容量问题而不是一味地集约化养殖；对渔业的管理首先考虑保护渔业资源，其次才是开发利用好渔业资源，以最佳产量进行渔业生产；设立了 5 个区域性渔业管理理事会，来制订渔业规章，分配捕捞份额，经商业部及政府批准后具有法律效力；严格管理外来物种；民间保护组织在不断呼吁保护濒危物种、监督政府的有效管理。

　　同时美国采取增加海洋自然保护区面积。管理并维护已有的海洋保护区方式来保护海洋环境。1934 年建立了最早的国家海滨公园后美国相继建立了不同类型的国家海洋保护区域。1992 年《加拉斯加行动计划》提出之后，美国率先关注海洋保护区及海洋资源的保护。2011 年美国海洋保护区面积占其领海面积的 28.6%，比 2011 年增长了 3.9%。相比之下 2011 年中国的海洋保护区面积只占 1.3%。

建立相对完善的法律体系并制定了自然资源损害赔偿制度，设立了联邦油污基金等，加大了对船舶污染海洋的治理力度。与海洋环保相关的法律主要包括《清洁水法》《1990 年油污法》《综合环境反应、赔偿与责任法》《濒危物种法》[1]。美国的水域环保法律标准高于国际要求，因此美国没有加入任何国际油污公约。针对船舶溢油事故，美国主要在两个方面作出规定：首先，船舶在建造时就要满足美国法律规定和标准并制定船舶应急反应计划；其次，在政府监管方面，美环境保护署将美国分成十大区域分别制定事先的地区溢油计划和事故发生时的应急计划、责任分工和运作体制[2]。美国还建立了油污基金提供油污清除经费，并利用其先进的环境探测系统对海洋环境进行监测、对海洋进行空间规划以确保生态系统的恢复力和促进开发利用的多样化，发展以环境保护为核心的海洋经济。

---

① 王树义、刘静：《美国自然资源损害赔偿制度探析》，载《法学评论》2009 年第 1 期，第 71—79 页。

② 张晋元：《美国港口与航运法律体制》，载《大连海事大学学报》（社会科学版）2008 年第 2 期，第 1—3 页。

第 四 编

中国周边主要国家海洋强国建设现状及可借鉴的经验

第一章　日本

日本由于受到西方工业革命的影响，从 1868 年开始明治维新，通过学习西方的政治制度和科学技术进行了工业化发展，并提倡思想文明开化，人民生活欧洲化、大力发展教育。从此日本走上了海洋强国的发展之路。

第一节　海洋军事

1868 年明治维新后日本大力发展海军，海军的作战任务为沿海防卫，陆主海次为此时的海洋思想。1870 年日本明治天皇提出日本海军以英国为榜样进行发展，此后日本从英国造船厂订购了大量战舰，雇佣英国人训练日本海军，从英国购买了 2 艘 3650 吨巡洋舰，从德国购买了 2 艘 7335 吨的战列舰。1882 年日本第一次扩充海军，新建 48 艘战舰，其中包括 22 艘鱼雷艇。1885 年日本提出"海国日本"，并雇佣法国海军工程师指导日本海军和造船厂。随着海军实力的强大，日本逐渐走上海外扩张的道路，1894—1895 年发动了甲午战争，1900 年参与八国联军侵华时日本是派遣士兵和战舰最多的国家。之后日本第二次扩充海军，海军人员从 1.5 万人增加至 4 万人，海军舰艇数量增加了 109 艘，开始发展重装甲战舰以及小型攻击战舰。到 20 世纪初期日本已经建立了现代化规模化的海军，1904 年在日俄战争中与英国结盟并赢得了历史性的胜利，1913 年日本从英国购买战列巡洋舰是其最后一次从国外购买战舰，日本开始大力发展海军和舰船制造业，与英美法意德展开了军备竞赛，成为世界性的海军强国。到一战时期，日本海军实力已经处于世界领先水平，率先使用了 14 英寸、16 英寸及 18.1 英寸的火炮。由于主要在远东和太平洋地区进行势力扩张，日本与美国产生了利益冲突。1921 年在华盛顿会议时，日本成为仅次于英美的世界第三大海军强国，会议上日本与美英法签订了《关于太平洋区域岛屿属地和领地的条约》对四国在太平洋的岛屿和领地权利进行了约束，并夺取了中国台湾澎湖列岛；与美英法意签订了《限制海军军备条约》对主力舰总吨位、航母吨位、海军基地等进行了约定，但日本的利益被美国限制。之后日本开始针对美国，与其竞争。由于日本国内资源的贫乏，日本海军要保障其石油及其他原料的进口安全。同时日本开始建造大型的、续航能力强的战舰，建立了7大远洋作战舰队。到第二次世界大战爆发之前，日本海军已经拥有了世界上数量最多、性能最先进的航母舰队，日本、美国、英国分别拥有10艘、6艘、6艘航母，其中，日本鹤翔号航母和美国埃塞克斯级航母是当时世界上最先进的航母。第二次世界大战时期日本与美国在太平洋地区进行了战争，日本海军的作战范围为整个太平洋海域。日本发展海军航空兵同时操纵陆上和航母上的飞机进行联合作战，以互相支援和进行远距离作战，此时日本海军的零式战机是世界上最优良的，潜艇种类也是世界最多的，鱼雷也是世界上最先进的。日本海军潜艇除了攻击水面舰船，还向其海上基地运输军队。对海军航空兵的训练采取了精兵政策和严格的训练，弥补了海军人数的不足。由于日本飞机的防御性能差和飞行员的损失，日本海军航空兵开始采用自杀式飞机攻击[1][2]。

　　第二次世界大战之后由美国负责日本的国家安全，执行"重经济轻军备"的发展战略。1945年日本成立海上自卫队。1950年朝鲜战争爆发后美国要求日本成立海上警备队，但不能配备大型战舰、航母及核潜艇，1954年日本成立航空自卫队。1967年日本提出"不拥有、不制造、不运进核武器"的无核三原则。进入80年代开始日本开始执行"综合安全保障战略"。冷战之后日本认为朝鲜和中国对日本构成了巨大威胁。2005年日本提出了要通过自主努力，盟国协作和国际合作保卫本土安全。2009年日本提出要进行"多层次合作安全保障战略"，国防原则为：和平宪法下实行专守防卫，坚持日美保安，确保文官统治，坚持无核三原则，要有节制地增加国防力量。2010年日本提出《中期防卫力量整备计划》构想

　　① 谢茜：《日本海权的崛起与全面侵华战争》，载《武汉大学学报》（人文科学版）2011年第1期，第93—97页。
　　② 马智冲：《虚幻的大舰队之梦1907—1941年日本海军军备发展道路》，载《国际展望》2006年第22期，第74—79页。

出机动防卫力量建设、要加强西南方向的军事部署，重点发展海军和空军装备。目前日本拥有海上自卫舰队、护卫舰队、4大护卫舰队群，还拥有自己的警务队、练习舰队、特别警备队、潜水舰教育训练队、海上训练指导队群。海上自卫队人数4.56万，拥有作战舰艇149艘，包括驱逐舰、护卫舰52艘，潜艇16艘，拥有飞机共计292架次。航空自卫队人数4.71万。海上自卫队分为横须贺、吴、佐世保、舞鹤、大凑5大警备区。实行志愿兵役制，主要法律依据为1954年的《自卫队法》。美国驻军3.6万人左右[1][2]。

第二节　海洋产业

在第二次世界大战前，日本实行穷兵黩武的政策，军事开支占政府财政的85%，全国80%以上的劳动力从军。

从明治维新到第二次世界大战时期，日本的海洋产业发展主要体现在舰船制造方面。1882年扩充海军时新建48艘战舰，1886年法国工程师在日本监制建造了20多艘战舰，帮助日本舰队实现了现代化。日本也引入了鱼雷、鱼雷艇等的建造技术。1887年日本建造了小鹰号鱼雷艇。甲午战争之后日本又建造了5艘巡洋舰、8艘驱逐舰、10艘鱼雷艇。1906年日本建造了当时世界上最大的战列舰萨摩号，也是当时世界唯一的大型全火炮战舰，领先于英国的无畏号，但80%的零件都为英国制造。1905—1910年日本开始自制战列舰，到1910年日本造舰零件的20%为进口。1920年开始建造本国首艘航母凤翔号，是世界上第一艘航母。1934年日本年舰艇建造量39艘，包括2艘航母，1937年新造了79艘。为了与美国对抗及保障本国的原料进口，日本同时建造大型的战列舰和航母，并率先在航母上使用单翼机，但过多的武器装备使得船舶的防御能力和稳定性极差。在太平洋战争中由于日本损失了4艘航母，日本开始改造商船和军舰建造护航航母，日本建造的64800吨的信浓号航母是第二次世界大战中最大的航母，日本建造的飞机虽然飞行距离远但是防御性能较差，装甲保护

---

① 黄力民：《二战时期日本海军的编制结构与指挥关系述略》，载《军事历史研究》2011年第1期，第106—112页。

② 张景恩、杨春萍：《日本主要统计》，肖石忠主编，解放军出版社2011年版，第146—149页。

也不好。第二次世界大战之后，日本的造船技术仍处于世界领先水平，开发了超导电磁推进船、超高速客船、全自动化船舶等[①]，年新船订单量占世界的 30% 左右。2013 年日本拥有的造船订单量为 5184 万吨，主要造船厂数量 50 家[②]。

除船舰制造业外，60 年代开始，日本开始发展其他海洋产业，发展较好的产业主要为海洋渔业、海洋交通运输与港口业等。

在海洋渔业方面，1935 年日本在苏联已拥有渔业设施 395 个。1963 年日本专门成立了栽培渔业协会，2003 年在全国设有 16 个栽培渔业中心[③]。1981 年，日本海洋捕捞产量为 879.8 万吨，占水产品总产量的 87%。1975 年至 1982 年的 7 年中，海洋渔船数量由 345879 艘增加到 400439 艘，增加了 15.8%。平均每年增加 7794 艘。总吨位则由 265.1 万吨增加到 277.5 万吨，只增加了 4.7%。主机功率增加了 30%[④]。1978—1987 年日本开始在全国范围内推进"栽培渔业"，1980—1990 年，海洋水产品总产量每年基本维持在 1—1.2 千万吨。1991 年日本栽培渔业的预算达到 48.6 亿元，放流的渔业品种达 94 种，每年投入到人工鱼礁的资金就达 589 亿日元。1994 年计划在 10—15 年建成沿海 5000 公里长的人工鱼礁带，产量达 750 万吨。总体来说，日本的海洋渔业从 1982 年之后产量开始下降，2002、2005 年渔业产量分别为 588、571.9 万吨。渔业产量主要依靠海洋捕捞，占 80% 以上，海水养殖产量在 120 万吨左右[⑤]。

海洋交通运输业方面，2010 年日本国际海运装、卸货量分别为 13010、80654 万吨。2010 年世界港口吞吐量前 20 大港口中，日本只占 1 个，名古屋港排名第 17 位。目前日本海港数量 1094 个。2007 年日本拥有 100 吨以上商船共计 4622 艘，约 1144 万吨。

日本建成了多座海底隧道及跨海通道。1942 年本州和九州建成关门海底隧道，1964 年，新干线开通，1973 年，又开通了一个关门海峡的公

①   杨书臣：《近年日本海洋经济发展浅析》，载《日本学刊》2006 年第 2 期，第 75—84 页。

②   Shipping Intelligence Network 2010http：//www. clarksons. net/sin2010.

③   赵荣兴、邱卫华：《日本栽培渔业的进展》，载《现代渔业信息》2010 年第 9 期，第 23—25 页。

④   马作圻：《日本海洋捕捞与渔船发展趋势》，载《中国水产》1984 年第 9 期，第 29、27 页。

⑤   陈来成：《国外海洋生物技术发展概况》，载《生物工程进展》1994 年第 6 期，第 11—20 页。

路大桥，1987 年，在本州和北海道建成青函海底隧道。此外日本的跨海通道还有本四联络桥、浅路线上有 5 座大桥、尾道—今治线上有 10 座大桥、儿岛—坂出线有 10 座大桥、东京湾公路隧道。青函隧道总投资 37 亿美元，东京湾隧道工程总投资 135 亿美元[①]。日本计划在 2001—2020 年间，投资 1700 亿美元，建造海底走廊交通线。建成后环大阪湾仅需 40 分钟，每天可输送 300 万乘客[②]。除此之外，日本还建立了人工岛、海上城市、海上机场等。日本在神户、大阪南港、横滨、四日市和六甲构筑了人工岛，日本计划在东京以南的海上建设 25 平方公里的海上城市，投资 1 兆 5 万亿日元在大阪湾建设了关西海上国际机场，并于 1994 年正式启用[③]。

海洋油气产业方面，在 20 世纪 60 年代日本油气产量为 72 万吨/年，油气储量分别为 700 万吨和 320 亿立方米[④]。之后，建设了一系列油田，1976 年阿贺深海油气田投产，1984 年田福岛磐城深海气田投产，同年阿贺北油田投产，阿贺深海东气田发现[⑤]，1990 岩船深海油田投产。从 1995 年开始，投入超过 5000 亿日元，打井 1500 口。2009 年日本出台了《海洋能源矿物资源开发计划》，对开发石油天然气、天然气水合物、海底热液矿藏和国际海底矿藏等进行了筹划；2010 年日本海洋原油产量 74 万吨。

第二次世界大战之后，日本的商船运输能力仅为 120 万吨。由于战后需要大力发展本国的商船及朝鲜战争时期承接了美国造修船订单，日本的造船工业迎来了难得的发展机会。日本也相继制定了超过 30 项与造船相关的法律法规以支持本国造船业的发展，计划造船制度对日本造船业的崛起起到了重要的推动作用。1956 年日本的新船完工量为 174.6 万吨，超过英国成为世界第一造船大国。从 1956—1975 年，由于日本造船企业的多元化经营方式使其渡过了全球造船的寒冬时期，日本的年新船完工量也以 13% 的速度增加，国际市场份额远远超过了欧美造船大国。由于 1978

---

①　柳新华、刘良忠：《跨海通道与日本经济》，载《现代日本经济》2006 年第 5 期，第 56—60 页。

②　吴闻：《韩国、日本的海洋科技计划》，载《海洋信息》2002 年第 1 期，第 25—26 页。

③　李桂香：《日本海洋开发现状及趋势》，载《海洋信息》1994 年第 7 期，第 3—5 页。

④　殷克东、方胜民编著：《海洋强国指标体系》，经济科学出版社 2008 年版。

⑤　姚国权：《日本的海洋矿产开发》，载《海洋信息》1998 年第 2 期，第 17—18 页。

年第二次石油危机的影响，日本造船业开始降低造船规模，但计划造船制度、发展公务船舶、加快拆船、鼓励造船企业培育新经济增长点等方式也增加了船舶工业的供给。之后随着经济形势的好转、日元贬值等因素的影响，日本造船完工量达到了世界的50%。除了巨大的造船完工量，日本也重点提升船舶的性能。日本非常重视对造船技术的研发和造船人才的培养，政府运用税收、信贷等多种手段促进产业结构调整，重点扶植大型造船集团的发展。2002年日本的造船地位开始被韩国取代。2013年日本的新船订单量为386600吨。为应对国际低迷的航运市场，日本政府牵头组建研发机构以提高竞争力，协调了川崎重工、三菱重工、日本邮船等5家企业成立"J－DeEP"的技术研究组织，并在3年内提供14.5亿日元的造船研发补贴来进行产能限制。造船企业也不断进行合并重组，合作发展造船技术实现优势互补，加强内部资源整合和海外市场的拓展，不断增加对巴西造船厂的投资，并将LNG船舶和海洋工程装备制造作为新的经济增长点进行研发，推出节能环保技术以满足市场需求和增强产品优势①。

第三节　海岛开发

日本是个岛国，20世纪70年代，日本先后出台了《日本孤岛振兴法》和《日本孤岛振兴实行令》，目的是为了消除偏远海岛地区的落后状况，改善基础条件，振兴产业，促进国民经济发展，实行令还非常明确具体地规定了孤岛的振兴计划以及国家的经费投入计划，海岛经济得到前所未有的重视和发展。1985年6月制定了《半岛振兴法》。日本同时也是一个半岛很多的国家。半岛地区三面环海，平原很少，水资源缺乏，地处偏僻，大都是落后和人口过疏地区，多年来一直处于人口流出和人口减少的状态。根据《半岛振兴法》，日本政府实施了半岛振兴对策。作为半岛对策实施的区域，必须符合如下三个条件：第一，由2个以上的市町村构成，有一定的经济社会规模；第二，远离高速公路和机场，社会基础设施比较落后；第三，产业发展落后，需要增加企业数量，扩大雇用。符合上述条件的地区由各都道府县申请，经政府批准后，就可被指定为"半岛

---

① 部分世界海洋经济统计资料参见王宏、李强主编《中国海洋经济统计年鉴》，海洋出版社2012年版，第267、269—295页。

对策实施地区"。到 1995 年，全国共指定了 23 个半岛对策实施地区，包括 51 个市、297 个町、46 个村，其面积 36896 万平方公里，占全国的 9.8%，人口为 482 万，只占全国的 3.9%，与 1985 年的 508 万人相比，10 年间减少了 26 万人，减少了 5.9%。半岛对策实施地区的振兴计划由各都道府县制定，经政府批准后实施①②。

第四节　海洋权益

传统的日本海洋战略注重海军的发展和海上安全的保卫——日本深受马汉海权论的影响，认为日本的未来取决于海洋，要建立强大的海军以争夺制海权。第二次世界大战结束时美国对日本的封锁造成其经济崩溃，对日本的海洋战略产生了重大影响，此时日本提出要强化日美海洋同盟，逐步实施海陆兼备战略，遏制中国，强化与东盟建立东亚的多元合作体制。冷战后日本的海洋战略将海洋资源、科技和环境的内容补充进来。目前日本的海洋战略以日美同盟为核心，联合所有与其有相同价值观的国家形成海洋联盟，希望将日本的影响力扩大至全世界，建立能确保日本安全和利益的海洋安全保障体系，实现日本海洋大国的梦想③。

日本与中国存在钓鱼岛争端、中日在东海划界存在分歧、与俄罗斯对北方四岛存在争议、与韩国在竹岛存在争议④⑤。

日本非常重视运输通道安全。1875 年日本海军学校毕业生乘筑波号沿北太平洋到达美国夏威夷和旧金山进行实习，1878 年筑波号沿西南太平洋航线穿过赤道到达澳大利亚，1879 年筑波号经由中国驶往新加坡，1883 年日本建造清辉号军舰到欧洲访问，至此日本完成了对世界海上通道的考察。对日本重要的海运航线主要包括从日本经由中国东海南海马六

① 朱晓燕、薛锋刚：《国外海岛自然保护区立法模式比较研究》，载《海洋开发与管理》2005 年版，第 2 期，第 36—40 页。

② 郭院：《海岛法律制度比较研究》，中国海洋大学出版社 2006 年版，第 34 页。

③ 刘昌明、盛作文：《论当代日本外交的双重性特征及其民族主义根源》，载《山东社会科学》2006 年第 12 期，第 53—58 页。

④ 段廷志、冯梁：《日本海洋安全战略：历史演变与现实影响》，载《世界经济与政治论坛》2011 年第 1 期，第 69—81 页。

⑤ 郭锐：《日本的海权观及其海洋领土争端——一种建构主义的尝试分析》，载《日本学论坛》2006 年 2 期，第 53—58 页。

甲海峡到达印度洋波斯湾的石油进口通道、从台湾外海穿过望加锡海峡到达东南亚和澳大利亚进口木材、粮食、煤炭、铁矿石的运输通道、从日本经太平洋到美洲进口钢铁的运输通道。日本的海上运输通道可能被美国、俄罗斯和中国所干扰，因此日本发动了甲午战争、日俄战争和太平洋战争，获取了对海上运输通道的控制权。第二次世界大战时期美国击败了日本海军并发动了海上封锁，使得日本进口物资中断，国内经济被摧毁，因此日本将保护海上运输通道的安全作为海上自卫队的主要任务。1955 年日本就北方四岛对苏联提出强烈意见，冷战时期日美签订《美日安保条约》，日本的海上运输通道由美国保护。1978 年管野英夫提出了管野构想，在大隅海峡、宫古海峡进行封堵，美国负责对朝鲜海峡、宗谷海峡的控制。1981 年日本接受了美国提出的保护其两条海上航线 1000 海里的任务。目前日本已经将保卫 1000 海里航线的任务扩张至 2000 海里，将朝鲜半岛、台湾海峡和中国南海列为可能发生危险的区域，不断加强对其西南海上战略通道的监控，增加在离岛的军事部署和海军基地建设，与美国共同保卫其海上运输通道，通过反恐救援等理由不断向马六甲海峡渗透①。

海洋立法方面，1948 年 4 月制定《海上保安厅法》。1958 年先后制定了《水质保全法》《工场排水规制法》《下水道法》以防止造纸厂的废水进入海洋污染渔业，1967 年《公害对策基本法》，1970 年《水质污染防治法》，1983 年《海洋污染防治法》②。1972 年海洋开发和管理项目组提出《有关海洋开发和管理的建议》，1982 年 7 月制定了两个关于海底勘探开发的法规，2004 年日本发布了第一部《海洋白皮书》，2006 年制定了《日本海洋政策大纲》，2007 年实施了《海洋基本法》，2007 年又提出《日本海洋基本计划建议》③。2007 年通过《日本海洋基本法》，2008 年通过四年计划《日本海洋基本计划》，2009 年经济产业省综合海洋政策本部通过《日本海洋能源、矿物资源开发计划》④。2010 年 2 月 9 日，日本国

① 郭锐：《日本的海权观及其海洋领土争端——一种建构主义的尝试分析》，载《日本学论坛》2006 年第 2 期，第 53—58 页。

② 马传栋：《日本海洋开发和环保的基本经验》，载《海洋与海岸带开发》1992 年第 4 期，第 76—79 页。

③ 范晓婷：《日本海洋新政策及其对中国的借鉴意义》，载《石家庄经济学院学报》2008 年第 4 期，第 67—71 页。

④ 唐杰英、金钟范：《日本海底矿物资源开发政策实践与启示》，载《亚太经济》2010 年第 4 期，第 57—61 页。

会通过了《促进保全及利用专属经济水域及大陆架保全低潮线及建设据点设施等法律》。2012 年 2 月 28 日，野田内阁通过《海上保安厅法》、《领海等外国船舶航行法》的修改法案，提交国会审议①。

1961 年设立的"日本海洋科学技术审议会"于 1971 年改组为"日本海洋开发审议会"，1970 年日本建设省设立了"海洋开发和管理项目组"，2001 年以前，日本没有专门负责海洋事务管理的政府机构，其涉海工作主要分散在原运输省、建设省、通商产业省、农林水产省、文部科学省、国土厅、环境厅和科学技术厅。2001 年 1 月后经过重组分别由内阁官房、国土交通省、文部科学省、农林水产省、经济产业省、环境省、外务省、防卫省等 8 个部门承担②。2004 年 6 月，根据自民党提出的《维护海洋权益报告书》的建议，日本政府设立了"海洋权益相关阁僚会议"，2006 年 4 月，自民党将党内原来的"海洋权益特别委员会"改组为"海洋政策特别委员会"，直接以制定《海洋基本法》为目标，2007 年 7 月 6 日，安倍晋三正式下令成立"综合海洋政策本部"③。2007 年日本成立"综合海洋政策本部"，其职能是制定"海洋基本计划"。2013 年 4 月 1 日日本政府综合海洋政策本部 1 日公布了作为今后 5 年海洋政策方针的海洋基本计划草案，表示将推进海底资源开发并加强日本周边海域的警戒监视体制④。

海洋执法方面，1948 年日本建立了海上保安厅，其防御范围为日本沿海，人数少于 1 万人，拥有的船舶数量少于 125 艘，吨位少于 5 万吨。1954 年由于海军的取消，日本开始发展海上自卫队，以防卫日本的领海。冷战之后，日本的海上自卫队开始参与国际的紧急救援，活动范围也从日本近海扩张到印度洋海域。从 2000 年起日本的海上自卫队开始参与国际维和行动，其训练主要集中在反潜和扫雷两方面，但应对空中袭击的能力较弱。日本航空自卫队的任务主要是日本岛屿的防卫。目前日本的海上保安厅拥

① 李秀石：《日本海洋战略对中国的影响与挑战》，载《人民论坛·学术前沿》2012 年第 6 期，第 55—60 页。

② 姜雅：《日本的海洋管理体制及其发展趋势》，载《国土资源情报》2010 年第 2 期，第 7—10 页。

③ 高兰：《日本海洋战略的发展及其国际影响》，载《外交评论》（外交学院学报）2012 年第 6 期，第 52—69 页。

④ 日本政府公布海洋基本计划草案，http://news.xinhuanet.com/2013 - 04/01/c _ 124530237. htm。

有各类船舶 452 艘，飞机 72 架，预算达 1754.32 亿日元，共设 11 个管区①。

外交方面，日俄战争时期与英国成立联盟，第一次世界大战时期大量从英国、德国购入先进的海军设备。第二次世界大战之后成为美国在亚洲最密切的同盟伙伴国家。近年来，日本采取进攻外交，积极开展大国外交。不断加强与美国的伙伴关系，加强与美国的安全合作和经济合作。加强与欧洲国家的关系，深化与东盟国家的关系，改善与俄罗斯和朝鲜的关系，稳定同中国的外交关系。积极参与国际事务，力图成为联合国安理会的常任理事国②③。

第五节　海洋环保

2001 年日本提出创建"环之国"的国家目标，用可持续发展的循环经济社会代替之前的"大量生产、消费和废弃"的社会。2002 年通过《海洋开发基本构想和推进方案》提出要认识海洋、利用海洋。近年又提出《21 世纪港口设想》，提出建立高度智能化、信息化、全天候的多用途可移动港口。规制油污及有害废弃物的排放，对船舶加强检查，设立海洋环保周，举办海洋环保讲座。加强对违法行为的查处力度，对当地居民宣传防止油污事故发生的相关知识，完善了油污损害赔偿制度，加强海洋环保相关的科研活动。

日本在 1995 年 6 月 16 日还制定了《海洋生物资源保存和管理法》，并在 2007 年 6 月 6 日最终修订。该法规定要对专属经济区的海洋生物资源制定保存和管理计划，并且通过对捕捞量采取必要管理措施，实现对专属经济区海洋生物资源的保护和管理。农林水产省对于捕捞的种类、作业天数都有具体的指标限定④⑤。

①　俞婷宁：《日本海上保安厅：从"新战斗力"到"新海洋立国"》，载《法制与社会》2011年第 35 期，第 203—204、222 页。

②　李建民：《新世纪以来日本外交特点与趋向分析》，载《国际论坛》2004 年第 4 期，第74—78、81 页。

③　杨光：《东亚国际格局视角下的美日关系》，香港社会科学出版有限公司，2003 年，第 6 页。

④　马传栋：《日本海洋开发和环保的基本经验》，载《海洋开发与管理》1992 年第 4 期，第 19 页。

⑤　余远安：《韩国，日本海洋牧场发展情况及中国开展此项工作的必要性分析》，载《中国水产》2008 年第 3 期。

目前日本运营着 50 多座核电站，一旦发生事故将对人类和环境造成严重的危害。2002 年东京电力公司被发现隐瞒机器零件的破损状况和篡改安全检查记录；2007 年东京电力公司承认隐瞒了 1978 年的核反应堆事故，排放入海的废水中含有 9 万贝克的核辐射物，地震造成了 50 多处核物质泄露；2011 年在日本本州岛海域地震时日本东京电力公司对核电站处理不力造成了核泄漏，瞒报了福岛核电站冷却系统的失灵，贻误了最佳处理时机。2013 年日本环境省要求东京电力公司支付 9.2 亿元，以进行核事故的处理和海水去污①。

第六节　海洋科教

日本在 20 世纪 60—80 年代分别制定了《深海钻探计划》《日本海洋开发远景规划的基本设想与推进措施》《海洋城市计划》等计划，为海洋科技的发展提供了良好的发展环境。目前日本的海洋科技水平居世界前列，其不断开展深海研究，参与了多项国际合作海洋调查及研究课题，研制出 10 种自主潜水器，最大作业水深 7000 米，遥控潜水器最大作业水深 11000 米，海洋空间技术发达，建立了世界上最大的海上机场关西国际机场。明确提出了科技创新立国战略，1989—1994 年共投入科研经费 52 亿日元，2005 年增加至 1.25 亿美元。海洋科研单位共 160 多个，海洋类大学 100 所，海洋学会 70 多个，科研人员数量 17 万人左右。此外，在海洋资源研究方面，日本拥有众多的海洋研究机构和协会，如海洋研究开发机构、海洋环境保全技术协会等。众多大学也设有关于海洋的学科，包括海洋环境学、海洋生物学、海洋环境保护和修复学等②③。

传统的日本海洋教育涉及商船、海上交通运输、海洋水产和船舶制造等方面。1970 年开始日本就受美国海援计划的影响，开始重视海洋人才的培养和海洋振兴教育。21 世纪以来，日本开始重视海洋环境教育——日本感恩海洋提供的资源宝库，又时常面对海洋灾害和环境问题，日本的海洋开发活动已经造成了日本海岸线被侵蚀、湿地消失、赤潮泛滥等问

---

① 张玉敏、朱春来：《核电发展与日本福岛核电站核泄漏简析》，载《舰船防化》2011 年第 4 期，第 1—7 页。

② 郑金林：《日本的海洋开发及其技术》，载《海洋信息》1998 年第 3 期，第 27—28 页。

③ 郑金林：《快速发展的日本海洋遥感技术》，载《海洋信息》1998 年第 4 期，第 33 页。

题。在学校教育方面，日本以东京大学的海洋研究所、日本大学理工学部海洋建筑工学科、东京水产大学、东京商船大学、神户商船大学等为主进行海洋环境理念的高等教育，使其了解、保护并利用海洋。从 2002 年起日本在中小学普及海洋自然环境教育，使学生亲近、感知海洋，明白海洋与自身的紧密关系。除了学校教育，日本在国家公务人员、企业进行职业的海洋环境教育，民间团体对市民进行"森林河流海洋""潮间带环境保全""海洋垃圾保全"三大方面的教育[①]。

---

① 宋宁而、姜春洁：《日本海洋环境教育及其对我国的启示》，载《教学研究》2011 年第 4 期，第 9—14、91 页。

第二章　俄罗斯

第一节　海洋军事

从彼得大帝继位之后（1682 年），为了争夺黑海、波罗的海、地中海及日本海甚至太平洋，成为世界海洋强国。1796 年在叶卡捷琳娜统治时期，俄国便大力建设波罗的海舰队和黑海舰队，使俄国成为世界海军强国。1869年成立了波罗的海舰队、亚速海舰队和黑海舰队，舰艇拥有量达 646 艘。1913 年俄国海军司令提出俄国海军的任务为：保障从波罗的海通往大西洋、由日本海到太平洋和由黑海到地中海的运输通道。苏联成立之后，海军的主要任务是破坏敌人的海上交通线、支援陆军作战行动，保障本国海上交通线的畅通。冷战时期，苏联海军奉行远洋战略，苏联海军向世界各大洋渗透、推行霸权主义，争夺海上战略通道，并发动代理人战争。1967 年成立了地中海舰队，1968 年成立了印度洋舰队，1979 年在越南金兰湾和西非、加勒比海部署舰船。俄罗斯海军成立于苏联解体后，从世界主要海域撤退，在波罗的海和黑海的地位明显下降。普京执政时期，俄罗斯开始重返世界大洋，提出要维护与俄罗斯利益相关的海上运输通道，全面控制战略大洋①。1999 年发布的《俄罗斯联邦海军战略》提出要将维护海上运输通道安全作为俄罗斯海军的重点任务，到 2020 年要实现海军武器装备的更新并建立起现代化的海军。2007 年俄罗斯的自制第四代核潜艇下水，到 2015 年俄罗斯的海基核力量将达到 57%，建设 8 艘射程 8000 千米的弹道导弹核潜艇。《2010 年前俄联邦海上军事活动的基本政策》《俄联邦海军未来 10 年发展规划》等提出俄海军要重点发展大型舰艇和第四代战略导弹核潜艇、提高海军核武器的比重。2010 年俄罗斯宣布在 2010—2020 年投资 20 万亿卢布

---

① 梁芳编：《海上战略通道论》，时事出版社 2011 年版。

进行武器装备的更新，到 2020 年要实现装备更新率达到 70%。

目前俄罗斯的海军实力排名世界第二，将主要作战方向定义为大西洋方向、北冰洋方向、太平洋方向、里海方向和印度洋方向，重点维护波罗的海、黑海和里海出海口的安全，以黑海为重点。目前俄罗斯海军人数 16.1 万人，包括 1 个总司令部，5 个舰队，具体编制如表 4—1 所示。目前俄罗斯拥有的武器装备包括 1 艘库兹涅佐夫级航母，攻击型核潜艇 45 艘，弹道导弹核潜艇 14 艘，常规潜艇 20 艘，支援舰艇 8 艘，巡洋舰 6 艘，驱逐舰 18 艘，护卫舰 7 艘，巡逻舰艇 78 艘，水雷战舰艇 50 艘，两栖舰艇 38 艘，坦克登陆舰 19 艘，登陆艇 13 艘，支援辅助舰艇 249 艘[1]。

俄罗斯参与的海战主要包括切什梅海战、对土耳其的一系列海战、三次瓜分波兰的战争、日俄战争、冷战时期与美国在苏伊士运河、霍尔木兹海峡、印度洋、地中海等进行的海战等。2003—2010 年俄罗斯每年都与印度举行因陀罗军演，从 2005 年开始定期与中国进行海上联合军演，2012 年首次参与了美国组织的环太平洋联合军演。同时俄罗斯本身也曾到中国南海、马六甲海峡、西太平洋进行海上侦查等活动[2]。俄罗斯主要的海军院校包括纳西莫夫海军学校、太平洋海军学院、圣彼得堡海军学院、库兹涅佐夫海军学院、潜艇训练学校等[3][4]。

表 4—1   俄罗斯海军舰队编制

舰队名称	活动范围	海军基地	装备情况
北方舰队	北极圈、北大西洋、加拿大周围海域	塞维尔莫尔斯克，科拉半岛，安德烈瓦港，塞瓦达文斯克港等	航母 1 艘，核潜艇 40 艘（攻击型核潜艇 23 艘、弹道导弹核潜艇 9 艘、支援潜艇 8 艘），主要水面作战舰艇共 10 艘，近海巡逻艇 12 艘，水雷战舰艇 11 艘，支援辅助舰艇 20 艘，两栖舰艇 5 艘，海军航空兵作战飞机 89 架

① 赵玉洁:《俄罗斯海军装备的现况与未来》，载《飞航导弹》1995 年第 1 期，第 30—33 页。

② 中国社科院东欧中亚研究所 http://euroasia.cass.cn/news/382331.htm.

③ 张景恩、杨春萍:《俄罗斯主要统计》肖石忠主编，解放军出版社 2011 年版，第 239—248 页。

④ Michael MccGwire. Strategic forum: Soviet sea power — a new kind of navy [J]. Marine Policy, 1980, 10 (4): 317 - 322.

舰队名称	活动范围	海军基地	装备情况
太平洋舰队	太平洋，保卫俄罗斯东部边界	福基诺、马加丹、彼得罗巴甫洛夫斯克、苏维埃港、威尔尤欣斯基、海参崴	28 艘核潜艇，主要水面作战舰艇 8 艘，近海巡逻艇 23 艘，水雷战舰艇 7 艘，支援辅助舰船 15 艘，两栖舰船 4 艘，海军飞机超过 105 架
波罗的海舰队	波罗的海	喀琅施塔得、波罗的斯克	3 艘攻击型核潜艇，6 艘水面主战舰艇，19 艘近海巡逻舰艇，15 艘水雷作战舰艇、4 艘两栖作战舰艇、超过 8 艘支援辅助舰艇，海军作战飞机超过 73 艘
黑海舰队	黑海和地中海	塞瓦斯托波尔（乌克兰，2017 年撤出）、新俄罗斯斯克、塞瓦斯托波尔、泰姆雷克	常规潜艇 3 艘，主要水面作战潜艇 25 艘，近海巡逻舰艇 12 艘，水雷战舰艇 9 艘，两栖舰艇 7 艘，支援辅助船超过 6 艘，海军作战飞机 160 艘
黑海分舰队（里海舰队）	里海	阿斯特拉罕、卡斯皮斯克、马哈奇卡拉	主要水面作战舰艇 6 艘，水雷战舰艇 6 艘，两栖舰艇 6 艘、支援辅助舰艇超过 5 艘

第二节　海洋产业

俄罗斯约有 4000 艘远洋渔船，船上有精密的探测仪器和冷藏设备，世界上最大的渔船队。在 20 世纪 70 年代，苏联的海洋渔业捕捞量仅次于日本，在世界大洋进行渔业捕捞作业，到 20 世纪 80 年代发展至顶峰。苏联解体后，渔业部也被撤销，渔业公司也大量减少甚至倒闭。1992 年的私有化改革更使得俄罗斯私企增加，产生无序竞争，相关设备更新缓慢，退出了远洋捕捞作业领域，其 2007 年的捕捞量还不到 1990 年的 1/3。2007 年组建了国家渔业船队公司，完善相关法制建设，对渔业进行配额分配，建立了 5 个渔业交易所进行渔业交易，限制非法捕捞。成立国家渔业船队公司以重振远洋捕捞业。2009 年俄罗斯渔业增加值 772 亿卢布，2010 年渔业捕捞量 380.7 万吨，养殖产量 5917 吨，出口小于进口量。目前俄罗斯海洋渔业相关的法律制度还不完善。俄罗斯整体的渔业产量如图 4—1 所示，俄罗斯国家渔业委员会提出到 2020 年海洋捕捞产量达到 550

万吨①②③。

俄罗斯的国际海运装货、卸货量如表4—2所示，集装箱吞吐量如图4—2所示。2010年俄罗斯的海上商船拥有量为1700万吨，1403艘，货运量为3750亿吨，客运周转量4254亿人公里。目前建立了波罗的海、黑海、北方、里海、远东五支船队从事海上运输，是IMO的A类理事国。为了解决船舶装备落后、船龄较长的问题，俄罗斯近年来大力进行船队更新和现代化改造。远东地区的商港和渔港相对发达，但由于纬度较高，俄罗斯的许多港口的通航期较短。主要港口包括阿纳德尔湾海港、纳霍德卡港、东方港、扎鲁比诺渔港、海参崴、波谢特港等。主要海运航线包括库尔曼斯克至俄罗斯迪克森，库尔曼斯克至俄罗斯阿尔汉格尔斯克，库尔曼斯克至伦敦，库尔曼斯克至冰岛雷克雅未克，阿尔汉格尔斯克至俄罗斯迪克森，迪克森至俄罗斯季克西，季克西至俄罗斯普罗伟杰尼亚，库尔曼斯克至俄罗斯彼得巴普洛夫斯克（海参崴），阿尔汉格尔斯克至彼得巴普洛夫斯克（海参崴），彼得巴普洛夫斯克至普罗伟杰尼亚，新塔利亚至海参崴，马加丹至海参崴，德卡斯特利至海参崴，海参崴至日本横滨，海参崴至韩国蔚山，海参崴至上海等④。

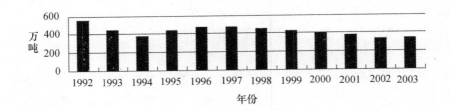

图4—1   俄罗斯渔业产量⑤

①   Geir B Hønneland. Autonomy and regionalisation in the fisheries management of northwestern Russia〔J〕. Marine Policy, 1998, 1〔22〕: 57 – 65.

②   Geir Hønneland, Anne – Kristin Jørgensen. Implementing international fisheries agreements in Russia—lessons from the northern basin〔J〕. Marine Policy, 2002, 9〔26〕: 359 – 367.

③   李青：《俄罗斯渔业现状和中俄渔业合作机会》，载《东欧中亚市场研究》1996年第3期，第19—20、16页。

④   《部分世界海洋经济统计资料》，王宏、李强主编：《中国海洋经济统计年鉴》，海洋出版社2012年版，第267、269—295页。

⑤   联合国FAO数据库 http://data. un. org/Explorer. aspx? d = FAO。

表 4—2　　　　　　　　　　俄罗斯联邦国际海运装卸货量①

装卸货量（万吨）	2000 年	2005 年	2011 年
国际海运装货量	828	910	18924
国际海运卸货量	84	74	2184

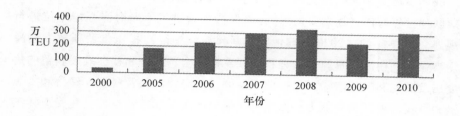

图 4—2　俄罗斯港口集装箱吞吐量②

　　值得关注的是俄罗斯对北极航线的开发。俄罗斯 11—17 世纪在北冰洋海域进行了一系列的探险和开发活动。1525 年俄罗斯提出要在中国与俄罗斯之间开辟东北航道，16 世纪俄罗斯水手就经常航行至达叶尼塞河和皮亚西纳河。1820 年俄罗斯终于打通了北极航线的全部航段，但由于导航设备、破冰船舶和港口的问题，到 1919 年前对北极航线的 122 次利用中，只有 75 次获得成功。在 1920 年，俄罗斯在与美国、加拿大、丹麦和挪威对北极的划分中获得了五分之三的面积。第二次世界大战之后，苏联也一直继续着对北极地区的探索考察和对北极航线的开发，对北极相关的研究也一直处于世界领先地位。目前俄罗斯有效的利用着北极的过境航空运输，根据国际条约的规定利用北极航线，同时也在不断搜集相关资料来证明北冰洋属于俄罗斯的大陆架范围，维持俄罗斯在北极地区和斯匹茨卑尔根的主权和利益，加强相关资源设施的建设，促进俄罗斯在北极地区

　　①　运输和通讯 13—3 国际海运装货量和卸货量。马建堂主编：《国际统计年鉴》，中国统计出版社 2012 年版，第 293 页。
　　②　运输和通讯 13—7 港口集装箱吞吐量。马建堂主编：《国际统计年鉴》中国统计出版社 2013 年版，第 299 页。

的交通运输系统和渔业的发展①。

第三节　海洋权益

俄罗斯的海洋面积为 700 万平方公里，海岸线长度 3.8 万公里。从沙皇俄国时期打开了波罗的海出海口开始，俄罗斯就向海洋强国方向发展，二战之后更是成为能与美国抗衡的世界海洋强国。1997 年制定了《俄罗斯联邦世界海洋目标纲要构想》，为保持和增进俄罗斯海洋强国地位进行规划。2001 年的《2020 年前俄罗斯联邦海洋学说》提出俄罗斯要发展海洋事业、利用海洋资源，从有利于俄罗斯安全、经济和社会发展利益的角度出发研究和利用海洋。保护俄罗斯的世界海洋利益及科技、经济和资源潜力，提高海洋国防能力；保障沿海居民的生活和就业，使其免受海洋灾害；改善北极地区的能源保障，保护和发展俄罗斯的世界海洋交通线，解决俄罗斯滨海地区经济社会的顺利发展和生态环境的可持续发展②③。

在北极地区，俄罗斯确立的领土范围包括：雅库特、摩尔曼斯克、阿尔汉格尔斯克地区、克拉斯诺亚尔斯克、涅涅茨和亚马尔涅涅茨楚科奇自治区。俄罗斯的主要北极政策为：将北极作为俄罗斯的战略资源基地，维护北极的和平与合作，保护北极的生态系统，使北极航线的东北航道成为俄的综合运输线。为综合开发利用海洋在国防、交通运输、渔业、矿产资源方面的重要作用，俄罗斯于 2004 年 6 月 11 日成立了俄罗斯政府海洋委员会。俄罗斯还与环北极的国家开展积极的合作，通过北极科学委员、北极部长理事会等机构发展与北极周边国家的友好关系，加强北极资源的利用和保护④⑤。

2001 年俄罗斯的海洋管理体制由分散转变为统一。目前俄罗斯的海洋管理机构及具体职能如表 4—3 所示，除此之外相关的涉海部门还包括

①　姜秀敏、朱小檬、王正良、窦博：《基于北极航线的俄罗斯北极战略解析》，载《世界地理研究》2012 年第 3 期，第 45—49、110 页。

②　中国驻俄使馆经商参处：《俄罗斯的海洋战略》，载《中俄经贸时报》2008 年 6 月 4 日006 版。

③　窦博：《俄罗斯海洋发展前景展望》，载《中国海洋大学学报》2008 年第 3 期，第 25—29 页。

④　林曦、米桂雄：《俄罗斯海洋政策和战略》，载《世界科技研究及发展》2009 年第 1 期。

⑤　左凤荣：《俄罗斯海洋战略初探》，载《外交评论》2012 年第 9 期，第 125—139 页。

边防局的海上治安与边界管理队伍，海关总署的海上缉私队，运输部的海上交通管理队、污染控制与海上救助队，农业部的渔业执法队、自然资源与生态部的环境监察队等。

表 4—3　　　　　　　　　　俄罗斯主要的海洋管理部门

部门名称	部门职能
联邦总统	确定宏观的、优先发展的海洋政策，制定海洋发展规划
联邦议会	根据宪法负责海洋立法，保障国家海洋政策落实
联邦政府	领导涉海部门和海洋委员会落实海洋政策
海洋委员会	协调联邦政府机构、行政主体等的活动；分析其他海洋国家对海洋的利用和未来发展；解决本国海洋活动的问题，完善国际合作立法，维护海洋利益，执行海洋规划，建设军舰和传播，开发矿物生物资源，发展海洋科技，完善港口设施，扩大船队规模等

运输通道安全：沙皇时期，俄国想在其南方、北方、东方分别占领黑海及地中海、波罗的海和日本海以建立起通往太平洋和地中海的海上运输通道。1774 年俄国成功打败土耳其获得了黑海的制海权，发动了三次波兰战争巩固了波罗的海和黑海的统治地位，希望能完全控制博斯普鲁斯海峡和达达尼尔海峡，此时俄国争夺海上运输通道主要受到了瑞典、土耳其和英国的限制。苏联时期，美苏争霸，苏联通过冷战的方式与美国竞争苏伊士运河、霍尔木兹海峡、地中海、印度洋、加勒比海等世界重要海上运输通道，并最终在世界多个海域成立舰队，达到获得海上战略通道控制权的目的。俄罗斯时期，苏联解体后，因国力下降，俄罗斯的海军力量收缩到本国港湾。普京上台后，大力发展海军，维护波罗的海、黑海和太平洋出海口等海上运输通道的畅通与安全，将全面控制全球战略大洋作为海上安全战略的重点①。

苏联解体之后实行休克疗法，奉行对西欧和美国一边倒的外交政策，但西方国家对俄罗斯采取遏制政策。1994 年俄罗斯提出其外交要体现俄罗斯的大国地位。1996 年俄罗斯开始采取独立的外交策略。目前俄罗斯将采取更加多元化和多方位的全方位外交政策，反对美国建立单极世界和北约的东扩，反对乌克兰和格鲁吉亚加入北约。要维护俄罗斯的大国地位

---

①　梁芳编：《海上战略通道论》，时事出版社 2011 年版。

和国际威望，不希望与任何国家对抗，要关注自身在友好地区的利益。特别重视独联体国家，加速独联体国家的集体安全体系和军事合作体系的构建。希望加强与欧盟的经济和协作关系，积极参与亚太组织，加强与中国和印度等大国的合作，推动多极化发展[1][2]。

第四节　海洋环保

俄罗斯的海洋污染问题比较严重，在其内部和边缘海，人为的试验和商业活动造成了严重污染，同时巴伦支海被核废料严重污染，亚速海、唐和库班河流也由于污染导致了海岸侵蚀并存在辐射，黑海由于超营养作用导致了区域缺氧。其污染源主要包括工业废水废气未经处理直接入河入海，城市污水和海洋垃圾等。2007 年一艘俄罗斯油轮在黑海和亚速海的刻赤海峡泄露了 2000 吨燃油导致 12 公里的海岸污染。石油污染周期性的发生在俄罗斯的海域。北极海域、远东海域也由于商业活动和生活污水被严重污染。除了水域被油污、生活和商业污水污染之外，俄罗斯还存在渔业资源捕捞的过度捕捞问题。

俄罗斯采取的主要治理措施包括：建立海洋观测站控制海洋污染——俄罗斯建立了 603 个海洋观测站，11 个海洋实验室和 20 个固定水流站。制定了禁止向海里排放原料、试剂，倾倒工业和生活污水等法律政策。除此之外，俄罗斯科学院的海洋研究所还研发了可以净化油污的净化乳液。

俄罗斯只有 1 个海洋保护区，位于日本海岸边，于 1978 年设立，作用为保护远东海洋的生物多样性和储备海洋基因[3]。

第五节　海洋科研

苏联成立之后就开始建设海洋考察船，在大洋和极地地区进行海洋科活动。60 年代，苏联的海洋科考范围就扩大到全球范围，研究范围涉及海洋地质、海洋物理、海洋生物、海水动力、海洋资源利用等方面。苏联

---

① 陈小沁：《俄罗斯外交传统与冷战后俄外交政策的特点》，载《西伯利亚研究》2007 年第 6 期，第 33—37 页。

② 李兴：《俄罗斯外交 20 年：比较与展望》，载《新视野》2012 年第 2 期，第 125—128 页。

③ 白海荣：《俄罗斯海洋生态污染及其防治》，载《经济视角》2013 年第 3 期。

解体之后，俄罗斯的海洋科研重点就从公海转向内海，主要研究内容为海洋、南极、北极的综合研究和全球自然环境和气候变化研究。从事海洋科研管理的部门主要包括科学与技术政策部、科学院、渔业委员会、运输部等①。

① 讯木：《俄罗斯海洋科学研究发展状况》，载《全球科技经济瞭望》1995 年第 6 期，第23—28 页。

第三章　韩国

第一节　海洋军事

1945 年第二次世界大战结束之后，苏联和美国以三八线为界分别占领了北朝鲜和南朝鲜，1948 年南朝鲜成立大韩民国，北朝鲜也成立了朝鲜民主主义共和国。从建国到冷战结束，韩国的国防战略为"刺猬战略"——通过实力超强的军队试图使敌人放弃侵略意图，国家安全主要依附于美国的保护，防卫对象主要为朝鲜。海军的任务是保护近海安全，防止朝鲜向韩国近海海上通道的攻击，阻止朝鲜的特种部队对韩国近海地区的渗透和袭扰。冷战之后，面临海洋权益纠纷、海洋运输通道安全保障等功能，韩国海军的行动范围有所扩大，主要执行战略威慑、夺取制海权和保护海上运输通道的任务，作战的对象除了朝鲜，还有日本和中国等周边国家。1997 年韩国海军提出了建设"大洋海军"目标，作战范围包括 1000 海里的近海水域，还提出要建设大型多用途导弹驱逐舰。2001 年韩国海军要建立战略机动部队，保护韩国在四大洋的利益，在保卫世界和平中发挥作用，确定了 2020 年前转变为蓝水韩军的目标①。目前韩国整体的国防战略为独立自主战略，同时以韩美军事合作为中心，发展与日本、俄罗斯和中国的军事交流与合作，积极参与联合国维和行动。韩国海军的主要作战任务包括和平时期保护韩国的海上利益，支持政府的外交政策，提高韩国国际影响力；战争时期控制海上局势、确保韩国的海上安全、阻止敌人的海上军事行动，保护国家主权和海上交通线，在敌人侧翼和后方

---

① 江涛、李双建：《韩国海洋机构与战略变化及对我国影响浅析》，载《海洋信息》2012 年第 1 期，第 13 页。

实行海上登陆作战①。作战对象以朝鲜为主，也关注其他周边国家。海军人数6.8万人，占兵力总数的18.6%左右，其中包括海军陆战队2.8万人，主要部署在韩朝军事分界线附近。提出要建设远程作战能力和非常规作战能力，韩国海军目前主要的作战单位及基地状况如表4—4所示，拥有独岛级两栖攻击舰1艘，广开土大王级导弹驱逐舰3艘、忠武公李瞬臣级导弹驱逐舰6艘、宙斯盾驱逐舰3艘、蔚山级导弹护卫舰9艘、浦项级轻型护卫舰23艘，东海级轻型护卫舰4艘，张保皋级常规潜艇9艘，孙元以级常规潜艇3艘，元山级布雷舰1艘，天池级补给舰3艘，高峻峰级坦克登陆舰4艘，清海镇级潜艇支援舰1艘，尹永夏级导弹艇7艘、白鸥级导弹艇8艘、巡逻护卫艇超过100艘。在2010年韩国海军舰艇质量进入了世界一流行列，从以护卫舰和巡逻艇为主转变为以大型驱逐舰、护卫舰、潜艇、两栖攻击舰为主，舰艇类型更加多样、功能更加全面，实力已"接近世界前10位，居亚洲第4位②。

　　2010年国防预算为254亿美元。韩国海军正面临着远洋舰队扩大规模和近海力量更新换代的紧要问题。庞大的经费和有限的国防预算形成了尖锐矛盾。为此，韩国海军出台"迷你宙斯盾驱逐舰"和FFX新型护卫舰的建造计划，以便节约军费和完善海军作战体系③④。

　　在海军装备制造能力方面，20世纪70年代以前，韩国海军的主要装备是从美国和德国引进的第二次世界大战战退役舰艇。通过长期研究和仿制，韩国在反舰导弹等武器的研发上取得重要进展。80年代开始韩国开始自建军舰，但其舰艇的动力系统、导弹及雷达等仍需从国外购入。到90年代初，韩国通过购买国外舰艇的零部件在国内组装等方式进行武器的研发。其研发的独岛级两栖攻击舰超过了某些国家的轻型航母吨位，张保皋级潜艇的续航能力强，噪音也小。2001年韩国开始研发驱逐舰、潜艇、两栖舰艇及反水雷舰艇，在电子战系统、水下声呐、无限通信等系统方面取得了较好的成果。除了借鉴西方的经验，韩国海军装备的技术先进

---

　　①　束必铨：《韩国海洋战略实施及其对我国海洋权益的影响》，载《太平洋学报》2012年第20期，第6卷，第89—98页。

　　②　郭锐、王箫轲：《韩国海洋安全战略调整与海军军备发展》，载《国际论坛》2011年第2期，第12页。

　　③　军事科学院外国军事研究部：《世界军事年鉴》，解放军出版社2012年版。

　　④　王江涛、李双建：《韩国海洋机构与战略变化及对我国影响浅析》，载《海洋信息》2012年第1期，第13页。

性甚至超过了日本和美国，其独岛号攻击舰是亚洲最大的登陆舰艇，集货船、登陆舰、救护船甚至航母的功能于一身，但目前仍需依赖外国技术。注重发展舰艇的对地攻击能力，军备发展速度快，但缺乏整体统筹规划，强调单舰功能的优化而忽视了整个舰艇编队，在装备命名上体现了自己的民族特色。军工产品 2012 年出口金额 23.53 亿美元，出口对象国家 74个，出口企业数 116 个，出口产品数 2532 种。

韩国经常与美国、日本、加拿大和澳大利亚在太平洋海域进行联合军演，主要参与的是环太平洋多国联合军演、金色眼镜蛇多国联合军演等，远洋实战能力得到了检验和加强。部署美国的"爱国者"导弹，并暗中研制远程导弹①。实行全民兵役制，并招募志愿兵。陆军服役期 26 个月，空军和海军为 30 个月。

表 4—4　　　　　　　　　　　韩国海军作战单位及海军基地状况

海军作战单位	海军基地	主要任务	主要装备
第一舰队	镇海、济州、新村	东海海域的防御作战和巡逻	KDX－1 导弹驱逐舰 1 艘，蔚山级护卫舰 3 艘，浦项级护卫舰 9 艘
第二舰队	平海、仁川	西海海域的防御作战和训练，保卫首尔	KDX－1 导弹驱逐舰 1 艘，蔚山级护卫舰 4 艘，浦项级护卫舰 9 艘
第三舰队	釜山、木浦、济州	南海海域的防御作战，防止朝鲜渗透	浦项级护卫舰 4 艘
第五特混舰队	镇海	协助其他舰队在南海海域和沿海岛屿作战，支援	KDX－1 导弹驱逐舰 1 艘，KDX－2 导弹驱逐舰 2 艘，天池级舰队补给舰，东海级护卫舰 4 艘，浦项级护卫舰 2 艘
第九潜艇战团	镇海	潜艇作战	张保皋级常规潜艇 9 艘，小型潜艇 3 艘
第 6 航空战团	镇海、浦项、济州、木浦	航空作战	P－3C 反潜机 8 架，超级大山猫反潜直升机 30 架，ALT－3 云雀反潜直升机 6 架，500MD 型反潜直升机 25 架

---

① 陈应珍：《韩国建设世界海洋强国的战略和措施》，载《海洋信息》2002 年第 3 期，第 10 页。

第二节　海洋产业

韩国的海洋产业从 20 世纪 60 年代开始发展，90 年代进入快速发展时期。在 1996—2005 年投资 330 亿美元实行海洋开发的计划。目前韩国在海洋渔业、海洋交通运输及港口业、造船产业方面的竞争力较强。

一　海洋渔业方面

1998 年启动了海洋牧场计划，投资了 240 亿韩元。1999 年在《韩国 21 世纪海洋发展战略》中提出要开拓远洋及海外养殖浴场，实现水产品信息和物流的标准化，成立国际水产品交易中心，推进高附加值加工产品的产业化[①]。2006 年提出投资 2655 亿韩元增强远洋渔业的发展并将其培养成为海洋核心产业。2010 年其水产品产量在 360 万吨左右，其中远洋捕捞量 70 万吨，近海捕捞量 148 万吨，海洋养殖产量 162 万吨。以捕捞为主，远洋捕捞船队拥有 734 艘船舶。其水产加工业产量占渔业总产量的一半左右，保险冷冻食品较多，精细加工的水产品也逐渐发展起来。从事渔业的人口数量 27 万人，是世界第七大水产国。目前韩国建立了自律性的渔业管理体制，建设海洋牧场使得渔业大力发展，扩大海上的综合养殖基地，建立了渔业综合信息系统，推进渔港开发和现代化渔村的建设，发展休闲渔业。与朝鲜在黄海海域进行了渔业合作：在朝鲜半岛的西部海域设立了共同渔业的作业区，允许韩国到朝鲜指定海域捕捞并进行实物支付。构建了陆海一体化的海洋渔业养殖设施，对鳕鱼和金枪鱼等五种鱼种给予了优惠的关税政策[②]。到 2030 年要建设 37 个海外渔场，在南北极和南太平洋也启动了资源开发基地的建设，拥有东北亚的水产品交易主导权，要使水产品产量到 2030 年增加至 475 万吨。

二　海洋船舶制造产业方面

从 60 年代开始，韩国就提出"造船立国"的口号并出台了《造船工

---

① 刘洪滨：《韩国 21 世纪的海洋发展战略》，载《太平洋学报》2007 年第 3 期，第 80—86 页。

② 熊须远：《〈联合国海洋法公约〉体制下中国与日本韩国海洋实践比较研究》，中国海洋大学，载《国际法学》2008 年。

业振兴法》，韩国也跟日本一样出台了计划造船制度，通过低息贷款和造船补贴鼓励本国造船业的发展。从 70 年代开始韩国的造船产业逐渐发展起来，1981 年韩国的造船能力居世界第二，仅次于日本，1998 年韩国的船舶制造订单 1270 万吨超过了日本。通过高端的技术创新和质量改善，2003—2010 年韩国超越了日本成为世界上最大的造船国，并不断在巴西、越南、菲律宾、中国和欧洲地区投资建厂，直到 2010 年韩国的造船完工量被中国超越。从 2008 年开始，韩国的造船工业重点发展高新技术船舶和海洋工程装备的制造，希望将海洋工程装备制造打造成为第二个韩国造船工业。在应对金融危机期间，韩国造船企业通过并购重组发展出了现代重工集团、STX 等综合性的重工集团，以超低的成本实现了企业的快速扩张。韩国造船业的发展也促进了海洋交通运输及港口业的发展。其著名的造船企业如三星重工、现代重工、STX、大宇造船从 1995 年开始就进入了中国、菲律宾、巴西及俄罗斯。目前其年新船订单量 4954 万吨，造船厂数量 24 个。为了应对中国的挑战，遏制本国造船企业的外移，韩国从强调船舶制造量转变为强调船舶的制造性能，实行差别化的产品战略以增强自身的竞争优势①。

三　海洋运输及港口业方面

1996 年韩国成立了海洋事务与渔业部，对 9 个港口进行了升级和改造，鼓励私人对港口的投资。2002 年在釜山和光阳港设立了免税区，希望将其打造成为东北亚甚至环太平洋的集装箱枢纽港和物流中心。2005 年韩国的国际海运装、卸货量分别为 24250 万吨和 51245 万吨。目前韩国货运总量占世界总量的 6.2% 左右，居世界第六，韩国籍船舶总量 1831 万吨左右，港口设施确保率 96%，拥有港口 1362 个，大中型港口 62 个，年货物吞吐量 4 亿吨，集装箱货物吞吐量在 1854 万 TEU 左右，韩国釜山港在世界前 20 大集装箱港口排名第 5，拥有 1362 个港口，韩进海运、STX 泛洋和现代商船都是全球知名的航运企业。提出要发展全球性的航运网络，建立综合的海运及港口信息网，并开拓极地地区及太平洋的海洋基地，力争成为东北亚的物流中心和人员交流中心。到 2030 年韩国的船舶

---

① 夏晓雯：《日本与韩国船舶业称雄之路》，载《珠江水运》2013 年第 18 期，第 44—46 页。

拥有量要达到6000万吨，港口装卸设施确保达到100%，要将釜山港和光阳港打造成为集海港、空港、商港、休闲港于一体的多功能超级港口，并到2030年将釜山建成世界第三大海运中心，并将韩国打造成为世界第五大海运强国①。

除此之外，韩国投资了4000万美元打造世界上最长的海底光缆②。在海岸带和海洋空间利用方面，韩国从1989年开始执行"西海岸开发计划"，1991年投资20亿美元打造釜山人工岛，该岛超过了日本神户的人工岛③。除了人工岛，韩国在《21世纪海洋计划》中提出要通过海岸带的综合管理计划，对海岸带进行综合管理并对海岛进行个性化开发，并不断开发超大型海上建筑浮游技术和海底空间利用技术，到2030年使得全国超过40%的人居住在海洋空间中，海上城市及海上人工岛从2010年开始进入实用化阶段，到2020年达到大规模开发，2030年达到建设海上人工城市的目标。

第三节　海洋权益

在1945—1961年韩国的海洋战略重点关注海洋近岸渔业、与日本的海洋领土争端和应对朝鲜可能带来的海洋安全问题。从1962—1981年韩国的海洋战略为拓展海洋研究能力，加强基础设施建设、促进海洋产业发展，建立海洋立法框架。1982年之后，韩国的海洋战略走向国际化，《21世纪海洋发展战略》提出要建设韩国成为超级海洋强国，增加国家的海洋权利，创造有生命力的海洋国土，发展高科技的海洋产业，保持海洋资源的可持续开发，将海洋产业占GDP的比重增加至2030年的11.3%。具体包括通过海岸带综合管理计划将近岸水质从二级或三级改善至一级至二级，使海岸带居住人口增加至40.6%。通过高科技重点改造海洋交通及港口业，实现海洋科学水平与发达国家同步。启动开发大洋矿产资源，开发利用生物工程新物质。总体来说，到2030年韩国要成为世界海洋强国，

①　刘洪滨：《韩国21世纪的海洋发展战略》，载《太平洋学报》2007年第3期，第80—86页。

②　陈应珍：《韩国建设世界海洋强国的战略和措施》，载《海洋信息》2002年第3期，第10页。

③　高战朝：《韩国海洋综合能力建设状况》，载《海洋信息》2003年第4期，第11页。

和海洋环境良好、人民生活水平质量明显提高的国家，实现海洋开发的世界化、未来化、实用化和地方化①。

韩国管辖的海域范围为 44.6 万平方公里，是其陆地面积的 4.5 倍左右。目前与日本存在独岛（日称竹岛）主权争议，与中国存在苏岩礁之争，与朝鲜在"北方界线"进行对抗。韩国的海洋法律主要集中在四方面，包括对海洋渔业进行规范的海洋水产法、环境保护法和海洋污染法等有关海洋环保的法律，将批准制改为登记制及废除近海和远海运输区别的海洋交通运输相关的政策，及对海洋资源开发和保护进行规定和保护的政策等②。在海洋管理方面，1987 年设立了海洋开发委员会，1996 年成立了海洋水产部对全国海洋事务进行综合管理，其部门职能包括制定韩国的海洋战略、负责海洋资源的开发，对海洋事务进行监督和管理，另外海洋缉私部分仍由关税厅进行管辖。2008 年合并海洋水产部和交通部成立国土海洋部，功能承接了交通部的交通运输规划和政策制定等职能，也包括原海洋水产部的职能③。

外交方面，美韩同盟是韩国在应对国际恐怖主义、维护国家安全等多方面的重要基石，韩国海军将更多地参与美国主导的海上军事行动。除此之外，韩国积极参与亚太经合组织，扩大与美国和加拿大的海洋安全合作，建立东北亚海运论坛和渔业资源管理组织的合作体，开展 APEC 的海洋环境培训和教育，不断加强在渔业、海洋科研及海运航线等方面的发展④。

第四节　海洋环保

韩国十分重视对海洋环境的保护，1987 年就制定了《海洋环境保护法》和《防止海洋污染法》。2001—2005 年实行了保护海洋环境的综合管理计划，耗资 300—700 亿元以实现一个"安全的、充满创造力"的海洋

---

①　熊须远：《〈联合国海洋法公约〉体制下中国与日本韩国海洋实践比较研究》，中国海洋大学，载《国际法学》2008 年。

②　Seung – Jun Kwak, Seung – Hoon Yoo, Jeong – In Chang. The role of the maritime industry in the Korean national economy: an in put – output analysis. MARINE POLICY, 29（2005）371 – 383.

③　王江涛、李双建：《韩国海洋机构与战略变化及对我国影响浅析》，载《海洋信息》2012 年第 1 期，第 13 页。

④　刘洪滨：《韩国 21 世纪的海洋发展战略》，载《太平洋学报》2007 年第 3 期，第 80—86 页。

环境。具体措施包括建立并有效操作的海洋环境信息监测系统,采用改善海洋生态环境的具体措施,可持续利用和保护海岸带实行一体化管理,全面改善海水质量和海洋生态系统,扩大与中国、俄罗斯、日本等周边国家的地区性海洋环境合作①。

第五节 海洋文化与教育

从 1996 年韩国开始重视海洋科技的发展,提出重点发展海洋调查技术、海洋资源开发技术、海洋能源和空间利用技术,海洋环保技术和极地技术等。1996—2005 年的海洋开发十年计划投入经费 330 亿美元。从 2005 年开始在釜山大学实行"SEA GRANT"项目以利用大学的科研能力解决海洋产业中存在的问题。到 2013 年韩国共投入科研经费 300 万美元。目前韩国的海洋渔业、海洋造船和海洋工程建筑技术都居世界前列。到 2020 年要将海洋科技水平提高至发达国家的 95%,2030 年增加至 100%。为了增强海洋意识,将每年的 5 月 31 日定为国家海洋日。

韩国海洋大学和韩国海事大学是韩国两所主要的海事大学,二者都创建于 1945 年。韩国海洋大学设立了海上产业研究所、产业技术研究所、海洋研究所、海运研究所、港口研究所、物流研究中心等 11 个研究所,其科研经费主要来源于企业投资和教育部的投入。韩国海洋大学为韩国海洋事业的发展培养了许多人才,对学生的严格管理是其一大特色。目前韩国海洋大学拥有 2 艘 3600 吨的海洋实习船和 1 艘在建的 6000 吨级高科技实习船。韩国海事大学也为推动韩国海洋和造船工业的发展做出了重要贡献,目前韩国海事大学和国内外的 60 所高校建立了广泛的联系,其中包括美国商船学院、澳大利亚海洋学院等。除此之外,韩国海事大学还与韩国船舶登记协会等 17 个机构签订了工业科研协议②。

---

① 殷克东、方胜民:《海洋强国指标体系》,经济科学出版社 2008 年版。

② 庞福文、马炎秋:《韩国海洋大学科学研究与管理》,载《航海教育研究》2002 年第 2 期,第 4 页。

第四章 越南、菲律宾等东南亚五国

第一节 越南

一 海洋军事

越南海军创建于 1955 年，与美国斗争时期执行"破袭游击"战略，侵柬反华时期执行近海进攻战略。在 1986 年之前越南的海军地位不如陆军，为了争夺海岛和海洋权益，越南开始重视海军，将国防战略改为"陆守海进"，要依靠海上的防御纵深来弥补陆地纵深较浅的不足。越南海军的主要任务为控制北部湾、南沙群岛和泰国湾、控制占领的海岛和南海运输通道，扩大海上防御纵深，参与海洋经济开发①。2000 年越南制定了"海军武器装备发展计划"和"21 世纪海军发展规划"，大力加强海军部队的建设，增加海军军费，修建了几个重要的军商两用港②，为海军武器装备的研制和新型舰艇的购入拨出款项。提出的海军发展目标为：在2010 年之前重点提高近海作战能力，海军进行现代化建设，到 2050 年拥有独立的远海作战能力和立体作战能力，完成海军的正规化和现代化建设③④。

越南参与的海战包括抗美战争（1959—1975 年）、中越西沙海战(1974 年)⑤、侵略柬埔寨霸占威岛（1975 年）、侵占南沙群岛 7 个岛屿

---

① 肖鹏、孙东余：《南中国海上的"海狼"——越南海军》，载《航海》2004 年第 4 期，第21 页。

② 许春雷：《越南拟建大型军港 助推海上军力提升》，载《光明日报》2007 年第 4 期。

③ 花志亮、李成林：《浅析越南海军发展变化》，载《中国科技信息》2010 年第 21 期，第36 页。

④ 鲁达：《越南海军战略》，载《现代舰船》1996 年第 4 期，第 2 页。

⑤ 翡翠：《1974 年，中越南海海战纪实》，载《龙门阵》2012 年第 12 期，第 12—20 页。

（1977 年）、中越南沙群岛海战（1988 年）、侵占南沙西卫滩（1991 年）①②③。从 2000 年，越南与印度以反恐和反海盗为目的进行了首次联合军演，2003 年澳大利亚海军第五次到越南进行交流访问，美国第七舰队到越南胡志明市进行了 4 天的访问，2004 年美日韩与新加坡和澳大利亚在黄海举行了太平洋抵达潜艇救援演习，中国、加拿大、智利、法国、印度、印度尼西亚、马来西亚、俄罗斯、泰国、英国、越南等 11 国应邀观摩④，2006 年中越海军在北部湾进行了联合巡逻，2007 年印度海军与越南海警进行了联合巡逻，并与越南海军进行了联合军演，2008、2009 年印度与越南进行了频繁的海军交流访问活动⑤，2009 年美国派出海空军与越南举行了"太平洋天使"联合军演，目的为加强越南搜寻美军遗骸的能力，2010 年美国派驱逐舰到越南军舰上进行了交流和指导，2011 年越南在广南外海距离西沙群岛 250 千米的翁岛军演，越南声明这是年度例行演习，并欢迎国际社会特别是美国参与解决南海争端⑥。

近年来，越南十分重视对海军的训练和培养，越南现有 22 所高等军事院校（包括 14 个研究所教育基地、18 个大学本科教育基地、1 所大专）、12 所中等军事院校及集团军院校对干部进行培养。

越南整体的军事实力弱于马来西亚、印度尼西亚及新加坡，但超过了菲律宾、泰国、柬埔寨及文莱等东南亚国家。2011 年越南海军人数 4 万人，包括海军陆战队 2.7 万人，实行义务兵役制，海军士官和士兵服役期限均为 3 年。作战单位包括水面舰艇部队、海军陆战队、海岸炮兵、海岛守备部队、水下特工队、海军航空兵，具体分为 5 个作战舰艇旅、4 个沿海区、4 个海岛守备团、2 个运输旅、2 个陆战旅、2 个工兵团、1 个守备旅、1 个岸舰导弹旅、1 个训练旅、1 个飞行团、1 个通信团等⑦⑧。总基

①　凤凰网 中国南海再起南海争端 http：//v. ifeng. com/special/yuenannanhai。

②　Mark Moyar. Grand Strategy after the Vietnam War ［J］. Orbis, 2009, 53（4）：Pages 591 –610.

③　Greta E. Marlatt. RESEARCHING THE VIETNAM CONFLICT ARCHIVAL SOURCES ［J］. Journal of Government Information, 1995, 22（3）：195 –226.

④　赵宇：《美日韩新澳举行潜艇救援演习》，载《当代海军》2004 年第 7 期，第 44—45 页。

⑤　杨桥光、王小年：《试析新世纪越南与印度军事合作的举措和原因》，载 SOUTHEAST A-SIAN STUDIES, 2012 年第 3 期。

⑥　倪霞韵：《越南海洋战略初探》，载《东南亚纵横》1993 年第 4 期，第 9 页。

⑦　战金龙、曹晓光：《越南主要港口及海军基地》，载《现代舰船》2011 年第 10 期，第 24—29 页。

⑧　卢秋林：《跨入新世纪的越南海军》，载《现代军事》2000 年第 6 期，第 13 页。

地司令部设在海防市。基地总数 11 个，包括万华、金兰清、河修、胡志明市、鸿基、海防、现港、芽庄、锦普、头顿和归仁。2010 年整体国防预算 24.1 亿美元，2011 年国防预算 26 亿美元。基地存在布局不合理，保障设施不配套的问题，正在加紧调整港口布局，完善相关设施，加快对头顿、金兰湾基地的建设。

越南海军的武器装备包括朝鲜制的南斯拉夫级近岸柴油潜艇 2 艘，别佳级护航舰 5 艘，轻型护卫舰 6 艘，导弹快艇共 10 艘（黄蜂级 II 型导弹快艇 8 艘，萤火虫级导弹快艇 2 艘），鱼雷快艇 8 艘（图里亚级水翼鱼雷快艇 5 艘，大胡蜂级 3 艘），近岸巡逻艇共 16 艘（回收级近岸巡逻艇 2 艘，苏联制 SO－I 级近岸巡逻艇 4 艘，朱克特级 10 艘），4 艘斯托尔克拉夫特江湖巡逻艇，14 艘扫雷舰艇，登陆舰 6 艘，小型及中型登陆艇共 23 艘，后勤补给船 20 艘，支援舰船 2 艘①。越南的海军装备主要是苏联援助或是购买美国 20 世纪 40 年代生产的武器，俄罗斯是越南最大的武器装备供应商，印度也与越南在武器贸易、人员培训、联合军演等方面进行合作。越南海军的武器装备吨位较小，以轻型武器装备为主，装备的技术水平低、存在老化问题。未来将重点发展大型水面舰艇，增强海军战斗舰艇、岸舰导弹和巡逻机的火力系统和机动能力。延长武器寿命，加强对外技术合作并开发自主武器的研制，武器装备的更新可能在 2015 年之前完成②。

越南海军以南海为主要作战方向，不断加强对已占岛屿的防御工事和基础设施建设，安装了雷达近 20 部，修建了多个直升机起降场，设立航标和栈桥引桥，进行航道改造，驻南沙群岛的海军还直接参与海洋渔业的生产，保障岛上鱼类和蔬菜等的供应，并不断加快向南沙海岛的移民，将移民也发展成为海军的作战力量。

二　海洋权益

1958 年越南发表承认西沙和南沙群岛是中国领土的声明。1975 年越南统一之后便宣称要将中国西沙群岛和南沙群岛在内的南海海域划入其领

① 杨杰、柬埔寨：《主要统计》。肖石忠主编，《世界军事年鉴》，解放军出版社 2011 年版，第 180—182 页。

② 俞风流、张跃林：《越南海军装备一览》，载《当代海军》2000 年第 1 期。

土范围，1977年越南发表了专属经济区的大陆架声明并声称西沙和南沙群岛归越南所有，之后越南侵占了中国南沙群岛的20多个岛礁，将海洋国土面积扩张至100万平方公里。80年代初提出执行海洋战略之后就以控制北部湾、南沙群岛和泰国湾为重点，以控制南海的海上交通线维护石油进口安全并进行海洋石油开采和海洋资源的利用。80年代中后期越南提出要"保卫海洋领土和海洋资源"。越南开始采取主动进攻战略，包括占领了中国南沙群岛的6个岛屿和柬埔寨的沿海岛屿等。1993年越南首次提出要建设海洋强国。2001年越南提出要争当21世纪的世界海洋大国和地区海洋强国[①]。2002年签署《南海各方宣言》，承诺保持克制不使南海争端扩大化和复杂化。2004年越南组织了到南沙群岛的旅游，并不断移民加强岛屿开发力度，在"南威岛"修建了机场供旅游和军事共同使用。2006年提出要早日成为地区海洋强国。2007年提出要到2020年实现海洋强国的目标。2009年单独向联合国提交了外大陆架划界案声明对中国西沙和南沙群岛享有主权[②]。越南主张的专属经济区面积是其领土面积的6倍，最远距离本土800公里，越南不符合联合国海洋法公约规定的使用直线基线的情况，但越南却执意主张其南部的领海基线由距离海岸线上百公里的小岛连接的直线构成[③]。

目前越南成为东南亚中综合实力最强且与中国存在最多领土争端的国家，目前它占领了29个岛礁，驻军超过2000人，在岛上修建了机场、码头、卫星通信站、发电站、医院及永久的军队家属生活区，发展海岛的渔业和旅游业相关资源，实现了岛上的手机网络覆盖，发表了白皮书，在地图上将南沙及西沙群岛直接划分为越南领土，鼓励向岛上移民，驱赶中国渔船。除此之外，越南还对南海油气资源进行掠夺性开发，制定的优惠政策吸引了众多的外国石油开发商和投资者，吸引了俄罗斯、美国、印度及日本的注意。

1998年越南成立海上警察维护海洋安全，进行海洋执法，其总部设在海防市。配备的巡逻船只吨位较小，在外出执法时通常与数十艘配有冲锋枪、高射炮、机炮、单兵反坦克火箭筒等的武装渔船联合行动。越南海

---

①　殷克东、方胜民：《海洋强国指标体系》，经济科学出版社2008年版。

②　肖鹏、孙东余：《南中国海上的"海狼"——越南海军》，载《航海》2004年第4期，第21页。

③　阮洪滔、杨桥光：《越南海洋法》，《新形势下落实海洋战略的重要工具》，载《南洋问题研究》2012年第1期，第97—102页。

上警察拥有在紧急情况征用本国及外国人员和船只作战的权力。边防部队和海上警察分别负责领海线内、外的海域。2007 年越南成立了海上民兵自卫队，这是一支群众性的武装力量，用来配合海军、海上警察执行海上任务，但配备的武器装备相对落后，主要在海岸及近海范围活动，训练效果不明显。2008 年成立了资源环境部管理国家海洋的海岛。但其海洋管理机制仍不完善。相关的海洋法律主要为《国家边界法》《越南海洋法》《科技法》《知识产权法》《技术转让法》《技术标准法》《产品质量法》《原子能法》和《高新技术法》。越南在《国家边界法》和《越南海洋法》中都宣传拥有对南沙和西沙群岛的主权。

第二节　菲律宾

一　海洋军事

菲律宾海军的前身是附属于菲律宾警察的小型海岸巡逻队，只拥有几艘小型的巡逻艇。1950 年建立海军后地位与陆军同等，1970 年海军陆战队的规模才扩张到旅。菲律宾一直奉行的是加强海军建设、提高快速反应能力和海上作战能力的战略。2001 年之后由于国内的恐怖组织活动加剧，国防重心转向国内，海军的任务是保卫领土和领海不受外来侵略，打击海盗和非法贸易，支持海上搜救及海上事故处理，支持国内安全[①]。2010 年菲律宾国防整体费用 16.3 亿美元。

菲律宾海军参与的主要战争包括美菲战争（1899—1902 年）、二战被日本占领（1942—1945 年）。参与的主要军演包括美菲"肩并肩"的年度联合军演，2004 年中国海事局与菲海岸警卫队进行了联合搜救沙盘演习，2006 年中国北海舰队与菲律宾进行联合军演。2011 年 9 月菲律宾与日本发表联合声明，双方在声明中同意加强两国海军联系，以应对中国不断增长的军事实力。

目前菲律宾海军人数 2.4 万人，包括海军陆战队 7500 人，海军陆战队人数比例较高[②]。编有 1 个作战舰艇司令部、6 个海区司令部和 4 个海军陆战旅，兵力主要部署在马尼拉和南沙海域。实行志愿兵役制，服役期

---

① 邢念冉：《蹒跚前行的菲律宾海军》，载《环球军事》2004 年第 7 期，第 50—51 页。
② 李大光：《菲律宾海军的家底儿》，载《人民文摘》2011 年第 9 期，第 59 页。

在 3 年以上。

2012 年的海军装备包括 2 艘从美国购买的汉密尔顿级巡逻舰，11 艘轻型巡逻舰、71 艘小型巡逻艇、10 艘登陆舰、1 艘护卫舰、6 艘支援舰船，13 架飞机，装甲输送车 109 辆，150 毫米和 107 毫米火炮超过 150 门①。菲律宾的海军装备大多还是第二次世界大战的水平，有些甚至不具备实战的功能，海军巡逻艇的平均服役时间达到 37 年，发动机老化严重，唯一的护卫舰服役年龄超过 60 年。菲海军的武器装备主要来自美国和韩国。美国为菲律宾设计了海岸雷达系统进行海域监视，两国签订了《共同防御条约》，当菲律宾在南海遭受攻击美国会出动军力进行支援，美国会为菲律宾提供适当的物资装备支援，2011 年美国宣布要为菲律宾提供其可以负担得起的军事装备以协助其提升国防能力，目前菲律宾积极与美国就海军武器装备的购买进行谈判。韩国也计划增加对菲律宾的武器出口——2013 年韩国向菲律宾出口 12 架 FA－50 轻型战斗机和 8 艘扫雷舰，价值共计 9.5 亿美元，韩国计划到 2017 年要将出口至菲律宾的军工产品增至 70 亿美元。日本也试图向菲律宾及其他与中国存在领土纠纷的国家出售武器。菲律宾海军只具备有限的对空、对海作战能力，不具备反潜作战能力，但其自身也在不断加强军事现代化进程的建设，只是由于国内经济实力较弱、政局动荡及恐怖活动的威胁，使海军武器的现代化进程严重受阻。

二　海洋权益

菲律宾主张的领海面积 26.6 平方千米，专属经济区面积 220 万平方千米，主张的领海及经济区面积超过领土面积的 5 倍，占南海面积的一半。主张的领海边界线是由经纬度标注、与大陆架延伸和海岸线走势完全不符合的基线组成的，主张的领海宽度在南海为 300—500 千米，在太平洋海域为 100—400 千米，远远超过了联合国规定的 12 海里。菲律宾的领海主张是依据西班牙和美国签订的《巴黎条约》，提出凡是西班牙转交给美国的海域均为菲律宾所有，但黄岩岛却又不在这一范围内。

1956 年菲律宾航海学校校长克洛马率领船员登上了 9 个南沙群岛，声称发现并占领北子礁、南子礁、中业礁、南钥岛、西月岛、太平岛、敦谦沙洲、鸿庥岛、南威岛等 9 个岛屿，将其命名为卡拉延群岛，称其为无

---

① 孙立华：《菲律宾海空实力知多少》，载《科技日报》2012－05－29012。

人占领和居住的自由地，但与菲律宾有历史和地理关系。1961 年菲律宾第 3046 号法案宣传《巴黎条约》规定的经纬线内的所有海域均为菲律宾所有。1968 年发布《关于确定菲律宾领海基线的法案》，宣布对其"可开发深度范围"大陆架的所有海洋资源拥有管辖权和控制权。1971 年菲律宾政府宣布克洛马探险并占领的 53 个岛屿均为菲律宾所属，要求台湾国民党当局撤出太平岛驻军，并暗中派海军占领了南海礁和中业岛。1971—1975 年菲律宾联合瑞典的石油公司在南海钻探开采石油，之后邀请了美国的美孚和埃克森等公司进行联合开发。1974 年克洛马与菲律宾政府签订了转让书，将其发现的自由地全部转让给菲律宾政府，此时菲律宾已经占领了马欢岛、费信岛、西月岛、北子礁和中业岛这 5 个南沙岛屿。1978 年宣布南海"卡拉延群岛"为其主权范围，签署的 1596 号总统令将南沙群岛的 33 个岛、礁，面积达 64976 平方海里的海域声称为"菲律宾领土的一部分"并开始进行行政管理，设立 200 海里专属经济区，与其他国家产生重叠依据国际协议条约确定①。1995 年菲律宾声称中国扣留了菲律宾渔船，发表备忘录指责中国入侵其南沙海域，出动海军拆除了中国在五方礁和半月礁等岛上留下的标识，抓捕中国渔民，此为美济礁事件。1997 年菲律宾出动侦察机和海军炮艇吓退在黄岩岛上进行调查的无线电业余爱好者，登岛竖起菲律宾国旗，出动巡逻艇多次抓捕中国渔民，此为黄岩岛事件。2002 年与东盟国家签订了《南海各方行为宣言》，2009 年菲律宾通过的 2699 号法案将中国拥有的 2 个岛屿划入其主权范围。目前菲律宾成为在南沙群岛驻军数量仅次于越南的国家。除此之外，菲律宾还与马来西亚存在沙巴领土争端。

菲律宾的海洋法律相对健全的主要为海洋渔业方面的法律，例如《渔业法规》、《农业和渔业现代化法案》，在海洋环保方面有《环境法规》。2009 年制定了《领海基线法》，将南沙群岛的部分岛屿和黄岩岛都划入其领海②③。在海洋管理方面采用分散管理体制，主要涉海部门包括国家环保委员会、农业部、海运管理局、能源部、海岸和大地测量局、渔业及水产

---

① 管司山：《我周边国家宣布建立海洋法律制度概况》，载《海洋世界》1996 年第 7 期，第 4 页。
② 阮洪滔、杨桥光：《越南海洋法》，《新形势下落实海洋战略的重要工具》，载《南洋问题研究》2012 年第 1 期，第 97—102 页。
③ 陈庆鸿：《菲律宾南海政策的调整及其原因》，载《国际资料信息》2011 年第 10 期，第 15—20 页。

资源局和环境与自然资源部。菲律宾的海岸警卫队成立于20世纪初期，当时主要负责海关、海岸线和港口的安全。1967年菲律宾海岸警卫法将海岸警卫队交由海军管辖。目前其海岸警卫队主要包括行动组、环保组、教育训练组、海军志愿组、国家石油污染行动中心，主要任务包括进行海上救助、打击海上犯罪、保护海洋环境和海洋安全。将全国划分成为10个区域进行管理，拥有警官389人，警员共3640人①。海岸警卫队每年派遣优秀人才到瑞士、加拿大、中国、日本、意大利进行交流和深造。

在外交方面，菲律宾长期与美国保持着密切的伙伴关系，菲律宾与美国签订了《共同防御条约》和《共同防御援助协议》、《访问部队协定》，美国在1998年重返菲律宾进行驻军，双方每年举行肩并肩联合军演，菲律宾也支持美国打击恐怖主义的活动，向美国开放其军事设施并提供后期服务，美国加大对菲律宾的经济援助和反恐训练，也是菲律宾最大的贸易伙伴。菲律宾与美国的关系可以用"菲律宾是黄皮肤的美国海军"来形容。除此之外，菲律宾不断争取日本的政治和军事支持，双方不断加强海军的联系。菲律宾也不断推进东盟内部的经济合作，是东南亚国家联盟、亚太经合组织的成员国。虽然在南沙群岛的部分岛屿归属上存在纠纷，但越南与中国在海洋渔业、海洋环保、海洋科研等方面都进行了合作，设立了南海地区探讨的磋商机制，举行了中菲联合搜救沙盘演习，签署了《在南中国海部分海域开展联合海洋地震工作协议》②。

第三节　印度尼西亚

一　海洋军事

印度尼西亚实施的是"逐岛防御"战略，以大岛为核心、群岛为基地，独立防卫和机动作战相结合。重点加强对马六甲海峡、南海和印度洋前沿的防卫，以爪哇岛为中心，东西兼顾。海军共4.5万人，编东西2个司令部，1个海上补给司令部。拥有的武器装备包括8艘护卫舰，21艘轻型护卫舰，巡逻舰艇41艘，扫雷舰艇11艘，两栖舰艇29艘，支援舰船

---

① 朝阳县公安局网站：http://www.cyxga.gav.cn/Jynews/show Artide.asp.Article 2D=303。
② 陈丙先：《浅析近年来菲律宾的南海政策》，载《梧州学院学报》2012年第22期，第5卷，第31—38页。

28 艘。海军航空兵 1000 人，拥有作战飞机 75 架。海军陆战队 2 万人，装备轻型坦克 55 辆，装甲侦察车 21 辆，步兵战车 34 辆，装甲输送车 100 辆，牵引炮 50 门，火箭炮 12 门，高炮 150 门。海军基地共有 16 个，主要有雅加达、丹绒槟榔、腊太港、乌绒潘当、勿老湾。实行的是义务兵和志愿兵相结合的兵役制。

二 海洋产业

印度尼西亚的海岸线长 35000 千米，国土面积 190.5 万平方千米。领海面积 310 万平方千米，经济区面积 270 万平方千米。印度尼西亚的渔业增加值如图 4—3 所示。

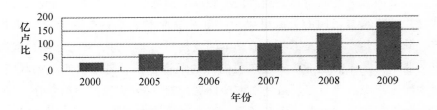

图 4—3 印度尼西亚渔业增加值

印度尼西亚渔业资源丰富，气候和水文条件适宜。可捕捞的种类超过 200 种，其中 65 种经济价值较大。目前的经济鱼种包括小沙丁鱼属、羽鳃鲐属、鱼参科、圆鲹属、侧带小公鱼属、鲤等。印度尼西亚的海洋渔业作业方式为传统的沿岸近海作业。在印度洋海域捕捞虾和金枪鱼，在爪哇海生产对虾和底层及中上层的鱼类，东部海域生产金枪鱼、对虾、带鱼、黄鱼等。2002 年拥有渔船 41.72 万艘，动力渔船 22.62 万艘。2010 年印度尼西亚的海洋渔业捕捞量为 503.5 万吨，海洋养殖产量 2697 万吨①。

印度尼西亚在中国南海海域开发了世界特大的天然气田——从 1996 年印度尼西亚在纳土纳群岛军演开始，就在纳土纳群岛进行天然气的生产和开采，具体的勘探开发由美国埃克森石油公司进行，预计天然气可采储

---

① 吴崇伯：《印度尼西亚渔业发展概况及政策措施》，载《世界农业》2004 年第 10 期，第 20—21 页。

量为 1416 亿立方米。2010 年印度尼西亚的海洋原油产量 4601 万吨①。

在 2007 年之前，印度尼西亚政府一直为港口进行招商引资但效果不是很明显。直到 2007 年韩国萨满机械制造公司投资 10 亿元建立了大型的集装箱中转站，该中转站通过铁路直接与丹绒普里奥克港连接。之后，爱尔兰都柏林港口公司对沙璜港投资 90 亿美元建设国际枢纽港，以分担马六甲海峡拥挤的货物运输。迪拜世界港口公司接管了印度尼西亚苏腊巴亚港的经营，目前该港的年通过能力达到 200 万 TEU。但印度尼西亚政府也曾拒绝了达飞集团提出的将巴淡岛安帕港的特许经营权由 20 年延长至 50 年的建议，和记黄埔公司因为印度尼西亚的法律、劳动力和箱量不足对丹绒普里奥克经营不善，AP 穆勒投资雅加达港的谈判还在进行中。2012 年印度尼西亚丹戎不碌港集装箱吞吐量 630 万 TEU，位居世界第 20 大集装箱港口。2010 年，印度尼西亚的商船拥有量排名世界第 20 位，拥有商船 2314 艘，共计 1158.7 万吨，占世界的 0.9%。集装箱船拥有量排名世界第 20 位，拥有 117 艘集装箱船，共计 5.7 万 TEU，占世界的 0.4%。印度尼西亚国际海运的装卸货运量如表 4—5 所示。

表 4—5　　　　　　　　　印度尼西亚国际海运装卸货量

装卸货量（万吨）	2000 年	2005 年	2010 年
国际海运装货量	14153	27372	50118
国际海运卸货量	4504	8479	11254

印度尼西亚的旅游业从 20 世纪 70 年代开始发展，旅游产业带动了商业、酒店等的快速发展，也为大批人员提供了就业岗位。目前旅游业已经成为印度尼西亚的支柱产业。印度尼西亚有着丰富的旅游资源，号称千岛之国，巴厘岛、民丹岛、龙目岛、爪哇岛都是世界闻名的旅游胜地，景色绚丽海水湛蓝清澈，每年都吸引了大批游客。除了丰富的旅游资源，独特的文化传统等，印度尼西亚政府也非常重视对旅游业的开发：印度尼西亚政府免除了游客繁杂的签证手续，对 45 个国家免除了签证，为 64 个国家提供落地签证；印度尼西亚积极发展航空事业，兴建了安达新机场，开放了许多国际机场和国际航线，与新加坡、马来西亚和泰国等周边国家都有

---

① 国际石油网 http：//oil.in-en.com/html/oil-10581058921414965.html。

了稳定的航空联系，2010年也解除了对欧洲的禁飞限制；修建了大量的
宾馆，拥有623家国际水准的宾馆和酒店，其中五星级29家，四星级51
家；建立了35所旅游学院、60所中专学校、超过30个旅游培训中心；
重点加强与东盟国家的旅游合作，与新加坡和马来西亚共同投资5.7亿美
元将三国滨海地区建成"东方加勒比"，与泰国和马来西亚协商设立常设
旅游联盟机构，与缅甸商定建设巴厘岛至俄布里海滩及威桑海滩的旅游线
路，开通直航线路，帮助缅甸培养旅游管理和服务人才，即将开通雅加达
到越南河内的航班以促进印度尼西亚和越南的旅游发展，与迪拜毅马签订
投资6亿美元在龙目岛兴建度假村的协议。近年来印度尼西亚旅游业的增
加值如图4—4所示。2010年印度尼西亚的旅游入境人数为632万人，出
境游人数505万人。印度尼西亚政府计划在2025年之前开发50个国家及
旅游景区，不断发掘印度尼西亚的旅游潜力，2011年接待外国游客770
万人次，2012年增加至800万人次，外汇收入89亿美元[1][2]。

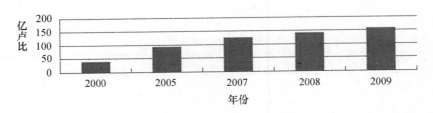

图4—4　印度尼西亚旅游和饭店业增加值

　　印度尼西亚对恐怖主义的法律约束较为宽松，且印度尼西亚许多人信
奉伊斯兰教，民族数量超过300个，文化意识形态复杂。这些都使得印度
尼西亚成为恐怖组织的发展基地和攻击目标，恐怖事件频发，这对印度尼
西亚的旅游业发展造成了较大的阻碍[3]。

　　①　《印度尼西亚旅游业去年收入80万亿盾》，载《国际日报》2012—01—19。
　　②　吴崇伯：《印度尼西亚旅游业发展及其与中国在旅游业的合作》，载《广西财经学院学
报》2012年第4期，第7—11页。
　　③　《印度尼西亚为何多恐怖袭击》，载《杭州日报》2009—08—09。

三　海洋权益

印度尼西亚也参与了对中国南沙群岛海域主权的争夺，对中国解决马六甲困境也有着重要的作用。1969 年印度尼西亚就与马来西亚签订了大陆架的划分协定，其丙段海洋边界就侵占了中国南海海域。1980 年印度尼西亚宣布建立 200 海里专属经济区，侵犯了中国主权。到 2010 年印度尼西亚年产石油 7000 万吨，有许多都产自印度尼西亚与中国的争议海域。

印度尼西亚奉行的是独立自主、不结盟的外交，东南亚国家联盟是其外交关系的基石。积极参与地区合作，2006 年讨论东盟共同体计划，主张大国间的力量平衡。重视与美国、日本、欧盟、澳大利亚及中国的关系，重视加强与东盟国国家、美国和澳大利亚的军事合作，共同维护地区安全。重视不结盟运动和南南合作，曾担任不结盟运动的主席、77 国集团主席。近年来与南非发起了亚非次区域组织会议，2005 年与南非共同组织召开亚非峰会和万隆会议 50 周年的纪念活动。2006 年举办了亚洲及太平洋经济社会委员会会议，伊斯兰发展中八国集团（D8 集团）首脑峰会，成为 D8 集团主席国和联合国安理会非常任理事国。

第四节　马来西亚

一　海洋军事

马来西亚皇家海军原为英国殖民时期的马来西亚海峡殖民地海军志愿兵预备队。第二次世界大战之后曾被解散，后在 1952 年被英国女皇授予马来西亚皇家海军名号并恢复建设。目前马来西亚皇家海军拥有兵力 1.4 万人，海军航空兵 160 人。编有 1 个海上司令部和 3 个海军军区，主要海军基地为关丹、拉布安、兰卡威。拥有的装备包括 2 艘导弹护卫舰、8 艘护卫舰、14 艘巡逻艇，1 艘两栖舰，9 艘支援舰船。海军航空兵拥有 6 架反潜机，6 架运输机。马来西亚实行志愿兵与义务兵相结合的制度。

二　海洋产业

马来西亚海岸线长 4675 千米，国土面积 33.1 万平方千米。马来西亚从 1966 年就与英荷壳牌集团的文莱石油分公司合作进行南海的油气资源勘探开发。之后马来西亚陆续侵占了 10 个南沙岛屿，开采油田 18 个，天然气田 40 个。经常与外国的石油公司合作，将其油气开发设施建至中国传统边界线以内 20 千米。2010 年马来西亚海洋原油产量 3026 万吨。

丹戎帕拉帕斯港是马来西亚于 2000 年投产的，是目前最成功、最大的港口。该港兴建不到一年，就与马士基结成了战略伙伴，使得马士基将其在新加坡港的集装箱业务全部转移至丹戎帕拉帕斯港。目前，丹戎帕拉帕斯港已经成为马士基在东南亚集装箱转运业务的基地港，法国达飞、地中海航运、中海集运也纷纷使用丹戎帕拉帕斯港作为其集装箱的中转港。丹戎帕拉帕斯港发展速度极快，用了四年时间就将集装箱吞吐量由零发展至 400 万 TEU。2007 年迪拜世界港口公司投资 47 亿美元在丹戎帕拉帕斯市建立综合海运中心，具体包括海运的工业园区、物流园区、房地产业等。柔佛港与丹戎帕拉帕斯港地理位置相近，且同属马来西亚矿业公司。为了避免竞争，马来西亚矿业公司安排柔佛港主要发展散杂货业务，丹戎帕拉帕斯港主要发展集装箱业务。未来马来西亚政府要将整个柔佛州打造成为经济增长区，并兴建亚洲石油枢纽，建立年接卸能力 3000 万吨的油码头，使马来西亚在与新加坡的石油化工产业竞争中取得优势。马来西亚国际海运的装卸货量如表 4—6 所示。2012 年，马来西亚的巴生港和丹戎帕拉帕斯港是世界第 12 和 18 位的集装箱大港，2012 年吞吐量分别达到 999 万 TEU 和 772 万 TEU[①]。

表 4—6　　　　　　　　　马来西亚国际海运装卸货量

装卸货量（万吨）	2000 年	2005 年	2010 年
国际海运装货量	5483	7940	11240
国际海运卸货量	6922	10391	13682

从 1956 年开始实行的五年经济计划中，马来西亚就对发展旅游业提出了明确的目标和具体的发展措施。20 世纪 80 年代开始，旅游业成为马来西亚的重要产业。90 年代，马来西亚决定通过旅游业的发展宣传马来西亚的良好形象并促进国家的统一，相继推出了乡村旅游、社区旅游、自然旅游和生态旅游、农业资源旅游等多种旅游产品，将旅游业打造成为马

①　李幼萌：《东南亚港口发展动态及主要港口价位比较》，载《港口科技》2008 年第 2 期，第 13 页。

来西亚的生活方式。2000 年以来，马来西亚提出要占领国际旅游市场，发展游艇、航海等休闲旅游项目，加强与中远距离旅游市场的联系。目前其旅游产业已经成为马来西亚的第三大经济产业和第二大外汇收入产业。近些年马来西亚旅馆和饭店业的增加值如图 4—5 所示。2000 年马来西亚的入境旅游人数就达到 3053 万人，2007 年马来西亚以国际旅游人数 2097 万荣居东南亚首位，在 2009 年的《旅游竞争力报告》中马来西亚排名全球第 32 位，在东南亚仅次于新加坡。2010 年马来西亚的入境旅游人数达 2365 万人，旅游总收入为 190 亿美元。预计到 2020 年到马来西亚的游客将达到 3600 万人，旅游外汇收入将达到 1680 亿令吉①。

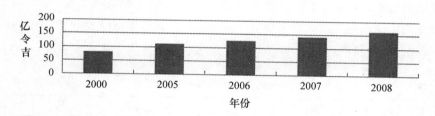

图 4—5　马来西亚旅馆和饭店业增加值

　　马来西亚政府对旅游业的发展给予了较大的优惠和优先政策，旅游政策具有高度的透明性、完善性和可操作性。除此之外，丰富的旅游资源、良好的基础设施也是其旅游业成功发展的重要因素。与其他东南亚国家相比，马来西亚在发展海洋旅游业时坚持适度发展原则，不追求发展速度，注重旅游的生态保护，其对旅游景区的完好保护已经成为马来西亚旅游业的最大优势②。

三　海洋权益

　　马来西亚与中国在南沙群岛问题上存在争议。由于南海丰富的油气资源和《国际海洋法公约》的公布，马来西亚与其他东南亚国家对中国南沙群岛提出了权利要求。1968 年，联合国公布了南海矿产资源勘查报告，

---

①　罗文标：《马来西亚旅游业快速发展的政策因素及启示》，载《商业时代》2013 年第 10 期，第 114—116 页。

②　同上。

马来西亚就划定了 200 海里专属经济区，出兵占领了部分南沙岛礁，将超过 8 万平方千米的海域出租给美国"沙捞越壳牌公司"进行钻探。1979年马来西亚将南沙群岛南端的 12 个岛礁划入版图①。1983 年，马来西亚与澳大利亚、新加坡、新西兰、英国组成五国防卫组织，并在中国南海进行了一周的海军演习，之后马来西亚海军陆战队登陆南沙群岛弹丸礁进行军事占领。20 世纪 90 年代，马来西亚从国外购入了 6 艘近海巡逻艇加强军备建设②。马来西亚也是最早掠夺中国南海石油资源的国家，到目前已经在南海打出超过 90 口油气井，年产石油 3000 万吨。除了南海的油气资源，南海的生物资源、矿产资源也被马来西亚大肆开采，为其经济发展提供了重要的支撑。马来西亚声称对南沙群岛拥有主权的依据为："马来西亚确信这些岛礁位于其大陆架及专属经济区内，是临近其大陆的。"马来西亚的论据很不充足，没有国际法依据③。目前马来西亚侵占了中国南沙群岛的 10 个岛屿，如表 4—7 所示。

表 4—7　　　　　　　　　　马来西亚侵占南沙群岛情况

侵占岛礁	侵占时间	侵占方式
弹丸礁	1983 年	特种部队占领，作为马来西亚的海军基地和观测训练中心。1985 年进行填海工程建成"拉央拉央"岛，目前极力开发岛上的旅游产业，修建了 1 座三星级酒店，成为首个南沙群岛的观光岛屿。修建了飞机场，有定期航班飞往该岛。目前岛上驻军 82 人，布置火炮 6 门，建立了雷达站、气象站等实施
榆亚暗沙	1983 年	海军特种部队占领，修建了两层的水泥建筑物。目前驻军 30 人，部署火炮 2 门，建立了瞭望站、卫星电话等设施
南海礁	1986 年	驻军超过 20 人，部署 2 门火炮，修建直升机停机坪
皇路礁	1986 年	驻军超过 20 人，部署 2 门火炮，修建直升机停机坪
南通礁	1987 年	修建航海灯塔，驻军 20 人，部署 2 门火炮，修建基础设施及停机坪
光星仔礁	1983 年	海军特种部队占领，岛上驻军 30 多人，部署 6 门火炮，修建基础设施及停机坪

　　①　Day A J, Bell J. Border and territorial disputes ［M］. Longman；Detroit，Mich.，USA：Distributed exclusively in the US and Canada by Gale Research Co.，1987.

　　②　Lyonnesse S. Vietnam's objective in the South China Sea：National or regional security？［J］. Contemporary Southeast Asia，2000：199－220.

　　③　Johnston D M, Valencia M J. Pacific Ocean Boundary Problems ［M］. Dordrecht：Martinus NijhofT，1991.

续表

侵占岛礁	侵占时间	侵占方式
光星礁	1986 年	海军特种部队占领，是马来西亚海军的炸射靶场，部署 2 门火炮，修建了基础设施
簸箕礁	1999 年	在岛上修建雷达站等基础设施
琼台礁	—	在南康暗沙和曾母暗沙修建采油平台进行石油开采
南安礁	—	在北康暗沙修建采油平台进行石油开采

马来西亚以独立、自主和不结盟为外交原则，将与东盟国家的外交关系视为外交基石，也是英联邦成员国。目前马来西亚与 131 个国家建交，重视与世界大国的关系。马来西亚大力发展经济外交，反对贸易保护主义。在 1997、1998 年相继主办了东盟与中日韩领导人（10 + 3）非正式会议、亚太经合组织领导人非正式会议，倡导建立东亚共同体，发展东盟自由贸易区和湄公河盆地的经济开发。马来西亚关注伊斯兰事务，主张伊拉克的领土完整和主权独立，认为巴勒斯坦的斗争是对主权的捍卫，多次以伊斯兰国家会议组织和不结盟运动主席国的身份召开会议，并向联合国提议公正合理解决伊拉克和中东问题。主张以联合国为国际核心组织，反对西方国家的强权政治，关注国际新秩序体系的构建，是联合国人权理事会成员国，反对恐怖主义，支持反恐合作，反对伊斯兰与恐怖主义的联系，提倡宗教和文明对话，认为朝鲜核问题会危及世界安全，支持六方会谈对朝核问题的作用①。

第五节　新加坡

一　海洋军事

新加坡目前拥有海军 9000 人，编有海军舰队司令部、海岸司令部和海军后勤司令部。主要的海军装备包括 4 艘潜艇，3 艘导弹护卫舰，6 艘小型护卫舰，23 艘巡逻艇，4 艘扫雷舰艇，4 艘两栖舰艇，2 艘支援舰船。全国的军事基地共有 5 处，其中海军基地占 3 处，包括三巴旺、裕廊、樟宜。新加坡实行义务兵役制，服役期限在 2—3 年。美国在新加坡驻军共

---

① 中国—东盟中心 http：//www. asean‐china‐center. org。

122 人，其中海军 83 人。2010 年新加坡的整体国防预算为 83.4 亿美元。

二　海洋产业

新加坡海岸线长 193 千米，国土面积 716.1 平方千米，地少人多。但新加坡非常重视发展航运产业。

新加坡是依港而兴的国家，其海上交通运输业和港口业非常发达，目前新加坡已经成为国际贸易、金融和国际航运中心。2010 年新加坡拥有100 吨以上的商船 946 艘，总载重量达 1492.92 万吨。近年来新加坡的国际海运装卸货量如图 4—6 所示。新加坡港是世界上第二大集装箱港口，2012 年新加坡港的集装箱吞吐量达到 3160 万 TEU。2010 年新加坡成为世界上第六大商船拥有国，商船拥有量 1585 艘，共计 6588.9 万吨，占世界的 4.9%。集装箱船拥有量排名世界第五，拥有 328 艘集装箱船共计 86.1万 TEU，占世界的 6.1%。新加坡港是世界上最繁忙的港口之一，有 250多条航线连接世界各地。新加坡航运相关产业发展较快，目前有 5000 多家航运相关企业，其产生的增加值占全国的 7%，为 12 万人提供了就业岗位。新加坡航运公司和船舶管理公司提供优惠的吸引政策，例如海事投资企业计划、船旗转换优惠政策、海事金融激励计划、核准船务物流企业计划等税收优惠计划。新加坡还与世界许多国家签订了自由贸易协定，发展自由港，实现自由通航、贸易等。新加坡也非常重视培养航运服务人才，每年投资 300 万新加坡元资助航运企业到海外参展和学生进行出国深造。新加坡籍海员有特别奖励金和税收减免。除此之外，新加坡高效的操作管理和优质的服务业、完善的信息网络系统也为世界闻名。依靠其良好的地理位置和政府对航运业的重视程度，新加坡港不断发展其国际中转港的功能，促进国家现代服务业的发展，实现港口与城市的良性互动。

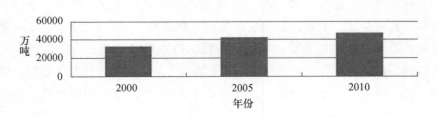

图 4—6　新加坡国际海运装卸货量

　　新加坡的旅游产业也非常发达，2010 年新加坡的入境旅游人数 749
万人，出境旅游人数 696 万人，近年来旅馆和饭店业的增加值如图 4—7
所示。2011 年接待外国游客 1320 万人次，外国游客消费 222 亿新加坡
元[1]。著名的景点包括新加坡植物园、亚洲文明博物馆、滨海堤坝、圣淘
沙旅游胜地等。新加坡融合了东西方文化，对旅游景点加以特别保护，开
发多元的旅游产品，全面反映新加坡的多元文化。会展旅游占新加坡旅游
人数的 27%，有 5 大会议会展中心（新达城、新加坡博览中心、金沙会
展中心、圣淘沙会展中心等），基础设施完善，规模很大，消费水平高，
新加坡旅游局进行会展旅游营销，对召开国际会议的人员也有资金补助。
除会展旅游，新加坡的医疗旅游和教育旅游业也非常知名，成为亚洲的区
域医疗中心，吸引中国和马来西亚的学生到新加坡留学，举办多种形式的
培训班。良好的城市基础设施为其开展水利工程和园林旅游提供了很好的
基础，将城市作为花园来建设。邮轮旅游、美食旅游也是当地的重点开发
项目，良好的航运业和多国美食汇聚为其发展提供了雄厚的基础。景区超
强的综合服务能力、完善的公共服务体系、便捷的交通网络、完善的法律
制度和行业监管、对旅游的强大投资、清洁文明的城市旅游形象都是其旅
游成功发展的原因。

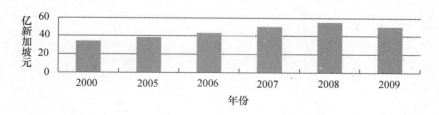

图 4—7　新加坡旅馆和饭店业增加值

三　海洋权益

　　新加坡地处马六甲海峡的咽喉位置，控制着世界的能源进口大动脉，
战略位置极其重要。通过马六甲海峡的船舶中，有 60% 是开往中国的，

---

　　①　新加坡 2011 年旅客量创新高，中国旅客增幅最大 ［J/OL］. 中国商务网 http：//
www. mofcom. gov. cn. 2012 - 02 - 13。

从中国南海海域经马六甲海峡穿过印度洋到达欧洲和非洲的航线是中国重要的海上贸易通道。中国 4/5 的原油进口都要经过马六甲海峡，马六甲海峡对中国能源进口安全有着重大的影响。由于美国在中国东海南海通过岛链可对中国进入西太平洋的通道进行封锁，马六甲海峡就成为影响中国进入印度洋及世界海域的重要海峡，一旦被封锁，中国的经济安全将遭到严重威胁。目前中国在马六甲海峡存在困境，在航道、军事、安全方面都存在隐患，美国、日本、印度控制了马六甲海峡周围的重要海上通道，解决马六甲海峡的问题还需要与新加坡、马来西亚和印度尼西亚进行合作。为了防止某一国的势力过于强大，新加坡、马来西亚和印度尼西亚三国不断拉拢外国势力介入马六甲海峡安全问题进行互相制衡。中国对远洋运输通道的控制一直受美国的封锁和限制，"中国威胁论"更是使得新加坡对中国存在严重的质疑，不愿意让中国参与马六甲海峡的安全保卫，与马来西亚的南海争端更是限制了中国对马六甲海峡安全问题的介入。

新加坡实行经济外交，推进贸易和投资的自由化发展，与美国、中国、澳大利亚、日本、欧洲自由贸易协会、新西兰、韩国、印度、约旦签署了自由贸易双边协定，与新西兰、智利、文莱签订了自贸协定，与埃及、阿联酋、科威特、巴林就双边自由贸易达成了共识。目前新加坡与 175 个国家建交，成立了亚欧会议、东亚拉美论坛，推动了亚洲政府间的反海盗合作协定的签署。支持反恐斗争，加强与周边国家合作，关心朝鲜的核武器问题。

第五章　印度

第一节　海洋军事

印度的海军是从英国皇家印度海军发展而来的。20 世纪 60 年代末开始发展印度海军力量，通过占领英国之前在印度洋占领后撤军的海岛谋求印度洋北部的优势。80 年代开始印度重点发展海军，不断扩大其控制范围、加强远洋进攻能力。冷战之后印度为了建设世界海洋大国和经济强国，提出要重视海军的战略地位。2000 年发表了《海洋新战略构想》，提出要建设强大的远洋海军。21 世纪之后印度认为海军的作用更加重要，海军的作战思想从大陆防御已经转变至远洋进攻。目前印度的海军实力在亚洲前列，居世界第七位。国防政策为控制印度洋，称霸东南亚、遏制中国，发展与美、俄、日及东盟国家的关系，争当世界的军事强国和政治大国，2010 年国防预算 384 亿美元。海军人数 5.8 万人，海军航空兵 7000人，实行募兵制。分编为西、南、东和远东 4 个海军战区，如表 4—8 所示。具体包括 2 个海军舰队、25 个舰中队和 15 个海军航空兵中队，1 个航空兵司令部和 1 个潜艇司令部。南部海军司令部只负责海军的训练。按照功能划分，印度海军分为深海海军、浅海海军和海岸警卫队。分别负责远洋立体作战、保卫近岸的港口和海岸线、保卫专属经济区和海洋资源。印度海军的任务为：保卫印度海岸线、海岛及专属经济区，具有控制苏伊士运河、马六甲海峡、霍尔木兹海峡等关键运输通道的能力，遏制印度洋上其他大国的海军行动，以反潜战为主要作战形式实行立体打击，将印度洋变为印度的"内湖"。海军装备包括 168 艘舰艇，其中航母 3 艘、潜艇19 艘、驱逐舰 8 艘、护卫舰 12 艘、小型护卫舰 24 艘、训练与海岸舰艇28 艘、扫雷艇 10 艘、两栖登陆艇 17 艘、支援舰船 47 艘、战机 26 架、直升机 127 架。印度的目标是到 2015 年成为世界一级的军事大国，东南亚和印度洋沿岸的一等军事强国。海军在第三次印巴海战中封锁了巴基斯坦的主要港口和水域。近年来，印度海军参与了亚丁湾打击海盗、巡逻、为商船护航、海外撤侨，与海湾合作委员会成员国、德国、法国、英国、加拿大及亚洲国家进行了印度洋联合军演，2011 年派出驱逐舰访问越南①。

表 4—8　　　　　　　　　　印度 4 个海军司令部

司令部	总部	海军基地	任务
西部	孟买	孟买、马哈拉施特拉、卡蒂亚瓦尔、瓦杰拉巴胡	负责阿拉伯海的防御
东部	维沙卡帕特南	加尔各答、维沙卡帕特南、马德拉斯海军站、维尔巴胡潜艇基地	东部沿海及孟加拉湾
南部	科钦	科钦	负责海军训练，下设海军航空兵司令部
远东	安达曼群岛的布莱尔港	安达曼群岛的布莱尔港	三军参谋长委员会指挥

　　印度大力发展本国的造舰能力和国防能力，是亚洲最早拥有航母的国家，其最早的航母为从英国购入的尊严级轻型航母改造而成。目前正在建设 3 支航母战斗群，如表 4—9 所示，已经具备了自主建造航母的能力。印度是世界上第 6 个拥有核打击能力的国家，发展核武器的目的是建立大国地位，威慑中国和巴基斯坦。印度的核威慑战略为"最低限度可靠核威慑"：不首先使用、不对无核国家使用核武器，当受到核攻击时进行惩罚性报复。2002 年开始印度就在孟买秘密基地建造核潜艇——"先进技术艇"（ATV），2009 年首艘国产核潜艇进行水下试航，但只装备了射程 700 公里的导弹、不具备二次核打击报复能力，印度计划在 2025 年前建造 5 艘核潜艇。未来印度海军人数将发展至 10 万人以上，海军军费的比例也要增加至国防费用的 20%，计划投入 620 亿美元升级其水面舰船、潜艇和飞机，将远洋和近岸舰艇的数量比例调至 6:4②。由于 2008 年孟买

---

　　① 张景恩、杨春萍、印度主要统计，肖石忠主编：《世界军事年鉴》，解放军出版社 2011 年版，第 171—177 页。

　　② 腾渊：《海洋·航母·强国梦——印度发展海军之路》，载《国防科技工业》2009 年第 3 期，第 64—66 页。

发生了特大的恐怖袭击事件，目前印度将 60% 的海军兵力部署靠近巴基斯坦的海域。2010 年在中印边境地区也开始增加兵力部署，提出具备对巴、中打两场战争的能力和战略①②。

表 4—9　　　　　　　　　　印度拥有和建造的 3 艘航母

印度航母名称	服役时间	制造国家	性能情况
维拉特号	1987 年	英国	27800 吨，航速 28 节，舰载机包括 12 架海鹞战斗机和 7 架 MK—42 型反潜直升机，武器装备为 2 座"海猫"舰空导弹发射装置；2 座 40 毫米博福斯舰炮；2 座 30 毫米 AK－230 加特林舰炮等，编制人数 455 人，航空联队 146 人
维克拉马蒂亚号	2013 年	俄罗斯	45400 吨，航速 32 节，武器系统包括 8 座 CADS－N－1Kashan CIWS 弹炮合一近防武器系统，舰载机 27—28 架，编制人数 1200—1600 人
蓝天卫士号	2018 年	印度	40000 吨，航速 28 节，4 门 Otobreda 76 毫米舰炮，Barak 导弹垂直发射系统（配备 Barak－1 舰空导弹），CADS－N－1 Kashtan 近防系统，舰载机 41—42 架，编制人数 1200—1500 人

第二节　海洋产业

印度的海岸线长 6083 千米，国土面积 328.7 万平方千米，人口数量超过 12 亿人，国内生产总值在 16000—17000 亿美元。

印度 1961—2003 年的鱼类产量如图 4—8 所示。印度目前是仅次于中国的渔业产量大国，2010 年中国鱼类产量 3240.9 万吨，印度为 868 万吨。印度的鱼类产量中，内陆水域的鱼类产量要高于海洋的鱼类产量。2010 年印度内陆和海洋的鱼类产量分别为 587.2 万吨和 280.7 万吨。虽然鱼类产量较高，但印度海洋渔业的增加值较低，2008 年其渔业增加值 4270 亿卢布，远远落后于中国。印度拥有 100 万艘无动力渔筏，75000 艘

---

①　殷方：《从地缘政治理论看新世纪的印度海洋战略》，载《解放军外国语学院学报》2001 年第 5 期，第 102—105 页。

②　宋德星、白俊：《新时期印度海洋安全战略探析》，载《世界经济与政治论坛》2011 年第 4 期，第 38—51 页。

传统动力渔筏，100 艘远洋渔船，捕捞工具相对落后。目前印度开始增加
海洋鱼类的捕捞产量，2010 年的海洋捕捞量为 323 万吨，正从近海捕捞
向远洋捕捞方向转变。在海洋养殖方面，印度大力发展养殖业，养殖产量
从 2003 年的 230 万吨增加值 2010 年的 330 万吨①，主要由渔民协会和合
作团体进行海水养殖工作。印度海产品出口发展局与挪威签订了协议：将
在印度发展鱼笼养殖技术，帮助印度建立示范性的渔业养殖基地，发展适
合印度的海产品养殖技术。印度共有 570 家渔业加工厂，510 家冷冻库，
370 家冷冻厂，10 家鱼罐头工厂，10 家鱼粉制造厂，超过 10 家的鱼浆加
工厂，并且都布局在渔港附近。由于 2009 年印度取消了农产品拓销计划
等出口优惠和补助政策，印度海洋渔业出口受到了严重影响。渔业也为印
度提供了 1500 万个就业岗位。目前印度的沿海渔业资源过度开发，没有
渔业配额制度，存在滥捕乱捞现象。渔业的管理主要由各联邦政府负责，
对世界银行 2010 年借给印度进行海域管理整合计划的 2.2 亿元中，用于
渔业管理的资金为 0.55 亿元，主要用于加强政府的管理职能②。

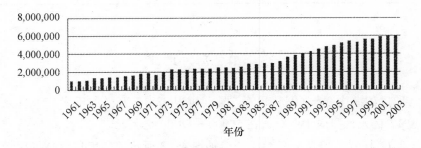

图 4—8　印度历年鱼类产量

印度拥有 199 个港口，2010 年吞吐量 5.7 亿吨，集装箱吞吐量 975 万
TEU。拥有商船 446 艘，共计 1436.5 万吨，商船拥有量占世界的 1.1%，
排名世界第 17 位。主要海运航线为孟买至卡拉奇，亚丁至孟买，蒙巴萨
至孟买，孟买至科伦坡，金奈至加尔各答，金奈至加勒，加尔各答至新加

①　联合国 FAO 数据库 http：//data. un. org/Explorer. aspx？d = FAO。
②　中国水产科学研究院 http：//www. cafs. ac. cn。

坡，科伦坡至加尔各答，加尔各答至吉大港①②。

第三节 海洋权益

印度的海洋战略从"近海防御"发展到"区域控制""远洋延伸"到目前的"控制印度洋"。80 年代提出印度洋控制战略和东方海洋战略，90 年代以来，印度开始在印度洋进行东延、西扩和南下。向东要延伸至中国南海甚至太平洋边缘，向西要延伸到红海、苏伊士运河及地中海，向南要到印度洋的最南端，包括好望角③。目前，印度要保卫其海洋安全和海洋利益，控制临近海域，对巴基斯坦保持绝对的海上优势，控制印度洋上的重要运输通道和运输节点，通过远洋海军对印度洋之外的地区施加影响，成为世界海洋大国④。印度的海岸线长度为 7000 多千米，近年来印度还提出将其专属经济区扩张到 200 海里以外。目前印度与巴基斯坦、孟加拉存在海洋划界争端。

在国内立法方面，印度在 1976、1982 年颁布了《领海、大陆架、专属经济区和其他海区法》、《印度海洋政策纲要》，其中《印度海洋政策纲要》的颁布使得印度成为世界上第一个编制海洋政策的国家。1991 年印度颁布海岸带管理条例，将海岸带划分为生态敏感区、靠近岸线但已被开发的区域、开发程度较差的海岛区，沿海各联邦也制定了相应的海岸带管理计划。印度还积极参与国际海洋法的制定，1982 年签署了《联合国海洋法公约》，并于 1974、1977、1982 年分别与马尔代夫缔结双边海洋边界协定，与泰国和印度尼西亚缔结海洋三边协定，与泰国和缅甸缔结了三节点海洋边界协定。在海洋管理方面，1981 年印度成立了海洋开发部，主

---

① 张景恩、杨春萍：《印度主要统计》，肖石忠主编：《世界军事年鉴》，解放军出版社 2011 年版，第 171—177 页。

② 《部分世界海洋经济统计资料》，王宏、李强编：《中国海洋统计年鉴》，海洋出版社 2011 年版，第 267、269—295 页。

③ 殷方：《从地缘政治理论看新世纪的印度海洋战略》，载《解放军外国语学院学报》 2001 年第 5 期，第 102—105 页。

④ 宋德星、白俊：《新时期印度海洋安全战略探析》，载《世界经济与政治论坛》2011 年第 4 期，第 38—51 页。

要职能为维护国家的经济和社会利益，保护海洋环境①。

目前印度开展"务实外交"，与美国建立了全面合作伙伴关系并签署了《印美防务合作框架协议》、《民用核能协议》、《终端用户监督协议》，印度是美国的准盟国，美国可以向印度出售武器，两国军演制度化，美国期待印度成为联合国安理会常任理事国。与此同时，印度与俄罗斯的关系也稳步发展，双方在军事技术联合开发、建立军工企业、反恐与核技术、联合制造生产巡航导弹和全球人造卫星系统方面均有合作，俄罗斯也承认印度为联合国安理会候选国。印度与日本的关系日益紧密，两国从2007年开始相继签订了《安保共同宣言》、《深化安全合作行动计划》，双方海军进行联合军演，就中国南海问题交换了意见。与欧盟国家的军事合作不断增加。对华政策不断调整，在经济发展方面进行了合作，举行了2次联合军事演习和4次战略对话。发展与东盟国家关系，重视与东南亚小国的关系，取消或减免了某些东南亚国家的关税，访问了斯里兰卡和不丹，与尼泊尔准备开展长期的防务合作，巩固与邻国关系，加强和非洲国家的交往，不断扩大其在非洲的影响力。同时，印度积极主导地区性海洋多变安全机制的建立，发起了环印度洋地区合作联盟，加入国家包括南非、澳大利亚、新加坡等14个国家，总部位于毛里求斯。除此之外，印度还加入了南亚地区港口安全合作组织，签署了亚洲打击海盗和海上抢劫的地区性协议，发起了印度海军论坛②。

印度主要通过控制印度洋来保证运输通道的安全，认为"印度的前途决定于印度洋，谁控制了印度洋谁就掌握了印度，将印度洋视为世界核心地区"。70年代开始印度就提出通过控制"苏伊士运河、保克海峡、霍尔木兹海峡、马六甲海峡和巽他海峡"来控制印度洋的区域控制战略。80年代印度制定了"层次防御战略"，将海洋分为完全控制区、中等控制区和软控制区，具体如表4—10所示。目前印度70%的石油消费量、90%的对外贸易量都经过印度洋，印度洋已经成为印度的生命通道。为了加强对印度洋的控制能力，印度加强海军建设，在马六甲海峡的安达曼、尼科巴群岛、印度东海岸建立海军空军基地以加强对国外军事活动的监视

① 李令华：《印度的海洋开发与管理》，载《海洋开发与管理》1998年第4期，第59—60页。

② 宋德星、白俊：《新时期印度海洋安全战略探析》，载《世界经济与政治论坛》2011年第4期，第38—51页。

和巡逻，控制印度洋的主要战略节点特别是马六甲海峡，不断与马来西亚、印度尼西亚、日本和新加坡等国在马六甲海峡和中国南海海域进行军演[1]。

表 4—10　　　　　　　　　印度层次防御战略的区域划分

战略区域	范围	具体实施的战略
完全控制区	距海岸线 500 千米内	敌方来犯前先实行攻击
中等控制区	离岸 500—1000 千米	保卫海岛、海上通道和商船，实行中等控制和监控，战时海军可控制印度洋 5 个通道
软控制区	印度洋其他海域	具有海上投放能力和海上威慑能力，全面控制印度洋

---

① 梁芳：《海上战略通道论》，时事出版社 2011 年版。

第六章　澳大利亚

第一节　海洋军事

在殖民地时期，澳大利亚各殖民区虽有自己的海军但力量较弱，但澳大利亚成功的干预了其北部的新赫布里底群岛被法国占领。随着淘金热及欧洲列强不断开发太平洋岛屿、占领殖民地和贸易往来的增加，英国要求澳大利亚增强自身防御能力，建立起能在沿海巡逻、为商船护航但不具备战斗能力的海军。1909年澳大利亚设立海军部并向英国贷款建设海军，到一战时期澳海军已经初具规模。从独立至第二次世界大战时期，澳大利亚的国防主要依附于英国。第二次世界大战之后与美国结盟成为澳大利亚国家安全的基石，并将中国视作主要威胁。冷战时期澳大利亚海军战略是防范共产主义从海上扩张，海军任务包括抵御外部入侵、保护运输通道安全、配合美国对抗苏联。并将兵力重点配置在北部地区，服从美国与日本签订了《对日合约》。1971年澳大利亚与英国、新西兰、新加坡和马来西亚签订了《五国联防协议》。1976年澳大利亚提出"自主防御"，在加强美澳同盟关系的基础上发展自身的海军力量。冷战之后，澳大利亚首次将自身海军的建设优先于美国对其的保护，并开始加强与东亚国家的安全对话和海上防卫协作。将东南亚方向视为最可能威胁其安全的区域，同时关注西南太平洋和印度洋方向。通过扩大与东盟国家的海军交流和与印度洋国家的经济合作来保护其西部海洋安全。1994年开始发展对华的军事合作，停止将中国视为澳大利亚最主要的威胁。2001—2005年澳大利亚对海军舰队进行了现代化改造，2001年提出要发展海军的快速反应、支持登陆作战、区域防空的能力。2007年澳国防部长表示澳大利亚与中国是地区性的稳定伙伴，并与日本签订了《防务与安全合作的声明》。2009年提出未来20年将主要购置新型潜艇、驱逐舰和护卫舰。2005—2015年的主要目标是建设"增强型舰队"，2015—2025 年将建设具有较强攻防能力的"未来舰队"①。

澳大利亚海军参与的主要海战包括冷战时期追随美国参与朝鲜战争、越南战争，对伊拉克和阿富汗的军事行动等。在非军事斗争方面，澳促成了多种形式的地区联合军演包括多国联合海军军演、多国海空联合演习、多国多兵种协同演习、五国联防演习、澳新海军演习等。在海军培训方面，澳通过太平洋巡逻艇计划向南太平洋国家提供巡逻艇和海上交流，向东盟国家出借军事基地并提供军事培训。

目前澳大利亚的整体国防政策为本土防御，以澳美同盟为基础，并加强与邻国和东南亚国家的安全合作，澳大利亚皇家海军也是英联邦国家的海军力量成员。以西部和北部为重点防御方向。2010 年整体国防费用 245 亿美元。2010 年海军人数 1.43 万人，海军航空兵 990 人。作战单位包括水面作战舰队、海军航空兵部队、海军巡逻艇队、潜艇队、两栖及海上支援部队、水雷作战及水下爆破部队、海上巡逻部队。海军基地共有 7 个，包括堪培拉、悉尼、斯特灵、凯恩斯、达尔文、弗林德斯、杰维斯湾。海军装备包括 6 艘潜艇、8 艘护卫舰、4 艘导弹护卫舰、14 艘巡逻艇、11 艘扫雷艇、3 艘两栖舰艇、23 艘支援及勤务船，16 架反潜机、22 架运输机。实行志愿兵役制，美国在澳驻军为 230 人，预计未来总兵力会达到 2500 人②。

在海军装备制造技术方面，澳大利亚的海军舰艇包括从美国购入的、与新西兰合建的、仿制德国建造的以及自己研制的。澳大利亚学习了美国的信息网络建设技术，重点研制防御和进攻电子战系统，发展无人驾驶机和无人驾驶潜艇，设计出极端恶劣海况下接受能力很高的通信天线③。

第二节　海洋产业

澳大利亚的海洋产业是对国民经济贡献率最高的国家，达到 8%。在

---

① 甘振军、李家山：《简析澳大利亚海洋安全战略》，载《世界经济与政治论坛》2011 年第 1 期第 1 卷，第 4 页。

② 张景恩、杨春萍：《澳大利亚主要统计》，肖石忠主编：载《世界军事年鉴》，解放军出版社 2011 年版，第 171—177 页。

③ 柏青、刘竹风：《澳大利亚科技信息》，载《世界产品与技术》1995 年第 3 期，第 40 页。

海洋渔业、海洋油气业、海洋生物医药业、海洋交通运输业、海洋旅游业方面发展得较好。

海洋渔业方面，澳大利亚渔业资源丰富，拥有 3000 多种鱼类和 200 多种甲壳类和软体海洋动物，优质海洋物种居多，拥有世界上第三大海洋经济区。捕捞的海产品经济价值高，主要包括龙虾、鲍鱼、金枪鱼等，但远洋捕捞技术相对落后，试图通过与国外合作弥补本国捕捞设备的落后。1996 年以来，渔区的捕捞量先升后降，2002 年开始再次上升。从事海洋捕捞的州主要为新南威尔士、维多利亚、昆士兰、南澳大利亚、塔斯马尼亚、西澳大利亚。对渔业捕捞同时实行总量和配额控制，2010 年捕获量超过 17 万吨。渔业养殖技术水平领先，政府也大力发展海水养殖业，创办了海洋金枪鱼牧场，扩大养殖规模。海水养殖年产量在 3 万吨左右，养殖产值超过 5 亿澳元，养殖品种为澳洲鲍、皇帝扇贝、大珠母贝等 60 多种。设立了渔业养殖生产的许可证审查制度，在养殖的过程中环境监测部门也进行环境监测，如发现其破坏了环境先给予 30 天的警告，过期仍未达到要求将取消其生产许可并处以严厉的罚款，管理制度非常严格。澳大利亚的海洋养殖水域环境良好，承包企业通过租用超过养殖规模的水域进行轮养的方式使得水域环境得以休养。由于渔业产品的质量较高，澳大利亚的渔业产品出口价格也相对高出 10%—20%。渔业资源的保护和管理体系完善。海洋渔业的管理由联邦政府负责 3—200 海里范围，州政府负责沿岸 3 海里内的渔业资源。各州都设立了自己的渔业管理机构进行渔业资源多样性和可持续开发的保护，进行许可管理，共享渔业信息[①]。渔业管理经费由政府和捕鱼人共同承担。要求在澳领海范围外的作业渔船必须为澳大利亚籍船舶，实行港口检查制度来控制渔获物的种类数量。对捕捞渔船、渔获物接受者、渔获物上岸都设立了相应的许可、规则和处罚制度[②③]。

近海油气业是澳大利亚最大的海洋产业之一。从 60 年代开始澳大利亚就进行了广泛的海上勘探，相继发现了许多具有商业价值的海洋石油及

①　杨渡远、刘顺元、新西兰：《澳大利亚渔业考察报告》，载《海洋渔业》1998 年第 1 期，第 14 页。

②　何金祥、朱先云：《澳大利亚昆士兰州矿业土地准入机制》，载《国土资源情报》2012 年第 1 期，第 4 期。

③　农业部渔业局渔业统计考察团：《渔业统计之旅　澳大利亚篇》，载《中国渔业报》2005 年 4 月 11 日，第 007 版。

天然气。其石油和天然气产量的 90% 来自海洋，著名的海洋油气产区包括巴斯海峡、吉普斯兰海盆、卡那封海盆和布劳斯海域。海上油气资源开发的管理主要由联邦政府负责，行业监管机构也会对企业的运营进行监督。允许外国公司进行油气开发，并享有和国内投资者同样的权利①。2005 年成立的国家海上石油安全局（NOPSA）是油气资源的监管机构，在此之前实行的是州政府和联邦政府共同监管的模式。目前其海洋油气业增加值超过 296 亿澳元，出口值超过 89 亿美元②。2010 年澳大利亚海洋石油产量 2378 万吨。

　　澳大利亚在海洋生物技术领域处于世界领先水平，是自然 β 胡萝卜素、食品添加剂和维生素的世界最大生产国，其主要的竞争优势为本国丰富的生物多样性③④。

　　由于地理因素，澳大利亚的出口依赖于海上运输业，目前其交通运输业年产值 22 亿澳元，就业人数超过 4200 人。澳大利亚对沿海运输采取保护政策，进行澳沿海贸易运输必须拥有沿海航行许可证。国际贸易的运输主要与其散装货物的出口有关，货物运输中 90% 以上是散货。2010 年国际海运装货量 88736 万吨，国际海运卸货量 8896 万吨，2012 年港口货物吞吐量前 20 位的港口中，澳大利亚的黑德兰港以 2.44 亿吨的吞吐量列第 16 位，2013 年澳大利亚籍商船总吨位 209.4 万吨，其国际贸易主要由外籍船舶完成，外籍船员的比例也上升至 30% 左右。2011 年澳大利亚进行航运改革，主要内容包括为托运人提供更透明的管理体制，通过优惠的税收政策鼓励澳大利亚船舶的投资，支持澳大利亚籍船舶参与国际航运，提高航运业劳动者的技能，澳大利亚海事安全局负责对海上交通运输进行管理，负责船舶的安全、发放引水执照、提供航行援助、保护海洋环境、进行港口国检查等。澳大利亚运输委员会负责协调联邦政府和州政府的航运政策和法规，定期进行会议协商。澳大利亚竞争与消费者委员会定期对班

①　何晓明：《澳大利亚海上石油天然气开发及安全监管》，载《城市燃气》2006 年第 2 期，第 6 页。

②　文艳、倪国江：《澳大利亚海洋产业发展战略及对中国的启示》，载《中国渔业经济》2008 年第 26 期，第 1 卷，第 79—82 页。

③　《从澳大利亚海洋生物中获得的生物活性物质》，载《国外药学》（植物药分册），1980 年第 2 期，第 30—31 页。

④　《澳大利亚生物群的医药突破》，载《科技简讯》，载《国外科技动态》1997 年第 6 期（总 335 期）。

轮公会的行为进行检查，保护托运人的利益①②。

海洋旅游业是澳大利亚第二大的出口产业和最大的海洋产业之一，占出口总额的 21.9%，占全部海洋产业增加值的 42%，就业人数占总就业人数的 75%。其滨海旅游项目种类繁多，包括潜水、休闲垂钓、冲浪、划船、海滩度假。滨海旅游业占全国娱乐性旅游收入的 40%。澳大利亚拥有很多的世界海洋奇景，包括世界上最迷人的海底公园水下大堡礁，还有热带雨林、热带果园、国家公园、杜鹃花花园、皇家植物园。42 千米长的黄金海岸吸引了众多的游客去冲浪、游泳和日光浴。澳大利亚开辟了大堡礁中 17 个岛屿的旅游，修建了众多配套设施，开辟了多条空中、海上旅游航线，配备了一流的游船、直升机等交通工具，甚至还有豪华的水上饭店。澳大利亚的游钓业也十分发达，主要分为两种：一种是按水域发放钓鱼者许可证，持证者在批准的海域钓鱼；二是在保护区按管理部门要求领证钓鱼。2010 年海洋入境旅游人数 558 万人，出境旅游人数 629 万人③。

第三节　海岛开发

采取了海岛专门立法、优先立法的方式，颁布了《劳德哈伍岛法》、《诺福克岛保护计划方案》、《大堡礁海洋公园法》等法律，有针对性地为各海岛的保护与管理提供支持。此外，澳大利亚还对一些具有珍稀物种、生态脆弱的岛屿制定了专门的岛屿管理计划，如《罗切内斯特岛管理计划》等④。澳大利亚法律改革委员会还就海外领地适用的法律体制进行了解释，其海外领地采取三权分立原则：在行政权行使方面，各岛基本相同，由澳大利亚总督任命的行政长官是各岛的政府高级官员，行使管理岛内事务的权力，由民选产生的委员会协助行政长官管理岛内事务。在立法方面，海外领地适用的法律体制是澳大利亚联邦法律、州法律和地方法律的结合。仅诺福克岛设有立法会议，可以制定有关和平、政府治理等方面

①　姚亚平：《澳大利亚国际航运管理体系纵览》，载《中国远洋航务公告》2001 年第 10 期，第 13 页。

②　李智青、情况：《澳大利亚海事立法情况介绍》，载《中国海事》2012 年第 1 期，第 63—67 页。

③　《部分世界海洋经济统计资料》，王宏、李强主编：《中国海洋统计年鉴》海洋出版社 2012 年版，第 267、269—295 页。

④　厦门大学法学博士后流动站梅宏，中国海洋大学法政学院王璐：《澳大利亚的海岛管理与保护立法》，载《中国海洋报》2011 年 4 月 22 日。

的法律。印度洋两岛主要适用西澳大利亚州的法律体系。在司法权运行方面，诺福克岛设有高等法院和小治安裁判法庭，其上诉权属联邦法院。印度洋两岛的司法审判权则由西澳大利亚州法院行使，适用西澳大利亚州的诉讼程序和原则。

第四节　海洋权益

从第二次世界大战之后澳大利亚开始在地区事务中发挥影响。1951年签订《澳美新同盟条约》，1954年加入东南亚条约组织。在冷战时期，澳大利亚的总体海洋战略就是追随美国为其争夺世界霸权，但这损害了澳大利亚同东南亚国家的关系。1998年出台《澳大利亚海洋政策》，开始实行海洋的综合管理，成立了海岸警备队，开始扩张海洋范围，占领海洋资源。21世纪澳大利亚采取海上防御战略，希望将澳大利亚打造成南太平洋海域的地区性海洋大国。相继公布了《澳大利亚海洋产业发展战略》、《澳大利亚海洋科技计划》、《澳大利亚海洋政策》[1]，提出要提高澳大利亚海洋产业的竞争力，保证海洋资源的可持续利用，发展海洋科技，了解并合理利用海洋，打造健康海洋[2][3]。

澳大利亚对1600万平方千米的海域享有海洋权益，是其陆地面积的2倍。澳大利亚创造性地解决了与东帝汶的海洋争端，采取"搁置争议，共同开发"的原则将海洋划界争议搁置50年，油气收益暂时按照50∶50的比例分配，实现了双赢[4]。

澳大利亚非常重视国内的海洋立法，国内的600多部法律均与海洋有关，涉及的方面包括海洋渔业、海洋石油和矿产、海洋旅游、海洋建设工程和其他工业、海洋交通运输、海洋生物医药、海洋生物技术、海洋生物多样性保护、海洋能源利用、土著人和托雷斯群岛居民的责任和利益、自

----

[1]　吴闻：《英国、欧洲和澳大利亚的海洋科技计划》，载《海洋信息》2002年第2期，第14—16页。

[2]　金秀梅：《澳大利亚抵御海上油类和其他有毒有害物质污染对策》，载《世界海运》2006年第2期，第46—48页。

[3]　谢子远、闫国庆：《澳大利亚发展海洋经济的主要举措》，载《理论参考》2012年第4期，第49—51页。

[4]　王琦、夏晓玲：《浅析我国海洋争端解决机制的完善——由澳大利亚与东帝汶海洋争端解决引发的思考》，载《海南广播电视大学学报》2012年第13期，第4页。

然和文化遗产等方面。法律的制定者为联邦政府及州政府，昆士兰州政府制定的法律数量最多。联邦政府控制着澳大利亚97%的海域，使其国内立法与国际海洋责任相协调。昆士兰州内有大堡礁公园，所以相关的海洋立法较多。关于海岛保护的法律也较多，塔斯马尼亚州就是一个海岛，关于其海岸和海域的立法较多①。除此之外，澳大利亚加入了33个主要的IMO公约，并且正在准备实施1996 HNS公约及其2010年议定书、沉船打捞公约、压载水管理公约。澳大利亚忠实履行《联合国海洋法公约》并借此实现自身利益的最大化。澳大利亚充分利用《联合国海洋法公约》的原则性规定和弹性规定，在划分海域和处理有争议海域时尽可能地为自己争取权益②。健全的海洋法律体系为澳大利亚海洋经济的发展提供了良好的法律支撑。澳大利亚实行的是分散的海洋管理体制，联邦政府按部门分管海洋事务，联邦政府与地方政府在海洋管理方面也有相应的分工和合作：其中涉及国防、外交、移民和海关的海洋事务由联邦政府管理，其他均由州政府和地方政府负责，如表4—11所示。1990年设立澳大利亚海事安全局（AMSA）对海事安全及相关的航行、船舶、船员、环境问题进行监控，制定安全标准，提供海上搜救和海上污染的应急响应③，1997年成立国家海洋办公室制定海洋规划和协调涉海部门事务，2003年成立海洋管理委员会。2013年澳大利亚的海事安全管理将由澳大利亚海事局统一负责。澳大利亚海军负责进行海岸的巡逻和监控，在其北部海岸设置了雷达监控系统，在重要的航道和水域布置了海底声呐监视外国潜艇，加强在北部巡逻的力度。将中国、印度、印度尼西亚和马来西亚视为主要的检查和监控目标④。

表4—11　　　　　　　　　　澳大利亚海岸管辖情况

海域	界限	责任者
内水	州内	州和领地
沿海水域	3海里内	州和领地

---

① 李智青、情况：《澳大利亚海事立法情况介绍》，载《中国海事》2012年第1期，第63—67页。

② 殷克东、方胜民：《海洋强国指标体系》，经济科学出版社2008年版。

③ 章荣军、陶维功、张重阳等：《澳大利亚海上搜救体系介绍》，载《中国海事》2009年第11期，第55—58页。

④ 《岛国情结浓 澳大利亚扩军防邻国》，载《世界报》2008年9月17日，第006版。

续表

海域	界限	责任者
领海	3—12 海里	联邦
毗连区	12—24 海里	联邦
专属经济区	12—200 海里	联邦
大陆架	12 海里，可达 350 海里	联邦

外交方面，独立至第二次世界大战时期均为依附英国的外交。澳大利亚支持了英国在新加坡修建海军基地的提议，希望实现集体安全。由于国际关系的破裂和国联裁军的失败，澳大利亚开始抱怨英国政府不够重视其海上安全利益，认为英国与其在太平洋地区的利益不同，英国的能力不能保护澳大利亚。第二次世界大战之后，澳大利亚调整外交政策，将重心从大西洋转移至太平洋并与美国结盟，美澳建立了联合司令部。冷战之后，澳大利亚的对外政策从防止共产主义在亚洲扩张变为积极支持美国参与亚太事务，其对华政策完全与美国的对华政策保持一致，并配合美国的军事行动。日美澳是亚洲重要的北约联盟，与日本的关系是仅次于美澳关系的重要外交关系。对于中国的崛起，澳大利亚希望通过制约关系达到地区的力量平衡①。

第五节　海洋环保

澳大利亚非常重视海洋环保。联邦政府下设环境保护管理局负责制定各种环保条例和法令，环境部门对港口规划和建设具有"一票否决权"，大型港口必须制定长远的环保规划，不许向海洋倾倒任何物质，除非事先向环保部门申请得到许可证后才能到指定区域倾倒。但环保部门颁布的大部分倾倒许可证均为海洋疏浚抛泥使用。国家海事安全局负责处理全国重大的油污泄露事件，在全国设置了 9 个油污战略防备基地，配备了油污防备设施，与许多商业公司签订协议：当油污规模超过澳政府处置能力时，商业公司须进行协助处理。州政府也采取相应的措施。任命多名资深的人

① 甘振军、李家山：《简析澳大利亚海洋安全战略》，载《世界经济与政治论坛》2011 年第 4 期，第 52—65 页。

员担任海上重大污染事件的总指挥，代表政府进行沟通并作出处置决定，制定了针对油污的应急反应制度和处理计划，启动了政府和油类运输者共同参与的运输应急培训，并经常进行油污泄露演习①。在重要的渔业水域不建设污染大的项目，一切工业项目向渔业水域排放废水必须先经过严格的处理。

海洋环境立法起步于 1970 年的《环境保护法》，且体系完善，目前合计海洋环保的立法超过 50 部，包括《国家环境保护委员会法》、《环境保护和生物多样性保持法》等综合立法；《濒危物种保护法》、《海洋石油污染法》、《大堡礁海洋公园法》等专项立法；《清洁空气法规》、《辐射控制法规》等 20 多个行政法规。各州涉及生态环境保护和建设的法规更是多达百余个，立法条款细致且可操作性强。除了立法完善，其执法也十分严格，违反环保法规的法人和自然人将分别受到高达 100 万、25 万澳元的罚款，直接犯罪者受到 7 年监禁，在各州成立了环保警察。同时利用经济杠杆进行环保管理——实行排污超额的阶梯付费制度。用于控制和减少环境污染的费占 GDP 的 1%。在维多利亚季隆建立了海上溢油中心，提供溢油应急设备。

澳大利亚也是世界上最早设立海洋环保机构的国家，1970 年就设立了环境保护局，具体包括自然资源和遗产保护、再生能源保护、海洋环境管理、废物管理等工作部门。联邦政府与州政府协作进行国家环保。联邦政府设立了生态保护的综合框架，州政府制定具体的海洋计划对海洋环境状况进行摸底，对海洋活动进行环境影响评估。澳大利亚对经济鱼类和非经济鱼类采取了不同的限制捕捞措施：对经济鱼类实行限量和配额管理，对非经济鱼类采用预警原则。对渔业采取配额捕捞制度②，渔民通过拨打政府的语音报告系统查询捕捞数据和捕捞配额，并按规定填写捕捞日志，登陆前渔货物报告制度、渔货物卸载报告制度，这些报告也会自动发至管理者的手机上，实现数据的实时更新。澳大利亚还设立了由科学家和经济学家组成的咨询机构为渔业配额捕捞、海洋环保和可持续发展问题进行咨询。发动渔民进行互相监督。使用船位监测系统，海洋环境与资源信息系

① 章荣军、陶维功、张重阳等：《澳大利亚海上搜救体系介绍》，载《中国海事》2009 年第 11 期，第 55—58 页。

② 李智青、情况：《澳大利亚海事立法情况介绍》，载《中国海事》2012 年第 1 期，第 63—67 页。

统，设立了 1.63 亿澳元的信托基金。建立了 194 个海洋保护区，面积 6500 万公顷，如珊瑚礁保护区、海草保护区、海上禁渔区海洋公园、鱼类栖息保留地、禁渔区和鱼类保护区、沿海湿地保护带等，在西澳大利亚及昆士兰两个州建设了人工鱼礁区。澳大利亚是世界上最早设立国家公园的国家之一，1879 年就在新南威尔士州建立了皇家国家公园。其具体的保护体系包括国家保护区、土著保护地和国家代表性的海洋保护系统。澳大利亚还将东北部的珊瑚水域打造为全球最大的海洋生态保育区，占地面积相当于英法之和，设立目的为保护鱼类、珊瑚、海鸟和海龟，该保护区包括大堡礁公园，区内禁止石油和天然气的开发，渔业作业也受到严格限制。严格控制入海口的水质环境，充分发挥环保组织及中介组织的作用，与周边国家如新西兰进行合作共同制定环保措施和召开环保问题会议，对相关知识制成印刷品进行宣传。

第六节　海洋科研与教育

澳大利亚非常重视海洋科研，1999 年制定了澳大利亚海洋科技计划，2009 年制定了澳大利亚海洋研究与创新战略框架，努力建立一个能协调政府、研究机构、海洋企业等多部门的海洋研发网络。目前已经建立了海洋综合观测系统，开发了世界上最好的生态系统模型，绘制了世界首个海底矿物分布图，建立了海洋渔业捕捞战略系统、海洋天气预报系统、海上大型工程保护模型。目前澳大利亚已经建立了多个海洋养殖的科研试验基地进行人工育苗技术的攻关，投资 1 亿澳元建设生物技术研究中心跟踪国际生物技术和开发本国生物技术，在转基因技术、多倍体诱导、海洋活性物质、海洋药物、对虾病毒病的检测和诊断、DNA 标记辅助选择育种等方面都有良好的发展和成果。成立了水产养殖合作研究中心促进海洋科研和产业的密切结合，为所有在澳大利亚作业的渔船配备了 VMS 设备（船位监测系统）。

澳大利亚的海洋科研投入为每年 750 万澳元，其中 100 万澳元为大堡礁的研究经费。全国共有 236 名专业人员专职从事遥感研究，有 1840 名其他专业人员作为产品的最终用户而工作。水产科研所科研人员所占的比例均在 90% 以上，硕士、博士及博士后等高级人才占 65%。拥有世界级的海洋研究机构，主要的研究机构包括联邦科学与工业研究组织

（CSIRO）、澳大利亚海洋科学究所（AIMS）等。澳大利亚的海事培训也享有国际声誉。建立了众多横向科研计划，加强各领域的基础建设和应用研究，加强政府与企业、民间团体的交流，建立了海洋自然数据库系统。

在各类学校和社区开展广泛的海洋教育，在中小学和社区重点强化对海洋的了解和海洋意识，在大学重点培养海洋人才。中小学的海洋教育报刊加强了学生对人与水的关系、水资源保护机能、保护水行动、社会发展与海洋环保的关系、澳大利亚海洋生物的多样性的了解，并经常组织学生到海洋博物馆参观。大学中的海洋教育主要由海洋大学承担，研究方向主要为海洋生物、海洋环境工程、海洋与气候变化、海洋资源管理等。澳大利亚海事学院是其著名的海洋大学，包括 3 个研究中心（海洋工程与流体力学中心、港口航运中心、海洋保护和资源保持中心）同时开展全日制和远程教育，2008 年并入塔斯马尼亚大学。由于政府加大了对教育的投入，到大学接受教育的人在 15 年间增加了 70%，而且凡是澳大利亚公民和永久居民，均享受免费的中小学教育。有 45 所大学传授遥感知识，经常召开陆地卫星、NOAA 气象卫星、航天飞机雷达、航空摄、影和扫描系统的讨论会。在社区开展各种海洋教育活动，包括举办海洋知识讲座、开放图书馆、举办各种专题讨论、调查搜集水资源数据、参与沿海保护项目等，开办了针对海洋资源的专栏，定期公布国家、各州的海洋事业发展动态，普及海洋知识，鼓励居民参与有关讨论，成立网络学校举办相关培训活动①。

澳大利亚特别重视环保教育，1970 年就提出"人人环保，打扫澳大利亚"的口号。小学、中学、大学都设有环保课，在社区大力推行海洋环保教育活动。

---

① 高正文：《有效的环保监管 良好的环境质量——澳大利亚环保考察印象》，载《云南环境科学》2006 年第 25 期第 A01 卷，第 1—5 页。

第七章　可借鉴的经验

　　日本、俄罗斯、印度都把海军的发展作为海洋强国建设的首要战略，澳大利亚、日本与美国在安全上紧密合作，韩国和日本在海洋的舰船制造、海洋交通运输业方面，日本、韩国、越南、菲律宾、印度尼西亚、马来西亚在海岛的开发和旅游业方面，新加坡和马来西亚在港口与海上运输方面等的发展经验值得中国在海洋强国建设过程中借鉴。

　　日本的海洋强国建设始于明治维新，第二次世界大战之后逐渐衰落，目前的实力仍居世界前列。由于受到西方海权理论的影响和本国资源匮乏的限制，日本大力发展海军和海军舰船制造业以保卫国家安全和物资能源进口安全，军费开支远远超过了经济开支。起初以英国为模仿对象，与英国结成同盟，大量从英法德等国家购入先进舰船，雇佣有经验的英国人来指导日本海军的发展，海军实力很快就强大起来。舰船制造业也通过引入、仿制和研发取得了相当的成就，到甲午战争后期日本可以建造巡洋舰、驱逐舰、鱼雷艇，建造的"萨摩"号战列舰的先进程度领先于英国的无畏舰，但零件主要从英国进口。1905 年开始自制战舰，在 1920 年建造了世界首艘航母。凭借海军实力的强大，日本开始在远东和太平洋区域进行侵略扩张，掠夺了大量财富，占领了许多岛屿和基地，第一次世界大战时期日本成为世界第三大海军强国，第二次世界大战时期航母舰队实力居世界首位。第二次世界大战战败之后，美日同盟也成为日本最重要的海洋战略和海上安全保卫手段。

　　目前，日本的舰船制造业转向高附加值船舶，政府也为该产业的发展制定了造船补贴、低息贷款等支持政策，目前日本的舰船制造技术仍居世界领先水平。日本的海洋空间利用技术也发展得较好，建立了海上城市、海上机场、海上人工岛等。

　　俄罗斯的海洋强国建设始于 1682 年彼得大帝继位，第二次世界大战时期至冷战时期发展至顶峰，后随着苏联解体有所衰落。俄罗斯早期为了避免其出海口被封锁，非常重视对里海、黑海、波罗的海、地中海等的控制权，为此俄罗斯大力发展海军以保障本国海上交通线的畅通。冷战时期苏联开始争夺世界的重要海洋运输通道，发动代理人战争，部署海外军事基地。俄罗斯的军用舰船和渔船制造技术领先，航母、核潜艇、破冰船、原子能动力舰船和极地设备制造水平较高，但普通的油轮和散货船制造缺乏国际竞争力。目前其用钛合金制造舰船的技术和钛在造船业的广泛使用程度远远超过其他国家。俄罗斯很早就探索、开发北冰洋海域和北极航线，对北极的研究居世界领先地位，对北极的主权占 3/5，目前俄罗斯大力开发和利用北极航线和北极过境航空运输，促进北极海上交通系统和渔业的发展，不断进行海底资料的搜集以证明俄罗斯对北极拥有更大的主动权。

　　韩国的海洋舰船制造业、海洋交通运输业、海洋渔业、海洋空间利用和海洋环保方面值得关注和借鉴。韩国造船业从 60 年代开始发展，2003年超越了日本，其发展得益于政府相关法律法规、计划造船制度等政策的支持，目前其高技术船舶和海洋工程装备制造技术在国际上非常有竞争力。造船业的发展也大大促进了韩国海上交通运输和港口业的发展，政府也大力投资港口，预备将釜山港和光阳港打造成东北亚及环太平洋的物流中心和多功能超级港口。在海洋渔业方面，韩国启动了海洋牧场建设计划，推进综合养殖基地的建设，在争议海域与朝鲜进行共同的渔业作业，在大洋和极地海域也建设了渔业基础设施，要将远洋渔业打造成为核心海洋产业。海产品加工量超过渔业总产量的一半，精细加工发展较好，成立了国际水产品交易中心，对特定鱼类给予优惠的关税。渔业管理体制的自律性较高，渔业信息系统建设较快，发展起了休闲渔业和现代化渔村。韩国打造了世界最长海底光缆，打造的釜山人工岛面积超过了日本神户人工岛，提出了海岸带综合管理计划，要对海岛进行个性开发，大力发展海上城市和海上人工岛。韩国非常重视海洋环保，其《21 世纪海洋发展战略》提出要打造安全、有创造力的海洋环境，全面提升海水质量，有效操作和利用海洋环境信息监测系统。

　　印度目前整体的军事实力排名世界第四位，仅次于中国。其海军实力非常强大，居亚洲前列。从冷战之后印度开始大力发展海军，要建设远洋进攻型海军。印度是亚洲最早拥有航母的国家，目前拥有和在建的航母共计3艘，拥有核打击能力，大力发展核潜艇。印度非常关注巴基斯坦和中国的实力，担心会对其构成威胁。印度海洋战略野心很大，除了要将整个印度洋变为其内湖，还要控制中国南海、西太平洋，向西延伸至红海和苏伊士海峡，向南延伸至好望角。马六甲海峡是印度极其重视的一个节点，印度在马六甲海峡附近的一些岛屿建立了海空军基地并不断加强巡逻和监视。印度的外交也非常值得关注，为了控制印度洋，印度联合了南非、新加坡、澳大利亚等主要环印度洋国家建立了联盟，与美国建立了全面的合作伙伴关系，美国可以向印度出售武器，两国经常进行军演，印度是美国的准盟友。除此之外，印度还与俄罗斯在核技术、军事技术方面加强合作，联合制造巡航导弹、卫星发射系统。近年来印度与日本的关系日益密切，在安全合作、中国南海问题上接触频繁，也不断巩固与周边小国和非洲的关系，扩大国际影响力，试图成为联合国安理会的常任理事国。

澳大利亚的海上安全体现出明显的"依附"特征，独立至第二次世界大战时期一直依附英国，第二次世界大战之后依附美国，澳美同盟也成为澳大利亚外交和国防的重要基石。近年来澳大利亚开始加强与日本的国防安全合作，同时开始重视自身的海军建设，重点防御对象为东南亚，同时关注印度洋和南太平洋方向的局势。澳大利亚自身丰富的海洋生物资源和良好的海洋环境保护促进了澳大利亚海洋渔业、海洋生物医药产业、海洋旅游业的发展，重视对海岛的保护、海洋环保教育也是澳大利亚非常值得借鉴的经验。澳大利亚优良的海洋生物物种很多且经济价值都很高，为了实现渔业的可持续发展，澳大利亚实行总量和配额双重控制，大力发展渔业养殖技术，对养殖渔民进入许可、养殖过程中的环境监测、破坏环境警告、罚款等方面都有严格的管理制度，再加上良好的海洋环境，澳大利亚的海洋渔业发展与海洋环境实现了良性互动。丰富的生物多样性也为其海洋生物技术发展提供了良好的基础，目前澳大利亚的海洋生物技术、海洋生物产品生产都处于世界领先水平。澳大利亚拥有众多的海洋奇观，也开发了众多的旅游项目，配套设施完善，住宿条件、交通条件都很先进。在海岛保护上，澳大利亚采取专门立法、优先立法的方式，有针对性地制定岛屿管理、保护计划。而这一切都源于对海洋环保的重视，环保部门对经济开发活动具有优先权和一票否决权，港口的建设、废水的排放都必须经过环保部门的同意，海洋环保立法完善且细致，执法严格，对违法行为的惩罚力度较重，建立了应急的溢油中心、溢油设备、油污战略防备基地，并经常举办油污泄露的演习和培训活动。设置了海洋环保和可持续发展的专家咨询团，建立了多种信息系统，并设置了环保的信托基金。设立了众多的海洋公园和自然保护区，定期监测水质，环保组织也经常进行社会性环保宣传。澳大利亚非常重视海洋教育和海洋意识的培养，中小学和大学都有海洋教育尤其是海洋环保课程，经常进行社区、网络的海洋讲座、海事动态等知识的普及。

越南、菲律宾、印度尼西亚、马来西亚、新加坡五国的海洋旅游产业发展相对较好，海洋旅游资源丰富、景色优美，政府为旅游业制定了优惠政策，开发了多种旅游项目，游客签证手续简化，星级酒店数量很多，与众多国家开辟了直航路线，大力培养海洋旅游人才。除此之外，新加坡和马来西亚的海上交通运输和港口业发展经验很值得中国借鉴。新加坡和马来西亚政府都大力支持港口和航运业的发展，使得港口成为带动整个国家发展的巨大引擎。新加坡国际中转港地位的发展带动了国家现代服务业、金融业及其他航运相关产业的发展，实现了港城的良性互动。马来西亚也大力发展丹戎帕拉帕斯港和柔佛港，力图打造成为国际航运中心，分担新加坡港的货物量，实现马来西亚在石油化工等产业方面超过新加坡。新加坡和马来西亚都利用其良好的地理位置，大力改善港口信息系统及基础设施等软硬件环境，推出自由贸易区、优惠税收、船舶登记、自由港等政策，重视培养航运人才。

第 五 编

中国海洋建设的发展历程

第一章 晚清阶段(1840—1911 年)

晚清历史是中国近代的屈辱史，由于中国长期轻视海洋与海军建设，西方列强轻易地通过海洋侵入中国，致使经济发展处于世界领先的中国饱受西方列强的蹂躏。但也唤醒了人们对海洋的认识，包括海军建设、海洋产业、海洋装备、海洋权益及科研与教育几个方面。

第一节 海军建设

清朝时期中国加强了东南沿海地区的海岸防御以阻止郑成功"反清复明"集团和西方殖民者的野心。晚清时期，中国沿海防御整体为消极防御，只在地势险要的港口设防，对于无险可守的港口不设防。海军实力分析如表 5—1 所示。

表 5—1   清朝末期中国海军实力表①

舰艇种类	舰队	吨位总数	平均吨位	航速范围	单船舰炮数量	单船舰员人数	制造国家	来华/制造时间（年）
铁甲舰	北洋舰队	14670	7350	14.5	28	329	德国	1885 年
巡洋舰	北洋舰队	15400	2200	15—18	15—18	137—202	英国、德国	1881—1887
	广东海军	3340	1113	15—15	9—11	110—180	中国	1887—1891

---

① 海军司令部《近代中国海军》编辑部：《近代中国海军》，海潮出版社 1994 年版。

续表

舰艇种类	舰队	吨位总数	平均吨位	航速范围	单船舰炮数量	单船舰员人数	制造国家	来华/制造时间（年）
炮舰	北洋舰队	2640	440	8	5	55	英国	1879—1881
	广东海军	6346	353	8—12	5—7	—	中国	1886—1890
	福建海军	1018	339	9—10	1—7	58	中国	1865—1876
练习舰	北洋舰队	3418	1139	12	11	60—124	英国、中国	1877—1879
鱼雷艇	北洋舰队	540	108	18—24	—	28—29	德国	1887
通报舰	福建海军	3784	1261	10	7	55—98	中国	1871—1890

　　清朝时期由 60 万人绿营水师承担"防守海口、缉私捕盗、巡哨洋面、捍卫海疆"的任务，以营为基本单位，水师归各省管辖。体制完善，设立外海水师和内河水师，分别负责巡防江河和巡洋。建立了哨、营、协、镇、提署 5 级水师编制，权限分明，赏罚有据①。鸦片战争前，清朝的海防力量包括一百多艘兵船，只用于内河巡防，当舰船数量不够则征调民船，战船种类复杂多于 30 种。武器水平和明朝类似，以火器和冷兵器为主。训练管理松懈。鸦片战争时期中国与英国海军在广州和长江水下游水域发生海战。英国凭借 30 余艘舰船打败了中国 90 万常备军，签订《南京条约》。这一惨痛教训使得一些人开始睁开眼睛看世界，思考国家海防建设问题。林则徐提出"以守为战、重点设防、诱敌深入、在陆上聚而歼之"的积极防御战术思想，并在主要沿海城市修筑炮台，加强远程火力，训练官兵。魏源所著《海国图志》中介绍英美法的历史文化，提出守内河及海口，集中兵力防守重点地区放弃远离陆地的海岛，"募勇、练勇、练精兵"防守当地海岸，从国外购买先进兵器的同时建设本国的造

---

① 史滇生：《中国海军史概要》，海潮出版社 2006 年版。

船厂和火炮厂。

鸦片战争之后，太平天国运动爆发，建立太平军水师共 11 万人，拥有的船只数量较多，但装备性能较差。1853 年清朝建立湘军水师，武器装备只能用于近海作战，对湘军进行了军事和思想上的双重教育。太平水军与湘军进行过许多江河水战，包括湘潭水战等。二次鸦片战争时期，清朝陷入内忧外患的境地。此时海军装备比鸦片战争时期没有太大发展，水军人数共 63 万，官兵战斗能力很弱，海防思想也没有发展起来。清政府决定采取"攘外必先安内"的政策，将水师投入围剿太平起义军之中。当英法联军侵入、第二次鸦片战争爆发时中国海防力量近乎为零，于是导致了火烧圆明园、《天津条约》、《北京条约》、《瑷珲条约》的签订。从1840—1863 年，清政府试图整顿水师、从国外购进先进舰船、仿造舰船等，但行动都失败了。

1870 年建立福建水师，统领厦门、福建和台湾的水师，这是中国近海海军建立的开端。制定了近代首个海军规章《轮船出洋训练章程》。设立马尾港为军港，作为福建海军的后勤保障基地。1874 年日本以保护琉球人民为由侵犯台湾并与清政府签订《台事专约》，迫使清政府承认日本侵台的正确性并赔银 10 万两。这对清朝产生了巨大震动。日本之前也采取闭关锁国政策并与中国同时遭到西方列强的入侵，但由于日本及时去西方考察学习，改变了过去封闭的态度找到了新的发展道路后成为侵略者。国内对此掀起了讨论热潮，洋务运动也涉及"是否到西方学习建设海权"的争论。最终的结果为：仍将西北地区边塞防御作为重点，并开始加强东南沿海的国防建设，对海岸线分南北两端进行分段设防，建设防御型海军。1875 年开始每年提供 400 万两白银进行海防建设，筹建南北两洋海军——以北洋海军为重点，南洋海军包括江苏、浙江、福建和广东四省的海军，福建水师并未并入南洋海军。南洋海军在军费和装备上都不如北洋海军。相继从英国购入 8 艘炮舰。1880—1881 年先后在天津、旅顺、威海建立海军基地。到 1881 年北洋海军拥有 13 艘舰船，其中 8 艘从英国购买，5 艘为本国自制。在海军人才培养方面，相继在福州、天津、黄埔、江南、威海开设学堂，并可出国留学。相继翻译了西方的《轮船布阵》、《船阵图说》，通过"练阵法、合操、海上校阅"等形式进行训练，但没有从长远角度进行规划。到 1884 年之前，北洋海军拥有 14 艘战舰，其中包括 11 艘从德国、英国购买的战舰和 4 艘单管鱼雷艇。

　　1884—1885 年中法两国曾在马江、台湾及浙江海域进行海上作战。南洋海军 7 艘战舰被法国截获或击沉，北洋海军未派出战舰，福建水师 11 艘兵船均被击沉，福建水师从此没落。1885 年设立海军衙门试图统一全国海军力量但未能成功。海军力量部署上以天津一带最为重要，其次为长江流域，对其他省份的口岸认为可有可无，建设重点放在北方地区。从 1888 年开始相继设立了北海、南洋、福建、广东 4 大舰队，实际分属两个派系。投资 2000 多万两购买并建造船舰，从国外购买的包括 2 艘 7000 吨级的铁甲舰、1 艘钢甲舰、8 艘巡洋舰、13 艘炮舰和 22 艘鱼雷艇，国内制造的舰船共 40 多艘。1889 年南北洋海军曾一起到朝鲜北部沿海及海参崴进行操巡①。

　　北洋舰队拥有船舰 25 艘，海军人数 4000 余人，海军待遇优厚，训练参照英国海军训练方法，在大沽、旅顺、威海建立了海军基地，到 1888 年时制定了《北洋海军章程》，建立了相对完备的海军体系，实力位居"亚洲第一，世界第八"。之后由于经费不足，船舰未能更新并逐渐落伍。导致在 1894 年甲午战争爆发时北洋舰队全军覆没②。而南洋海军始终规模较小，战斗力较弱。

　　1894 年中日在朝鲜海域发生丰岛海战，北洋舰队损失惨重，日本获得了朝鲜西海岸的制海权。此时海军的作用以威慑为主。甲午战争之前，中国共有舰艇 71 艘，总吨位超过 8 万吨，但是装备没有及时更新、先进性较差。甲午战争中，李鸿章提出采取"避战保船"战略，战争准备不足及战术的错误导致北洋舰队在开战 5 个小时内就有 5 艘巡洋舰被毁。日军在黄海海战、威海海战中获得了黄海制海权、攻陷了大连、在旅顺进行了大屠杀，北洋海军在威海港全军覆没，导致了《马关条约》的签署。甲午战争后，中国海军实力被严重削弱，只剩下 60 余艘船龄大、吨位小、先进性差的船舶，外军的占领使得中国没有了军港，再加上财政困难、人才缺乏等问题，中国丧失了亚洲海军强国的地位，海军建设进入低谷期。1896 年清朝开始快速重建海军，仍以北洋舰队为主力。通过购买国外战舰、整顿国内造船厂、培养人才等方式进行重建。1900 年八国联军侵华，

----

① 史滇生：《中国海军史概要》，海潮出版社 2006 年版。
② 张洁：《由北洋水师透视近代中国海军现代化进程中的得与失》，载《内蒙古农业大学学报》（社会科学版），2010 年第 2 期，第 324—325、328 页。

中国海军的 1 艘巡洋舰和 4 艘驱逐舰被抢走。《辛丑条约》签订后李鸿章打算出售中国最大的 5 艘军舰未能成功。

1905 年"新政时期"马汉的海权论被中国重视，清政府提出设立海军处、制定《筹建海军七年计划》、改组海军为巡洋舰队和长江舰队、派遣留学生到欧洲、美国、日本进行海军考察、从欧洲及美国购置舰艇、在浙江象山建立军港、整顿大沽、上海、福建、黄埔的船坞等措施，但落实效果不理想。到 1910 年底海军拥有了十几艘 3000 吨左右的舰艇。

在海军教育方面，1866 年从创办福州船政学堂开始，又相继建立了留美学生预备学堂（1871 年）、广东水师学堂（1877 年）、天津水师学堂（1881 年）、昆明湖水操学堂（1887 年）、江南水师学堂（1889 年）、威海水师学堂（1889 年）、西医学堂（1889 年）、水鱼雷学堂（1890 年）、烟台海军学校（1902 年）、湖北海军学校（1909 年）和北洋医学堂（1911 年），1908 年将烟台海军学堂、黄埔学堂、福建船政前学堂分别改为以驾驶、轮机、工艺为主，在浙江象山设枪炮联系所、水雷练习所。1872 年派遣 120 名幼童分 4 次到美国留学，1877 年、1882 年、1886 年派共计 78 人到英、法、德造船公司、船厂和海军军官学校学习造船、造火药、造鱼雷技术，这些留学生都成为中国近代海军及船舰制造的重要人才[1]。

纵观近代中国海军的发展历程，始终处于一种"海患紧则海军兴、海患缓则海军弛"的被动、消极和短视状态。另外，受墨家"非攻"文化的影响，中国海权注重的是"防御"，而在海洋战略中，一味地消极防御只能是坐以待毙。

第二节　海洋产业

一　海洋渔业

清朝时期加强了对海洋鱼类资源的考察，对中国各海域的鱼类特点都进行了详细描述，对海洋哺乳动物的活动区域也有了详细的研究。可以到深海捕捞鲸鱼[2]。牡蛎等软体海洋生物的养殖技术都有了较大进展，可以养殖梭鱼、对虾、鲈鱼、紫菜等。

---

① 史滇生：《中国海军史概要》，海潮出版社 2006 年版。
② 陈伟明：《明代的渔业养捕技术》，载《暨南学报》（哲学社会科学版）1994 年第 3 期。

二　海洋交通运输业

远古时期人们采用沿岸导航法,并利用天文辨别方向。夏商时期开始利用季风远航,并可以预测未来几天的天气状况。在宋代中国利用"日、星"进行天文航海,利用指南针、海图及陆标定位进行地标航海,利用季风进行远程航海到达高丽、日本、北印度洋甚至阿拉伯半岛,船舶驾驶技术也相当高明。中国的海上贸易始于春秋战国时期,战争、物资运输都推动了该产业的发展。从秦末广州开始成为商贸中心,海上"丝绸之路"发展起来,汉朝海上"丝绸之路"到达印度海域,与朝鲜、日本及印度洋等国家都开展了海上贸易。唐朝中国在沿海城市设立了市舶司进行征税和贸易管理。到宋朝,中国的海上贸易高度发达,到泉州进行贸易的海外国家有 53 个,到元朝发展到 98 个。明清时期的海禁政策严重阻碍了中国对外贸易的发展。官方的贸易往来为日本、琉球及南洋国家入国进贡,中国再进行赏赐。民间贸易采取走私形式。清朝初期郑芝龙的海商、海盗集团在中国东海海岸从事海外贸易①。从康熙二十三年(1683 年)取消海禁政策后,中国与东南亚国家及英国、日本的海外贸易逐渐繁荣发展起来。鸦片战争爆发后,中国海外贸易停滞不前,不平等条约的签署也使得中国丧失了沿海贸易权、内河航行权、港口的引航权、海关管理权力等②。

三　海洋盐业

从商周开始,煮海为盐的方法广为应用。南宋时期制卤取盐取代了煮海为盐,元朝出现日晒制盐。清朝时期中国的海盐生产仍然保持着完全手工作业的方式,劳动负荷比较重,"扒盐、抬盐、抽大粒"是此时海盐生产工人的"三大愁"③。

四　海洋船舶工业

中国在秦朝时期就已经可以造出沿海长途航行的大型船舶。到西汉时期全国的造船中心有十几个,之后造船开始向大型化方向发展,到唐朝时

---

① 吴长春:《清代"海禁"对中国航海事业的影响》,载《大连海运学院学报》1992 年第 3 期。

② 陈希育:《清代中国与东南亚的帆船贸易》,载《南洋问题研究》1990 年第 4 期,第 11 页。

③ 姜旭朝主编:《中华人民共和国海洋经济史》,经济科学出版社 2008 年版。

期就造出了远洋船队，并采用钉接榫和、水密隔舱等工艺提高了船舶的安全性，宋朝时期年造船量 3000 艘左右，元朝时期船舶种类和配套设施都相对齐全。明朝时期中国的造船技术达到巅峰，形成了完备的造船产业，郑和下西洋更是推动了造船业的发展。清朝时期战船种类多达 30 多种，均为木制，火炮射程近且准确性差。

鸦片战争时期，清水师最大的船仅 2 丈多宽，11 丈 2 尺长，舰船上安装的大炮不超过 10 门。1954 年在衡州开设造船厂，新造船舶 241 艘，舰炮及先进船舰多从英、法、美购入。1865 年清政府购买了上海虹口的旗记铁厂，与两洋炮局合并成立江南机器制造总局以制造军火、船舰，安庆内军械所建成第一艘中国自行设计的轮船"黄鹄"号，排水量约 45 吨①。1866 年左宗棠创立福州船政局，包括造船铁厂、船厂和船政学堂。一方面制造舰船，一方面培养海运人才。"求是堂艺局"设立造船和航海两个学班进行造船和航海教学，并派遣学员留学英、美等国学习西方先进技术。1868 年江南制造局建成中国第一艘木壳明轮兵船"恬吉"号，排水量 600 吨。1869 年福州船政局制造的第一艘轮船"万年清"号下水。到 1874 年建造 15 艘木船，1877 年福州船政局制造的首艘铁甲舰"威远舰"号下水。1883 年中国通过从法国购买图纸建成 2200 吨的大型船舰。1884 年中法战争时期福州船政局被破坏，从德国购入 2 艘铁甲舰"定远"、"镇远"号和 2 艘 7335 吨的鱼雷艇。1886 年分别从英国、德国订购了 2 艘 2300 吨、2 艘 2900 吨的巡洋舰，并于 1888 年抵达中国。1868—1884 年共建造舰船 50 艘，其中福州船政局建造 25 艘，江南制造总局建造 7 艘，广东军装武器局建造内河和沿海巡防船舶 16 艘。建造船舶包括木质船和铁甲轮船，此时中国的军舰制造落后于英、美，但超过日本②。1885 年清政府下令江南制造局停止造船，中国造船业一度荒废。1894 年甲午战争之后实力更加衰败。直到 1905 年成立江南船坞，其商业化的运作模式为舰船制造业带来了生机，至 1911 年辛亥革命爆发这 6 年的时间里，江南船坞累计造船 136 艘，排水量 21040 吨。

五　海岛开发与保护

早在公元 2 世纪初年，中国就已经在南海海域巡视。1869 年的《中

① 席龙飞：《中国造船史》，湖北教育出版社 2000 年版。
② 史滇生：《中国海军史概要》，海潮出版社 2006 年版。

国海指南》记载了中国渔民在南沙群岛活动的情况，每年都有海船驶往南沙海域。1882 年和 1902 年，清廷官员巡视南海诸岛，并在西沙群岛的北岛上竖立"视察纪念"石碑。1895 年 4 月，清政府被迫同日本签订《马关条约》，将台湾及其所有附属岛屿和澎湖列岛割让给日本，从此以后，日本才有了"尖阁诸岛"之说。1909 年 5 月，两广总督张人骏率领官兵前往西沙群岛视察，将其中的 16 个岛屿重新命名"勒石"①。

第三节　海洋权益

一　海洋主权

1842 年由于第一次鸦片战争战败，中国与英国签订的《南京条约》开放了广州、厦门、福州、宁波、上海五个通商口岸，赔款 2100 万两白银，割让了香港岛，丧失了关税自主权，被迫与英商进行自由贸易往来。为议定《南京条约》细则、关税税率及其他问题，1843 年中英签订《虎门条约》，英国获取了领事裁判权、片面最惠国待遇、租赁土地及房屋权、军舰停泊权。1844 年签订中美《望厦条约》规定中国关税需与众领事馆进行商议，美国军用舰船可以任意到中国港口巡查，清朝官员必须友好接待，停在中国港口的美国商船中国无权管辖，给予美国最惠国待遇。1844 年，中法签订《黄埔条约》，法国援引英美先例，轻易获取了五口通商、协定关税、领事裁判及无条件的片面最惠国待遇等重大特权，还攫取了一些新的特权，在英、美、法来华订约前后，西方国家如葡萄牙、比利时、瑞典、挪威等先后前来要求通商，争权逐利，清政府本着所谓"一视同仁"的可耻原则，一概答应，可见鸦片战争后满清政府向整个资本主义世界开放了②。

1858 年由于第二次鸦片战争战败，中国与俄、法、英、美签订《天津条约》，规定俄国可以在 7 个口岸通商，派军船停泊，享有与其他国家平等通商特权；美国增开 2 个通商口岸，扩大最惠国待遇；英国增开 10 个通商口岸，商船可在长江口自由航行，修改关税；法国增开 6 个通商口岸，关税须与其商定，军用舰船可以停泊。1858 年中俄签订《瑷珲条

---

① 王小波：《谁来保卫中国海岛》，海洋出版社 2010 年版。
② 赵佳楹：《中国近代外交史》，世界知识出版社 2008 年版。

约》，割让黑龙江以北、外兴安岭以南共计 60 万平方千米领土。1860 年，
清政府分别与英法签订《中英北京条约》、《中法北京条约》，进一步丧失
了各项主权。1860 年签订《天津条约》，割让九龙半岛、乌苏里江以东领
土，口岸开放至长江中下游，可以公开买卖中国人口①。

1894 年甲午战争战败签署《马关条约》，放弃了对朝鲜半岛的主权，
割让了辽东半岛、台湾及其附属岛屿，日本船只可以自由进出中国港口，
开放了沙市、重庆、苏州、杭州；意大利租借浙江三门湾失败；英国占领
了威海及长江流域；俄国租借了旅顺，占领东北地区；德国占领胶州湾及
山东半岛；法国占领了广州湾及两广地区；日本占领了福建；美国提出了
门户开放政策并在沿海地区示威；1905 年日俄双方签订《朴次茅斯条
约》，割让原属于清政府的库页岛北纬 50 度以南及其附近岛屿，严重侵
犯了清政府的海洋主权。

二　海洋立法与执法

1875 年清政府发表了沿岸 10 里以内为中国领海的声明。1899 年中国与墨
西哥签订了通商条约，对中国领海进行了规定："彼此均以海岸去地 3 力克为
水界，以退潮为准。"② 洋务运动兴起后，洋务派着手创办新式海军，到 1884
年，南洋、福建、北洋三支水师舰队初步建成；1888 年，北洋舰队在购入数
艘巡洋舰和鱼雷艇后正式成军。北洋海军建成后，在冬季和春季到香港、南
沙群岛、新加坡巡航，在夏季和秋季在辽东半岛、朝鲜半岛及日本海岸巡防，
北洋舰队的巡航对别国造成了威慑。1894 年丰岛战争之后三次出访朝鲜海域
对日本进行海上威慑③。但是，由于清政府的保守海防战略，导致了随后制海
权的丧失，引发了后续一系列丧权辱国条约的签订④⑤。

三　运输通道安全

自 1840 年开始，在西方列强的炮轰之下，中国被动地打开了封闭的

---

①　杜才友：从《天津条约》到《北京条约》，载《历史教学》1997 年第 7 期，第 38—39 页。

②　师学明主编：《中国海区行政管理》，经济科学出版社 2010 年版。

③　秦天、霍小勇主编：《中华海权史论》，国防大学出版社 2000 年版。

④　王仁忱：《论洋务运动》，载《河北大学学报》（哲学社会科学版），1964 年第 5 期，第 15—45 页。

⑤　杨永福：《关于晚清政府对海防问题讨论的几点考察》，载《西北民族学院学报》（哲学社会科学版）1999 年第 3 期，第 107—114 页。

大门，西方列强激烈争夺沿海主要贸易港口，占用中国海上运输通道。19
世纪 20 年代初，成千上万的华工参与了巴拿马运河的开凿，为这一重要
海上运输通道的开通做出了不可磨灭的贡献①。

四　外交

在这一时期，中国从天朝外交变为反对侵略、维护国家主权的外交政
策，但由于军事实力薄弱被迫签订了许多不平等条约，许多口岸被迫开放
甚至被占领，海关权被剥夺，中国市场被迫与外国通商，外国传教士在文
化上传播西方思想，并支付了巨额赔款。

（1）第一次鸦片战争（1840—1843 年）期间。中国由于清政府的腐
败无能以及当时兵力的羸弱，陆续同英国签订了《穿鼻草约》、《广州和
约》、《南京条约》，中国半殖民地化遂开始。作为中国历史上第一个不平
等条约，《南京条约》涉及巨额赔款、割占香港、五口通商、协定关税
等，剥夺了中国的海关自主权，是中国外交史上的耻辱。《南京条约》后
紧接着签订《虎门条约》，其中涉及军舰停泊权以及附有一个《海关条
约》，对英方面海关税率大幅降低，使得中国工农业出口受到严重打击。
1844 年后，美、法、俄紧随英国脚步，同中国签订中美《望厦条约》、中
法《黄埔条约》、中俄《伊利塔尔巴哈台通商章程》。随后而来的葡萄牙、
比利时等其他西方国家纷纷要求通商，腐败的清政府一概允许。这一系列
的条约使得中国逐渐丧失沿海城市的领土主权。中外关系由原来的天朝自
居的朝贡关系，变为被侵略、被掠夺的战败者。1851 年，太平天国成立，
太平天国对外政策的基本精神是独立自主、平等贸易、禁止鸦片、反对侵
略、维护国家主权；外国侵略者对中国宣称"中立"，然而这注定是有偏
袒的"中立"。1853—1856 年，外国侵略者协助清政府镇压人民起义军并
通过"修约"趁机扩大特权。

（2）第二次鸦片战争（1856—1857 年）期间。各国不满足于在华权
利，企图通过各种方式扩大特权。终于在 1858 年 2 月 4 日，英、法、美、
俄四国发出照会：提出公使驻京、增开口岸、赔偿军费以及"修约"等
条件。咸丰帝见到四国照会，愤懑异常，派人进行交涉，且没能满足四国
要求。因见四国联合北上，企图通过沙俄从中进行调停，在 1858 年 5 月

---

① 梁芳：《海上战略通道论》，时事出版社 2011 年版。

28 日与沙俄签订中俄《瑷珲条约》，成为中国外交史上最丧权辱国的不平等条约。1856 年 6 月 13 日签订《中俄天津条约》，美、英、法得知后分别与中国签订《中美天津条约》《中英天津条约》《中法天津条约》。7 月 14 日，清政府提出修改"天津条约"，希望可以通过免除关税换取公使驻京、内江通商、赔偿军费、内地游行四项，为此清政府付出巨大代价。1859 年 6 月 20 日大沽战胜利，然而作为胜利者，清政府居然显现出让权求和的姿态。1859 年 6 月 27 日，签订中俄《北京条约》。1860 年，英法陆续占领包括天津在内的多个沿海城市，清政府再次求和，增加天津为商埠并赔付各种巨额赔款。9 月，英法侵略军进攻北京，清政府再次答应沙俄不平等条约以换取沙俄的调停。最终签订《中英北京条约》、《中法北京条约》、《中俄续增条约》。综合来讲，清政府的"从分化瓦解到借助俄美调停"的传统外交体制贯穿第二次鸦片战争的始终。

（3）洋务运动。1861 年，清政府开始与外国势力联合绞杀太平天国革命，洋务运动开始，并成立中国外交史上第一个专门的外交机构——总理各国事务衙门，下设南北通商大臣。除外交和通商之外，还参与洋务运动相关事务，其中英国人赫德在华任总税务司 45 年，控制中国海关、插手中国外交。1862 年，同文馆成立，用来培养外交、翻译和洋务人才。1867 年开始派使出洋考察，美国人蒲安臣成为当时清政府"中外交涉事务大臣"，提出了"不割让政策"即所谓的列强间的"合作政策"。蒲安臣只是为了美国利益，签订中美《蒲安臣条约》，并在两年内出使大部分西方国家及俄国。1868 年，中英修约谈判开始，主要针对通商口岸和海关税方面。沙俄也在 1869 年通过跟清政府的交涉实现其减免关税的目的。1871 年俄国试图通过代为收复的方式占领新疆，清政府在 1871 年进行交涉，俄方一再推脱。其后几年一直到 1877 年清军收复新疆，粉碎英俄的阴谋，为交涉收回伊犁创造了有利条件。1878 年，清政府任命崇厚赴俄谈判收复伊犁问题，沙俄返还伊犁的条件涉及中国通商贸易的特权、补偿军事费用等，最后不顾清政府"未可因急于索还伊犁，转贻后患"的指示，于 1879 年与沙俄签订丧权辱国的《交收伊犁条约》。因清政府拒绝"崇约"，惩处崇厚，1880 年中俄关系全面紧张起来。此时各国虎视眈眈，清政府最终采取臂展求和的妥协方针，缓收伊犁。1880 年曾纪泽出使俄国，英国压迫清政府对俄妥协，清政府让步，释放崇厚，历时半年的谈判最终在 1881 年以中俄签订《中俄伊犁条约》和《圣彼得堡条约》告终，其中在《圣彼得堡条约》中国收回了一些主权。1873年日本与中国建交。1874年日本侵略台湾，与清政府交涉，侵台受阻，但是与清政府签署的《北京专约》诱使清政府承认琉球属于日本，埋下隐患。1876年签订中英《烟台条约》，郭崇涛成为中国驻西方国家的第一任公使。1885年中英就中缅边界问题进行交涉，于1894年签订《续议滇缅界、商务条款》。1887年与葡萄牙签订《中葡会议草约》，葡萄牙侵占澳门。1884年中法双方签订《李福协定》，在中法大战即将取得胜利之际，清政府停战与法议和，签订《中法停战条约》。1884年日本、俄国、英国都开始策划侵占朝鲜，中国作为朝鲜的保护国于1885年12月派出北洋舰队前往朝鲜海域巡航，并前往日本长崎清理油污，在日本与当地警察发生冲突，双方共死伤80人，但此次出访对日本造成了心理上的威慑作用。1891年日俄再次企图侵占朝鲜，中国采取外交与军事表里结合的政策，一方面坚持保护朝鲜，一方面出动海军显示强大力量。北洋舰队在1891年访问日本，日本采用隆重的礼仪接待了北洋舰队，由此可见当时中国海军达到了一定的先进程度。甲午中日战争期间，清政府依赖外国干涉求和政策，最终导致日本不宣而战。战争后期，清政府最终在中日马关谈判中签订丧权辱国的《马关条约》。1990年义和团运动，清政府向侵略者求和，联合打压义和团。1901年，清政府与11国签订了《辛丑条约》，中国彻底沦为半殖民地国家。清末最后十年，在日俄争夺中国东北的战争中，采取局外中立的立场。在中日"南满"问题上清政府几乎全部屈服。在中俄"北满"问题上清政府接受了全部侵略要求。"修约"问题因辛亥革命爆发无果而终①。

第四节　海洋科技与教育

一　海洋技术水平

对海潮开展了初步的研究，著作包括东晋时期的《抱朴子》、唐朝时期的《渊源志》、宋朝的《潮说》、《海潮论》、《海潮图序》，都是此时重要的研究成果。宋朝时期人们学会了利用潮水涨落控制船舶进出港的时机。此时中国海洋技术的发展主要在海洋探测技术上，而海洋探测技术是

---

① 赵佳楹：《中国近代外交史》，世界知识出版社2008年版。

以高超的造船技术为基础，通过远洋航海及考察活动积累的经验所得。宋朝徐兢出使高丽后写成《宣和奉使高丽国经》对海岸地形等进行了详细介绍。元朝汪大渊出使 100 多国写成《岛夷志略》。1403 年郑和在远洋航行时开展了大规模的海洋调查，后由于海禁政策阻碍了海洋调查的发展。清朝时期出现了一些关于海洋气象及水文方面的记载：《舟师绳墨》对海洋气象进行了详细介绍及记载，《海国图志》详细介绍了潮汐理论，《海国闻见录》对中国海岸地形做了详细论述①。

二　海洋教育

中国开始于 20 世纪初叶正式以学校为单位进行海洋教育。中国最早开办海洋教育的教育家是张謇，他在 1910 年左右先后开设了河海工程专门学校（今河海大学）、江苏省立水产学校（今上海海洋大学）、邮传部上海高等实业学堂船政科（今上海海事大学）等进行海洋教育的学校，开启了中国正式进行海洋教育的道路②。从明朝直到清朝康熙时期实行的海禁政策使得中国的海洋意识极端落后。清朝时期对海洋作用的认识为天然屏障，阻挡内外联系，是中国天然的"万里长城"，从未思考过敌人从海洋入侵的问题③。重陆轻海、陆主海从是这一时期的海洋意识。这种海洋意识与封建时期统治者以自我为中心、"天朝大国"思想观念密不可分，也与中国内向型的大陆文明有关。同时人们也存在对海洋的迷信和膜拜心理。祭海活动、祈求风调雨顺的活动从唐朝开始就十分盛行，泉州港以此闻名，妈祖成为广为人知的航海的保护神④。

---

① 李乃胜主编：《中国海洋科学技术史研究》，海洋出版社 2010 年版。
② 杨金森：《海洋强国兴衰史略》，海洋出版社 2007 年版。
③ 范中义：《明代海防述略》，载《历史研究》1990 年第 3 期，第 3 页。
④ 郑一钧：《论郑和下西洋》，海洋出版社 1985 年版。

第二章 国民党统治阶段(1911—1949 年)

1911 年,在孙中山的带领下成立了中华民国政府,中国进入了国民党的统治时期,孙中山曾在英国、日本留学,也长期流亡海外,使其对海洋强国有了更深层次的认识。这一阶段,中国在海军建设、海洋产业、海洋装备、海洋权益以及科研与教育等方面都有较大的发展。

第一节 海洋军事

19 世纪,孙中山留学英国和日本时曾接触到马汉的海权论,并通过颁布一系列开发利用海洋的条款振兴海洋事业,目的主要是推翻清政府的统治。1911 年辛亥革命时期,上海、江苏、武汉等地的许多清朝海军参加了起义。1912 年南京临时政府在南京设立海军部,海军军官采用三等九级制。将海军划分为第一舰队和第二舰队,分别拥有 14 艘和 25 艘舰艇。1912 年在镇江、福州、厦门、汕头、广州、吴淞、江阴、镇江、南京设立军事要塞。1913 年成立练习舰队拥有 3 艘舰艇,1914 年成立海军陆战队驻扎在上海、北京、马尾。此时,中国海军共有 3 个舰队,舰艇 42 艘,总吨位 45500 吨。在世界排名 16 位。国民政府时期海军还参与了北伐战争,在二次革命时期成为袁世凯的重要军事力量,1913—1916 年第一舰队和练习舰队参加了护国运动,1917—1918 年参加护法运动。后由于海军内部意见分歧、势力混乱,1921 年孙中山对闽系海军势力进行了整顿,他还提出要将海军建设放在国防之首并夺取太平洋海权,并促进船舰制造、海洋交通运输与港口业、渔业等海洋产业的发展。但是却没有得到很好地推广实践。国民党执政时期,海军部长陈绍宽提出建设海军以维护国家主权和民族独立和亚太地区局势的稳定。他也深受马汉海权论"优势舰队"思想的影响,通过对 16 世纪以来的世界海军战史进行分析并提出海军作战的八个原则：保持目标、攻击、奇袭、集中、调节兵力、防卫、活动力、合作。但受到国民党"攘外必先安内"政策的影响，海军的建设被严重忽视。

军阀混战时期，由于国民党内部的分歧导致海军建设也分了派别，第一舰队投靠直系军阀、第二舰队投向皖系军阀。1922年直奉大战爆发，张作霖设立航警处开始建设东北海军，1923年在葫芦岛建立航警学校及警官队，相继组建了江防舰队和海防舰队。1924年第二次直奉大战爆发。1927年两舰队参与了北洋军阀作战，新军阀混战，并于1930年、1931年、1932年、1933年分别参与"剿共作战"189次、77次、74次、45次，1934年参与镇压福建事变①。1928年东北海军拥有舰船20多艘共计2万多吨，拥有镇海号水上飞机母舰、水上飞机舰队和海军陆战队。1929年撤销了海军司令部成立海军编遣办事处，后又改为海军部，将渤海舰队改为第三舰队，广东各舰队合并为第四舰队。在1920—1930年东北海军相继创办了葫芦岛海军学校、海军高等军事讲习所、海军航空队军官讲习所、陆战队军官讲习所、葫芦岛海军学校学兵班、海军枪炮教练所、海军帆缆教练所、海军鱼雷教练所、海军电信教练所等。1927年在沈阳建立海事编译局，发行《海事》、《四海》月刊介绍海军情况。1928年在青岛建立海军工厂，南京政府设立军事研究会，1929年成立无线电机工厂，使得东北海军可以自行修理海军舰船并安装了无线电设备。到1928年国民政府海军编队及舰艇数量如表5—2所示。

表5—2　　　　　　　1928年国民政府海军舰队编制及舰艇数量②

舰队编组	舰艇种类	舰艇数量（艘）
第一舰队	巡洋舰	2
	炮舰	4
	运输舰	3
	炮艇	4

---

① 包遵彭：《中国海军史》，载《中华丛书编审委员会》1970年。

② 史滇生：《中国海军史概要》，海潮出版社2006年版。

续表

舰队编组	舰艇种类	舰艇数量（艘）
第二舰队	炮艇	7
	浅水炮舰	4
	炮艇	3
练习舰队	练习舰	3
鱼雷游击队	鱼雷艇	10

国民政府时期，中国的海军战略思想改为争夺制海权，对海军的重视程度有了明显的提高。认为海军是国防和外交的重要力量和基础，海军的作战地区包括敌海、近海及中国海岸，海军要以一线作战为主，以攻为守，将敌人的舰船消灭在港口内或海上，海军的任务是搜索敌人舰队主力并全部歼灭，认为未来中国在东亚争夺制海权的竞争对手是日本和美国，造舰计划要以日本驻华舰队为对象[①]，作战指导方针为与日本海军争夺中国海的制海权，作战形式包括舰队作战、要塞作战、水雷作战和阻塞航道。作战原则要求以敌人主力舰队为目标，集中兵力，处理好海军攻击力、防御力和运动力，要出其不意先发制人，机动灵活善于调节，重视海岸防御，加强与陆军空军的协同作战，确定并保持海军作战目标，注意战时的封锁反封锁以及护送运输问题，要妥善选择海军根据地。

1929 年全国海军实现了统一，但海军仍然存在派系纷争。其中第一舰队负责海防，实力较强，第二舰队负责江防，岸防部队在厦门和马尾设立军港司令部，航空部装备了十多架飞机。设立警卫营负责驻守南京、上海等地，设立南京海军水雷营负责水雷作战训练，并相继成立了海道测量局、海岸巡防处、浦东军械所、南京上海及马尾海军医院等机构。1929年海军部提出 60 万吨的海军舰船建造计划，制定了《训政时期海军部工作年表》，但未能实现。同时，国民政府重新修订了巡防条例，加强了海上治安和巡防队的装备，为缉捕海盗和进行海上救护做好充足准备。此时海军舰艇主要是出售江南造船厂造出的商船，得到的利润从国外购买新船及维修旧船。1931 年"九一八"事变后，东北海军被改编为第三舰队。但随着国内有识之士的推动，此时建造了 16.5 万吨的各类舰艇，更新了

---

① 杨志本、林勋贻：《中华民国海军史料》，海洋出版社 1987 年版。

武器装备，开始发展海洋测绘，培训有关人才，发展了海军航空兵和海军陆战队。在教育方面，1926年设立马尾海军练营、广东海军练营，1927年成立南京海军无线电学校，1930年恢复了黄埔海军学校，1932年创建海军电雷学校，1933年创办海军大学，葫芦岛航警学校改为青岛海军学校，1935年海军大学由日本海军顾问进行海军战术等的教授。1929—1937年派遣留学生93人分10批出国。

到1931年，中国海军舰艇总吨位3.7万吨，日本海军舰艇数量285艘共计100万吨，居世界第四位。"九一八"事变后，中国海军购买了2艘2600吨的巡洋舰、建造了10艘300吨炮艇，购买了15艘鱼雷快艇组建了快艇中队。1933年修整江阴、南通、镇江、南京、宁波、马尾、厦门、连云港等海防要塞基地，1934年拟定对日作战方案，要求中国海军"在防御攻势下保有中国海的制海权"，以保卫长江为主，厦门、山东为辅。1936年建造7艘新战舰、10艘炮艇、15艘快艇和改装了13艘旧舰。到1937年抗战之前，中国海军舰艇总数120多艘共计6.8万吨。建造了教练侦察机2架，水陆两用教练侦察机5架，舰载水上侦察机1架，"弗力提"教练机12架。1937年提出海军在抗战初期要迅速集中于长江协同陆军空军作战，之后封锁长江、杭州湾、胶州湾、温州湾阻止敌人登陆[①]。1937年在南京八卦洲进行了协同作战演习，在江西湖口会操，在浙江海域进行了演习。抗日战争时期，国民党海军采取退守防御战略在沿海港口、长江水域及内湖地区通过水雷封锁及陆军配合与日本海军作战，阻止了日本海军对正面战场的进攻，保护了长江流域的物资运输通道，支援了工厂内迁。1939年加强了荆河、川江的防卫，保护了重庆，武汉失守后自沉25艘军舰封锁长江并开始采取"布雷封锁游击战"。后来，布雷战役取得了重大胜利，对日本造成了沉重打击，阻止了日本海军在长江及闽、浙、粤、桂的行动。1945年开始清除江河和海口的水雷，疏通航道，恢复正常航运。1945年国民政府海军司令部迁往上海接受日本舰艇84艘。1945年中国海军参与了收复台湾的行动。在抗日战争时期，海军学术界通过《海军整建》、《海军杂志》这两本月刊对国民进行海军教育，批判了"制海在空"、"优空弃海"的观点。抗战胜利后，要求国民树立

---

① 邹小芃、侯希玲：《民国史上具有划时代意义的一年——兼论〈民国二十六年度国防作战计划〉》，载《杭州师范学院学报》（社会科学版）1991年第1期。

中国是太平洋国家的意识，必须建设强大的海军维护中国在太平洋的利益，保障中国沿海安全，建立太平洋地区均势。提倡将中国沿海分成 4 个区域，进行舰队建设、港口建设和人才训练，认为海军战略要服从于国家战略，区分平时战略和战时战略，研究大舰队作战问题、陆海空联合作战问题、海军封锁作战问题、潜艇和航母作战地位和战术问题①。抗战胜利后，中国海军舰艇包括 8 艘炮艇、2 艘运输舰、1 艘扫雷艇等共计 15 艘舰艇。受降时接受日本海军的 200 艘军舰质量较差，只有 10 多艘较为完好②。从汪精卫伪军军队接受的舰艇只有 4 艘可用。海军学校只剩福建马尾海军学校，学生 220 人。海军训练营只剩 1 所，大多舰艇军官缺编1/3，海军人才紧缺。

为了重建海军力量，国民党政府借助英美的力量扩建海军舰艇规模、培训海军官兵、重设了海军领导机构，并向美国提供海军基地换取支持。从 1944 年开始国民党向美国及英国"借舰参战"，1944 年英国按租借法案转让给中国 1 艘巡洋舰、2 艘驱逐舰、2 艘潜艇、8 艘巡逻艇。1945 年 1 月国民党组建 900 人的"留美海军学兵大队"到美国迈阿密进行军事训练，200 名学生组建"赴英接舰参战学兵队"到英国受训，并在青岛与美国海军第七舰队合作成立国民政府中央海军训练团对海军进行训练。1946 年接受了美国海军借给中国的 4 艘驱逐舰、4 艘扫雷舰并随舰前往古巴关塔那摩海军基地受训，招收 584 名学生赴英国学习海军经验。1946 年 2 月美国海军委员会通过议案：将过剩的 271 艘战舰及相关的保养物资、训练人员转交中国海军。同年 6 月开始了对共产党解放区的全面进攻，同年 7 月美国通过《512 号法案》援助国民党政府 271 艘共计 30 万吨战舰、100 名海军军官、200 名海军士兵。1947 年中国通过 4 次抽签共获得 34 艘共 35598 吨军舰，将 28 艘交付海军使用。1947 年美国将其在二战时期制造的 159 艘舰船转让给中国，南京政府对其改装后直接编入海军。同年将上海海军军官学校与青岛中央海军训练团合并成立青岛海军军官学校培养海军指挥人员，在上海组建海军机械学校培养海军造船、电工类人才，在上海吴淞成立海军军士学校培养海军士兵。1948 年国民党接受了其中

---

①　史滇生：《中国海军史概要》，海潮出版社 2006 年版。

②　蒋纬国：《国民革命战史——抗日御侮》，台湾黎明文化事业有限公司 1978 年版。

的 131 艘战舰并编入海军①。为了减低闽系海军实力，蒋介石在 1945 年撤
销了海军司令部，免去陈绍宽海军总司令职位，由军政部海军处接管。
1946 年又取消军政部设立国防部，下设海军总司令部，1947 年制定了
《海军现职军官阶级调整办法》等条例，实现了海军权力的集中统一。为
了换取美国的支持，1946 年美国组建 300 人驻华海军军事顾问团，在南
京设立总部，并在青岛、上海、广州设立派出机构，1947 年签订《青岛
海军基地秘密协定》、《中美有关转让海军船舰及装备之协定》规定美国
第七舰队可以在青岛港驻守、获得相关情报并为中国在军港建设及海军人
员培训方面提供支持。

到 1948 年国民党拥有 19430 吨共计 428 艘舰艇，海军官兵总数 4 万
人。在 1946—1948 年间，国民党将海军分编为第一舰队、第二舰队、江
防舰队、运输舰队，其中前 3 个舰队分别驻扎在青岛、上海后移至镇江、
九江地区。组建 1 个海岸巡防队和 9 个炮艇队，拥有舰艇 330 多艘。在上
海、青岛、台湾左营、海南榆林成立第 1 基地司令部、第 2 基地司令部、
第 3 基地司令部、第 4 基地司令部，在定海、黄埔、马公、厦门、汉口、
葫芦岛、户口、基隆、大沽、南京设立巡防处，重建了海军陆战队成立第
一、第二陆战队师。1946 年海军前进舰队收复了西沙、南沙群岛，在永
兴岛、太平岛上举行了接收和进驻仪式。在内战时期，国民党海军在封锁
山东、东北海上交通线、加强山东及苏北地区巡逻、围攻舟山及海南岛游
击队、协助并运送陆军为投送军队至葫芦岛，以及从营口撤出部队起到了
关键作用。解放战争时期国民党海军军舰损失共计 43268 吨。

共产党于 1942 年成立海防大队，拥有 3 艘清朝时期的舰艇可进行海
上游击战，并开始海防问题研究。海防大队在抗日战争中炸毁了日军的汽
艇，并扩张成为海防团、海防纵队。1944 年建立了海防研究小组。在解
放战争中，海防纵队参与了渡江战役，由于海军力量较弱导致国民党残余
力量和美国海军从海上撤逃。1948 年毛泽东提出要组建一支可以保卫沿
海沿江的海军。

纵观近代中国海军的发展历程，始终处于一种"海患紧则海军兴、
海患缓则海军弛"的被动、消极和短视状态。另外，受墨家"非攻"文
化的影响，中国海权注重的是"防御"，而在海洋战略中，一味地消极防

---

① 包遵彭：《中国海军史》，中华丛书编审委员会，1970 年。

御只能是坐以待毙①。

　　由于受到中国传统文化、重陆轻海思想观念以及长期的禁海政策的影响，对海洋的建设主要体现在海军建设和海洋产业上。中国的海权思想发展主要经历了禁海、维护民族独立、推翻封建制度、忽视海军建设这几个主要阶段，思想观念落后，不重视海军建设，海军装备数量不足且先进性差，主要活动范围在国内河湖及沿海港口。海洋交通运输与港口业、渔业、海洋测绘这几个产业发展开始萌芽。1949 年中华人民共和国成立，但是中国海权的复兴之路并不平坦，甚至是曲折、崎岖的。从海权的内涵看，新中国海洋建设经历了从单一发展军事向军事、经济并重的转变；从空间上看，新中国海洋建设经历了由近岸，到近海，再到远洋的发展过程。

第二节　海洋产业

一　海洋渔业

　　此时海洋渔业的经营以民营为主进行海洋捕捞。由于战争不断，海洋渔业发展受到了严重阻碍，渔船被大量破坏，渔民被征用参与战争。抗日战争时期日本渔船在中国沿海地区大量捕捞严重破坏了中国的渔业资源，到 1949 年中国水产品产量仅为 45 万吨。

二　海洋盐业

　　此时海洋盐业的生产以手工为主，用途主要为食盐。盐业发展迟缓，以日晒法为主，产量很不稳定。从 1910 年发展到 1949 年盐业产量增加 67%，生产海盐数量 250 万吨左右。海盐盐业产量占全国原盐产量的 65% 左右。至 1949 年海洋盐业年产值为 0.88 亿元。

三　海洋交通运输业

　　南京国民政府成立以来，高度重视海上交通运输的发展，国内的轮船数量增长迅速。1911 年，中国共有 500 余家轮船企业，资本约 800 万元，小轮船拥有量 900 余只，构成了遍及长江干支流、东南沿海和珠江流域的

---

① 黄顺力：《海洋迷思：中国海洋观的传统与变迁》，江西高校出版社 1999 年版，第 1 页。

航运网络。1916 年中国各轮船公司共经营海轮 135 艘，共计 67443 吨，而国外各轮船公司经营海轮 150 艘，但总吨位高达 212889 吨，是中国的近三倍①。1918 年以前，在国内航行的船舶主要是木质帆船，以人力和风力为动力。1920 年国内帆船运输业产值 2.56 亿元，而轮船运输业的产值仅 6000 余万元。到 1928 年，中国共有轮船 1352 只，到 1935 年轮船数量增长了近三倍，达到 3985 只。1933—1934 年，在抵制外货运动的推动下，中国从列强手中收回了航政管理权，并建立了天津、上海、广州、汉口和哈尔滨航政局，管理全国的航政工作②。1936 年轮船运输的产值增加到 1.91 亿元，虽然增长迅速，但是此时帆船仍是主要的运输工具，产值达 4.88 亿元③。到 1936 年，尽管中国的航运业较之前有了较大的发展，但是这种发展很不平衡，远洋航运业也依然相当薄弱，远远逊于国内航运的发展，甚至不如 1913—1924 年的远洋运输业的发展状况。在亚欧、中美、中澳三大远洋航线上，中国几乎没有轮船在运营，为英、美等西方国家所控制，中国仅有一些小型轮船航行在日本、东南亚等区域。在新中国成立之前，国民党四大家族控制着中国的交通运输业，垄断了重要的港口、码头和水运工业，拥有全国 44% 以上的轮船总吨位，制约了民族航运业的发展。到 1948 年底，由国民党政府控制的轮船招商局拥有船舶 443 艘，共计 40.41 万吨，占当时江海运输船舶总量的 57%，占据沿江沿海码头 64 个。在新中国成立前夕，中国的海运业受到严重破坏，沿海运输量很少，沿海港口寥寥无几，装卸货设备简陋，基本上靠人力。

四　海洋船舶工业

1912 年江南船坞建成船长约百米的长江客货轮"江华"号。1918 年江南造船厂所建成川江客货船"隆茂"号，船长 59 米，载重 300 吨，载客 200 余人。在 1919—1922 年还建造了 10 艘同型号船。1921 年江南造船厂为美国建造了"官府"（Mandarin）号、"天朝"（Celestial）号、"东方"（Oriental）号、震旦（Cathay）号四艘安装了江南造船所制造的三缸蒸汽机的万吨级远洋货船。民国时期，由于资金不足，福州船政局的造船

①　曾呈奎、徐鸿儒、王春林：《中国海洋志》，大象出版社 2003 年版。
②　姚贤镐：《中国近代对外贸易史资料》第 3 册，中华书局 1962 年版，第 98—115 页。
③　朱荫贵：《1927—1937 年的中国轮船航运业》，载《中国经济史研究》2000 年第 1 期，第 37—54 页。

业受到极大限制，并且未能向企业化方向转变。1936 年江南造船厂成为中国最大的船坞。

在军用舰船制造方面，主要通过购买外籍商船并改装加装火炮的方式"建造"中国军舰。在费用不足时通过维修和改造旧舰增加海军战斗力，主要的改造船厂为上海江南造船厂、福建马尾造船厂和厦门造船厂，改造出的舰船水平比清末没有太大改进。1915—1916 年黄埔船务局曾为广东海军建造两艘潜水炮舰，广州沦陷期间被日本侵占。1915—1925 年，海军大沽造船所曾建造"安澜"号、"静澜"号、"河利"号、"海达"号等多艘船舶，还建造有"靖海"号、"镇海"号、"海鹤"号、"海燕"号等多艘炮舰。抗日战争时期，舰艇主要从德国、英国购入，可以建造出教练侦察机。在上海、青岛、黄埔、左营、大沽、榆林接受并设立了造船厂，但是只有江南造船厂和青岛造船厂可以制造小型舰艇，其他只有修理能力①。1936 年，江南造船厂建成"平海"号巡洋舰，排水量 2400 吨。1905—1937 年，江南造船厂共建造各类舰船 716 艘，总排水量 21.9 万②吨。抗日战争之后，美国赠送给中国 131 艘舰船，英国也向中国转让了 13 艘舰船。

五　海岛开发与保护

1945 年日本无条件投降，台湾回归祖国，但钓鱼岛等岛屿却被美军实际控制。日本《暴风之岛》记载了 1918 年组织的探险队到达南海北子岛时发现了海南文昌县海口人；1935 年，中华民国政府的水路地图审查委员会审定了中国南海 132 个岛屿名称，分属西沙、中沙、南沙群岛管辖；1939 年 4 月 9 日日本强占南海诸岛；1946 年中国完全收回南海主权③。

1933 年法国殖民者占领了南沙群岛的鸿麻岛等 6 个岛屿。从 1948 年开始菲律宾组织探险队到南沙群岛进行勘探。

第三节　海洋权益

一　海洋主权

1915 年，中日签订《中日新约》，就其内容而言，几乎包括了日本二

---

① 史滇生：《中国海军史概要》，海潮出版社 2006 年版。
② 席龙飞：《中国造船史》，湖北教育出版社 2000 年版。
③ 王小波：《谁来保卫中国海岛》，海洋出版社 2010 年版。

十一条的所有内容，至此日本拥有了对山东、南满、东蒙及福建、长江流域和沿海地区侵略的条约依据，加深了中国的殖民地化程度①。1931 年颁布《领海范围定为 3 海里令》，规定中国的领海范围为 3 海里，缉私范围为 12 海里。1947 年，中国政府曾正式核查并公布南海诸岛全部岛礁的名称。1948 年国民政府出版的公开地图标注了南海诸岛的名称，最南端在北纬 4 度附近②。

二　海洋立法与执法

1914 年国民政府颁布了《公海渔业奖励条例》、《渔船护洋强盗奖励条例》。1929 年颁布了《渔业法》、《渔会法》。1930 年中国在海牙国际法编纂会议上声明赞成 3 海里领海宽度。1931 年国民政府行政院颁布了规定：中国领海范围为 3 海里，缉私区范围为 12 海里。1933 年设立水陆地图委员会审查中国水陆地图。1934 年水陆地图委员会公布了南海 132 个岛屿的名称。1948 年民国政府内政部发行了《中华民国行政区域图》，在南海诸岛地图上标注了 11 段断续国界符号线，规定南海诸岛为中国领土③。民国初期，海军的建设也一度风雨飘摇，海军也在各大军阀间摇摆不定，在长期的内战中，海军实力得不到发展，各项海军发展措施及计划基本停滞。1927 年后蒋介石国民政府取得全国统治权，此时海军发展仍不被重视，装备落后，训练缺失，抗日战争爆发后，实力薄弱的海军很快消耗殆尽，出现了近代海军发展史上的一段空白④。1932 年颁布《海洋渔业管理局组织条例》提出建立海洋渔业局管理全国的海洋渔业工作。1933 年成立水陆地图审查委员会，建立指挥护渔巡航的办事机构。

三　运输通道安全

在军阀混乱时代无人顾及海上通道安全。1920 年中国成为《斯瓦尔巴德群岛条约》的缔约国，有权进入斯瓦尔巴德群岛进行科学研究活动。1937 年抗日战争爆发，日本下令封锁中国沿海地区，以期达到切断中国运关作战物资的目的，极大地威胁了中国海上运输通道的安全。第二次世

① 赵佳楹：《中国近代外交史》，世界知识出版社 2008 年版。
② 蒋纬国：《国民革命战史——抗日御侮》，台湾黎明文化事业有限公司，1978 年。
③ 帅学明主编：《中国海区行政管理》，经济科学出版社 2010 年版。
④ 包遵彭：《中国海军史》，中华丛书编审委员会，1970 年。

界大战后，美国为针对苏联推行了一系列编制军事同盟网络的计划，利用处于"边缘地带"的盟国，形成遏制苏联和中国的包围圈。美国通过建立围绕西太平洋岛链，战略遏制和封锁了中国海上运输通道。1945 年解放战争开始，此时还未曾建立人民海军，沿海海上通道控制权掌握在国民党和美国手中。1949 年 6 月，国民党退守台湾后，封锁大陆沿海港口及近海航道，导致海上战略通道的部分中断①。

四　外交

　　1912 年 1 月 2 日，孙中山发布《宣告各友邦书》，未能触碰帝国主义在中国的殖民特权，反映了其外交的软弱性。袁世凯时期则是实行以出卖国家利益来换取帝国主义支持的外交政策。1911 年俄国企图制造外蒙"独立"，中国政府拒绝谈判，并最终在 1916 年收复外蒙。1912 年英国企图支持西藏"独立"，1914 年英方单独与西藏签署"西姆拉条约"，中国政府拒不签字，使得西姆拉会议宣告破产。从中我们可以看出，中华民国建立以来，中国外交取得了很大进步，以其维护主权的庄严态度树立了中国的外交立场。1917 年，北京政府宣布与德国绝交。俄国十月革命后，苏维埃政府结束沙俄对中国的侵略政策，中苏关系进入新纪元。但是在帝国主义的压迫下，中国政府直到 1925 年才与苏联建立正式的外交关系。中国在巴黎和会上受到轻侮和冷遇，只占 2 席，在山东问题上中国代表团据理力争，虽最终未曾取得胜利，但是中国拒绝在巴黎和会上签字，是中国人民的呼声首次响彻上国际政治舞台的表现，是中国外交史上一次划时代的事件，开创了中国现代外交史的新纪元②。

第四节　海洋科技与教育

一　海洋技术水平

　　此时中国的海洋科技发展主要体现在海洋探测技术上，探测范围主要集中在海洋生物、海岛的调查及测量方面。中国海军于 1922 年成立了海道测量局，开始进行有限的近海海图测绘和海洋调查。广东水产试验场在

---

① 梁芳编：《海上战略通道论》，时事出版社 2011 年版。
② 赵佳楹：《中国近代外交史》，世界知识出版社 2008 年版。

1929—1930 年期间进行了海丰和九洲近海渔捞调查及海洋生物调查，中研院动植物研究所在黄渤海进行考察。此后，江苏渔业试验场进行了以长江口铜沙灯船为起点向东 40 千米和以嵊山向东北方向的海洋横断渔业调查。北平研究所和青岛市在 1935—1936 年期间合作组织了胶州湾及其附近海域的海洋调查，此次调查设立了 495 个测站，主要分布在胶州湾、崂山湾、大公岛和小公岛的海域，对调查海域的海水进行了大量的测量工作，并且进行了采泥和底托网与浮游生物拖网采集工作[①]。通过两年的调查工作，获得了大量的海洋动物标本。与此同时，浙江水产试验场在浙江沿海以及舟山海域也进行了渔业和海藻调查。

二　海洋科研机构

1917 年，在烟台陈葆刚等人建立了山东省水产试验场，以改良渔具、渔法、研究海产品和加工技术为宗旨，这是中国最早的海洋水产科研机构，也是中国最早创立的涉海科研机构。之后，1920 年成立了集美水产学校，1928 年青岛气象台海洋科成立，1946 年厦门大学的海洋系、山东大学的水产系成立和 1947 年农林部中央水产试验所成立，这些标志着近代中国社会进入民国时代之后，专门从事海洋科学研究的中国海洋研究机构陆续成立。

三　海洋教育

1912 年上海高等实业学堂船政科改名为"吴淞商船学校"。1920 年陈嘉庚创办集美学校水产科，后改名"集美学校高等水产航海部"。1924 年成立私立青岛大学。1927 年成立东北商船学校。1931 年东北商船学院因"九一八"事变停办。1932 年吴淞商船学院校舍由于"一二·八"事变被日军炸毁，在 1937 年"八一三"淞沪战役再次被日军摧毁停办。1936 年建立广东汕头水产职业学校，后改名为广东高级水产职业学校。1937 年在东北商船学院开设交通部高等船员养成所。1937 年集美学校迁至安溪县。1939 年吴淞商船专科学校更名为国立重庆商船专科学校迁至重庆，集美职业学校迁至大田县，广东高级水产职业学校停办。1943 年

① 朱心科、金翔龙等：《海洋探测技术与装备发展探讨》，载《机器人》2013 年第 3 期，第 376—384 页。

日本将东北商船学院从哈尔滨迁移至葫芦岛。1945 年东北商船学院的国立高等船员养成所解散，集美学校迁回原址并开始修复校舍，广东汕头高级水产职业学校重新办学并改名"广东汕尾高级水产职业学校"。1946 年厦门大学建立中国首个海洋系专业，山东大学成立了中国首个水产系专业，国民政府在葫芦岛成立"国立葫芦岛商船专科学校"，吴淞商船专科学校在上海复校。1947 年"国立葫芦岛商船专科学校"更名"国立辽海商船专科学校"，集美学校渔捞科停办，在上海建立中央水产研究试验所，设立水产生物、水产制造、水产经济与海水养殖 4 个专业。1948 年"国立辽海商船专科学校"迁至天津，10 月又迁至北平。1949 年"国立辽海商船专科学校"迁至沈阳。由此可以看出，在国民党统治期间中国航海教育几度中断，受到战争的影响不断迁移①。此时中国人民的海洋意识有所觉醒，国民政府颁布的海洋法律、政策及相关管理机构的成立、对南海诸岛的管理都使人们开始关注海洋。

---

① 大连海事大学，http：//www.dlmu.edu.cn。

第三章　中华人民共和国建立至改革开放政策的确立阶段(1949—1978 年)

1949 年新中国成立面临着险恶的内、外环境。国内方面，共产党面临被战争摧毁的经济环境和动荡的政治形势；国际方面，外部势力的战争威胁和连续的武装袭扰严重地威胁着新中国的安全。针对这种情况，新中国的海洋建设以确保国家生存为首要目标，重点发展军事海权，也就是以海军建设为中心①。

第一节　海军建设

由于超级大国的海上优势以及新中国自身经济、科技的薄弱，这一时期的中国海军只能以近岸地区（从海岸线至 40 海里的范围内）作为主要的活动空间。毛泽东 1949 年提出要建立一支能"保卫沿江沿海的海军"，确立了近海防御的海军战略。这一战略以近岸地区作为国防前哨，以帝国主义的霸权行径为主要打击对象，主要任务是，"依托陆上力量和海上岛屿进行作战，保护中国大陆免遭大规模的海上登陆袭击，捍卫海上主权"。新中国的近岸防御战略不同于晚清海防的消极防御思想，而是采取了一种积极防御的态势，从新中国海军收复沿海岛屿的坚决态度和对国民党海上袭扰的反击力度中，都表现出在整体防守的趋势下积极进攻的方针。

1949 年 4 月 23 日在江苏白马庙乡组建了中国第一支正式的海军部队。1950 年中国人民解放军海军领导机构正式成立，确定建立"现代化的、富于攻防能力的、近海的、轻型的"海上战斗力量。发展的武器装

---

① 石家铸：《海权与中国》，上海三联书店 2008 年版，第 215 页。

备主要是鱼雷快艇、潜水艇等轻型战舰，发展的兵力结构主要包括水面舰艇兵、潜艇兵、岸防兵、海军陆战队及海军航空兵，并以发展海军航空兵、潜艇及鱼雷快艇为重点。此时中国海军的武器装备主要从苏联购买，不具备船舰制造能力及航空器的制造能力。在青岛和旅顺设立了海军基地，华东军区海军和中南军区海军也相继成立。

1950 年美国派出第七舰队到台湾海峡阻碍大陆收复台湾。中国提出了"防御的、后发制人的、持久作战"战略，海军主要担负配合陆军进行沿海防御作战和破坏敌人交通运输线路、切断物资供给的任务。在重要沿海地区修建了防御工事，加强侦察，分散工业分布，待敌人进入预定地区后迫使其进行持久战，在南北两个战场上分主次的实行运动战和阵地战相结合的方法。从 1950 年开始，中国海军也担负起剿匪护渔、商船护航的任务。1951 年确定了海军的政治方针及原则，要求热爱祖国海洋，从陆军向海军转变，钻研海军技术。为了加强海军建设，中国还邀请苏联专家、选派干部到苏联学习。在海军装备发展上，提出按照"引进国外设备技术、消化吸收达到半制造、自行设计"三步来发展海军武器装备。1953 年用 1.5 亿美元贷款从苏联购买了海军主要舰艇 143 艘、辅助舰艇 84 艘、飞机 226 架等，并请求苏联派出海军教官、武器专家等对中国进行援助。1954 年发现转让制造的国外舰艇不适应中国的海域环境和生活习惯，开始对这些舰艇进行改造及技术研究。1955 年华东军区海军、中南军区海军分别改名为东海舰队、南海舰队，成立了北海舰队。1950—1953 年执行护渔剿匪任务 70 次，保护渔民 35 万人，渔船 2.9 万艘。

到 1955 年，海军总人数 18.8 万人，构成如图 5—1 所示，主要海军部队的建立如表 5—3 所示。此时海军包括 23 个舰艇部队、6 个航空师、2 个航空独立团、19 个海岸炮兵团、8 个防空兵团及勤务部队，拥有舰艇 519 艘、辅助船 341 艘，飞机 515 架，海岸炮 343 门，高射炮 336 门[①]。此时随着海军的发展，海军水面舰艇除了轻型舰艇，还有了少量的驱逐舰和护卫舰，鱼雷快艇可航行至西太平洋海域，海军航空兵也拥有了一定数量的歼击机和轰炸机。

---

①   海军史编委会：中国人民解放军兵种历史丛书《海军史》，解放军出版社 1989 年版，第 25 页。

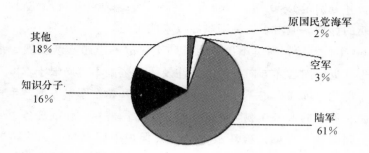

图 5—1　1955 年中国海军人员构成

表 5—3　　　　　　　　中国建国之后成立的主要海军部队

组建时间	具体事件
1949 年 11 月	组建护卫舰部队
1950 年 8 月	组建鱼雷快艇部队
1950 年 10 月	组建海岸炮兵营
1950 年 12 月	成立海军高射炮兵第一团
1952 年 4 月	组建海军航空兵部
1953 年	组建海军陆战第一团
1954 年 3 月	组建驱逐舰部队、海军雷达营
1954 年 6 月	组建潜水艇大队
1979 年	成立海军陆战队

　　1957 年，萧劲光提出了"三个结合"的海上作战理论：海上游击战结合海上阵地战，分散用兵结合集中用兵，海上破袭战结合沿海抗登陆作战，这三个结合分别从作战形式、用兵原则和作战样式上体现了中国海军的"破袭为主，阵地战为辅"的作战思想，这是将中国陆上长期游击战的思想应用于海上作战的创新成果。1958 年大跃进中提出的海军战略为"反对帝国主义和霸权主义来自海上的侵略，发展高科技的海军武器装备"。在海军武器装备制造上从转让制造进入仿造改进阶段。从苏联购入5 种舰艇。1959 年中国拒绝了苏联建立"联合舰队"的要求，苏联也停止对中国的核武器技术援助。1959 年开始自行设计 62 型巡逻艇、300 吨

猎潜艇，并分别于 1960 年、1966 年自行生产①。1960 年提出建设 60 万吨海军舰艇的计划，但由于经济困难导致未能实施。

从 60 年代开始，海军不再依附于陆军作战的思想逐渐发展起来，作战区域也从近海向远洋方向扩展，关注及研究范围不再局限于本国。由于中苏关系恶化，苏联撤走了专家、设备，两国开始在军事方面产生直接对抗。为防止苏联的太平洋舰队从海上进攻，中国海军的作战任务主要为扼守海峡、阻碍敌方登陆、破坏敌方交通线保护中国近海交通、布置水雷阵、支援配合陆军。海军战略思想仍然为积极防御和近海作战。除此之外，海军还在商船护航、撤侨、国际人道主义救援中发挥了重要作用。从 1950—1964 年执行商船护航 22.8 万艘次，1964 年救援英籍商船"克劳福特"号，1965 年的印度尼西亚排华事件中南海舰队派出 119 艘战舰完成了撤侨任务，1967 年为希腊货轮"卡里曼"灭火。

1960 年开始研制导弹并于 1967 年开始大批量生产，设计成功1000 吨以上、航程 10 千米以上火炮护卫舰，海军装备从小型开始向中型发展。到 1965 年，中国生产的鱼雷快艇、护卫舰、中型鱼雷潜艇、大型导弹艇、猎潜艇、扫雷舰、火炮护卫舰的材料和设备中，中国仿制成功的占 48%。1966—1976 年，"文化大革命"期间，海军的建设陷入停滞阶段。对海军的训练和教育被取消，武器装备曲折发展。1965 年，中国开始研制攻击型核潜艇，计划于 1972 年进行攻击型核潜艇的水下试验和陆上模拟反应堆测试，建设核潜艇基地。1965 年开始研制导弹驱逐舰，1968 年开始研制中型导弹护卫舰。在 1970 年，中国首艘鱼雷攻击型核潜艇进行了水下试验，1974 年核潜艇正式进入海军服役。之后开始了对导弹核潜艇的研制，并于 1982 年在水下成功发射了导弹，成为世界上第五个拥有导弹核潜艇的国家。这标志着中国海军武器的重大进步，从鱼雷、火炮发展至导弹，武器射程也从近程发展至远程。导弹核潜艇成为中国实行海上核威慑的重要武器。到 1975 年完成了第一批核潜艇基地的建设。1976 年中国海军 252 号潜艇驶入西太平洋海域航行 3300 海里。

在海战及演习经验上，新中国海军在抗日战争（1937—1945 年）、解

---

① 海军史编委会：中国人民解放军兵种历史丛书《海军史》，解放军出版社 1989 年版，第 25 页。

放战争（1945—1950 年）、朝鲜战争（1950—1953 年）、江山岛海战（1955 年）、料罗湾海战（1958 年）、东引海战（1965 年）、乌丘海战（1965 年）、西沙海战（1974 年）中发挥了重要作用，相继解放了海南岛、舟山群岛、万山群岛、长江口、西沙群岛，收复了南沙 6 岛。但未能阻止国民党残余军队撤退至台湾岛，解放台湾受到美国的阻碍，美国的岛链封锁了中国东海及南海地区，阻碍了中国进入太平洋的通道。在海上演习方面，1959 年在舟山、穿山半岛举行海陆空渡海登陆演习[1]。

在海军训练及教育方面，1949 年就开展了海军人员对陆军人员进行突击性技术教学，成立安东海军学校，在大连创办解放军海军学校、在南京创立华东军区海军学校。1950 年在青岛建立海军航空学校、海军炮兵学校、海军快艇学校，1952 年筹建海军潜艇学校。1950—1956 年开办海军补习学校 6 所、文化速成中学 6 所、短期文化训练队 24 个，1953 年从以文化教育为主转向军事训练为主，通过苏联专家的帮助开始举办正规演习。1955 年在辽东半岛举行抗登陆军事演习。从 1950—1957 年，编著 71 种教材，建成 310 多个海军实验室、图书资料室等，培养海军干部 14900 人，士兵 21500 人，拥有各类海军学校 16 所。到 1959 年培养了一批技术熟练的飞行员、指挥员、教练员，组织了 3 艘潜艇远航训练和 4 艘潜艇转移基地训练，到 60 年代初，海军在 12 所高校共设立 51 个相关专业。1964 年组织了现场观摩表演和比武会等活动 427 次。到 1977 年共计为第三世界国家培训海军学员 3100 多人[2]。

海军保障能力方面，到 1955 年共建设海军基地 10 个，码头 27 个，新建机场 4 个，扩建 14 个，初步建成了海岸防御体系。从 1956—1966 年在学习苏联后勤工作经验的同时发展自己的建设道路，逐步建立了物资供应、工程建设、医疗卫生的相关保障体系。从 1962 年起，海军勤务部队相继装备了 500—3000 吨的干货运输船、1000 吨油船、300 吨油水补给船共计 79 艘[3]。在基地建设方面提出要多样化地建设基地体系。到 70 年代末，海军的物资储备比 1955 年增加 27.5 倍。

---

① 高晓星、翁赛飞、周德华：《中国人民解放军海军》，五洲传播出版社 2012 年版。
② 海军史编委会：中国人民解放军兵种历史丛书《海军史》，解放军出版社 1989 年版。
③ 海军后勤部：《海军后勤工作》，解放军出版社 1985 年版。

第二节　海洋产业及海岛

尽管在军事海权方面，这一时期的中国取得了值得骄傲的成绩，但是由于对外贸易渠道被封锁和受到限制，中国的经济海权获得的发展相当有限，海洋渔业和交通运输业被限制在有限的区域内。

一　海洋渔业

1949—1957 年中国海洋渔业处于恢复发展时期。渔业总产值也呈上升趋势，从 1950 年的 6.05 亿元增长至 1957 年的 10.15 亿元。以海洋捕捞为主，海洋捕捞产量从 1957 年的 55 万吨增长至 1957 年的 194 万吨。海洋渔业养殖产量较少，技术处于研究阶段[①]。由于捕捞产量多于市场需求量，且政府加强了对冷藏设备的投资，渔业加工业逐渐发展起来。此时渔业资源丰富，捕捞渔船为木质非机动船，存在胡乱捕捞、集中捕捞现象，虽然国家规定了禁渔区和禁渔期但效果不显著。到了 50 年代针对渔业资源破坏严重这一问题，国外特别是日本渔民在中国沿海地区大量捕鱼的现象，中国相继颁布了《关于渤海、黄海及东海机轮拖网渔业禁渔区的命令》、《水产资源繁殖保护条例》规定了要保护幼鱼的生长，禁止外国渔船违规在中国海域捕捞。在 1952 年中国研制成功了第一台渔用柴油机，1953 年研制成功了机动渔船。1955 年中国与日本两国的渔业协会缔结了民间的渔业协定，1975 年缔结了政府间的渔业协定，规定对协议水域的海洋资源进行养护和合理利用并设立渔业联合委员会，规范了日本渔船的活动范围[②]。1957 年《1956—1957 年全国农业发展纲要修正草案》提出中国的海洋捕捞业要"向深海发展"。

1958—1978 年中国海洋渔业处于发展时期，渔业总产值从 1957 年的 10.15 亿元上升至 1978 年的 22.07 亿元。此时仍以海洋捕捞为主，捕捞产量在 1958—1961 年逐年上升均超过 150 万吨，1961 年降至 140 万吨后再次上升至 1967 年的 219 万吨。1968 年产量降至 192 万吨后一直上升，

---

① 姜旭朝主编：《中华人民共和国海洋经济史》，经济科学出版社 2008 年版。
② 蒋国先、张春林：《海洋渔业资源亟待保护》，载《现代渔业信息》1998 年第 13 期，第 4 卷，第 10—11 页。

到 1978 年海洋捕捞量为 314.5 万吨。海洋养殖产量一直呈上升趋势，平均占总产量的 7.3%。海产品加工开始向深海水产品、海洋副食品、药品、工业原料及农业肥料等多种新产品方向发展，加工设备也向机械化方向发展起来①。1957 年中国提出海洋捕捞业要"向深海发展，并发展浅海养殖、淡水养殖"。1959—1961 年由于三年自然灾害，对海产品需求量不断增加。之后由于人口的大幅增加和对海产品的价格管制，海洋水产品产量也大幅上升。但 70 年代由于大跃进盲目提高产量导致海产品品质下降，渔政管理机构也被撤销。在此阶段，机动渔船的使用提高了生产效率，过度捕捞使得渔业资源开始减少②。1978 年中国水产学会提出"海洋农牧化"的新目标，通过改善海洋环境为海洋生物创造良好的环境，同时改造海洋生物本身的质量。通过从捕捞转向养殖的渔业生产方式，建立起良性的海洋生态系统，促进渔业的可持续发展。

二　海洋油气业

世界的海洋油气资源主要集中在三湾、两海和两湖地区，包括波斯湾、墨西哥湾，北海、南海，里海和马拉开波湖。中国南海是世界上著名的海洋石油、天然气储备海域，油气储量预计在 230—300 亿吨之间。而中国目前勘探的范围中发现的油气储量分别为 55.2 亿吨和 12 万亿立方米。除此之外，中国的大陆架预测蕴藏石油和天然气资源 275.3 亿吨、10.6 万亿立方米。中国拥有 16 个新生代沉积盆地。渤海盆地、珠江口盆地和北部湾盆地是中国重要的石油生产基地，莺歌海盆地和琼东南盆地是中国重要的天然气产地③。

世界的海洋石油产业从 1947 年美国在墨西哥湾建立海上油井开始发展，而中国在此时由于石油的自给自足和海上开发的技术难度较大，首先进行了海上油气的勘探工作。在 1959—1979 年中国进行了近海的大陆架油气资源勘查，发现了渤海、黄海、东海、南海珠江口、莺歌海、北部湾 6 个海上油气基地，面积共 52 万平方千米，预计石油储量 9—18 亿吨。1967 年中国在渤海建成了第一口工业油流油井。1971 年在渤海海四油田

---

① 曾呈奎、徐鸿儒、王春林：《中国海洋志》，大象出版社 2003 年版。
② 姜旭朝主编：《中华人民共和国海洋经济史》，经济科学出版社 2008 年版。
③ 盛来运总编：《能源》，《中国统计年鉴》中国统计出版社 2007 年版，第 259—273 页。

建立了第一个海上油田。70 年代末在黄海、南海钻井 7 口，并开始在大陆架外的近海海域进行油气勘查，预计油气储量分别为 243 亿吨、8.3 万亿立方米。1971 年中国在渤海建成了第一个海上油田"海四油田"建设开发平台 2 座，9 口井，到 1977 年该油田产油 40 万吨。到 1979 年改革开放前，中国发现的油气储量分别为 451 亿吨、14.1 万亿立方米。从 1967 年到 1978 年中国海上石油十分有限，从 1975 年才超过 5 万吨，到 1978 年超过了 15 万吨，总体呈上升趋势①。到 1978 年中国海洋油气业年产值 0.55 亿元。

同时在 70 年代，日本、韩国和中国台湾地区都在东海进行大规模的油气资源勘探。在南海海域，菲律宾划定了大面积海域出租给欧美石油公司进行开发。马来西亚占据了 9 个南沙群岛的南部岛屿，越南占领了 11 个岛屿。1976 年中国发表声明重申南沙群岛及其附近的海洋资源属中国所有。但发表声明后，越南派兵占领了岛屿并与苏联合作进行油气开发。1980 年中国声明未经中国许可的开发都是非法行为，签订的开发合同是无效的②。

三　海洋盐业

新中国成立之初，形成了辽宁、长芦、山东和淮北四个海盐产区。之后海盐产区逐渐扩大，覆盖了中国辽宁、河北、天津、山东、江苏、浙江、福建、广东、广西、海南及台湾地区。北方的海盐品质更好，产量更高。20 世纪 60 年代，盐务总局提出盐田结构合理化、生产工艺科学化、生产过程机械化和纳潮、蒸发、结晶、集坨等指导原则，将分散式管理变成集中式管理。在盐场设立起气象站和雷达观测仪进行降雨预报。1967 年开始，中国的海盐塑料薄膜苫盖结晶技术为海盐增产起到了很大的作用。

如图 5—2 所示，从 1949 年至 1975 年海洋盐业年产值逐步上升，至 1978 年海洋盐业年产值达 11.85 亿元。

---

① 连琏、孙清、陈宏民：《海洋油气资源开发技术发展战略研究》，载《中国人口资源与环境》2006 年第 16 期，第 1 卷，第 66—70 页。

② 曾呈奎、徐鸿儒、王春林：《中国海洋志》，大象出版社 2003 年版。

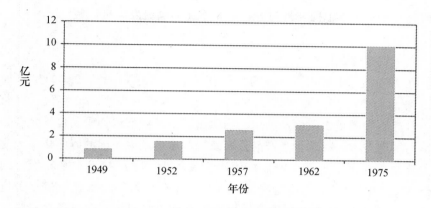

图 5—2 1949—1975 年中国海洋盐业产值

四 海洋矿业

中国近海海底矿藏资源丰富，在东太平洋获得了开发大洋锰结核和海底热液矿床的权利。海滨矿砂种类 60 多种，储量 15 亿吨，主要分布在广东、福建和海南地区，辽东半岛、山东半岛和台湾岛也有海滨矿砂。从 20 世纪 50—60 年代开始，中国进行了海滨矿砂大规模调查和海底表层矿物的分析。在开采技术上主要采用淘洗、螺旋水洗、溜槽水力冲洗等方法，矿产的回收率不高。之后到 20 世纪 70—80 年代，机械化采矿技术逐渐发展起来，并开始了对大洋矿产资源的调查。到 1978 年海洋矿业年产值为 0.3 亿元。

五 海洋电力业

海洋电力利用的能源包括利用海洋的风能、潮汐能、波浪能、温差能、海流能、盐差能等。中国初步估计能源蕴藏量 4.3 亿千瓦，潮汐能 1.9 亿千瓦，海洋发电的水力装机容量 2157 万千瓦，沿海波能 1.5 亿千瓦，垂直温差 18 度以上的海洋热能 1.5 亿千瓦。20 世纪 50 年代，中国开始进行潮汐能的研究，在 1958 年和 70 年代形成两次潮汐能的研发高潮。1958 年，全国已经建立了 40 座小型的潮汐发电站，装机容量达到 538 千瓦。到 20 世纪 70 年代，中国累计建立潮汐发电站 50 多个。1974 年建成中国最大的潮汐发电站江厦电站。之后开始了对波力发电、潮流发电的相关研究①。1978 年中国在舟山进行了 8 千瓦的潮流发电机试验。

六　海洋化工业

在 20 世纪 50 年代，中国的海洋化工业主要进行的是海盐的生产加工，到 50 年代中期，海藻化工产品的加工技术逐渐成熟。60 年代，褐藻胶、甘露醇和碘被工业生产利用。同时出现了海洋低浓物质和痕量元素的分离与提取技术，海水化学产品逐渐发展起来。此时中国的海洋化工产业的发展主要在山东地区，产业规模小，品种少，生产技术水平较低。到 1968 年，中国的海水直接提溴试验成功，并在青岛、北海等地建立了提溴工厂。20 世界 70 年代发明了无机离子交换法提钾技术和离子交换膜法的烧碱技术，海水直接提钾技术和烧碱也发展至世界前沿水平。

七　海洋生物医药

新中国成立后在中国海域发现 1000 多种药用海洋生物，可产生经济价值加以利用的有 146 种。在 1950—1960 年国际上掀起了海洋药物研究热潮。在 1960—1970 年中国相继出版了《中国药用海洋生物》、《南海海洋药用生物》以及黄海、渤海、东海的海洋药物调查报告。1972 年中国海洋大学的"褐藻胶、甘露醇工业再利用"课题拓展了褐藻胶和甘露醇的用途，为中国海洋生物的开发利用奠定了基础。到 1775 年《全国中草药汇编》记录的海洋药物数量达到 166 种。1979 年中国召开了首届全国海洋药物座谈会，中国海洋大学研制出可以降低血浆黏稠度、治疗高凝性疾病的海洋新药 PSS（藻酸双酯钠），并于 1982 年进行了临床试验。之后中国海洋生物医药的科研机构、学术组织等相继发展起来。到此时中国的海洋生物医药研究主要在海洋生物资源调查及海洋中药方面，而对海洋药物的研究几乎为零。

八　海水利用业

1958 年开始进行海水淡化研究，并于 1967—1969 年开展了全国的电渗析、反渗透等多种海水淡化方法的集中研究。1974 年中国建成了多级闪蒸设备，并在 70 年代研制成功了反渗透海水淡化技术，并迅速成为中

---

① 李乃胜主编：《中国海洋科学技术史研究》，海洋出版社 2010 年版。

国海水淡化的主要技术。

九　海洋运输业

新中国成立之初，海洋运输的船舶主要为国民党时期遗留的、大陆新建的和从国外购买的，营运船舶数量较少，再加上美国及西方国家对中国大陆实施禁运政策并出兵至台湾海峡，造成了中国大陆海洋运输业的缓慢发展。在沿海运输方面，1952 年《关于统一北洋、华东两航区的决定》将中国海域划分成北方航区和南方航区，分别主要运输国内物资发展沿海运输、发展对外贸易和国际贸易。之后，北方开辟了北煤南运、南粮北运航线，南方开辟了广州至港澳航线、中越航线。为了恢复和发展沿海运输，中国将海上运输业进行了集中制改造和经营管理改革。1950 年颁布《外籍轮船进出口暂行办法》收回了沿海运输权，要求国货国运。1955 年成立了公私合营的南洋轮船公司，1956 年将私有的个体帆船改造成全民所有制。在港口方面降低费率、开展代运中转业务，在货主服务上大力降低运价、组织货源并为货主提供经济的运输航线，建立了海上安全监督机制并不断引入国外先进的海运技术。随着中国工业的发展，对海洋运输的需求也逐渐增加。中国通过租购外国船舶和远洋退役船舶转给沿海运输企业的方式解决船舶不足的问题。为了改革集中管理体制增加职工积极性，1958 年交通部将北方沿海地区和广州海运局 1000 吨级以下的船舶和港口下放给地方航运部门进行管理，形成了交通部和地方企业的双重管理体制。"文化大革命"期间，中国海运事业发展停滞不前。19 世纪 70 年代中国开始沿海和长江的班轮运输，但中国的班轮船队规模较小，主要从事杂货运输。

在远洋运输方面，《关于侨华船舶可按代理私营海轮收费》提出华侨商船可以悬挂外国旗，以租船运输方式从事外贸运输。于是到 1958 年之前，中国的对外贸易都采用此种办法进行运输。1951 年，中国与波兰合资创办中国首家中外合资的远洋运输企业——中波轮船股份公司。1953、1955 年中国与捷克斯洛伐克签订《关于海上运输的协定书》、《关于捷方代营中国远洋货轮的协定》，波兰代营运了 3 艘中国轮船。1958 年成立远洋运输局负责国际航运。1961 年 4 月 27 日中国远洋运输公司成立，4 月 28 日，"光华轮"首航印度尼西亚，标志着新中国远洋运输船队的诞生。中国的国际集装箱班轮运输同样开始于 19 世纪 70 年代初，1973 年中国

的第一个国际标准集装箱在天津港卸下，到 1978 年中国的集装箱船运力
不足 1000TEU。1972 年国际经济危机时期，中国大量购进新船。到 1975
年购进 347 万吨新船，1976 年中国远洋海运船队运量占中国总外贸运量
的 70%，租用的外轮数量明显减少。

新中国成立初期中国的港口建设以恢复利用和技术改造为主，建立、
扩建了一大批码头泊位，到 1952 年仅中央直属的沿海主要港口新增吞吐
能力就达到 130 万吨。如图 5—3 所示，在建国初期中国的港口货物吞吐
量仅为 1100 万吨，在 1950—1960 年 10 年间，中国的沿海规模以上港口
货物吞吐量从 829 万吨增长到 8786 万吨，保持着较高的增长。1956 年中
国完成了生产资料所有制的社会主义改造，建立了"集中统一、分级管
理、政企合一"的水运管理体制。1949—1972 年间，中国的港口货物吞
吐量从建国初期的 1100 万吨，增长到 1972 年的 1.5 亿吨，沿海港口货物
吞吐量增长到 1.05 亿吨。港口泊位数从 1949 年的 161 个增加到 1972 年
的 617 个。1973 年周总理发出"三年改变港口面貌"的号召，从此中国
的港口建设进入高潮，到 1978 年底中国的港口泊位数为 735 个，其中包
括 133 个沿海深水泊位，港口货物吞吐量达到 2.8 亿吨，沿海港口货物吞
吐量达 1.98 亿吨[①]。

在水路货运方面，新中国成立初期中国主要是发展内河运输和沿海运
输，如图 5—4 所示，1949 年中国的水运货物周转量为 63.12 亿吨公里。
1949—1952 年中国国民经济恢复时期，中国的水路货运量从 1952 年之后
开始稳步增长。1952 年交通部直属的沿海航运企业完成货运量 430 万吨，
货物周转量 20.61 亿吨海里。受 1959—1961 年三年自然灾害的影响，中
国的水路货运量从 1960 年的 784.6 亿吨公里下滑至 1963 年的 471.2 亿吨
公里。之后一直到改革开放前期，中国的水运货物量一直保持着稳定高速
的增长。到 1978 年交通部直属的沿海海运企业完成货运量 430 万吨，货
物周转量 386.67 亿吨[②]。

---

① 徐萍：《改革开放 30 年来我国港口建设发展回顾》，载《综合运输》2008 年第 5 期，第
4—8 页。
② 曾呈奎、徐鸿儒、王春林：《中国海洋志》，大象出版社 2003 年版。

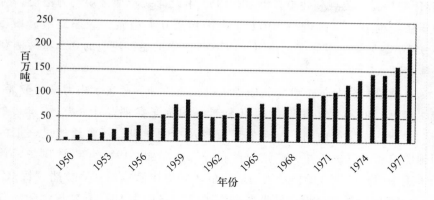

图 5—3　1950—1978 年中国沿海规模以上港口货物吞吐量

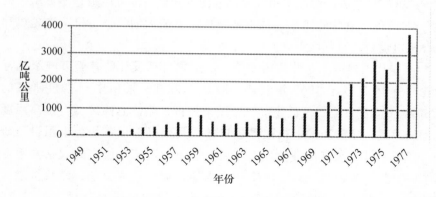

图 5—4　1949—1978 年中国水路货运量

十　海洋船舶工业

在军用舰船制造方面，50 年代中国海军从苏联购买了一部分舰船的技术图纸、材料及设备。从 1954、1955 年引入苏联鞍山级鱼雷攻击舰之后中国开始自行研制，到 50 年代末开始进行仿制和改造。1960 年巡逻艇研制成功，开始研制导弹艇、1000 吨导弹护卫舰，1961 年"大跃进"和三年自然灾害导致海军舰艇严重失修，1965 年才恢复。1965 完成了对双联装 130 毫米海岸炮的仿制并开始了对导弹驱逐舰的研制，到 1965 年中国建造的 7 种主要舰艇的设备仿制成功比例为 48％。1968 年开始研制

053H 型导弹护卫舰并建造核潜艇，1969 年设计了新型常规动力潜艇，对鱼雷快艇也进行了改进①。1971 年中国建成 051 型旅大级驱逐舰。1975年 053H 型导弹护卫舰交付使用。1976 年中华造船厂建造的 072 型两栖登陆舰艇下水。

在商船制造方面，50 年代中国可以建造千吨客货轮、内河拖船驳船、机帆船等。50 年代初建造了南京至浦口的货车渡船"上海"号和"金陵"号。为了发展内河，配合航道疏浚及水利建设，还曾建造过一批内河拖船驳船、机帆船和一些挖泥抛石等工程船舶。1954 年设计建造了首个采用中国自己设计的电动液压舵机的千吨级申渝线川江客货船"民众"号。1955 年中国自主设计的沿海小港客货船"民主 10"号建成，随后分别于 1958 年和 1960 年建成蒸汽机客货船"民主 14"号和柴油机沿海客货船"民主 18"号。1958 年 5000 吨级沿海蒸汽机散货船"和平 25"与"和平 28"号建成，继而采用成套苏联图纸和设备的万吨级远洋货轮"跃进"号 1958 年在大连下水，该万吨级远洋货船的钢材、主机蒸汽轮机和主要机电设备均自苏联引进。

60 年代能建造 1.5 万吨级油轮。由中国自行设计的首艘万吨级远洋货轮"东风"号于 1965 年交船，载货 1 万吨，采用中国自行研发的 7ESD75/160 型直流扫气低速重型船用柴油机，船体由国产低合金高强度钢焊接而成，除柴油发电机组是进口的，其他机电设备均为中国自行研制。1967 年中国船舶工业集团 708 所完成了中国第一艘自升式钻井平台"渤海一号"的设计，并于 1972 年在大连造船厂建成交船，满载排水量5700 吨。1969 年，文冲船厂首造 1800 吨级的穗琼线客货轮"红卫 7"号，1975 年又建成"红卫 9"号、"红卫 10"号，其选用原东德生产的8NVD48A－2U 型柴油机作为主机。天津新港船厂分别于 1974 年和 1976年建成"天山""天华"号客货船，采用原东德生产的 8NVD48A 型柴油机，随后又建造了 6 艘采用上海船厂制造的苏尔寿 6RD44 型柴油机的"天池"型客货船。

70 年代初中国造船年产量在 30—40 万吨。1971 年申渝线中型客货船"东方红 38"号建成，采用进口主机，随后又以"东方红 38"号为定型船舶批量建造了 13 艘。1971 年，中国自行设计的大型沿海客货船"长

---

① 海军司令部《近代中国海军》编辑部：《近代中国海军》，海潮出版社 1994 年版。

征"号建成，排水量 7500 吨，主机采用沪东产 9ESDZ43/82 型柴油机，至 1984 年共建造了 14 艘该"长"字型客货船。1976 年，马来西亚爱国华侨向上海中华造船厂订购一艘 3700 吨货轮，成为新中国首个出口船订单①。1977 年上海求新造船厂建成采用沪东造船厂生产的 6ESDZ43/82 B 型柴油机的"繁新"号客货船，此后又相继建造了 7 艘该"新"字型船。1966—1978 年设计建造了以柴油机为主的客船，首制长江中下游大型客货船"东方红 11"于 1974 年 12 月 26 日完工交船，排水量 3700 吨，至 1984 年共建造该型客货班船共 20 艘。70 年代后期已经上升到年产钢质船 80 多万吨，并开始打入国际市场②。

十一　海岛开发

新中国成立初期，由于海军力量薄弱，东南沿海地区一直是中国的海防前线，东南沿海城市国家基本不设立重大工业项目，加之中国经济发展落后、海岛开发的需求尚不迫切，因此，这一阶段绝大多数海岛还处于未开发阶段。20 世纪 50 年代起，西沙的后勤补给都由"琼沙 3 号"船来完成。其是担负西沙永兴岛后勤保障的唯一一条补给船，每隔半月就有一趟补给船由海南东部的文昌港开往西沙群岛的永兴岛。

第三节　海洋权益

一　海洋主权

从 20 世纪 50 年代南沙发现石油资源开始，菲律宾、越南、马来西亚等国已经将南沙群岛列入国防范围，并相继提出领土主权要求。1945 年二战结束，依据《开罗宣言》所述，日本归还了满洲、台湾、澎湖列岛等。1958 年《中国关于领海的声明》宣布中国领海宽度为 12 海里，领海基线为连接大陆岸上和沿海岸外缘岛屿上各基地间的直线，确定的领海面积为 35 万平方千米。60 年代，英、美、日等国在南海进行海洋地质调查和测绘、勘探活动。

1951 年，美日非法签订了《旧金山对日和约》，将钓鱼岛等岛屿交美

---

① 席龙飞、宋颖：《船文化》，人民交通出版社 2008 年版。
② 国家海洋局：《中国海洋年鉴 1986》，海洋出版社 1988 年版。

国托管。1956 年马尼拉航海学校校长将中业岛等 9 个岛屿命名为"卡拉延群岛",南越政府宣称中国被法国占领的 6 个岛屿为越南领土。1958 年 9 月发表的《中华人民共和国政府关于领海的声明》,首次确定了 66 个中国大陆领海基点,并于当年完成全部测量工作。到 20 世纪 70 年代之前,南沙群岛在英美及中国周边国家的地图上都被注明为中国领土。随着《联合国海洋法公约》的生效,中国周边国家都开始了对南沙群岛的掠夺。1970 年马来西亚进入南沙群岛南部海域进行考察和钻探,在 10 个岛屿上移走了中国的主权碑换上了自己的主权碑。1971 年菲律宾宣布对南沙群岛拥有主权,派兵占领了马欢岛等 3 个岛屿,1971 年美国将钓鱼岛交给日本冲绳进行管辖,美国对此的解释为:"不承认也不支持任何国家对钓鱼岛的主权主张。"1978 年的《中日友好条约》提出日后再解决钓鱼岛问题。1972 年 5 月 15 日,美国把钓鱼岛等 8 个岛屿非法移交给日本。1974 年初,中国人民海军收复了被南越侵占的甘泉岛、珊瑚岛和金银岛 3 个岛屿。1975 年北越接管了南越占领的 6 个岛屿,并不断扩大占领岛屿数量。1978 年菲律宾正式宣布"卡拉延群岛"归菲律宾所有①。

70 年代开始,多国石油公司在中国南海掀起南海开发的热潮。越南、菲律宾、马来西亚开始侵占南沙群岛。

二　海上执法

新中国成立初期,毛泽东等中央领导就海军的发展做出规划,明确了海军的使命和战略,先后确立了近海防御等海军战略规划,先后有核潜艇、巡洋舰等先进的海军装备进入海军序列,极大地增强了中国的海军实力②。到 1964 年之前,中国海洋执法落后,为分散式管理,存在工作重复现象。之后中国确立海军进行海上执法③。1974 年,中国人民解放军海军南海舰队对入侵西沙群岛的越南共和国海军予以自卫反击作战,成功收回西沙群岛控制权。

---

① 王小波:《谁来保卫中国海岛》,海洋出版社 2010 年版。
② 韩文琦:《论新中国海军战略发展之演化》,载《西安政治学院学报》1999 年 12 期,第 3 卷,第 66—71 页。
③ 李响:《我国海上行政执法体制的构建》,载《苏州大学学报》(哲学社会科学版)2012 年第 3 期,第 77—81 页。

三　海洋法律

1954 年政务院公布《中国海湾管理暂行条例》，1956 年交通部颁布《关于商船通过老铁山水道的规定》，1958 年《中国关于领海的声明》建立了中国的领海制度①，1959 年交通部颁布《关于港口引水工作的规定》，1964 年国务院颁布了《外国籍非军用船舶通过琼州海峡的管理规则》，1976 年交通部颁布了《中国交通部海港引航工作规定》。

四　外交

新中国成立前夕，中国选择一边倒战略，与苏结盟。毛泽东主席对苏联进行访问，与苏联签订《中苏友好同盟互助书》，在新中国成立初期得到了苏联的大力支持。新中国成立初期，中国外交处于只是依赖少数职业外交家进行的外交，也称为"小外交"，此时周恩来总理起到了巨大的作用。1949 年 10 月 9 日，周恩来总理主持了中华人民共和国外交部的成立仪式，强调了外交对于一个国家的重要性。1950 年朝鲜战争爆发，中国援朝并取得胜利，大大提高了中国的国际威望。1959 年中苏关系恶化，并且当时中美关系处于全面对抗状态，而后"左倾"思想泛滥，逐渐转变成反对各国各派，中国外交遭遇波折，造成重大利益损失。1969—1979 年期间，中苏在珍宝岛发生边境冲突，后来又在中蒙边境陈兵百万，中苏关系完全恶化。随后中国恢复在联合国的合法席位，中国主要外交思想是联合美国以及第三世界国家对抗苏联的政策，并且在 1979 年与美国正式建交，但中国仍然反对霸权主义，这是毛泽东主席的重大外交战略思想，也是中国外交史上的一次重要调整，对二战后的世界格局产生了重大影响。1972 年，中日建交，1978 年中日签订《中日和平友好条约》。从新中国成立到改革开放中国一直实行以首脑外交、外交部外交为主，民间外交为辅的传统的外交政策②。

五　运输通道安全

20 世纪 50 年代初的朝鲜战争期间，美国第七舰队进驻台湾海峡，切

①　帅学明主编：《中国海区行政管理》，经济科学出版社 2010 年版。
②　叶自成、李红杰主编：《中国大外交折冲樽俎 60 年》，当代世界出版社 2009 年版。

断了中国渡海作战的海上通道。1953 年 12 月，毛泽东主席在中央政治局扩大会议上，将"保障海道运输的安全"写入海军建设总任务中。随后，在华南沿海，解放了万山群岛以及珠江口；在东华沿海解放了除台湾、澎湖、金门、马祖以外的全部岛屿；浙东、苏南沿海海上通道的安全也基本恢复。1958 年，中国政府声明一切外国军用船舶进入领海必须得到许可。美苏冷战期间，美国通过"日美军事同盟"，对中国及苏联进行层层战略围堵。对美国的这一手段，中国为保护京津地区和濒海侧陆战场的安全，采取封锁渤海海峡的主要海上通道的战略。70 年代末，随着中美关系和两岸关系的缓和，中国沿海海上运输通道安全得到了较大的改善。在50—80 年代期间中国对海上战略通道的需求与关注并不大，原因在于国家面临来自内陆边境的威胁①。

第四节　海洋环保

新中国成立之后，随着经济建设的恢复以及陆源活动的加剧，海洋污染问题也引起了政府的重视。为此国家采取了一系列的海洋环境保护措施，包括海洋环保立法、治理海洋环境污染、保护海洋生物多样性等。1952 年 3 月政务院批准《中华人民共和国船舶、外籍船舶进出口管理暂行办法》，1956 年 6 月国务院颁布《关于渤海、黄海及东海机轮拖网渔业禁渔区的命令》，1957 年 4 月 23 日，水产部颁发《水产资源繁殖保护暂行条例（草案）》，对保护海洋生物资源作了详细规定，同年 7 月，在国务院科学规划委员会海洋组的统一领导下，在渤海、渤海海峡及北黄海西部进行了为期一年的多船同步观测活动，揭开了中国大规模海洋综合调查的序幕。60 年代中国已基本掌握了各海区浮游生物和底栖生物的分布和数量变动规律，群落区系特点及与水系的关系，并探明中国沿岸附着生物500 多种，主要种类是广盐、广温性的，其数量自北向南递增。1964 年 6 月政府颁布《外国籍非军用船舶通过琼州海峡管理规则》。据不完全统计，从 20 世纪 50 年代中期到 60 年代初期，中国关于海事处理方面的法规有 40 个左右。这些海洋法规在一定程度上起到了保护海洋环境的作用，同时也为制定海洋环境保护法奠定了基础。1974 年 1 月国务院颁布了

---

① 梁芳：《海上战略通道论》，时事出版社 2011 年版。

《中华人民共和国防止沿海水域污染暂行规定》，这是中国关于海洋环境保护的第一个规范性法律文件。同时中国还开始建立海洋自然保护区：1955—1965 年中国仅建立了海南文昌麒麟菜自然保护区、蛇岛自然保护区，1966—1976 年，"文化大革命"阻碍了海洋自然保护区的建立和管理①。

第五节　海洋科技与教育

新中国成立之后，中国海洋研究机构、教育机构开始大量建立，海洋调查也开展起来。到了 60 年代，中国的海洋科研机构基本健全，主要从事海洋生物、海洋水声学、海洋地质结构方面的研究。之后在 1966—1976 年受到"文化大革命"的影响，中国海洋研究陷入停滞状态。

一　海洋科技管理

1956 年海洋科研被列入国家科技发展规划后得到了重视，1962 年中国颁布了第一个《海洋科学十年发展规划》要求进行海洋综合调查。1964 年国家海洋局正式成立，对中国海洋科研机构的调整、海洋发展规划的执行、海洋调查船队及海区管理、海岸带及沿海滩涂普查、海洋仪器研制及海浪、海水淡化研究方面起到了重要的作用。

二　海洋研究所及实验室

新中国成立以后，由于国内外政治经济社会变化剧烈等各种原因，海洋教育也时断时续，直到改革开放之后，中国海洋教育才走上稳步发展的道路②。1950 年中科院水生生物研究所青岛海洋生物实验室成立，是新中国的第一个海洋研究机构。同年，中国第一个海洋学术性团体中国海洋湖沼学会成立。1951 年中国科学院水生生物研究所成立。1954 年扩建为中科院海洋生物研究室，由中科院直接领导，开展海洋动植物、海洋养殖、海洋附着生物等方面的研究。1954 年在北京建立中国人民解放军海军医学研究所，并于 1959 年迁往上海。到 1956 年中国的海洋科研机构总体包

①　马英杰：《海洋环境保护法概论》，海军出版社 2012 年版，第 15 页。
②　杨金森：《海洋强国兴衰史略》，海洋出版社 2007 年版。

括中国农林部水产试验所、厦门大学海洋生物研究室、中科院海洋生物研究室、中国海洋湖沼学会及上海水产学院、山东大学海洋系。1957 年《海洋与湖沼》学报创刊，该刊物为中科院海洋研究所与海洋与湖沼协会共同建立，是中国首个海洋性的学术刊物。同年中国选拔了大批优秀学生扩建了中科院海洋生物实验室，并改名为中科院海洋生物研究所。1959 年中国召开了首届全国海洋工作会议，竺可桢号召中国科学家从事海洋方面的科研工作；同年中科院南海海洋研究所成立，研究方向为热海海洋的综合性研究。1962 年根据调整，只保留了南海海洋研究所、华东海洋研究所、杭州工作站和大连工作站，其他海洋研究单位统一由中科院进行管理。1963 年国家科委下设海洋学科组为中国海洋学科的发展制定发展规划和年度计划[①]。1964 年中科院电子学研究所与中科院声学研究所在青岛、上海、海南设立分站研究海洋水声学，并在浅海水声学方面取得重大突破。同年地矿部海洋地质研究所在南京成立，是中国唯一进行海洋地质结构研究的专业性机构。1965 年国家海洋局第一海洋研究所从天津迁至青岛，中科院浙江海洋工作站升级成为国家海洋局第二海洋研究所。1968、1972 年台湾大学和台湾文化大学相继成立海洋研究所。1975 年中国科技协会派出代表团访问了美国著名的伍兹霍尔、克里普斯海洋研究所，标志着中国海洋科研重新与世界接轨。1978 年厦门大学成立亚热带海洋研究所。1979 年中国海洋学会成立。

三　海洋高新技术水平

（1）在海洋生物技术方面。1953—1981 年成功研制了海带、紫菜、对虾的大规模养殖技术。1953 年中科院海洋生物实验室联合中央水产研究所、山东大学在烟台威海渔场进行调查研究。1960 年中国人工养殖成活第一批对虾，1964—1968 年成功研制了海水全人工紫菜养殖技术，从此中国海水养殖技术开始快速发展，海带、海藻养殖技术的成功使得中国成为世界上最大的海藻养殖国并创造了上百亿元的收入。1972 年中科院进行海洋药用资源调查。

（2）在海水利用技术方面。1958 年中国开始研究离子交换膜。1965 年开始研究反渗透膜。1969 年当美国将海水淡化技术利用至阿波罗登月

---

① 　曾呈奎、徐鸿儒、王春林：《中国海洋志》，大象出版社 2003 年版。

计划后，中国才开始进行海水淡化技术的研究。70 年代研发成功了电渗析、反渗透、超滤用膜等技术，从 80 年代开始应用于实际。

（3）在深海探测技术方面。1950—1960 年中国进行了近海海域的大陆架调查。1957 年中国将从美国购买的"生产三号"改建为"金星"号海洋调查船，这是中国第一艘海洋调查船，并开始进行中国近海的调查。同年，中国开展了渤海、黄海海域的多船联合的海洋物理、水文、生物、化学等多方面调查，并写成《北海及北黄海西部综合调查报告》。1957—1958 年在渤海、黄海和南海进行了多船、多学科的同步海洋观测，海洋测绘范围从以海洋生物为主开始转向海洋物理学。1958 年成立了海洋普查小组，并于同年 9 月 15 日开始了对中国渤海、黄海、东海、南海的大规模的海洋综合调查，目的为描绘中国近海的海洋地质地貌、制定海洋资源开发方案、建立相关的海洋预报系统，出版了《海洋调查暂行规范》为日后的海洋调查奠定了坚实的基础。1958 年的海洋大调查也为中国培养了大批的海洋科研人才，促进了海洋物理、化学、生物等学科的建立，1960 年进行海洋普查资料的整理，并相继出版了《全国海洋综合调查报告》、《全国海洋综合调查资料》、《全国海洋综合调查图集》。1969 年中国自行设计建造的远洋调查船"实践号"交付使用。60 年代末设计建造的"实践"号，是中国第一艘远洋科学研究船。70 年代初中国的潜水器研究与制造工作也开展起来，但进程比较缓慢。70 年代中国海洋调查船队处于大发展时期，先后有 2 艘万吨级调查船服役。它们是"向阳红 05"号和"向阳红 10"号，均配备有先进的观测仪器设备和自动海洋资料处理系统。此外还有"向阳红 09"、"向阳红 01"、"向阳红 02"、"向阳红 04"、"曙光 01"、"曙光 03"号等先后交付使用。1970—1980 年在整个大陆架海域进行调查。1972 年中国第一艘万吨级远洋科考船"向阳红 05"改装成功，并于 1976 年在太平洋中部海域进行调查。1974—1975 年进行"南黄海北部石油污染调查"，并建立了海洋污染长期监测站，研制成功了中国首台海底浅地层剖面仪。1974 年"实验号"调查船在中国西沙群岛海域进行考察，第一海洋调查队在东海进行石油地质调查，"勘探 1 号"钻探成功。1975 进行了深海海域调查，1976 进行了赤道海区调查。1966—1976 年研制成功了远洋靶场测量船，进行了中日海底电缆调查，大黄鱼噪声谱的海洋生物声学调查、东海大陆架调查等综合性海洋调查。到 1978 年中国海洋调查人数为几千人，调查船数量为十几条。1978年中国科学代表团赴美国10个主要城市的25个海洋科研单位进行参观考察，"向阳红05"号考察船在太平洋海域考察，并从水下4784米取得10多块金属结核，中国2艘海洋调查船参加了全球首次热带风暴和特定海区海洋水文气象观测，这是中国首次进行的国际海洋合作调查①。

（4）在海洋环境观测和监测技术方面，1964年成立国家海洋局，1965年国家海洋局分别于青岛、宁波、广州设立北海、东海、南海分局，负责海洋断面和海岸调查、沿海分站管理、海洋水文预报及海洋调查船队的建设。与此同时还成立了海洋气象预报总台为海军及各个海洋产业提供海洋水文气象的预报服务。1960—1965年进行了全国海岸带调查的第一阶段。到1966年中国海洋调查船可以开展近海海洋环境的预报和远海海洋的监测。

四　海洋教育

1949年3月"国立辽海商船专科学校"与东北邮电学校合并成为"东北交通专门学校"，后在1949年底迁往大连。1950年吴淞商船专科学校与上海交大航运管理专业合并为上海航务学院，广东汕尾高级水产职业学校更名广东省立高级水产技术学校。1951年集美水专开设驾驶专业并开始招生。1952年福建航海专科学校与中国第一所水产本科大学——上海水产学院成立，厦门大学物理系并入山东大学成立海洋系，厦门大学设立海洋物理、海洋化学、海洋生物专业，广东省立高级水产技术学校更名广东水产技术学校。1953年辽海商船专科学校、福建航海专科学校与上海航务学院合并成为大连海运学院，是中国此时唯一的高等航海教育学校，广东水产技术学校轮机专业合并至长江航务学校，之后发展出武汉河运专科学校、武汉交通科技大学和武汉理工大学，之后广东省水产技术学校、长江航务学校（部分）、广西钦州农业学校（水产科）、海口高级农业技术学校（水产科）合并组建广东省水产学校。1956年广东省水产学校改名为广东水产学校，后在1960年升级为广东水产专科学校，暨南大学水产系与之合并。1958年华南工学院湛江分院建立。1959年山东海洋学院成立，同年交通部在沪组建上海海运学院。

① 李乃胜主编：《中国海洋科学技术史研究》，海洋出版社2010年版。

1960 年大连海运学院、山东海洋学院成为全国重点大学①。1962 年华南工学院湛江分院合并入广东水产专科学校。1965 年台湾文化大学成立海洋系。1970 年厦门大学海洋系恢复招生。1979 年湛江水产专科学校升级为湛江水产学院。

---

① 大连海事大学 http：//www.dlmu.edu.cn。

第四章　改革开放后至今（1979 年至现在）

1979 年起，中国海权进入了全面发展的时期，军事海权方面逐渐由近岸走向近海，再到公海大洋；经济海权方面从传统的海洋经济产业发展到各类产业齐全的现状，并且各项海洋产业都取得了辉煌的成绩，堪称举世瞩目。

第一节　海洋军事

1979 年 6 月，邓小平指出："我们的战略是近海作战。我们不像霸权主义那样到处伸手。我们建设海军基本上是防御，面临霸权主义强大的海军，没有适当的力量也不行，这个力量要顶用。我们不需要太多，但要精，要真正是现代化的东西。"① 中国海军的"近海防御战略"中近海的范围主要指，太平洋第一岛链和沿该岛链的外沿海区以及岛链以内的黄海、东海和南海海区。这一海区既包括联合国海洋法公约确定的中国所管辖的海域，也包括南海诸岛等中国固有领土；随着中国经济和科技水平的提高，海军力量将会进一步增强，中国海军的作战范围将推进至太平洋第二岛链。

根据这一战略，中国海军在四个方面进行了改革：首先，自 1979 年，中国海军历经三次裁军，对编制体制进行了重大调整，精简指挥机关，减少指挥层级，淘汰落后舰艇，合并职能相同的部队，降低配置过高单位的职别，使海军逐渐适应信息化作战的要求。其次，改革后勤保障体制，尽可能地减少中间层级，加强横向保障能力，改变原有的封闭垂直多层次保障体制；建造大型后勤补给船只，实现由码头补给向海上补给、由人工补

---

① 王传友：《海防安全论》，海洋出版社 2007 年版，第 91—96 页。

给向机械化补给的转变，有效地扩大了战斗舰艇的活动范围；统一军港管理权，设立军港管理委员会，结束分块管理、各自为政的局面，提高了军港的正规化水平，装备修理、技术保障工作有明显提高。再次，1986年，海军对指挥院校重新进行调整布局，形成了初级指挥干部、兵种技术指挥干部、合同战术指挥干部和战役指挥干部四级培训体系，初步形成了具有中国海军特色的指挥干部培训体制。在院校布局调整的同时，增加了新学科、新知识、新技术，特别是高新技术的内容，更为重要的是大大增加了实践课程的内容，做到了理论与实践相结合的新型培养模式。最后，加强武器装备建设是海军作战能力提高最直接的表现。海军加速武器装备现代化从对现有舰艇的改造提高入手；同时，有计划地利用国内先进科技成果和有选择地引进外国新技术，由过去的"空、潜、快"转向核能化、导弹化、电子化和自动化①。

　　进入20世纪80年代后，中国海军的主要任务从反对帝国主义入侵转变为维护海洋权益和国家统一。80年代苏联利用越南金兰湾海上军事基地，试图从南海及太平洋海域两个方向与中国作战。中国海军根据"打击敌人登陆输送队、协同陆军抗登陆作战，通过海上破袭战破坏敌人的海上交通线，保护中国沿海交通线"原则进行作战。1985年提出了新的近海防御战略思想：要求可以在近海主要作战方向夺取制海权，在中国相邻的海区作战，增加核反击能力，近海范围扩张至中国的领海范围，海军的作战任务更改为：独立和协同作战，保护中国海上运输线，参与战略核反击作战。到此时，中国海军的装备仍然比较落后，海军人员的素质、军官的作战指挥水平等保障能力仍然较低。但海军在商船护航、国内救灾、国际人道主义救援、国防科研建设等方面发挥了重要作用。到1980年中国海军共计18艘舰船和4架直升机组成的编队首次到南太平洋海域执行远程运载火箭试验的保障任务。1980—1982年南海舰队执行护渔任务出动舰艇794艘，保护了北部湾、西沙群岛的渔业和海洋油气生产安全。1983年救捞美国石油钻井船"爪哇海"号。1984年海军前往南极进行科考，南海舰队到太平洋海域测量点进行科考。1988年海军到南沙群岛11个岛屿进行了实地考察和巡逻，为建立永暑礁海洋观测站付出巨大努力。同时从1985年开始，中国海军舰队开始到世界其他国家进行访问，如表5—4所示。

---

　　① 刘华清：《刘华清回忆录》，解放军出版社2004年版，第437—439页。

表 5—4   改革开放之后中国的友好访问情况

出访时间	出访国家及地区	舰队
1985.11.16— 1986.1.19	巴基斯坦卡拉奇港、斯里兰卡科伦坡港、孟加拉国吉大港	"合肥"号导弹驱逐舰、"丰仓"号远洋综合补给舰
1989.4.18	美国夏威夷	"郑和"号训练舰
1990.12.5—12.28	泰国	"郑和"号训练舰
1993.10.15—12.14	孟加拉国、巴基斯坦、印度、泰国	"郑和"号训练舰
1994.5.17—5.30	俄罗斯海参崴	中国海军编队
1995.8.15—8.21	印度尼西亚丹戎不碌港	海军168舰、548舰和615舰
1996.7.26—7.30	俄罗斯海参崴	112"哈尔滨"号导弹驱逐舰
1997.2.20	美国夏威夷和圣迭戈、墨西哥阿卡普尔科、秘鲁卡亚俄和智利瓦尔帕莱索	"哈尔滨"号导弹驱逐舰、"珠海"号导弹驱逐舰、"南仓"号补给舰
1997.2.27—3.30	泰国、马来西亚、菲律宾	113号驱逐舰及542号护卫舰
1998.4.9—5.27	新西兰、澳大利亚、菲律宾	"青岛"号驱逐舰、"世昌"号训练舰、"南仓"号补给舰
2000.8.20—10.11	美国夏威夷珍珠港、西雅图埃弗里特港，加拿大维多利亚港	"青岛"号导弹驱逐舰、"太仓"号综合补给舰
2001.5.2—6.14	巴基斯坦、印度	"哈尔滨"号导弹驱逐舰、"太仓"号综合补给舰
2001.8.23	英国、法国、德国、意大利	"深圳"号驱逐舰、"丰仓"号综合补给舰
2001.9.16—10.30	澳大利亚、新西兰	"宜昌"号导弹护卫舰、"太仓"号综合补给舰
2002.5	进行环球首航	"青岛"号导弹驱逐舰、"太仓"号综合补给舰
2002.5.6—5.13	韩国仁川港	"嘉兴"号、"连云港"号导弹护卫舰
2003.10.15	美国关岛、新加坡、文莱	"深圳"号导弹驱逐舰，"青海湖"号综合补给舰

出访时间	出访国家及地区	舰队
2005.11.8	巴基斯坦卡拉奇港、印度科钦港、泰国梭桃邑港	"深圳"号导弹驱逐舰、"微山湖"号综合补给舰
2007.7.24	俄罗斯、英国、西班牙、法国	"广州"号导弹驱逐舰
2007.9.10	澳大利亚、新西兰	"哈尔滨"号导弹驱逐舰、"洪泽湖"号综合补给舰
2007.11.28	日本东京	"深圳"号导弹驱逐舰
2009.8.5	巴基斯坦卡拉奇港	"黄山"号导弹护卫舰和"微山湖"号综合补给舰
2009.8.8	印度科钦港	167 "深圳"舰
2009.12.4	越南海防市	"澄海"号和"潮阳"号导弹护卫艇
2009.12.14—12.17	新加坡、马来西亚、中国香港	"舟山"舰、"徐州"舰
2010.3.25—3.30	阿联酋阿布扎比港	"马鞍山"舰、"千岛湖"舰
2010.4.13—4.17	菲律宾马尼拉港	"马鞍山"舰、"温州"舰和"千岛湖"舰
2010.7.26—9.7	埃及、意大利、希腊、缅甸、新加坡	"广州"舰、"巢湖"舰
2010.11—12	沙特阿拉伯、斯里兰卡、巴林、印度尼西亚	中国海军第六护航编队
2011.4—5	坦桑尼亚、南非、塞舌尔、新加坡	中国海军第七护航编队

　　从2003年10月，中国开始与外国进行海军联合军演。2003年10月，中国与巴勒斯坦海军举行了首次军演；2004年3月中国与法国在黄海海域进行首次军演，内容为救火演习、海上补给演习；2006年9月中国与美国海军在美国圣迭戈海域进行海上联合搜救演习；2007年9月，中国与英国在大西洋海域进行海上联合搜救演习；2009年中国在巴勒斯坦参与"和平—2009"海上多国联合军演，参与国家包括中国、巴基斯坦、美国、英国、澳大利亚、马来西亚、孟加拉国等；2012年中国与俄罗斯

在黄海举行"海上联合—2012"联合军演,内容为营救被海盗挟持的商船①。2005 年"瓦良格"号进入大连造船厂进行改造。2011 年苏联"瓦良格"号被乌克兰转售给中国,经过改造于 2011 年 8 月 10 日进行试航。至此中国成为世界上第 10 个拥有航母的国家。2012 年 9 月"辽宁"号航母正式交付海军。

2008 年开始中国海军舰队到海盗猖狂的索马里、亚丁湾海域为世界商船护航,到 2012 年共派出 12 批次舰队执行护航任务②。2010 年"和平方舟"号医疗船到吉布提、肯尼亚、坦桑尼亚、塞舌尔、孟加拉国和亚丁湾为护航海军提供医疗服务。2011 年徐州舰在利比亚出现动荡时期为载有 2142 人的客轮护航完成撤侨任务。

当前中国海军的主要任务也由协同陆军、空军进行大规模反侵略人民战争转变为维护国家统一和领土完整及海洋权益,应对海上局部战争,遏制和预防来自海上的侵略③。海军领导机构包括海军司令部、海军政治部、海军后勤部、海军装备部。海军具体分为三大舰队,包括北海舰队(青岛)、东海舰队(宁波)、南海舰队(湛江),如表 5 - 5 所示。中国海军五大兵种建立时间如表 5—6 所示。海军总人数 30 万人,海军主力舰艇 300 多艘,航母 1 艘,驱逐舰 20 艘,护卫舰 52 艘,核潜艇超过 63 艘,常规潜艇 55 艘,550 艘战斗艇,包括导弹艇 190 艘,鱼雷快艇超过 100 艘,炮艇 320 艘,猎潜艇 90 艘,登陆舰 71 艘,登陆艇 728 艘,布、扫雷舰 172 艘,辅助舰船 200 艘④⑤。海军航空兵拥有 650 架作战飞机,包括轰炸机 150 架、歼击机 400 架,直升机 100 架。海军岸防部队拥有 80 座岸对舰导弹发射装置,300 门火炮,700 门高炮。最近五年中国的海军军费在 80—110 亿元,占国防费用的 10%—20%。

① 中央军委办公厅:《邓小平关于新时期军队建设论述选编》,转引自石家铸《海权与中国》,上海三联书店 2008 年版,第 216—217 页。

② 海军后勤部:《海军后勤工作》,解放军出版社 1985 年版。

③ 陈光文:《蓝色的呼唤 走向远洋的中国海军》,载《舰载武器》2010 年第 6 期,第 10—15 页。

④ 维基百科中国解放军海军,http://zh. wikipedia. org/wiki/中国人民解放军海军。

⑤ 百度百科海军基地,http://baike. baidu. com/oie20/133072. htm。

表 5—5　　　　　　　　　　中国三大舰队基本情况①

舰队名称	成立时间	驻地	驻泊港口	海军基地	防御区域	武器装备
北海舰队	1960 年	青岛	青岛、胶南、旅顺、葫芦岛、威海、成山	旅顺、青岛、葫芦岛	连云港以北渤海、黄海	300 艘舰艇
东海舰队	1949 年	宁波	上海、吴淞、舟山、定海、杭州	上海、舟山、福建	连云港以南到南澳岛以北的东海及台湾海峡	600 艘舰艇
南海舰队	1949 年	湛江	湛江、汕头、广州、海口、榆林、北海、黄埔	湛江、广州、榆林	南澳岛以南及西沙、南沙群岛	300 艘舰艇

表 5—6　　　　　　　　　　中国海军五大兵种

名称	建成时间	负责任务
水面舰艇部队	1949.11	消灭敌舰船，破坏岸上目标，输送登陆兵上岸，巡逻，侦察，布雷，扫雷，护航，护渔，救生，海上医疗，巡逻，测量，海军武器试验，海上工程建设，人员船舶护送，物资运送
潜艇部队	1954.6.19	使用水雷、鱼雷、导弹等武器消灭敌方大中型舰船，破坏敌方海上交通线，保护本国海上基地，破坏敌方基地、港口等
海军航空兵	2003.9.6	在海洋空域夺取制空权
海军陆战队	1954.12	以两栖武器为基本装备进行登陆作战
海军岸防兵	1950.10.21	以岸舰导弹、地空导弹、岸炮、高射炮为武器进行海岸防御作战

第二节　海洋产业及海岛

　　除了在海洋军事方面取得的进展，中国海洋经济更是发展迅猛。这方面以海洋经济表现得最为突出。改革开放以来，中国海洋经济持续保持高

---

① 中国海军舰艇网，http：//military. china. com/zh_ cn/zghj。

于同期国民经济的增长速度，1978 年，全国主要海洋产业总产值 60 多亿元，到 2001 年猛增为 7233 亿元，2012 年突破 5 万亿元；中国区域海洋经济蓬勃发展，从北至南已基本形成"三大三小"六个海洋经济区，分别是环渤海经济区、长江三角洲经济区、海峡西岸经济区、珠江三角洲经济区、北部湾经济区、海南经济区。各区立足自身，错位发展，形成了各具特色的海洋发展空间格局；改革开放初期，中国海洋经济三大产业是海洋渔业、海洋交通运输业和滨海旅游业，其他海洋产业或空缺，或十分薄弱，到了 21 世纪初，中国海洋经济门类已经包含海洋石油、天然气业、海洋船舶工业、海洋盐业、海洋生物医药业、滨海沙矿业、海洋工程建筑业、海洋发电业、海水综合利用业等等，与国外海洋产业门类基本相同，并且有不断延伸的趋势[①]。

从 80 年代以来，中国确定了 4 个经济特区和 14 个沿海港口城市率先实行对外开放战略，并将开发利用沿岸海域、海岸带、建设海南经济特区作为重要的经济发展战略。

一   海洋渔业

十一届三中全会以后海洋渔业开始向着"合理开发资源、大力发展养殖、提高产品质量"的方向发展。改革开放使得水产品价格逐渐放开，提高了企业的生产效率。由图 5—5 可知，中国从 1979 年开始海洋渔业进入快速发展时期，海洋渔业产值从 1979 年的 26 亿元上升至 2011 年的 7568 亿元，预计 2012 年中国渔业总产值达到 1.73 万亿[②]。其中，海洋捕捞业产量在 1979—1998 年一直呈上升趋势，之后稳定在 1300 万吨左右。从 80 年代开始中国捕捞开始向远洋发展。1994 年《联合国海洋法公约》生效，中国实行了 200 海里的专属经济区制度，中日在 1997 年重新签订了渔业协定，并于 2000 年生效，但在东海存在争议海域。从 1994 年以来中国开始对海洋捕捞进行管理，1999 年提出海洋捕捞量"零增长"目标。同时中国政府开始鼓励海洋养殖。海洋养殖产量呈指数趋势迅速增加，从 1979 年的 41.6 万吨增加至 2011 年的 1551 万吨。养殖的品种以藻类、贝

---

① 王宏：《海洋经济》，《中国海洋年鉴》，海洋出版社 2012 年版，第 101—146 页。

② 2012 年全国渔业总产值超 1.7 万亿元 http：//news. xinhuanet. com/fortune/2012 – 12/23/c_114126662. htm。

类为主，对鱼虾及珍贵海产品的养殖产量不高。2000 年中韩签订《中韩渔业协定》，并于 2001 年生效，提出对暂定水域设立中韩渔业联合委员会进行管理，双方要逐渐减少在对方过渡性水域中的渔业活动，并于 2005 年开始按照专属经济区管理，一国可根据资源状况决定对方国家在本国专属经济区的捕捞鱼种、配额、作业时间及作业区域，颁发相应的许可证并收取适当费用①。2007 年《中越北部湾渔业协定》生效，协约规定了共同渔区的渔船数量，在过渡性水域作业的渔船要接受对方国家的检查和监督。2008 年中日渔业联合委员会会议提出中日双方在本国的排他性经济水域要减少渔获配额数与许可渔船数，同时双方要加强合作，互相提供资料以对东海海域实行有效的海洋资源管理②。

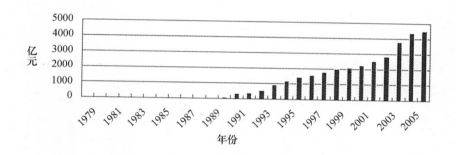

图 5—5　1979—2006 中国海洋渔业产值③

　　中国海洋渔业的增加值总体呈上升趋势，如图 5—6 所示。中国渔业产量已连续 12 年居世界第一位。2011 年中国海洋渔业总产量 2908 万吨，占水产品总产量的 52% 左右。其中，海洋养殖产量占总产量的 53.4%，海洋养殖面积占总养殖面积的 27%，鱼类、贝类、藻类的养殖产量都有所增加。海洋捕捞产量占总产量的 42.7%，远洋渔业产量占总海产品产量的 4%。渔船总吨位 957 万吨，机动渔船所占比例为 94.3%。其中海洋

　　① 郑卫东：《中日、中韩渔业协定与我国渔业管理面临的挑战》，载《渔业经济研究》2000 年第 2 期，第 5—9 页。
　　② 蒋国先、张春林：《海洋渔业资源亟待保护》，载《现代渔业信息》1998 年第 13 期，第 10—11 页。
　　③ 国家统计局 http：//data. stats. gov. cn/workspace/index？ m = hgnd。

捕捞机动渔船占总机动渔船数量的 68.52%。水产品进出口总量分别为
425 万吨、391 万吨。渔业从业人数 2061 万，同比减少 1% 左右。在渔业
管理方面，年投资 16 亿元在北方进行渔业建设，并在南方建立了大批现
代渔业园区。在渔业资源的保护上，根据《全国水生生物增殖放流总体
规划》在 16 个省市举办了增殖放流活动，《水产种质资源保护区管理暂
行办法》规定了 62 个国家及地区的资源保护区，渔业生态补偿资金超过
9 亿元。在安全管理方面，除了加大监测水质环境状况，还加强了渔船的
信息系统建设、对渔船船员的安全培训及渔船建造的监督力度，建立渔船
水上事故的"月通报制度"，对重点及争议海域加强巡航及护渔行动①。
根据规划，到 2020 年中国海洋捕捞和养殖量的比例要接近，同时形成近
海的海洋农牧化。

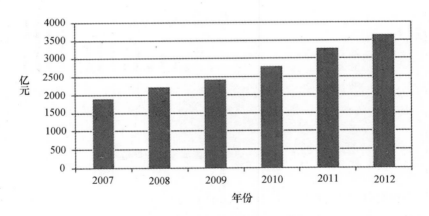

图 5—6   2007—2012 年中国海洋渔业增加值

二　海洋油气业

1979—1991 年中国的海洋油气业产值缓慢增长，到 1991 年仍未超
过 10 亿元，可以看出在此阶段中国的海洋油气产业缓慢发展。1979 年
珠江口盆地的珠 5 井日产油量 289.31 立方米，中国近海的油气勘探技
术取得重大突破。80 年代中国拥有的海洋石油探明储量在 50—330 亿

---

①　王宏主编：《海洋经济》，《中国海洋年鉴》，海洋出版社 2012 年版，第 101—146 页。

吨，中国海洋油气开采开始进行对外合作以学习国外的油气开发技术及获得先进的开发设备。1981 年中国发布《中国对外合作开发海洋石油资源条例》，作为中国与外国在资金和技术合作协商的方针政策。此时中国与 13 个国家、48 个石油公司在南海海域进行了海洋油气资源调查。1982 年中国海洋石油总公司成立，并设立中国海洋石油有限公司负责中国海洋油气资源开发的对外合作，它通过并购成为印度尼西亚最大的海洋石油生产商，拥有印度尼西亚东固液化天然气项目 17% 的权益，获得了澳大利亚西北大陆架的天然气项目的生产、勘探权，成为加拿大 MEG 能源公司第二大股东，获得阿格拉 32 区块 20% 的权益，在里海、西非及东南亚地区取得了一系列的合作协议。在 80 年代中期，中国在法律政策上为海洋石油资源的国际合作开发给予了优惠。在 1980 年与日本、法国签订了 4 个油气勘探开发合同。到 1984 年中国与 16 个国家签订了合作勘探协议，引入风险投资 21 亿美元，到 1985 年利用外资 17.7 亿美元，同时与日本合作开发的埕北油田投产，这是中国第一个对外合作油田。1986 年中法在渤海的 10—3 油田投产。1988 年发现 39 个油气田，投产 2 个，开发建设 6 个。1989 年中日渤海 28—1 油田开始生产，1990 年渤中 34—2/4 油田投产，1994 年联合国海洋法公约将中国的海域面积从 30 万平方千米扩大至 300 万平方千米，这极大地增加了中国海洋油气的勘探开发面积。

除了对外合作开发，中国还提出要自营勘探开发进行两条腿走路。1984 年自营勘探投入 7.8 亿元，发现 6 个有价值的油气田。1982 年中国海洋石油公司成立，全面负责中国海洋油气资源的合作勘探开发，享受勘探开发、生产销售的专营权。到 1989 年开始自己进行海洋油气开发。

从 1996 年开始中国海洋油气产业进入快速发展阶段，海洋油气业产值（2007 年以后为增加值）大幅增加，如图 5—7、图 5—8 所示。在合作开发方面，1982—1992 年共投入 31 亿美元进行海洋油气开发。到 1992 年中国累计天然气产量 4.1 亿立方米，从 1993 年开始，中国成为石油的净进口国，到 2002 年成为世界第二大石油进口国和消费国。1993—1995 年平均年产天然气 3.5 亿立方米。1994 年与阿莫科石油公司合作并于 1996 年建成投产的海上崖城 13—1 天然气田使得中国海上天然气的开采有了巨大的进步。1996 年海上天然气产量将近 27 亿立方米。通过对外合作，中海油通过反承包获利超过 20 亿美元，并发展相关上下游产业。在自营开发方面，中国 1994 年建成 8 个海上油田。1995 年中石油公司上报东方 1—1 气田天然气储量 997 亿立方米，计划年开采量 24 亿立方米。1998 年中国石油化工集团及中国石油天然气总公司成立。2000 年中石化启动海南海洋石油天然气化肥项目，中海油启动东方 1—1 气田的开发。2002 年开始钻井，同时中国最大的海上油田蓬莱 19—3 投产。2003 年中国自主开发的第一个海上气田东方 1—1 气田开始向陆地输送天然气。2006 年渤海海域的年度石油产量超过南海油田成为我国最大的海洋油田，渤海油田的开发建设逐渐进入高潮时期：渤中 25—1 油田、曹妃甸油田、旅大油田、南堡 35—2 油田、蓬莱 19—3 油田相继投产。到 2007 年渤海海域海上油田数量 15 个，海上钻井平台 69 个、浮式储油装置 6 个，作业的船舶超过 100 艘。海上石油开发作业的安全形势相对稳定。

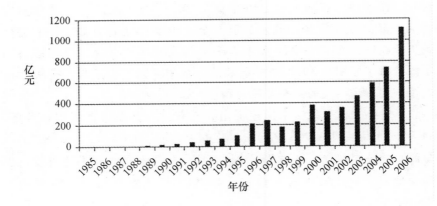

图 5—7   1985—2006 年中国海洋油气业产值

2005 年 3 月中国与越南、菲律宾等南海周边国家签订了合作开发南海的协议，并不断向深水钻探方向发展。中海油正在筹建渤海、南海及中国沿海地区的 5000 万吨原油生产基地、400—500 亿立方米的天然气生产基地、650 亿立方米的 LNG 接收站，并将在南海海域进行大规模深水勘探活动。它掌握了中国近海海域油气开发的 10 项核心技术和 10 项配套技术。2011 年油气产量分别达到 4661 万吨、167 亿立方米，在世界石油公司位列第 34 位。中石化集团逐渐向海洋油气开发方向倾斜，主要发展胜利油田，拥有世界先进的分支井技术。中石油主要在渤海湾进行油气的勘探开发，到 2011 年共计开发 211 口工业油气流井，累计石油产量 1691 万吨。2012 年中国的海洋油气业增加值为 1570 亿元，同比下降 8.7% 。

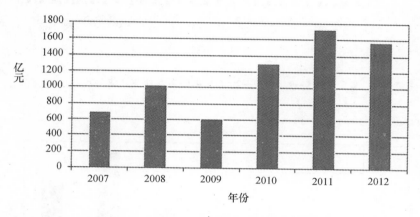

图 5—8　2007—2012 年中国海洋油气业增加值

三　海洋盐业

改革开放之后，海盐除了食用还增加了工业用途，海盐生产的产品品种开始增加。盐田面积不断增加，全国海盐产量和海洋盐业产值都有较大增长。1980 年国家创办了中国盐业总公司并恢复了盐务总局制度，其职能分别为管理中国盐的生产分配调运和销售问题以及对长芦盐区盐场、科研院所等的管理。1990 年《盐业管理条例》诞生，这是中国首部规范制盐产业的法律法规。1994 年《关于进一步依法加强盐业管理问题的批复》中提出要"对食盐进行专营、对工业盐进行计划管理"。1995 年《关于改进工业盐供销和价格管理办法的通知》对工业盐的价格进行了市场化的逐步放开。1996 年《食盐专营办法》规定了食盐定点生产、食盐批发许可证和运输准运证制度。中国沿海盐业的盐田面积 478 万亩，海盐年产量 1300 万吨以上居世界第一位，在溴、钾、镁盐等科研和生产领域具备了一定的水平。海洋盐业的产值、增加值如图 5—9、图 5—10 所示，2012 年海洋盐业增加值 74 亿元。

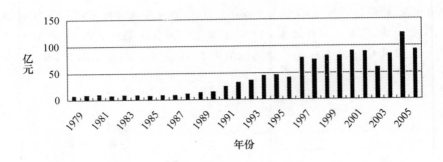

图 5—9　1979—2006 年中国海洋盐业产值

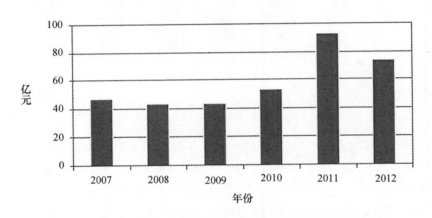

图 5—10　2007—2012 年中国海洋盐业增加值

四　海洋矿业

在 20 世纪 80 年代，中国进行了三次大规模的大洋矿产资源考察。1991 年中国大洋矿产资源研究开发协会在北京成立，其负责规划中国在国际海域的矿产资源的开发和研究活动，中国被联合国批准在公海上取得了 15 万平方公里的开辟区、保留区，并相继开展了海底热液矿床资源的调查。1998 年中国在马里亚纳海沟对海底热液硫化物进行了考察。2000 年以来，中国开始向深海大洋的矿产进军。2005 年中国北皂煤矿海域进行了海下采煤试运转，标志着中国成为在美英加日澳之后的第 6 个可以在海下采煤的国家。之后，中国大洋协会在太平洋深水海域进行了 10 万平方公里的富钴结壳靶区调查。1979—2006 年中国海洋矿业产值及 2007—2012 年中国海洋矿业增加值增长情况如图 5—11、图 5—12 所示。

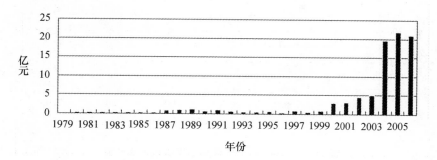

图 5—11　1979—2006 年中国海洋矿业产值

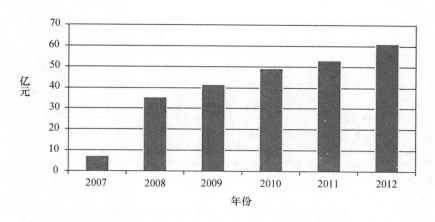

图 5—12　2007—2012 年中国海洋矿业增加值

五　海洋化工业

海洋化工业是中国的新兴产业，从 2001 年开始发展起来。2001—2005 年，中国加大了投入力度，在海水提溴工艺方面进行了研究。2007—2012 年其增加值不断增加，如图 5—13、图 5—14 所示，2012 年中国海洋化工业增加值为 784 亿元。

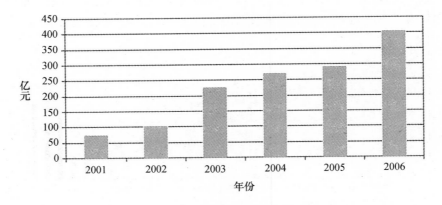

图 5—13　2001—2006 年中国海洋化工业产值

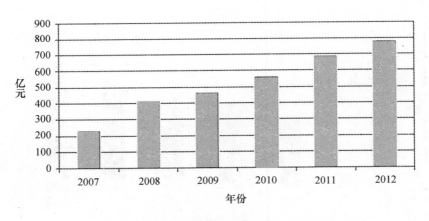

图 5—14　2007—2012 年中国海洋化工业增加值

六　海水利用业

1981 年中国开始进行大规模的海水淡化。进入 90 年代，开始发展海水循环冷却技术。1996—2000 年中国完成了 100 立方米/时和 2500 立方米/时的海水循环冷却试验，之后在"十五"和"十一五"期间分别完成了 2.8 万立方米/时、10 万立方米/时的示范工程建设。1997 年在深圳建成了中国首个海水脱硫装置。2003 年海水冷却已经广泛地应用于电力石化等行业。2007 年海水淡化产量 3.1 万立方米，海水淡化成本为 5 元/立方米。2005 年设立天津、大连、青岛为国家海水淡化及利用的示范基地。
2009 年海水利用的自主创新能力进一步提高，海水利用、海水淡化直接
利用水平达到先进水平。目前中国海水利用业增加值为 11 亿元。2001—
2006 年中国海水利用业产值及 2007—2012 年中国海水利用业增加值变化
情况如图 5—15、图 5—16 所示。

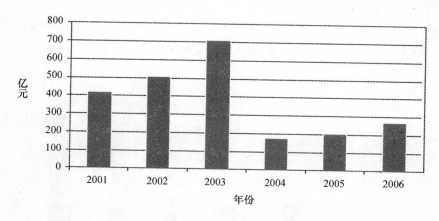

图 5—15　2001—2006 年中国海水利用业产值

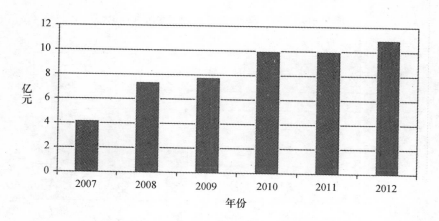

图 5—16　2007—2012 年中国海水利用业增加值

七　海洋电力业

1986 年在山东荣成建成中国首个风电场马兰风力发电厂。1990 年，中国在珠江大万山岛建立岸边固定式波力电站。2009 年共运行潮汐发电站 8 座，电力装机容量 6000 千瓦，发电量 0.1 亿千瓦时/年。2010 年研制成功了首个波浪能独立发电系统。目前中国年水力发电量 8609 亿千瓦时，海洋电力业增加值 70 亿元。图 5—17、图 5—18 显示了 2001—2006 年中国海洋电力业产值及 2007—2012 年中国海洋电力业增加值变化情况，图 5—19 显示了 1949—2012 年中国水力发电量不断增长的态势。

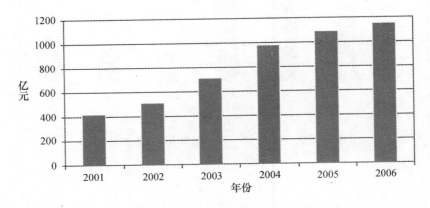

图 5—17　2001—2006 年中国海洋电力业产值

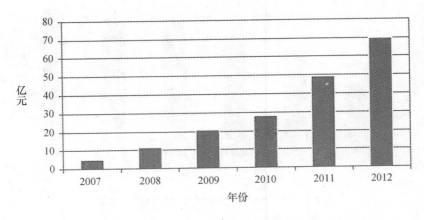

图 5—18　2007—2012 年中国海洋电力业增加值

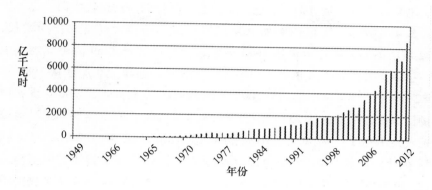

图 5—19　1949—2012 年中国水力发电量

八　海洋运输业

改革开放后，中国海运业进行的调整包括：全方位开放中国海运市场，促进集装箱运输的发展，促进新港建设、改革港口管理体制，鼓励海洋运输业的发展。沿海运输方面，1979 年以台湾海峡为界的南北海峡试通航成功，结束了中国南北航线不能通航的局面。1977 年上海、广州试行了非标准的集装箱航线，并相继发展了多条集装箱航线。1983 年《发展中国集装箱运输若干问题的规定》，对中国集装箱运输的发展进行了安排。1984 年中国颁布了《中国海关对进出口集装箱和所装货物监管办法》，规范了集装箱运输业务的流程和制度。同时鼓励沿海航运企业进行市场化竞争。1988 年取消了货载保留制度和国货国运政策，允许国外公司经营到中国港口的国际班轮运输。远洋运输方面，1984 年远洋运输对交通部直属船队以外的航运企业开放。购买了大量集装箱船、油船和冷藏船调整船龄结构，发展集装箱多式联运。

从 1992 年开始，允许国内航运企业同时经营沿海和远洋运输业务，改变了只有中国远洋运输公司从事远洋运输的垄断局面，给予国外承运人国民待遇，允许外国船运公司在中国建立独资、合资公司和签订海运合同。1993 年开始出现专业企业的自营运输，逐渐形成了以大型国企为主、中小航运企业为辅的联合运输体系。此后，干支线运输、江海直达运输逐渐发展起来，船舶向大型化和专业化方向发展。从 21 世纪开始，中国海洋运输业向绿色航运方向发展，海运相关产业不断发展，港口大规模扩建，港口吞吐量居世界前列，已真正成为世界性的海洋运输大国。

改革开放后，中国的对外贸易发展迅速，远洋货运需求持续增长，1982 年中国的远洋货运量达 4600 万吨，货物周转量 3769 万吨。之后中国的远洋运输开始步入正轨，如图 5—20 所示，远洋运输船舶从 1980 年的 823.6 万净载重吨，增加到 2000 年的 2232.5 净载重吨，2000 年底，中国的国际海运船舶量达 2525 艘，2232.5 净载重吨。2006 年底，远洋运输完成货运量达 5.44 亿吨，其中远洋运输集装箱 1502.44 万 TEU，货运量 1.53 亿吨。目前中国的远洋运输形成了以中国远洋运输集团、中国海运集团、中国对外贸易运输集团为主体，以地方和民营远洋船队为辅助的国际海运体系，共拥有远洋运输船舶 2486 艘，共计 6943.79 万净载重吨。

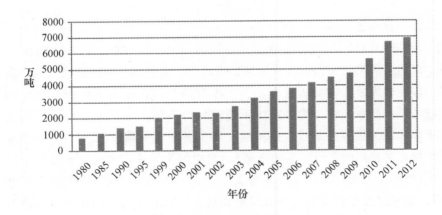

图 5—20 1980—2012 年中国远洋船舶运输总吨

中国的班轮运输经历了从杂货班轮到集装箱班轮，班轮队伍从弱到强的跨越式发展。1978 年 9 月，上海港至澳大利亚的集装箱班轮正式开通，这是中国第一条国际集装箱班轮航线，此时中国远洋运输总公司的集装箱班轮运力仅有 931TEU。80 年代中期，中国开始正式组织集装箱班轮运输。1986 年，中国仅有中远集团从事班轮运输，开辟有航线 37 条，每月有 89 个航班①。1988 年取消了货载保留制度和国货国运政策，允许国外公司经营

① 胡汉湘：《中国国际集装箱运输的回顾与展望》，《中国航海学会》，《中国航海学会 1999 年度学术交流会优秀论文集》，载《中国航海学会》1999 年第 5 期。

到中国港口的国际班轮运输。1986—1990 年是中国集装箱运输的起步阶段，中国主要致力于优化船队规模，提高港口设施条件；1991—1996 年是中国集装箱运输的快速提高阶段，主要致力于改善班轮服务，建立完善的班轮运输网络。1986—1998 年的 12 年间，中国集装箱港口吞吐量连续 12 年保持 20% 以上的增长，中国大陆的沿海港口共开辟国际班轮航线 130 余条，每月有约 2500 个航班。从 1997 年开始，中国的集装箱运输进入一个全新的发展时期，在该阶段中国建立健全了相关法律法规体系，颁布了《中华人民共和国海上国际集装箱运输管理规定》，形成了完善的干支线运输网络，港口设施和港口信息服务建设基本满足了集装箱运输的需要。到 1998 年中国共有 150 多家船运公司从事国际集装箱的班轮运输，集装箱船 1080 艘，箱位 30 万标准箱。进入 21 世纪以来，中国的班轮运输网络不断优化，班轮运输相关指数（反映出各国与全球航运网络的连通程度）如图 5—21 所示，中国的班轮运输相关指数从 2004 年的 100 增加到 2012 年的 156，说明中国的集装箱班轮运输网络发达，完善程度不断加强。目前，中国的沿海和国际运输航线达几千条，国际集装箱班轮航线有 2000 余条。

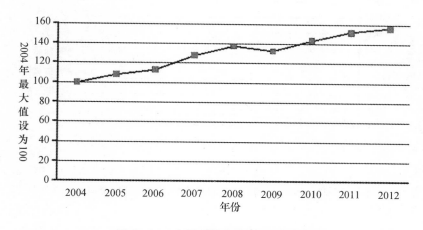

图 5—21 中国班轮运输航线网络状况

在改革开放初期中国的船队构成主要以杂货船、散货船和油船为主，集装箱船处于试运营状态。如图 5—22 所示，1980 年在中国登记的油船共计 182.36 万吨，散货船 284.67 万吨，1984 年左右中国购买了大量集装箱船、油船和冷藏船以调整船龄结构。由于集装箱运输较杂货运输优越性明显，在之后的几年里，中国开始大力发展集装箱运输，在短短的 10 年内，中国籍集装箱船从 1981 年的 6699 吨增长到 1991 年的 109.7 万吨，但仍不能满足中国的集装箱货物运输，进出口货物要经常排队等待①。1995 年中国实际控制船队运力占世界船队总运力的 5.32%，到 2000 年增长到 5.38%。与此同时，在中国加工制造业快速发展的带动下，油轮和散货船也一直保持着快速的增长。到 2001 年中国籍的油船总吨位在 1980 年的基础上翻了一番，散货船则增长了近 4 倍，集装箱船更是达到了 176 万吨。2001 年底，中国拥有的水上运输船舶 21.1 万艘，共 5449.5 万净载重吨。其中集装箱船 1255 艘，拥有集装箱箱位 45.2 万标准箱。到 2008 年中国的船队总规模已跃居世界第四位，船队运力超过 1 亿载重吨，成为名副其实的世界海运大国。2010 年，中国的干散货商船运力占世界运力份额为 12%；油轮运力份额为 4.7%；杂货船运力份额为 12%，船队结构趋于完善②。2012 年中国的船队规模继续扩大，水上运输船舶净载重量达 2.28 亿吨，集装箱箱位达 157.36 万标准箱。

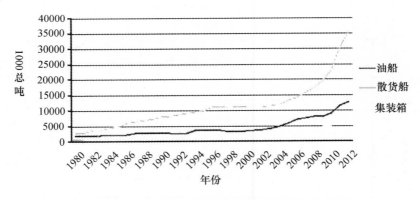

图 5—22   1980—2012 年中国船籍的三类船舶比例演变

水路货运周转量基本上保持了每年 10% 以上的增长速度。如图 5—23

① 胡汉湘：《中国国际集装箱运输的回顾与展望》，《中国航海学会》，《中国航海学会 1999 年度学术交流会优秀论文集》，载《中国航海学会》1999 年第 5 期。
② 彤启春：《试论新中国海运事业的发展和变迁（1949—2010）》，载《中国经济史研究》2012 年第 2 期，第 127—137、145 页。

所示，1979 年中国的水运货物周转量为 4586.72 亿吨公里，到 1990 年增
长到 11591.9 亿吨公里。2000 年中国的水路货运周转量达到 23734.2 亿吨
公里，海运服务贸易出口仅有 16 亿美元，自 2004 年中国加入 WTO 后，
海运服务贸易出口增长迅速，2005 年上升到 89 亿美元，2010 年则上升到
180 亿美元，水路货运量在 2012 年达到 80655 亿吨公里。

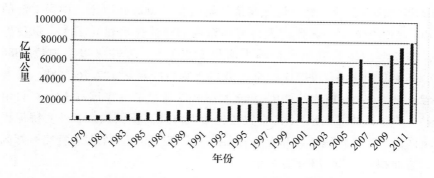

图 5—23　1979—2011 年中国水路货运周转量发展

在港口建设方面，随着"六五"和"七五"经济建设的开展，中国
兴起了第二次港口建设的高潮，交通部对全国枢纽港进行了明确的布局规
划。如图 5—24 所示，自 1979 年以来，中国沿海规模以上港口货物吞吐
量一直保持着平稳快速的增长。1981 年天津港建成中国第一个集装箱专
业码头，从此专业化集装箱港口的建设在中国迅速展开。"六五"期间中
国完成港口投资 107 亿元，拥有万吨级以上泊位的港口从 1980 年的 11 个
增加到 1985 年的 15 个，到 1985 年中国沿海的万吨级以上泊位 173 个，
全国港口吞吐量增长到 4.26 亿吨。"七五"期间港口建设投资额 143 亿
元，新建扩建泊位 223 个，1990 年底中国万吨级以上泊位达到 284 个，
港口吞吐量为 7.16 亿吨①。到 1998 年中国拥有集装箱专用泊位 70 余个，
航道与泊位水深达 12 米—14 米，年设计通过能力 1250 万 TEU，其中大
连、青岛、天津、宁波等港口配备有世界上最先进的大型集装箱装卸桥，
可以接卸超巴拿马型船舶。在 1990—2000 年间，中国加快了海上运输通

---

① 徐萍：《改革开放 30 年来我国港口建设发展回顾》，载《综合运输》2008 年第 5 期，第 4—
8 页。

道的建设，基本上实现了以大连、天津、青岛、上海等 20 个枢纽港为骨架，以地区性重要港口为补充，中小型港口灵活发展的港口布局。到 2000 年底，全国港口总数达 1000 个，码头泊位 3.3 万个，港口吞吐量增长到 22.07 亿吨。集装箱吞吐量 2348 万 TEU。进入 21 世纪以来，中国开始致力于港口大型化和专业化建设，临港产业发展迅速，"十五"期间中国港口建设投资达 1246 亿元，新建泊位 650 余个，新增吞吐能力 8 亿吨。2003 年"区港联动"在上海外高桥开始试点。2005 年以来，中国上海的洋山、天津的东疆、大连的大窑湾和海南的洋浦先后建立了 4 个保税港区。2012 年中国共有生产型码头泊位 31862 个，万吨级以上泊位 1886 个，其中专业化泊位 997 个，全国港口货物吞吐量达 107.76 亿吨，集装箱吞吐量 1.77 亿 TEU[1]。2013 年 7 月国务院通过了《中国（上海）自由贸易试验区总体方案》，上海自贸区包括上海外高桥保税区、外高桥保税物流园区、洋山保税港区和上海浦东机场综合保税区 4 个海关特殊监管区域，总面积达到 28.78 平方公里。

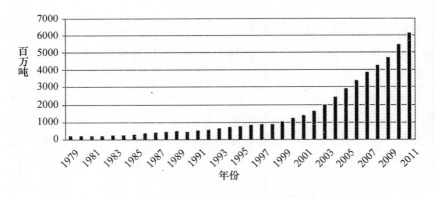

图 6—24　1979—2011 年中国规模以上港口吞吐量发展

九　海洋生物医药业

1983 年开始对中国中药资源进行普查。1985 年海洋新药 PSS 成为山东乃至国家重点推广的预防、治疗心脑血管疾病的海洋药物，并相继获得

---

① 部分世界海洋经济统计资料由王宏、李强主编：《中国海洋统计年鉴》，海洋出版社 2012 年版，第 267、269—295 页。

了 15 项大奖，1986 年 PSS 开始投产销售，已创造产值 35 亿元，成为中国首创的海洋现代药物①。1987 年永海药物食品有限公司成为 PSS 生产销售的试验基地。1988 年永海药物食品有限公司联合烟台西苑制药厂建立了海洋药物生产线，建立青岛海华制药厂作为中国海洋药物生产、成果转化的重要骨干基地。1989 年国家中医药管理局组织出版的《中华本草》编纂海洋药物 802 种，1994 年《中国海洋药物辞典》收录药物 1600 种。2001 年青岛中鲁海大爱华海洋药业有限公司组建成立，标志着中国海洋生物医药的产业逐渐形成。2003 年在 908 专项计划中包括对近海药用生物资源的调查与研究。2005 年开展全国海洋生物药物资源普查，并将成果编著成《中华海洋草本》于 2009 年发行，收录了海洋药物 613 种，有潜在开发价值的药物 1479 种，是中国目前比较全面的大型的海洋药物著作。2010 年 PSS 六人课题组已经开发了 4 种上市药物和 4 种处于临床阶段的药物。目前中国在青岛、上海、厦门及广州形成了海洋药物研究中心，山东、江苏、福建及广东省纷纷加大对海洋生物医药业的投入，形成了各自的产业带。中国许多产品从研发都转入实际生产阶段。海洋医药工业、海洋保健食品、海洋医用新材料工业已经发展起来，创造了巨大的经济效益和社会效益。近年来中国海洋生物医药产业发展如图 5—25、图 5—26 所示，2012 年海洋生物医药业增加值 172 亿元。

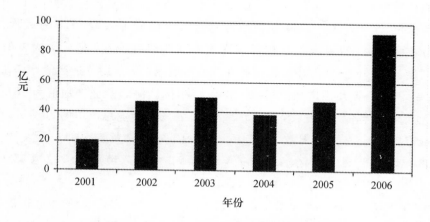

图 5—25　2001—2005 年中国海洋生物医药业产值

---

①　中国海洋大学，医药学院简介［EB/OL］，2007 - 8 - 03http：//222.195.158.131/yiyao/003354.html。

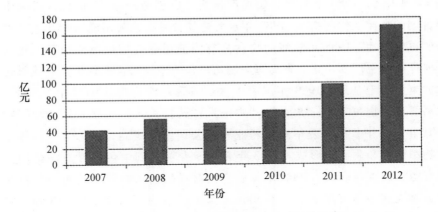

图5—26   2007—2012年中国海洋生物医药业增加值

十   海洋旅游业

从1980年开始中国的海洋旅游业发展起来。1985年沿海城市接待入境旅游人数为516万人次，滨海旅游业的海洋经济核算中还未将国内滨海旅游创造产值计算在内，国际滨海旅游业产值仅为26.34亿元。90年代之后，中国的海洋旅游业迅速发展，海洋旅游业产值逐年增加。1994年中国的国际滨海旅游业产值为312.6亿元。1997年，中国主要沿海城市共接待境外游客1187万人次，创造外汇55.33亿美元，共有饭店1545家，床位55.9万张。2000年中国沿海城市入境旅游人数1718万人次，国际旅游收入637.9亿元，国际滨海旅游创造产值637.9亿元。从2001年开始，海洋经济核算中滨海旅游业开始将国内滨海旅游创造产值计算在内，并开始普遍使用增加值指标。2001年中国滨海旅游业增加值为1072亿元。2005年滨海旅游收入达5052亿元，占海洋产业总产值的30%，沿海城市接待入境旅游人数3000万人次，国内旅游人数50717万人次。2006年增加到2619.6亿元，2009年沿海城市接待入境旅游人数达4559万人次，国内旅游人数91807万人次。

2012年滨海旅游产业增加值6972亿元，占海洋产业总值的近30%。目前海洋旅游业已成为中国海洋经济的重要支柱，沿海城市每年大约可接

待旅游人数 10 亿人次①。中国形成了 5 个特色各异的滨海旅游带，共有
1500 多处滨海旅游景点，100 多处滨海沙滩，主要景点 273 个，其中海岸
景点 45 处，海底景点 5 处，生态、奇特景点 27 处，山岳及人文景点 181
处，海岸带地区有国家历史文化名城 16 个，国家重点风景名胜区 25 个，
全国重点文物保护单位 130 个，15 个国家级海洋、海岸带保护区。

十一　海洋船舶工业

在造船工艺及种类上，1979 年 12 月，中国建成首批远洋航天测量船
"远望 1"号和"远望 2"号，成为世界上第 4 个能够设计制造此类船只
的国家，同年中国建成了首艘万吨级远洋科学考察船"向阳红 10"号，
排水量 1.3 万吨。80 年代初能建 1.5—5 万吨级各种远洋船舶。1982 年 5
月，成立了中国船舶工业总公司（CSSC），中国出口船舶 9 艘总计 21.68
万载重吨。1983 年大连造船厂建成"渤海 5 号"、"渤海 7 号"两艘 6400
吨自升式钻井平台。1988 年 10 月由上海交通大学设计、青岛北海船厂建
造的世界首座极浅海步行坐底式钻井平台"胜利 2 号"投入使用。
1990 年—2012 年中国年造船完工量情况如图 5—27 所示。

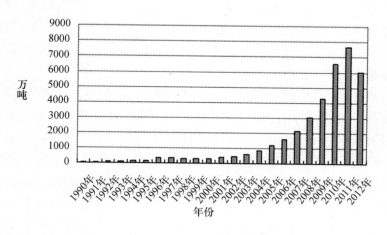

图 5—27　1990—2012 年中国年造船完工量

---

　　① 部分世界海洋经济统计资料由王宏、李强主编：《中国海洋统计年鉴》海洋出版社 2012
年版，第 267、269—295 页。

　　进入 20 世纪 90 年代，中国造船产量增长迅速，大大高于世界造船总量的增长速度。1990 年年造船量仅为 63.37 万吨，1994 年跃升至 164.4 万吨，成为仅次于韩国和日本的世界第三大造船国。2001 年在世界经济整体走低的形式下中国造船业仍稳步前进，年造船完工量 390 万吨，同比增长 16.07%。2005 年造船产量突破 1000 万载重吨达到 1212 万吨。2011 年造船量 7665 万载重吨。2012 受欧美债务危机、融资困难以及造船业产能过剩等因素的影响，2012 年船舶完工量同比下降了 21.45%。

　　1990 年造出用于油田回淤严重、工程地质条件较为恶劣的海滩区域的钻探和开采设备的运输的"7301"气垫运输平台，造出中国最大、最先进的火车渡轮"北京"号。1990—1991 年建成 8 艘出口冷藏/集装箱船。1991 年造出中国首艘旅游全垫升气垫船"郑州"号，中国目前自行开发设计及建造的最大吨位的 9.8 万吨成品油轮在大连造船新厂命名并签字交付船东，成功地建造了一艘 3000 立方米液化石油气船。1992 年建造一艘 4200 立方米半冷半压式液化气船，建成首艘特种破冰船"滨海 284"号，首艘铝合金大型双体侧壁式气垫船"迎宾 4 号"。1996—1999 年大连造船新厂为希腊森娜玛丽斯公司先后建造了 3 艘 11 万吨成品油轮。1998 年中国首座自升式气垫组合钻井平台"港海 1 号"建成，首艘铝合金穿浪型高速双体客船"飞鹰"号顺利试航，"信天翁"3 型（XTW—3）12 座掠海地效翼艇、DXF100 型 15 座地效飞行器、"天鹅号"（751 型）15 座动力气垫地效翼船（艇）先后进行水上掠航演示。1999 年 2.2 万立方米乙烯液化气船下水。

　　2000 年 585 吨 YF8301 型超低温金枪鱼船钓船顺利交付使用。2001 年首次建成 4800 马力平台供应船"滨海 253 号"，该船能为海上石油钻井平台提供全方位服务。同年，国内首条 15 万吨海上浮式储油轮（FPSO）"渤海世纪"号交付，首艘水上清扫船"方通号"在天津下水。2002 年大连新船重工有限责任公司为美国科诺克·菲利普斯石油总公司建造的 23 万吨 FPSO 正式开工，该船不仅是中国目前建造的最大吨位 FPSO 船，也是中国建造的第一艘出口 FPSO 船，同年中国首次为瑞典斯坦纳航运集团建造代表世界当代领先水平的 12300 吨滚装船"斯坦纳·先觉"号交付使用。2003 年一批 23 万吨浮式生产储油轮（FPSO）、海洋风车安装船的首制船实现交船，15 万吨 FPSO"海洋石油 111 号"完工并交付中海油。

　　在军用舰船发展方面，1990 年由大连造船厂、中华造船厂、广州造船厂共建造 16 艘驱逐舰，江南造船厂开始建造导弹护卫艇 37II 型。1992 年 052 型旅护级驱逐舰建成，到 1995 年共建造 2 艘，1995—1996 年建成 3 艘导弹护卫艇，1998 年 054 型旅海级驱逐舰投入使用，2000 年从俄罗斯引入 2 艘现代级驱逐舰。核潜艇于 1974 年研制成功，1974—1991 年由葫芦岛造船厂建造了 5 艘 091（汉级）攻击型核潜艇，全部配备给北海舰队。1983 年研制成功 092 级（夏级）导弹核潜艇，葫芦岛造船厂相继建造 4 艘全部配备给北海舰队。1992 年大连造船厂将油轮改造为"南仓"号补给舰。1995 年 074 型登陆艇服役，排水量 486 吨。1999 年中国购买了"瓦良格号"，2002 年"瓦良格号"达到大连港。2004 年江南造船厂开始建造 022 型导弹艇，到 2009 年共建造了 80 艘左右。2005 年中国开始对"瓦良格号"航母进行改进。2006 年 054 型导弹护卫舰在广州黄埔造船厂下水，081 型扫雷舰在上海求新造船厂下水，071 型综合登陆舰开始建造。2007 年 996 吨的"张家港号"扫雷舰开始服役，2008 年 054 型导弹护卫舰开始投入使用。2012 年中国 056 型导弹护卫舰下水，是中国目前最新型的导弹护卫舰。2011 年中国改造俄罗斯"瓦良格号"建成首艘航母。2012 年瓦良格号正式改名"辽宁号"，并交付中国海军①。

　　在船舶配套设备研发及生产方面，20 世纪 80 年代中国建造 2.7 万吨散货船其国产化率达到 69%，1995 年为 43.3%，1998 年降到 32.5%。20 世纪 90 年代初期，中国船舶工业总公司生产的船舶配套设备主要有柴油机和船用导航仪。从 1990 年至 1994 年，船舶设备的产量整体呈增长趋势，但是随着船舶大型化的发展趋势，国产船用设备并没能跟上船舶大型化的步伐，配套设备装船率低。中国船舶工业公司船舶设备生产情况如表 5—7 所示，1995 年船用配套设备产量骤减。2004 年，在新型船舶配套设备研发上取得较大进步，制造出 5 万马力大功率低速柴油机，电控共轨低速柴油机，以及世界最大级别船用螺旋桨等一批新型船用配套设备，促使中国船用设备国产化步入一个新阶段。2006 年，船用设备产量快速提升。船用低速柴油机的产量达到 142 台/174.7 万千瓦，船用中速柴油机产量达到 8145 台，比上年增长 26%，船用高速柴油机产量达 4927 台。此外，大型锚绞机、克令吊、舵机、螺旋桨等船用配套设备产量有较大幅度增

---

　　①　高晓星、翁赛飞、周德华：《中国人民解放军海军》，五洲传播出版社 2012 年版。

长，船用锚绞机产量达 765 台，船用起重机产量达 333 台，船用舵机产量达 206 台。2007 年，船用低速机产量达 169 台/227 万千瓦，低速机曲轴产量 60 多根，并且承接了约 300 根的订单。同时顺利实现了为超大型油船配套的 7S80MC 低速柴油机、国内最大功率的 SK90MC—C 低速柴油机和世界首制 6RT-flex50B 智能型船用低速柴油机等三型大功率低速柴油机的本土化制造，以及超大型油船和集装箱船的主机、甲板机械的自主配套，三大主流船型船用设备的本土化率整体水平比上年有了稳定提高。2010 年，中国船用低速柴油机产量提高到 336 台/600 万马力，船用中速柴油机产量提高到 16242 台，船用高速柴油机产量提高到 12687 台，船用起重机产量提高到 1018 台，船用锚绞机产量提高到 3271 台，船用舵机产量提高到 422 台①。

表 5—7　　　　1990—1995 年中国船舶工业总公司船舶设备生产情况

项目	1990	1991	1992	1993	1994	1995
柴油机（台/万千瓦）	559/41.6	606/48.05	549/61.14	901/81.4	946/87.7	762/74.6
船用精密导航仪表（台）	181	171	269	436	514	339

　　中国的造船种类主要集中在集装箱船、油轮及散货船方面，高附加值船舶制造产业还处于起步阶段。游艇制造业从 80 年代开始通过引入国外技术、与外商合资等形式开始生产游艇。90 年代后随着中国休闲旅游业的发展，许多世界性的游艇公司都到中国建立游艇制造企业。2007 年中国销售收入 1000 万以上的游艇生产企业有 28 家，广东省占总数的 43%。中国游艇生产企业主要分布在广州、深圳、常州、厦门、青岛、上海等地，游艇制造企业超过 50 家。近几年中国游艇超过 60% 都出口到国外，出口主要地区为美国、中国香港、澳大利亚、日本及西欧国家，2008 年出口 218 万艘，2009 年出口 177 万艘②。

　　近几年高附加值的产品如表 5—8 所示。法国、意大利、德国和芬兰

① 曹惠芬：《我国船舶配套业"十一五"回顾和"十二五"展望》，载《船舶物资与市场》2011 年第 3 期，第 3—7 页。
② 王晓：《我国游艇制造业的发展现状与对策》，载《广东造船》2011 年第 30 期，第 3 卷，第 60—62 页。

拥有世界邮轮订单的 99%，日本是亚洲邮轮建造经验相对丰富的国家，韩国也开始由并购欧洲造船厂向邮轮制造领域发展，而中国分别在 2010年 8 月和 2013 年 3 月建造了一艘 264 个铺位和一艘 386 个铺位的豪华邮轮。在高附加值船舶方面，中国除了 LPG 型船舶的产量较高外，其他类高附加值船舶的产量还都比较低。在邮轮建造技术方面，中国不能建造抗8 级风浪的船用电梯，无法建造豪华邮轮，只成功研制出船用电梯试验塔①。

表 5—8　　　　　　　　　中国近年的高附加值船舶年产量②

船舶类型	2006 年		2010 年		2011 年		2012 年	
	艘	载重吨	艘	载重吨	艘	载重吨	艘	载重吨
原油船	32	2105798	58	10981073	41	10020288	25	5946189
成品油船化学品船	194	2936349	166	3803441	142	2740027	140	2552322
冷藏船	0	0	0	0	1	1380	0	0
集装箱船	174	2146275	84	3083141	51	1661800	75	2415363
滚装船	6	27300	1	11663	2	23613	4	41881
汽车运输船	3	41300	6	32638	5	13142	5	21215
LPG	4	43570	7	65674	15	50292	18	71858
LNG	0	0	0	0	0	0	1	82625
FPSO	2	50300	0	0	0	0	1	335000
钻井船	0	0	0	0	0	0	2	73668
大件运输船	0	0	0	0	7	186052	0	0

在深海探测船舶的制造上，1980 年上海交通大学研制出中国首艘载人潜水器用于海上抢险救生，并开始研制下潜 200 米水深的无人遥控潜水器，武昌造船厂开始研制用于石油开发、水下工程作业的潜水器。1994年大洋矿产资源研究开发协会从俄罗斯远东海洋地质调查局购买并经初步改装成"大洋一号"远洋科学考察船。

---

①　孙财元：《船用电梯试验塔研制成功，豪华邮轮中国造不再遥远》，［EB/OL］. http：//news. xinhuanet. com/newscenter/2005 – 08/22/content_ 3388414. htm，2005 – 08 – 22/2009 – 001。

②　Shipping Intelligence Network 2010 http：//www. clarksons. net/sin2010。

十二　海岛开发

1979 年以来，日本政府策划了一系列的阴谋活动，欲将钓鱼岛划归为自己的领土，受其实际支配。南沙群岛中，中国进驻的岛礁只有 7 个，越南、菲律宾和马来西亚侵占和进驻的岛礁超过 45 个，同时印度尼西亚、文莱也对南沙海域虎视眈眈。1981 年 5 月 19 日《关于修改中国领海基线的建议》提出调整原有领海基线，大陆领海基点被调整为 63 个。1983 年中国地名委员会授权公布包括南沙群岛在内的南海诸岛 287 个标准地名，马来西亚以演习名义侵占了南沙群岛 5 个岛屿。1988 年中国政府在南沙永暑礁上建立海洋气象观测站，但在永暑礁和赤瓜礁与越军发生冲突。1988—1995 年组织了对中国海岛资源的全国大调查，参与人数 13400 人，调查面积 20 万平方千米，调查内容包括海岛气候、地质、生物制备、海水化学、海岛面积测算等。通过此次普查，中国建立了海岛资源的数据库，建立了 6 个国家级、省级开发试验区，查清了中国面积大于 500 平方米的海岛数量为 7372 个。

到 80 年代，在中国南海投资进行油气开发的外国石油公司数量达到 66 家。中国周边国家与西方发达国家互相勾结，越南、菲律宾等国家提出要"以军事为后盾、以现有控制为依托、加速南海的资源开发"，南海问题被国际化，除了要求西方国家参与解决，还要求提交至国际海洋法庭进行仲裁，并不断从国外购入先进的海军武器装备。中国对南海问题采取的态度是"搁置争议、共同开发"。

1990 年在辽宁长海县、青岛田横岛、广东南澳岛、横琴岛、东海岛等沿海地区组织了经济开发试点项目。1992 年中国《领海及毗连区法》规定：中华人民共和国的陆地领土包括中华人民共和国大陆及其沿海岛屿、台湾及其包括钓鱼岛诸岛在内的附属各岛、澎湖列岛、东沙群岛、西沙群岛、中沙群岛、南沙群岛以及其他一切属于中华人民共和国的岛屿。同年中国制定《中国 21 世纪议程》，把海岛的可持续性开发与保护作为重要的行动方案之一。在随后制定的《中国海洋 21 世纪议程》中，专门阐述了海岛可持续发展问题，涉及 4 个方案领域：海岛经济开发；海岛资源和环境保护；无人岛屿的管理和保护；海岛基础设施建设和社会发展。1993 年在全国设立 6 个海岛旅游开发试验区，包括辽宁长海岛、山东长岛、浙江六横岛、广东南澳岛、广西涠洲岛。1996 年 5 月 15 日发表的

《中华人民共和国政府关于中华人民共和国领海基线的声明》明确了中国大陆领海的部分基线和西沙群岛的领海基线，并首次确定和公布 77 个领海基点及其位置。1999 年中国《海洋环境保护法》第二十六条规定：开发海岛及周围海域的资源，应当采取严格的生态保护措施，不得造成海岛地形、岸滩、植被以及海岛周围海域生态环境破坏。1999 年台军从南沙群岛最大的岛屿太平岛撤军，实际上是对该岛主权的放弃。此时，中国相继在浙江、辽宁、山东、福建和广州建立一些海岛管理试点。

到 2000 年初，马来西亚在南通礁至曾母暗沙海域打了超过 90 口油气井，年产石油超过 3000 万吨。2002 年韭山列岛成为中国第二批海岛试点管理地区，全国政协委员观察团到浙江和广东进行海岛视察。2003 年国家海洋局、民政部、总参谋部联合颁布的《无居民海岛保护与利用管理规定》，该文件规定了无居民海岛的区分与规划制度、申请审批制度、保护和整治制度、名称管理制度以及相应的法律责任。2004 年越南开办了前往南沙群岛的旅游线路并要在南沙举行"国会代表选举"。2006 年 9 月 11 日东海海区的 10 座领海基点石碑全部建成，为《中华人民共和国领海及毗连区法》等法律的实施提供了依据，但韩国开始大肆宣称中国抢夺苏岩礁。2009 年投资 20 亿元的 908 计划也包括了对海岛基本情况的调查，台湾岛从战略位置上来看对大陆具有重要的意义：它是美国第一岛链的重要构成部分，是掩护中国大陆和进入太平洋的关键节点，对中国领海范围及海底资源占有的确定具有重要意义；它可以作为中国在太平洋海域作战的重要战略基地和物资补充地点，战争爆发时可以此为基地迅速到达东南亚及日本、韩国台湾海峡也是中国乃至世界重要的能源和商贸运输通道。它经济发达、造船、石油工业都有较高的发展水平。2009 年《中国海岛保护法》正式出台，这是中国首个以保护海岛生态为目的的海岛法律。2010 年由中央财政海域使用金推动的海岛整治修复项目进展顺利，国务院公布《关于推进海南国际旅游岛建设发展的若干意见》提出要推进开发西沙群岛和无居民岛屿的旅游，越南却指责中国侵占了其领土，要求渔船停止非法作业。

中国面积大于 500 平方米的岛屿共计 7372 个，海岛总面积 6691 平方千米，面积小于 500 平方米的海岛数量近 1 万个。2011 年确立了全国海岛保护规划、省级海岛保护规划、县级市级可开发利用无居民海岛保护和利用规划的三级海岛规划体系。建立了《全国海岛规划》，浙江、广东、广西、福建都有自己的省级海岛规划。开展了海岛的生态修复工作，具体包括烟台小黑山岛、威海刘公岛、舟山桥梁山岛、台州竹峙岛、珠海东澳岛、珠海外伶仃岛；投入 4 亿元进行 20 个海岛的整治修复项目，包括污水及垃圾处理、码头改建、岸线的修复和海岛的加固；在城洲岛、唐山湾分别建立海岛生态建设实验基地和国家海岛开发利用示范基地；拟定了《扶持边远海岛发展的若干意见》；完成了 16914 个海岛的现场调查，普查登岛率 80%，完成了对所有海岛的命名工作和 1660 块岛屿的标志设置工作，编成了《中国海域海岛标准名录》、《全国海域海岛地名普查数据集》。

在无居民海岛保护方面，国家海洋局公布了 176 个可开发利用的海岛，启动了无居民海岛使用的登记制度，到 2011 年颁发无居民海岛使用许可证书 4 本，征收了 2.6 亿海岛使用金。在山东和广东均成立了海岛开发与保护战略研究中心进行海岛技术保护研究。

在海岛管理方面，中国海监机构依据《中国海监海岛保护与利用执法工作实施办法》、《中国海监定期巡查工作规则》、《关于加强无居民海岛开发利用活动执法检查工作的通知》等 9 项法律文件定期对海岛进行巡查，巡查方式包括航空巡查、船舶巡查和登岛巡查。巡查重点海域为无居民海岛及其周边海域、领海基点所在岛屿，巡查内容为破坏海岛地形地貌和海岛周边海域的违法行为。2011 年巡查次数 20826 次，检查海岛个数 10679 个，发现违法行为 67 起，罚款金额 72.42 万元。同时 2011 年中国成立了国家海洋局海岛管理司，在海南和舟山等地还成立了独立的海岛管理机构。国家海岛管理司的作用是制定海岛相关的保护规划、管理政策及技术规范，颁发海岛使用许可，对海岛使用状况进行评估，对无居民海岛的使用权进行转让和征收使用金，对海岛进行命名和普查、监测。

在海岛监测方面，中国已经在 2851 个海岛和 45 个领海基点分别建立了航空监测、地面监测点，对 4000 个海岛进行了三维管理，建成了海岛监视监测的数据库系统和海岛网站"中国海岛网"。

在海岛宣传方面，中国已经举办了 16 次全国海岛联席会议，并开办了"海岛经济与海岛保护"论坛，发布了《海岛舆情》、《海岛工作交流》、《记录海岛》等印刷宣传品①。

---

①　国家海洋局，http://www.soa.gov.cn。

中国的海岛经济产业为第一产业，海岛旅游产业开发程度不高且对环境造成了严重破坏，开发利用尚处于初级阶段。对特殊用途的海岛，如为国家领海基地、军事基地用途及海洋保护区的海岛保护措施的操作性较差，执法和宣传力度较差，海岛无序开发情况严重。无居民海岛主要由海岛管理司负责，有居民海岛的管理仍然为分散管理模式。海岛生态被严重破坏，岛屿数量在下降。中国海岛还存在主权纠纷问题：到 2011 年属于中国的南沙群岛中，越南侵占 29 个，并将南海 100 万平方千米海域划入其版图，基本控制南沙西部海域；菲律宾侵占 8 个，其要求范围包括 54 个岛礁和 41 万平方千米海域，已控制了南沙东北海域；马来西亚侵占 5 个岛礁，要求范围 12 个岛礁和 27 万平方千米海域，已控制了南沙西南海域；文莱控制 2 个海岛；印度尼西亚侵占了中国 5 万平方千米的海疆线。中国在南沙群岛驻守的岛屿环境较差，被其他国家侵占的岛屿所包围，距中国距离相对较远，不适合在岛上修筑军事设施且难以大量驻军，在资金投入和岛上设施建设上非常落后，驻守官兵生活极其艰苦，拥有的武器装备不足。西沙群岛也被越南觊觎，另外，日本通过舆论、外交挑衅和军事部署等多种行为企图侵占钓鱼岛，韩国通过捏造历史、建立网站、登岛科考等方式企图侵占苏岩礁。日本和美国勾结阻止中国收复台湾岛[1]。

第三节　海洋权益

一　海洋主权

1982 年《联合国海洋法公约》规定：每一个国家有权确定其领海的宽度，直至从按照本公约确定的基线量起不超过十二海里的界限为止；还规定：群岛国家可采用支线群岛基线法规定其领海。由于公约对基线的概念较模糊，这必然导致各国由于领海基线产生的海上管辖区的争议。中国政府于 1996 年发布了关于领海基线的声明：宣布中国大陆领海的部分基线为 49 个各相邻基点之间的直线连线，其余领海基线待后将再行宣布。中国领海基线的发布引发了邻国的强烈反应，越南、菲律宾、韩国等纷纷提出质疑和反对意见。1992 年，中国人大常委会通过《领海及毗连区

---

[1]　国家海洋局海洋发展战略研究所课题组：《中国海洋发展报告 2013》，海洋出版社 2013 年版。

法》，其中明确写到台湾及其包括钓鱼岛在内的附属各岛为中国领土。岛屿权利是影响海洋划界的另一重大影响因素，《联合国海洋法公约》第121条对岛屿有如下规定：岛屿像其他陆地领土一样拥有领海、毗邻区、专属经济区和大陆架，但不能维持人类居住或其本身的经济活动的岛屿，不应有专属经济区或大陆架。1998年，中国第九届人大常委会第三次会议通过并制定《中华人民共和国专属经济区和大陆架法》，正式以法律形式确认中国专属经济区范围为中国领海以外并邻接领海的区域，从测算领海宽度的基线量起延至200海里。

中国的争议海域及海岛主要包括钓鱼岛问题、南沙群岛问题、中日东海及中韩黄海划界争端。1978年之后日本开始在钓鱼岛上修建各种建筑物，对周围海域进行调查，不断进行军事巡逻，阻止别国进入该海域。1999年李登辉提出"特殊两国论"，2000年台湾被台独分子控制。2010年日本海上保安厅巡逻船在钓鱼岛冲撞中国渔船，2012年日本海上保安总部巡逻船人员登岛，美国在《日美安保条约》中认为钓鱼岛处于日本控制，2013年中国海军护卫舰在钓鱼岛海域巡航时日本海上自卫队出动反潜巡逻机和驱逐舰进行跟踪监视。

90年代，中国南沙群岛被占领30多个，外国驻守兵力2000余人。1995年美国宣布对南沙群岛问题持中立态度，提出"介入但不陷入"政策，在东盟地区论坛上提出要在南沙海域保持10万驻军以直接参与南沙军事战争。希望以南沙问题控制、阻碍中国及东南亚国家的发展。日本呼吁东盟联手对抗中国，印度也加强与马来西亚、越南等国的军事联系，澳大利亚也表示不能"视而不见"。1997年开始菲律宾每年在黄岩岛抓捕中国渔民，将黄岩岛列入菲律宾版图。2000年以来，菲律宾已经将南沙群岛部分岛屿划入其版图，成立"卡拉延省"，抓捕中国作业渔民。2007年越南邀请马来西亚、新加坡、美国、俄罗斯进行南沙石油合作开发，并与英国石油公司在南沙建设天然气田和管道，宣称拥有南沙群岛主权。南沙群岛总面积210万平方千米，中国控制9个岛屿，越南控制29个，菲律宾控制8个，马来西亚控制5个，文莱控制2个。

除此之外，在东海海域中国与日本存在划界争端，2004年日本记者到中国春晓油田进行调查，之后宣称中国侵犯了海洋权益，2004—2009年提出要投入100亿日元调查日本大陆架以将其大陆架海域范围扩张至350海里。在黄海海域，中国与韩国存在划界争议，根据联合国海洋法公约中韩存在 18 万海里的争议海域。

目前中国内河及领海面积 300 平方千米。除了与越南在北部湾有划定协议外，尚未就专属经济区的划界与邻国达成协议。中国与邻国在大陆架范围划分上有争议，在黄海，中国主张以海岸线为基础的等比例线来划分中国和朝鲜及韩国的大陆架。在东海，中国主张陆地领土自然延伸原则，宣布东海大陆架是中国大陆领土的自然延伸，中华人民共和国对东海大陆架拥有不容侵犯的主权。在南海，周边国家的大陆架要求与中国在南海的断续海疆线形成重叠区，在解决分歧时中国应充分考虑中国在断续海疆线内享有的历史性权利[①]。

二 海洋立法

从 20 世纪 80 年代中国开始重视海洋法制建设。中国陆续颁布了 20 多部法律，如表 5—9 所示。1996 年中国制定了《中国海洋 21 世纪议程》，提出了要实现海洋事业的可持续发展。1998 年《中国海洋事业白皮书》全面阐述了中国海洋事业的发展政策。2011 年中国制定了《国家海洋事业规划 2011—2015 年》、《国家十二五海洋科学和技术发展规划纲要》、《关于编制省级海岛保护意见的若干规定》、《全国海洋人才发展中长期规划纲要 2010—2020 年》、《海洋工程装备产业创新发展战略 2011—2020 年》、《国家环境保护十二五规划的通知》、《全国海洋系统开展法制教育宣传的第六个五年规划 2011—2015 年》等法律法规，涉及海洋石油开采、通航安全、船舶污染应急处理、无居民海岛使用、海洋科技、海洋行政执法、海洋预报警、规范海域使用和海洋环保等多方面。

表 5—9 中国改革开放后颁布的海洋法律法规[②]

海洋法律法规	颁布部门	颁布时间（年）
对外合作开采海洋石油条例	国务院	1982
防止船舶污染海域管理条例	国务院	1983
海洋环境保护法	人大常委	1983
海洋石油勘探开发环境保护管理条例	国务院	1983

① 季国兴：《中国的海洋安全和海域管辖》，上海人民出版社 2009 年版。
② 帅学明主编：《中国海区行政管理》，经济科学出版社 2010 年版。

续表

海洋法律法规	颁布部门	颁布时间（年）
海上交通安全法	人大常委	1984
海洋倾废管理条例	国务院	1985
矿产资源法	人大常委	1986
渔业法	人大常委	1986
海关法	人大常委	1987
渔业法实施细则	农牧渔业部	1987
防止拆船污染环境管理条例	国务院	1988
铺设海底电缆管道管理规定	国务院	1989
水下文物保护管理条例	国务院	1989
防治海岸工程和建设项目污染损害海洋环境管理条例	国务院	1990
防治陆源污染物污染损害海洋环境管理条例	国务院	1990
领海及毗连区法	人大常委	1992
外商参与打捞中国沿海水域沉船沉物管理办法	国务院	1992
测绘法	人大常委	1993
海商法	人大常委	1993
水生野生动物保护实施条例	农业部	1993
海洋自然保护区管理办法	国家海洋局	1995
航标管理条例	国务院	1995
涉外海洋科学研究管理规定	国务院	1996
专属经济区及大陆架法	人大常委	1998
海域使用管理法	人大常委	2002
无居民海岛保护与利用条例规定	国家海洋局	2003
港口法	人大常委	2004
海底电缆管道保护规定	国土资源部	2004
防止海洋工程建设项目损害污染海洋环境管理条例	国务院	2006

三　海上执法

从 20 世纪 80 年代中期中国海军战略从近岸防御转变为近海防御，海军建设也采取了机械化和信息化同时发展的方针，取得了巨大的成就。此时中国的海上执法力量有中国海监、中国渔政、中国港监、海上武警、海上缉私队伍等部门，分属于国家海洋局、农业部、交通部、公安部、海关等不同的部门，这导致了各部门在海上执法过程中各执其政，协调困难，执法资源重复性太大，各部门均有自己的执法队伍发展计划，一定程度上导致人力、物力、财力的重复投入。此外，分散的执法力量也限制了中国海上执法活动的开展，各部门之间沟通协调不畅也导致了一些领域的执法冲突和执法真空的出现。从 1997 年开始中国海监开始进行定期的维权巡航执法活动。

2013 年中国将五大海洋执法机构合并组建国家海洋局，由国土资源部进行统一管理。其主要职责包括制定海洋发展规划、海洋执法、海域使用管理及监督、海洋环境保护等。主要内设机构包括政策法规和规划司、海域和海岛管理司、海洋科技司、海洋预报减灾司等。

目前中国海洋执法主要依据的法律包括《中国领海及毗连区法》、《中国专属经济区和大陆架法》、《中国海域使用管理法》、《中国海洋环境保护法》、《中国海岛保护法》、《中国涉外海洋科学研究管理规定》，通过"海盾"、"碧海"、"渤海湾石油开发定期巡航"等专项活动进行海域和海岛的维权巡航、制止海洋污染、做普法宣传工作。2011 年中国派出海监船舶、飞机各 14795 次、892 次，行政处罚 122 起，处罚金额 135271.54 万元。北海区、东海区和南海区的检查次数分别为 59704 次、29751 次、2973 次。启动了与国家文物局对中国水下文化遗产的联合执法机制，开展了"国际光缆专项保护行动"，加强了与韩国海洋警察厅、港澳台的执法合作交流，参与北太平洋海岸警备执法论坛。派出 110 人次对 50 个单位的 30 个海洋科研项目进行了涉外工作排查。海域使用检查项目 30900 个，海洋保护监督检查 41465 次，海岛检查 20826 次，获取了 40% 的海岛地形监控数据。新建执法船 10 艘、执法艇 16 艘，开始进行海权执法指挥系统的初期建设，投资 26 亿元启动 29 个海监维权执法基地的改造建造项目。

四　外交

1979—1989 年期间，中国奉行独立自主、和平发展与对外开放的战略思想，在此指导下，中国逐渐形成了独立自主、全方位开放、不结盟、不对抗，外交以国家利益为主的外交政策，与美国解除结盟关系，但保持良好关系，同时改善中苏关系，此时中国国际地位大幅提升，与美国、俄罗斯、日本、东盟成为亚太地区的五大战略力量。1989 年 "北京政治风波" 和苏联解体对中国外交产生重大冲击，美国成为世界上唯一一个超级大国，美、日、欧各国对中国进行集体制裁，中国外交进入被动状态，此时邓小平针对不利的被动状态，提出 "不当头、不扛旗、不与西方对抗、努力搞好自己的事情" 的韬光养晦的外交方针，逐步走出外交困境。1991 年，中国加入亚太经合组织，1994 年成立东盟地区论坛，中国也加入其中，与东亚地区及世界主要国家就亚太安全问题进行对话，谋求地区和平及共同发展。1996 年中俄建立了战略协作伙伴关系，1997 年中美建立了建设性战略伙伴关系。与此同时，中国与东盟的（10 + 1）领导人会议、中日韩与东盟的（10 + 3）领导人会议的合作机制也相继建立，在经济、政治、文化，甚至安全等多领域进行对话与合作。2001 年正式加入世贸组织，主要从经济入手融入国际社会。到 2007 年底，中国与亚洲 46 国、非洲 49 国、欧洲 43 国、美洲 23 国、大洋洲 10 国建立了外交关系。在 2008 年成功举办奥运会，2010 年成功举办世博会，虽然中国的人均 GDP 还很低，但是中国作为五大常任理事国之一，是一个政治大国，拥有核武器、航天飞船和较强军事能力的国家，一个外汇储备大国，经济大国，中国在国际上的地位已不可同日而语，逐渐被国际认同①。

到 2011 年中国共与 172 个国家建交，奉行独立自主的和平外交政策，不断加强经济外交，发展了国内资金和技术市场，也与发展中国家建立了经济纽带，与东盟国家建立了 5 个自由贸易区；同时中国为世界和平发展做出重大贡献，开展多边外交并逐渐成为多边外交的倡导者，参加了 100 多个政府间组织，签署了超过 300 项国际公约，参与了 22 项国际维和行动，通过上海合作组织、亚太经合组织、东盟地区组织、南亚合作联盟、东盟 10 + 3、中日韩首脑会晤、申办奥运会、世博会、举办亚洲博鳌论坛、主持朝鲜问题六方会谈；中国外交坚持求同存异、妥善处理争端分歧、扩大利益汇合点、推动对话建立机制。目前，中美建立 6 大类 60 多种对话机制，中俄确定了战略协作伙伴关系，高层互访频繁，边界问题已

---

① 赵佳楹：《中国近代外交史》，世界知识出版社 2008 年版。

经确定，中日不断克服危害关系的不利因素，与加拿大、新西兰及澳大利亚的关系也在不断加强。通过中非合作论坛中国与阿拉伯国家合作论坛，扩大、深化与非洲、中东及拉美国家的合作机制。对周边国家秉承"以邻为善、以邻为伴"的外交政策，对周边热点问题根据"搁置争议"的原则达成临时协议，与13个周边国家签订了边界协定，划定了90%的陆地边界。坚持一个中国原则，收复了香港澳门，将承认中华民国的国家压缩至20多个。目前采用的外交手段包括首脑外交、政党外交、经济外交、公众外交、军事外交、议会外交、文化外交和体育外交[①]。

五 运输通道安全

1979年5月中国的船只才在台湾海峡正常航行。1982年《联合国海洋法公约》正式颁布，各国逐渐认识到岛屿对国家的重要性，也因此中国与周边国家就海上问题出现一系列矛盾和分歧，一些海上交通要道受到威胁和挑战。中国也在1996年正式成为该公约的成员国。领海方面，中国在公约中表示对"用于国际航行的海峡"没有异议。1986年，在中国认识到沿海交通运输线对沿海战争时经济、兵力调动和作战物资运输的重要性，同时也对维护世界和平正义等具有重要意义。80年代后，海洋问题逐渐引起党的领导核心的重视，主要产生了"经略海洋"、"海洋强国"等重要思想。在1993年建立的东盟地区论坛，建立起海上多边安全合作机制，为推进保护海上运输通道达成协议，以达到互利共赢的目的。2002年11月中国与东盟签署一系列合作宣言，建立海上争端解决机制，共同维护海上战略通道安全。中国积极参与了《制止危及海上航向安全非法行为公约》、《制止危及大陆架固定平台安全行为议定书》，联合国针对海盗猖獗的各项决议等的实施，建立起国际反海盗机制、确保海运通道的安全。2004年7月，中国建立第一个北极科考站"黄河站"，"北极航线"的通航对中国海上运输航线具有重要意义。2006年9月4日建立了第一个亚州政府间海上安全合作机制《亚洲地区反海盗及武装劫船合作协议》，建立起海上危机预警机制，使在2006年以来在东南亚海域的海盗及武装劫船事件大幅下降，一定程度上保护了海上运输通道的安全。为了增强中国对相关海上通道的影响力，中国在2007年参加了"西太海军论坛

① 叶自成、李红杰主编：《中国大外交折冲樽俎60年》，当代世界出版社2009年版。

多边海上演习"、"西太反水雷和潜水演习"等，实施静态与动态部署相结合的方式，并强化动态部署。从 2008 年 12 月 25 日到 2011 年 3 月期间，中国海军已经在亚丁湾护航 2 年，共派出 8 批护航编队 16 艘军舰，为保护海上运输通道的安全给予保障。2009 年 9 月 18 日，中俄护航编队在亚丁湾进行以"和平蓝盾—2009"联合军事演习。2009 年 11 月 6 日，中国召开"亚丁湾护航国际合作协调会议"，各国海军共同为亚丁湾护航合作进行积极磋商。美国在《2007 年度中国军事力量报告》中将马六甲海峡定义为中国的"马六甲困境"。近 20 年来，美国加大了对亚太地区的军事部署，尤其是在 2009 年 2 月 16 日，日美双方签署协议：在 2014 年从其位于日本冲绳的军事基地迁出 8000 名士兵，转移到关岛基地。这将意味着美国将计划与日韩形成同盟，遏制中国海上战略空间。不仅如此，美国通过与泰国、菲律宾、印度尼西亚等国协议获得了这些国家对美舰机开放的准许，这将在未来发生危机时，对中国的海上运输通道形成严重制约和封锁。改革开放以来中国逐渐形成了沿海、近海、远洋战略通道网。并且在经济全球化的大背景下，中国首次形成"依赖海上通道的外向型经济"。

频繁的海盗活动对中国海上运输通道安全构成最现实的威胁。20 世纪 90 年代初期，中国南海被公认为是全球海盗活动最猖獗的地区之一。仅在 2004 年 5 月至 12 月的 7 个月里，就有一半事件发生在中国南海。2010 年前 8 个月也有 43.7% 的海盗和武装劫持事件发生在南中国海域。在过去的十年里，中国船只也多次受到海盗的袭击：1998 年 11 月 "长胜"事件、1999 年 9 月 25 日，厦门"育嘉"轮在斯里兰卡遇袭、2002 年，中国"福远渔 26 号"在索马里遭劫、2003 年 3 月 20 日中国渔船在斯里兰卡遇袭并造成 17 人失踪或死亡，仅在 2008 年 1—11 月期间就有超过 200 艘船只在索马里海域受到袭击。

对中国比较重要的海上战略通道节点如表 5—10 所示。对中国比较重要的海运航线包括到日本、韩国及俄罗斯的北向航线，该通道占中国对外贸易量的 25% 左右；从中国经日本达到北美西海岸、从中国经关岛夏威夷群岛达到美国西海岸及穿过巴拿马运河到达南美地区的东向航线、从中国穿过南海到达东南亚、印度尼西亚及澳洲的南向航线、从中国途经马六甲海峡印度洋到达波斯湾及绕行好望角到达地中海海域的西向航线，如图 5—28 所示。未来北极航线也将对中国产生重要影响。目前中国的海军基地主要在近海海域，美国的岛链封锁了中国进入太平洋的航道，日本不断向海外派兵并强化与美国的军事同盟，印度也开始建设航母编队和加强南海地区存在，中国与周边国家还存在岛礁主权、海域划界分歧及资源争夺的问题，南沙争端的国际化和美国的频繁插手使得问题更加复杂，印度尼西亚、马六甲及中国南海海域都是海盗袭击的多发区。这些都使得中国对运输通道的控制能力极低，中国近海海域能控制海上运输通道只有台湾海峡，在对中国极为重要的马六甲海峡存在"马六甲困境"，一旦发生战争及危机，中国的原油、铁矿石及贸易进出口通道被封堵的可能性极大，这将对中国经济及安全造成重大威胁①。

表 5—10　　　　　　　　　　对中国重要的海上战略通道

海峡类别	海峡名称	海峡作用
近海战略通道	朝鲜海峡	日本国防第一线，中国进入日本海的唯一通道，东北亚海上交通枢纽及门户，二战时期美国的重点封锁对象
	大隅海峡	是中国从东面进入太平洋的重要通道，中美货运量有 25% 经过此地，美国第七舰队常用航道，可布设水雷
	宫古海峡	靠近冲绳岛，是美国第七舰队的前级基地，中国钓鱼岛及其附属岛屿也在此附近，是中国经南太平洋到达美洲及澳洲的重要贸易及军事战略通道
	台湾海峡	是日美韩俄重要的国际航道，对中国主权及军事、经济等都有重大价值，是中国南北运输的重要通道，是保卫东南沿海的重要通道，是中国打破美国第一岛链封锁的重要节点
	巴士海峡	南海和菲律宾的重要连接通道，是中国南海进入太平洋的重要通道，是由东南亚到达美洲西海岸的重要通道，也是日本进口能源和物资的重要通道，是美国第七舰队常用航路，也是俄罗斯和印度海军进出太平洋的重要通道，距离美国军事基地苏比克湾只有 300 海里
	望加锡海峡	是太平洋和印度洋的重要连接通道，美国核潜艇经常出没的海峡，是中国与印度尼西亚及大洋洲国家贸易往来的必经通道
	巽他海峡	战时易于被封锁，是中国与澳洲贸易和中国海军进入印度洋、太平洋的重要通道，也是美国第七舰队经常出没的通道
	马六甲海峡	是中国原油进口、铁矿石进口的必经通道，中国能源物资对其依赖程度达到 80%，是中国与南亚、中东及非洲、欧洲贸易往来的必经之路

---

① 梁芳:《海上战略通道论》，时事出版社 2011 年版。

续表

海峡类别	海峡名称	海峡作用
远海战略通道	霍尔木兹海峡	是中国从中东进口石油的必经之路
	曼德海峡	亚非欧的重要咽喉，是中国与欧洲国家贸易的重要通道，沟通印度洋和红海
	苏伊士运河	沟通地中海和红海，缩短了大西洋到印度洋的航程，是美国和俄罗斯发动战争的必争之地，是中国与欧洲、北非及地中海国家贸易往来的重要通道
	巴拿马运河	中国与美国、日本是巴拿马运河的前三大使用国，是中国从巴西进口铁矿石及从委内瑞拉进口原油的必经之地，中国集装箱货物占巴拿马运河总量的60%
	波斯湾	是世界石油宝库，是中国原油进口的主要区域
	亚丁湾	是进出苏伊士运河的重要海域，也是海盗盛行、世界上最危险的区域
	南海	中国30%的对外贸易和80%的石油进口途经该海域

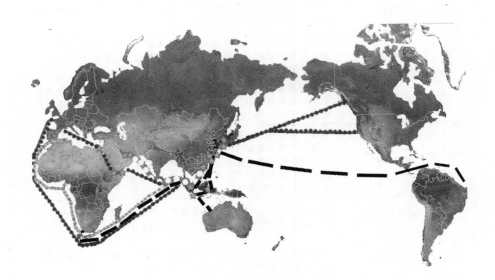

图 5—28　中国主要运输通道分布情况

　　注释：锚表示中国海军基地，星表示对中国重要的海峡战略通道，折线表示中国主要的铁矿石进口航线，黑色圆点线表示我国主要货物进出口航线，灰色浅白点线表示中国的原油进口运输航线，线的粗细代表航线货运量比例及重要程度

第四节　海洋环保

改革开放以来，随着海洋经济的快速发展，海洋污染问题也逐渐显现出来，这严重制约了中国的可持续发展。为此，政府加大了对海洋环保的重视力度。在污染治理方面，完善了海洋环保立法、建立了海洋环境监测机制以及海上突发污染事件的应急处理能力；在海洋生态保护方面，规划建立了多个海洋自然保护区并完善了海岛生态保护政策。

从 20 世纪 80 年代开始，中国的经济发展水平不断提升，尤其是沿海经济的发展，使中国的海洋污染问题日益严重。直到 90 年代末，中国的海洋污染问题仍没有得到很好的解决。其中，未达到清洁水质标准的海域面积从 1992 年的 10 万平方千米，上升到 1999 年的最高值 20.2 万平方千米，平均每年以 14.6% 的速度增长。1999 年之后，中国的海洋海景保护工作取得了一定的进展，中国海洋污染情况得到了一定的控制，达到清洁水质标准的海域面积由 1999 年的 20.2 万平方千米，逐年下降到 2004 年的 16.9 万平方千米，减少了 16.3%，环境污染状况得到了初步的改善。表 5—11 显示了 2004 年到 2012 年中国海洋污染状况。2011 年渤海湾中海油主产区发生漏油事故，中海油在蓬莱 19—3 油田的 5 个作业平台有 2 个漏油，单日溢油最大分布面积 158 万平方千米，造成周围 840 万平方千米的海域水质从一类下降至四类。

表 5—11　　　　　　　2004—2012 年中国海洋污染状况①

年份	2004	2005	2006	2007	2008	2009	2010	2011	2012
观测统计污染物总量（万吨）	1145	1463	1382	1407	1149	1367	—	1826	1705
污染海域面积（万平方千米）	16.9	13.9	14.9	14.5	13.7	14.7	17.77	14.4	16.8
灾害发生频数（次）	155	176	179	163	134	132	132	114	138

入海污染物主要包括化学需氧量（COD）、氨氮（以氮计）、总磷（以磷计）、石油类、重金属（主要包括铜、铅、锌、镉、汞）、砷等；污染海域面积是指未达到清洁海域水质标准的海域面积；发生的灾害主要包

① 2012 年中国海洋环境质量公报，http://www.coi.gov.cn/gongbao/huanjing。

括风暴潮、赤潮、溢油等。从表中数据可以看出，中国历年的海洋污染情况呈现波动状态，没有明显的变化趋势，但是近几年的污染物总量以及污染海域面积情况相对前几年有所加重，这表明未来海洋污染处理工作依旧非常艰巨。

2012 年中国海水环境相对较好，但近岸水域的污染程度依然相当严重，其中二三四类及低于四类水质标准的海域面积分别为 46910、30030、24700、67800 平方千米。低于四类水质标准的海域主要在环渤海、长江口水域及珠江口附近。渤海海域污染从 2007 年来逐渐加重；黄海的污染在 2004 年污染程度最大，近年也呈上升趋势；东海和南海污染程度近年逐渐下降。污染的来源主要是无机氮、活性磷酸盐和石油类物质。无机氮污染严重的海域在长江口海域，其次是环渤海海域，污染面积分别为 33150、14530 平方千米；活性磷酸盐的污染海域主要在长江口附近，污染面积 13360 平方千米；石油污染海域主要在长江口海域，其次为渤海海域。2012 年中国海域富营养化海域面积 9.8 万平方千米，黄海海域特别是大连湾的沉积物质量较差，如图 5—29 所示。

在海洋污染治理方面，中国不仅完善了中国海洋环境保护法律体系，在海洋环境监测技术及突发事件应急处理能力方面也取得了较好的成绩。1979 年国家颁布了《中华人民共和国环境保护法（试行）》，其中一些条款就海洋环境的保护和污染防治作了原则性的规定，是中国海洋环境法史上的重要转折点。1982 年 8 月审议通过了《海洋环境保护法》并于次年 3 月 1 日生效，在此基础上，1984 年 "全国海洋污染监测网" 建立成功，第一次对中国沿海海域进行定期监测调查。90 年代以后是中国海洋污染处理事业高速发展的时期，1999 年 12 月国家修订了《海洋环境保护法》，2001 年通过了《中华人民共和国海域使用管理法》，并对《渔业法》进行了修订，2004 年修订了《中华人民共和国野生动物保护法》。至此，中国的海洋环境保护法律体系已经成形。在海洋环境保护法体系的支撑下，2002 年至 2007 年中国先后成功发射了 "海洋一号 A 星"、"海洋一号 B 星" 及中国第一颗海洋动力环境监测卫星 "海洋二号"，从而强化了中国海洋环境监测技术及海上突发污染事件的应急处理能力。在 2006 年长岛海域油污染事件过程中，国家海洋局迅速响应、周密部署、协同作战，妥善处理了溢油事件；2009 年面对黄海绿潮灾害，海洋局有效组织了山东、江苏、青岛等省市，做好了绿潮灾害监视监测及应对处置工作，而对 2010 年

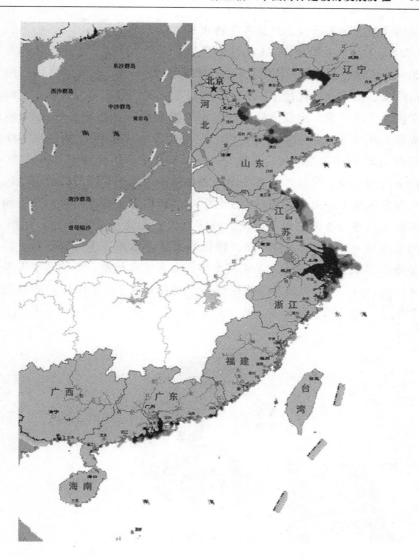

图 5—29　中国近海海域水质等级状况①

注释：我国周边海域颜色越浅表示水质越好，颜色越深表示污染情况越严重、水质越差

接连发生的海上溢油事件，海洋部门快速反应并第一时间起草报告报送中央领导，同时妥善处理问题，得到了中央领导的肯定。这些表明均中国的

————————————

① 国家海洋局，http：//www.soa.gov.cn。

海洋污染治理能力已经达到世界先进水平。

2012 年中国发生赤潮 73 次，累计面积 7971 平方千米，具体分布如图 5—30 所示，是 2008 年以来赤潮次数最多的一年。渤海滨海地区海水入侵严重，土壤盐渍化严重，河北滦河口至北戴河和广东雷州至海南海口海岸侵蚀状况严重。突发事件包括广东 "雅典娜" 号沉船造成 7000 吨浓硫酸和 140 吨燃油泄露，福建莆田 "巴莱里" 集装箱船沉没造成 100 箱农药和 1100 多吨燃油泄露，蓬莱 19—3 油田溢油，大连新港 "7·16" 油污仍未清理干净，受日本福岛核泄漏事件影响西太平洋海域的放射性污染程度和范围加大。对于突发污染事件，中国海洋局立即派出海监飞机和相关海监人员进行事故处理和监测，并定期发布专题预报和简报。中国 23 个海水浴场中有 3% 的水质较差，特别是大连金石滩、连云港连岛、深圳大小梅沙海水浴场、福建龙王头海水浴场海水水质较差，平均每年发生赤潮 4—8 次。17 个滨海旅游度假区水质平均指数 4.2，水质较差的度假区占 7%。

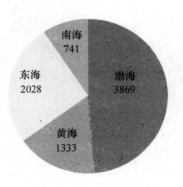

图 5—30　2012 年中国各海域赤潮面积

海洋生态保护方面，改革开放以后中国的海洋生态保护进入了恢复与快速发展时期。1980—1996 年，部分海域综合调查的完成以及海洋保护区管理法规的出台促进了海洋自然保护区的发展，平均每年建立 3.5 个海洋自然保护区，年均保护面积约 14.08×10^4 公顷。1985 年全国建立了渔业水域环境监测网，加强了对重点渔业水域的环境监测，为保护海洋生物多样性提供了科学依据。在 1994 年的《中国 21 世纪议程》和 1996 年的

《中国海洋 21 世纪议程》中提出中国海洋发展要走可持续发展道路。1997 年以后海洋生态保护进入了高速发展时期，在此期间，每年平均建立 7.9 个海洋自然保护区，年均保护面积达 13.89×10⁴公顷。2001 年国家海洋局在《海洋工作"十五"计划纲要》中提出要以满足经济发展对海洋资源的需要为出发点推动海洋经济的可持续发展。截至 2006 年 6 月，中国共建立了海洋自然保护区 139 个，总面积为 420.6×10⁴公顷[1]。2010 年 3 月，《海岛保护法》正式实施。该法于 2009 年 12 月 26 日经全国人大常委会审议通过，首次以法律的形式确立了海洋行政主管部门在海岛保护与开发利用工作中的行政主体地位，为海岛生态保护提供了法律依据。目前中国的海洋生物多样性如表 5—12 所示。

表 5—12　　　　　　　　　　2012 年中国海洋生物多样性

海域名称	浮游植物（种）	浮游动物（种）	大型底栖生物（种）
渤海	182	77	343
黄海	214	66	250
东海	336	237	459
南海	438	586	587
全国共计	636	704	1087

海洋生态系统健康状况如图 5—31 所示，其中河口海域均处于亚江口状态，海湾中除杭州湾处于不健康状态其他都为亚健康，除了广西北海珊瑚礁、雷州半岛西南沿海的滩涂湿地、广西北海红树林、海南东海岸的海草床处于健康状况，中国其他的滩涂湿地、珊瑚礁、红树林和海草床都处于亚健康状况。中国海洋保护区共 19 个，海洋自然遗产保护区 13 个，如图 5—32 所示。

---

① 王淼、胡本强等：《我国海洋环境污染的现状、成因与治理》，载《中国海洋大学学报》（社会科学版）2006 年第 5 期，第 1 页。

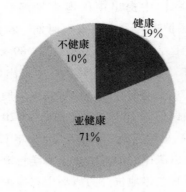

图 5—31   中国海洋生态系统健康状况

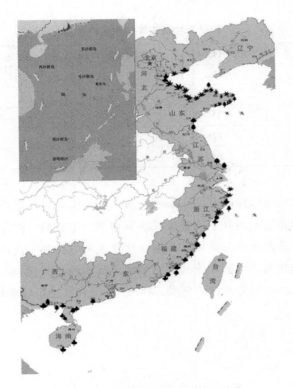

图 5—32   中国海洋自然保护区分布

注释：☀表示海洋自然保护区，↙表示海洋特别保护区，♠表示海洋公园资料来源：国家海洋局。

资料来源：国家海洋局。

第五节　海洋科技与教育

改革开放后，中国的海洋科技与教育进入快速发展时期，取得了众多的研究成果。

一　海洋科技管理

1989 年《中产期海洋科学技术发展纲要》提出：中国海洋科技"以海岸带和管辖海域为主，适当向外海及远洋方向延伸，优先发展海洋养殖、海洋交通运输、海洋油气业，并选择性的发展海洋高科技产业"，要求中国到 2000 年达到世界 20 世纪 80 年代的水平，到 2020 年进一步缩小和国际先进水平的差距。1996 年制定《"九五"和 2010 年全国科技兴海规划纲要》，要求到 2000 年海洋科技成果转化率达到 30%，到 2010 年海洋科技进步贡献率提高 50% 以上，重点开发海洋调查监测、海洋农牧化、海洋生物利用及海洋生物医药、海洋化学、海水利用和淡化这几方面的技术。

二　海洋科研

中国在 1982 年建立了第一个专业性的海洋药物科研机构——山东省海洋药物科学研究所，之后青岛海洋大学建立海洋药物与食品研究所、国家海洋药物工程技术研究中心，国家海洋局第一研究所建立海洋生物活性物质国家重点实验室，北京医科大学建立天然药物和仿生药物重点实验室，青岛第三制药厂建立国家海洋药物中试基地，中国医科大学建立海洋药物研究开发中心，沈阳医科大学建立动物药化学室及生药室，中山大学建立海洋科学与工程研究中心并建立药学系，国家海洋局第三海洋研究所建立海洋药物开发研究中心，福建海洋研究所建立生物室海洋微生物组。1985 年 PSS（藻酸双脂钠）海洋生物医药创立了中国海洋科技成果产业化的新型模式——包括政府、大学及企业的"六人小组"，具体包括 2 名高校药物研究所成员、2 名制造厂工程技术人员和 2 名医疗专家。该科研小组拓展了海洋生物药源、建立了海洋糖类化合物成药的理论体系，构建了中国第一个海洋糖库，为肿瘤、心脑血管疾病等提供了良好的技术支撑，建立了海洋药物的工程化体系和中国首个海洋药物产业化试验基地，推动了中国海洋药物向现代药物方向拓展。1988 年中国海洋湖沼学会设立药物学分会，挂靠青岛药物研究所。1989 年中国举办了首次国际南极研究学术研讨会，并在上海成立了中国极地研究所。到 2011 年中国海洋机构 109 个，国家级海洋科技机构 50 个。1996 年青岛海洋大学在华海制药厂建立山东省海洋药物工程技术研究中心，之后国家海洋药物工程技术研究中心也建立起来。1996—2000 年海洋 "863 计划" 在海洋监测、海洋生物、海洋探查与资源开发方面分别确定了 7 个、13 个、11 个专题。1997 年实行 "973 计划" 立项数目 15 个。2009 年召开中国第十届海洋药物学术研讨会。

中国的海洋科技经费投入来源主要为横向技术性收入、政府投入、生产经营、贷款，社会团体、民间机构等投入的经费较少。1985 年中国的科技经费投入 1.3 亿元，1991—1998 年平均年投入经费 6.42 亿元。国家投入的科技预算为 6.8 亿元。1997 年开始实行 "973 计划"，对海洋领域的经费投入 4.44 亿元，立项数目 15 个。2001—2005 年中国投入海洋生物医药研究项目的经费总额 3600 万，投入近海海洋调查项目的项目经费 1188 万。从 2006—2010 年，研发经费投入总额逐年增长，由 52.9 亿元增长到 1955.1 亿元。

在海洋生物医药方面，1991—1998 年中国每年参加科技活动的人员增长近乎为负值。但具有高级技术职务的人员近年呈增加的趋势，1991 年为 1823 人，1998 年达到了 2765 人。负增长主要是机构改革、人员分离和离退休人员增加的结果，由于专业技术人员自身业务水平和知识技能迅速提高，技术职务升级较快导致高级技术职务人员增加较快。中国涉海科研机构数量与人数如图 5—33、5—34 所示。2011 年中国海洋科研机构 179 个，海洋科研人数 37445 人[①]。

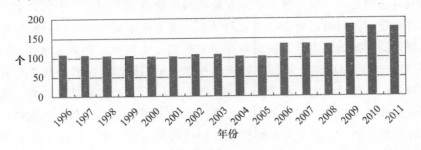

图 5—33　1996—2011 年涉海科研机构数量

---

①　李乃胜主编：《中国海洋科学技术史研究》，海洋出版社 2010 年版。

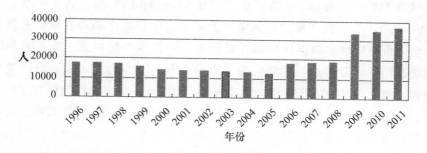

图 5—34　1996—2011 年涉海科研人数

三　海洋油气与矿产资源勘探开发技术

从 1979 年开始，中国建造了 2 条远洋调查船"向阳红 14"、"向阳红 16"，购进并改装了 3 条基地科考船"极地号"、"雪龙号"、"大洋一号"，建造了 1 艘海洋地球物理调查船"科学一号"。1980 年中国开始了全国海岸带及滩涂的第二调查阶段。1980 年上海交通大学与有关单位协作研制出一艘载人潜水器用于海上抢险救援，还与中国科学院自动化研究所联合研制无人遥控潜水器，下潜深度 200 米，具有人工智能和机械手，是水下作业的机器人。武昌造船厂也研制出用于石油开发、水下工程作业的潜水器。在 20 世纪 80 年代，中国开发出三维波动方程 P—R 分裂一步法偏移技术，可以打出高压、高深度的水平井，在油气勘探开发技术水平上提高到新的水平。1981 年中国召开海上石油设备技术经济座谈会，对发展海洋石油和天然气的设备进行了研究和规划，希望通过对外合作学习国外的先进技术。由于中国获得的知识技术相对落后，中国开始进行自主创新，相继形成了地震采集处理、油藏数字模拟、海上钻井平台定位和油气管道铺设、数控测井等技术。海洋观测基地相继建立，浮标网也开始布设。1983 年中国进入太平洋中部海域进行锰结核调查，获得了 7.5 平方千米的开采权利。1986 年开始在南沙群岛进行调查。1985—1988 年中国"向阳红 16"调查船在东北太平洋海域进行了三次大洋锰结核调查，初步掌握了锰结核的分布、储存状况，1986—1990 年在中部和东部太平洋海域进行了多金属结核矿产资源大洋地质调查，圈出 20 万平方千米的多金属结核富矿区。1988—1995 年开展了全国海岛资源调查及资源开发试验。1990 年之后开始进行大陆架的深层海域调查，在东太平洋获得 15 万平方千米的矿产资源开辟区。1991—1995 年进行大洋多金属锰结核调查，

1994 年对中国入海口、入海河流及近海水质进行了调查。"大洋一号"是 1994 年中国为了大洋矿产资源调查的需要，中国大洋矿产资源研究开发协会从俄罗斯远东海洋地质调查局购买并经初步改装而成，是一艘 5600 吨级远洋科学考察船。改装后的"大洋一号"具备海洋地质、海洋地球物理、海洋化学、海洋生物、物理海洋、海洋水声等多学科的研究工作条件，可以承担海底地形、重力和磁力、地质和构造、综合海洋环境、海洋工程以及深海技术装备等方面的调查和试验工作。1990—1995 年开展了海洋灾害环境预报及近海环境技术研究，开展了大陆架及近海海域勘察和资源评价研究。至 1999 年底已在多项高技术研究上获得重大突破，取得 10 项重要成果，并已成功应用于海上油气的勘探与开发：（1）渤海上第三系石油勘探取得重大突破；（2）海上中深屏高分辨率地震勘探技术；（3）海上多波地震勘探技术；（4）高温超压地层钻井技术；（5）海上大位移钻井技术；（6）渤海优质快速钻井技术；（7）海上地球物理成像测井技术；（8）海上简易平台筒型基础技术；（9）渤海绥中 36—1J 区酸化技术；（10）海洋石油勘探开发数据库。"海龙号"ROV 于 2008 年 5 月在中国海完成了 3278 米的深海试验。中国自行设计、集成创新、拥有自主知识产权的载人潜水器于 2009 年在南中国海成功进行了 20 次下潜，最大下潜深度达 1109 米，2010 年 7 月 13 日，"蛟龙号"载人潜水器 3000 米海试成功，最大下潜深度达到 3759 米。2011 年 7 月 26 日，"蛟龙"号载人潜水器在第二次下潜试验中成功突破 5000 米水深大关。2012 年 6 月 27 日，中国载人深潜器"蛟龙"号 7000 米级海试最大下潜深度达 7062 米，近年来蛟龙号海试深度发展情况如图 5—35 所示。

在海洋合作调查方面，1980 年中国与美国合作在长江口地区进行海洋沉积调查，1981 年与美国在青岛举办海藻学术论坛会议，1983 年召开长江口沉积作用的学术研讨会。1985—1989 年中国与美国合作进行了热点西太平洋海气相互作用调查，1986—1992 年中国与日本进行了黑潮调查，并相继与法国、德国、韩国、朝鲜、澳大利亚展开了合作。2005 年中国乘坐美国伍兹霍尔海洋研究所的"阿尔文"号载人潜水器在东太平的深海热液区完成了 8 人次深海下潜。

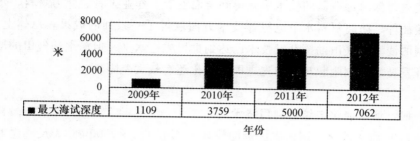

图 5—35　中国蛟龙号海试深度发展情况

在极地科考方面，1980 年中国首次赴澳大利亚南极凯西站进行考察，1981 年成立了国家的南极考察委员会，1984—1985 年进行了南大洋和南极洲的首次考察，1985 年中国在南极建立长城站。1985—1986 年、1986—1987 年分别进行了第二、第三次南极科考和环南极海洋调查。1989 年在南极建立了中山站。1995 年中国远征北极科考队到达北极点。2004 年中国在北极建立黄河站，该科考站拥有全球极地最大规模的空间物理观测点，这也使得中国成为世界第 8 个建立北极科考站的国家，2009 年中国在南极内陆冰盖冰穹 A 地区建立昆仑站。

目前中国攻克了油气资源勘探与评估、钻井和测井、油气开采、油气储存和运输等方面的一系列关键技术，取得了包括地震勘探、地化勘探、高温超压钻井、优快钻井、大位移钻井、地球物理测井、油藏精细描述、数值模拟、疏松砂岩储层防砂、水下井口对接、海底管道设计与铺设、海上平台设计与建造、浅海效应和抗冰 FPSO 的设计与制造、边际油田和稠油油田开发等一大批高技术成果。

中国的潜水器技术在总体集成和优化、模块化设计、耐压结构及密封、浮力材料、水密接插件、水下高密度能源、槽道螺旋桨推进、潜水器运动控制、水生导航定位、水声环境探测、水下通信、机械手、水下作业工具等技术方面已取得较好的进展。除此之外，中国的海洋探测、成像、通信和定位技术取得了很大进步。目前中国海底取样工具技术已经取得了长足的进步，国内海洋科考船上装备的绝大部分海底取样工具如海底浅孔岩芯钻机、电视抓斗、深海沉积物取样器、热液口保真生物取样器等绝大部分为国产，海洋机械手的具体技术指标已经达到了目前国外的平均水平。在配套及基础件技术方面，围绕着深海仪器与设备的开发、海洋工程的建立，深海运载器的技术单元得到全面发展，作业工具、浮力材料、水密接插件、防腐材料水下电机等技术方面取得了一系列的成果。总体上，中国的浅水油气田勘探开发技术已达到世界先进水平，但深水油气田的勘探开发技术还刚刚起步，与先进国家相比还有较大差距。

四　海水淡化与综合利用技术

（1）海水淡化。国内先后资助设计、建造了 2×2500 吨/天反渗透和3000 吨/天低温多效海水淡化工程；在海水直接利用方面，中国已具备了设计和建造 10 万吨级海水循环冷却工程的能力。

（2）海洋能发电技术。中国先后研建了多座潮汐能电站、多种形式的小型波浪能电站及潮流能实验电站，在温差能和海上风能利用方面，中国也开展了一些基础性的研究工作。

（3）海洋生物技术。在海水养殖和远洋捕捞技术方面发展了渔场环境和渔况速报技术、现代渔业技术。1970—1990 年在扇贝养殖技术方面有突破性进展，2000 年以来在石斑鱼、海参、鲍鱼等名贵物种的养殖上也取得了很好的成果。在医药的前期研究方面，发现的新化合物在国际上所占份额呈逐年增加的趋势，在国际上该领域中占有重要位置。发现了新的海洋生物功能基因几百个，申请有关的海洋生物功能基因发明专利上百个。突破海洋药物研究某些关键性技术，为后续海洋药物的研究储备了重要技术力量、奠定了药物先导化合物以及基因的资源基础。除从海洋生物中筛选海洋药物外，近年来筛选出了耐极端环境的新型霉；获得了与人体相匹配的海洋生物天然高分子物质用于开发生物医用材料；还发现一些特殊的化合物可作为农用生物制剂。在海洋水产品加工技术方面，攻克了一批海产品精深加工的关键性技术难题，取得了一批重大技术成果，建设了一批科技创新基地和产业化示范生产线。在滩涂植物开发利用方面，成功选育了耐海水蔬菜"海芦笋"和"海英菜"。

（4）海洋环境观测和监测技术。从 1996 年起，海洋监测技术进入国家"863 计划"，从 2006 年起，海洋监测技术作为前沿技术列入《国家科学和技术中长期发展规划纲要（2006—2020 年）》。十多年来，中国的海洋监测技术逐步向深海观测和海底观测方向发展；发射了海洋水色遥感卫星，初步形成了卫星遥感海洋应用技术体系；建立了几个区域性的专题示范应用系统。在海洋生态修复和生态环境评估技术方面，中国先后开展了海洋生态系统安全评价、生态环境保护及受损生态的修复等方面的研究，取得了一批有价值的成果。在数字海洋技术方面，在"数字海洋"球体模型构建与研发、球体模型下海量数据的 LOD 模型研究、海洋基础地理环境数据的组织、存储和发布技术、信息传输与共享技术、信息可视化与虚拟表达技术、海洋要素的动态虚拟仿真技术、虚拟海洋环境平台构建、基于总线的"数字海洋"集成与应用技术等方面取得突破。2011 年中国完成了渤海研发成果的总结并在北海局部进行了应用，开始对浮标、海床基的连续监测系统进行评估，在渤海和南海建立了卫星微波遥感监视系统，该系统已经开始进行初步运行。对 63 个县级监测机构进行评估。2011 年获得 38.5 万个监测数据。

五　海洋卫星数量（海洋遥感技术）

中国海洋遥感应用研究起步于 70 年代末期。1988 年 9 月中国发射第一颗极轨气象卫星"风云一号"（FY—1），卫星上设置了两个海洋水色通道，能反映丰富的海洋信息。1989 年 12 月，海洋渔场环境航空遥感监测系统通过技术鉴定。1997 年 1 月 25 日王大琦、汪德昭等 26 位著名的科学家联名向党中央、国务院写信，建议尽快发展中国海洋卫星技术。1997 年国家批准了在 20 世纪末发展中国第一颗海洋卫星——海洋水色卫星。在航空遥感方面，90 年代末，1998—1999 年间中国已突破无人机海监遥感系统关键技术，已研制成两架无人机，且在北京、深圳等地完成了多次试飞，展现出广阔的应用前景。HY—1A 卫星于北京时间 2002 年 5 月 15 日 9 时 50 分在太原卫星发射中心与 FY－1D 卫星由长征四号乙火箭一箭双星发射升空，HY－1A 卫星是中国第一颗用于海洋水色探测的试验型业务卫星。HY－1B 卫星是中国第一颗海洋卫星（HY－1A 卫星）的后续星，星上载有一台 10 波段的海洋水色扫描仪和一台 4 波段的海岸带成像仪。2011 年 8 月 16 日 6 时 57 分，中国第一颗海洋动力环境监测卫星"海洋二号"卫星发射升空[①]。

六　海洋教育

1980 年国家海洋局宁波海洋学校成立，台湾中山大学设立海洋学院。

---

① 李乃胜主编：《中国海洋科学技术史研究》，海洋出版社 2010 年版。

到此时，哈工大、华东师范等 14 所大学设立了海洋工程专业。1983 年国际海事组织在大连海运学院设立亚太国际海事培训中心；1985 年世界海事大学在大连海运学院设立分校；上海水产学院更名为上海水产大学；1986 年台湾中山大学设立海洋科学院和海洋科学研究中心；1988 年山东海洋学院更名青岛海洋大学；1989 年台湾海洋学院扩建成为台湾海洋大学；1992 年厦门大学成立环境科学研究中心；1994 年大连海运学院更名为大连海事大学；上海海运学院更名为上海海事大学；1996 年厦门大学组建海洋与环境学院；1997 年湛江海洋大学成立；1997 年湛江水产学院与湛江农业专科学校合并成为湛江海洋大学。

21 世纪开始，海洋教育被国家放在十分重要的一项工作中。教育部和国家海洋局于 2010 年 9 月 16 日在北京举行签字仪式，共建清华大学、北京大学、中山大学、北京师范大学、天津大学、厦门大学、大连理工大学、上海交通大学、浙江大学、同济大学、南京大学、河海大学、武汉大学、中国地质大学（北京）、武汉理工大学、中国地质大学（武汉）、中国海洋大学等 17 所高校。根据共建协议，教育部将进一步推进共建涉海高校，采取大力支持高校涉海学科及相关重点学科、重点实验室和研究平台的建设，促进涉海及相关学科专业交叉融合和新兴学科发展的措施，来达到大力发展海洋教育的目的。2002 年青岛海洋大学再次扩建并更名为中国海洋大学。2005 年湛江海洋大学改名广东海洋大学。2008 年上海水产大学更名上海海洋大学①。到 2011 年中国涉海教育高校 37 所。

表 5—13 和图 5—36 分别表示全国各海洋专业博士研究生专业点、全国各海洋专业硕士研究生专业点、全国各海洋专业本、专科专业点、全国各海洋专业中等职业教育专业点从 1996 到 2010 年的增长情况。其中全国各海洋专业本、专科专业点增长速度最快，2010 年相较于 1996 年近乎翻了 9 倍。全国各海洋专业中等职业教育专业点的增长速率也比较快。

---

① 曾呈奎、徐鸿儒、王春林：《中国海洋志》，大象出版社 2003 年版。

表 5—13　　　　　　1996—2011 年全国各海洋专业本、专科学生情况

年份	毕业生（人）	招生（人）	在校生（人）
1996	1869	1993	5990
1997	1556	2480	6974
1998	1687	2632	7676
1999	1690	3187	8782
2000	1700	3756	10377
2001	5948	11273	34972
2002	6631	12618	40183
2003	9390	15865	46741
2004	10120	19181	56524
2005	11109	18375	58438
2006	13203	20197	63834
2007	15364	23042	72826
2008	17757	25471	80784
2009	37245	49699	160717
2010	44653	50169	164246

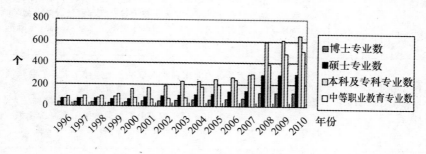

图 5—36　中国涉海专业数

　　随着各大高等学校的增多、设立的专业点数增多，招生量逐年增多。从图 5—36 可以看出在校学生人数增长趋势与专业点数的增长相近。从 2000 年开始增长，在 2000—2008 年缓和增长，从 2008 年开始呈直线增长。在校人数相比专业点的设立数有滞后性。

到 2013 年初，中国高校海洋教育已经形成体系。开设了近 200 所海洋教育与研究的高校，开设了近 100 所硕士研究生教育的学校，开设了 20 多所博士生教育的学校。目前中国主要的海洋教育高等学校如表 5—14 所示，共开设海洋教育类专科专业 29 个，涉及学科门类 9 个，即法学、医学、文学、农学、工学、管理学、理学、经济学、教育学①。

表 5—14　2013 年初中国普通高等学校开设有关海洋教育类本科专业情况

专业名称	开设学校个数	开设学校名称
水产养殖学	50	中国农业大学、天津农学院、河北农业大学、山西农业大学、内蒙古民族大学、内蒙古农业大学、沈阳农业大学、大连海洋大学、吉林农业大学、东北农业大学、上海海洋大学、苏州大学、海南大学、南京农业大学、广西大学、集美大学、扬州大学、宁波大学、烟台大学、长江大学、浙江海洋学院、安徽农业大学、福建农林大学、南昌大学、江西农业大学、中国海洋大学、山东农业大学、南京农业大学、青岛农业大学、鲁东大学、河南师范大学、信阳师范学院、洛阳师范学院、武汉工业学院、华中农业大学、湖南农业大学、华南农业大学、广东海洋大学、广西大学、四川农业大学、西昌学院、西南大学、贵州大学、云南农业大学、西北农林科技大学、甘肃农业大学、塔里木大学、新疆农业大学、淮海工学院、大连海洋大学
船舶与海洋工程	28	中国海洋大学、大连理工大学、大连海事大学、大连海洋大学、天津大学、哈尔滨工业大学、哈尔滨工业大学（威海）、哈尔滨工程大学、上海交通大学、上海海事大学、河海大学、集美大学、武汉理工大学、山东科技大学、青岛科技大学、华南理工大学、广东海洋大学、重庆交通大学、山东交通学院、华中科技大学、华中科技大学文华学院、浙江海洋学院东海科学学院、江苏科技大学、江苏科技大学南徐学院、浙江海洋学院、中国石油大学、中国石油大学（北京）、解放军海军工程大学
港口航道与海岸港城	22	武汉大学、天津大学、华北水利水电学院、大连理工大学、哈尔滨工程大学、同济大学、上海交通大学、上海海事大学、东南大学、江苏科技大学、河海大学、浙江海洋学院、中国海洋大学、长沙理工大学、重庆交通大学、天津城市建设学院、山东交通学院、淮海工学院、长沙理工大学城南学院、天津大学仁爱学院、河海大学文天学院
轮机工程	20	大连海洋大学、天津理工大学、哈尔滨工程大学、上海海事大学、上海海洋大学、江苏科技大学、浙江海洋学院、集美大学、华中科技大学、武汉理工大学、广东海洋大学、重庆交通大学、烟台大学、山东交通学院、钦州学院、宁波大学、集美大学诚毅学院、江苏科技大学南徐学院、大连海事大学、大连海洋大学

① 杨金森：《海洋强国兴衰史略》，海洋出版社 2007 年版。

续表

专业名称	开设学校个数	开设学校名称
海洋科学（理学类）	19	天津科技大学、大连海事大学、大连海洋大学、同济大学、上海海洋大学、南京大学、河海大学、南京信息工程大学、浙江海洋学院、温州医学院、厦门大学、中国海洋大学、青岛科技大学、中国地质大学、广东海洋大学、海南大学、钦州学院、淮海工学院、中国地质大学（北京）
海洋技术（理学类）	15	天津科技大学、广东海洋大学、河北工业大学、河北工业大学城市学院、河北联合大学、大连海洋大学、上海海洋大学、河海大学、盐城工学院、浙江工业大学、浙江海洋学院、厦门大学、中国海洋大学、淮海工学院、大连海洋大学
航道技术	14	大连海事大学、天津理工大学、大连海洋大学、上海海事大学、浙江海洋学院、集美大学、武汉理工大学、广东海洋大学、重庆交通大学、烟台大学、山东交通学院、钦州学院、宁波大学、集美大学诚毅学院
海洋渔业科学与技术（农学类）	9	天津农学院、河北农业大学、大连海洋大学、上海海洋大学、浙江海洋学院、集美大学、中国海洋大学、广东海洋大学、烟台大学
海洋科学类	7	天津科技大学、中国海洋大学、同济大学、中国药科大学、浙江海洋学院、厦门大学、宁波大学
边防管理	6	华东政法大学、中南财经政法大学、西北政法大学、青岛大学、武警学院、甘肃政法学院
海洋生物资源与环境	5	中国海洋大学、宁波大学、中山大学、山东大学（威海）、大连海事大学
水族科学与技术	4	天津农学院、华中农业大学、湖南农业大学、上海海洋大学
海洋管理	4	中国海洋大学、大连海洋大学、上海海洋大学、淮海工学院
航运管理	4	大连海事大学、上海海事大学、重庆交通大学、香港理工大学
海洋渔业科学与技术（工学类）	4	大连海洋大学、大连理工大学、南京师范大学、中国海洋大学
海洋工程	3	哈尔滨工程大学、河海大学、上海交通大学

续表

专业名称	开设学校个数	开设学校名称
海洋油气工程	3	东北石油大学、西南石油大学、西安石油大学
军事海洋学	2	中国海洋大学、解放军海军大连舰艇学院
海事管理	2	大连海事大学、武汉理工大学
海洋药科	1	中国药科大学
日语(水产贸易日语)	1	大连海洋大学
英语(水产贸易英语)	1	大连海洋大学
海洋技术(农学类)	1	河北工业大学
海洋科学(农学类)	1	河北工业大学
水产类	1	华中农业大学
海洋经济学	1	中国海洋大学
水产养殖教育	1	河北科技师范学院
海洋工程与技术	1	浙江大学
水环境监测与保护	1	广东职业技术学院
水资源与海洋工程	1	浙江大学
边防指挥	1	武警学院
社会工作(航海社工)	1	大连海事大学

七 海洋文化意识普及

据《中国青年报》进行的一项包括大学生在内的"中国青年蓝色国土意识"大型调查反映,只有30.5%的被调查者知道中国国土除陆地外,还有 300 万平方千米的海洋国土，能说出中国四大岛屿的被调查者仅占 27.8%，而仅有 0.6% 的被调查者了解对于中国的 8 个海上邻国几乎都对归属中国的岛礁或管辖领海提出过主权要求这一事实。

十一届三中全会以来，中国政府逐渐意识到发展海洋文化的重要性，因此制定了一系列相关政策：1996 年制定《中国海洋世纪议程》、1998 年颁布《中国海洋事业的发展》白皮书、2003 年颁布《全国海洋经济发展规划纲要》、2006 年通过《国民经济发展第十一个五年规划纲要》（将海洋列为专章）、2006 年通过《全国中长期科学和技术发展规划纲要》（把海洋作为五大重点优先发展的战略领域）、2008 年国务院通过《国家海洋事业发展规划纲要》（强调要以建设海洋强国为目标，统筹国家海洋事业的发展）。党的十八大明确提出了建设"海洋强国"的战略目标，实现中华民族伟大复兴"中国梦"的重要组成部分之一是海洋强国梦。在一系列海洋事业发展政策的导向下，海洋文化得以逐步发展。在下一步的政策导向中，政府需要出台一些科技与人文协调发展的海洋文化政策，以培育民众强烈的海洋意识。2006 年初，《中国船舶报》就策划了系列报道——中国船舶工业辉煌"十五"。2006 年 6 月 1 日《求是》刊登了孙志辉——国家海洋局局长的《用科学发展观引领中国海洋经济又快又好发展》一文。在《求是》这样高端的理论刊物发表，有助于加强上层和理论界对海洋的认识与关注。

2011 年，海洋报社始终坚持正确的导向意识，承办了"2011 世界海洋日暨全国海洋宣传日"主场活动，运用"中国海洋在线网"、"中国海洋手机报"、"中国海洋报微博"等各种宣传平台大力宣传海洋事业。2011 年 3 月 7 日在北京海洋馆举行红领巾讲解员、海洋环保小记者启动仪式，该活动旨在推行青少年海洋环保、海洋科普普及的理念，打造良好的青少年海洋意识教育平台。3 月 15 日，在全国首个海洋意识宣传教育基地——青岛第三十九中学（海大附中）举行了大型海洋文化纪录片《走向海洋》座谈会，来自青岛第三十九中学、青岛七中等首批 10 所海洋教育学校的师生代表，以及有关涉海单位的相关领导和负责人参加了座谈会。

第 六 编
中国海洋强国建设亟待解决的
重大问题分析

第一章　中国海洋强国建设面临的形势

第一节　中国经济发展长期依赖沿海地区及海洋运输

　　改革开放以来中国的经济发展战略是从东部沿海开始，逐步向中部地区和西部地区梯度发展，这一战略在东部取得了巨大的成功，以 2012 年为例，包括北京市、河北省、辽宁省、山东省等 12 个省市的东部沿海地区以占地 129.77 万平方千米土地（占全国 13.52%）、6.01 亿人口（占全国 44.60%）创造出 GDP33.35 万亿元（占全国 64.22%）、外贸进出口额 2.97 万亿美元（占全国 76.72%）。

　　由此可以看出中国的经济命脉布局在离海边不足 200 公里的陆地内。

　　中国经济发展的"瓶颈"是能源与资源短缺。2012 年中国进口原油 2.71 亿吨，同比增长 7.3%，原油消费量为 4.76 亿吨，对外依存度达到 56.4%。在进口的原油中，除俄罗斯、哈萨克斯坦通过输油管道及其他陆上方式运输 3500 万吨外，其他 2.36 亿吨均由海运完成，其中 1.15 亿吨是从中东海运进入中国沿海各港。2012 年中国铁矿石消费量为 10.86 亿吨，其中进口了 7.44 亿吨，对外依存度为 68.5%。中国铁矿石进口来源地排名前三的国家是澳大利亚、巴西、南非，占中国进口铁矿石总量的 74.8%。由于地理因素，这些铁矿石必须通过海运才能完成。

　　2012 年中国成为全球最大贸易国，欧盟是中国第一大贸易伙伴，贸易所涉及的进出口货物主要是通过集装箱海运来实现的，以上海港到德国汉堡港为例，集装箱船舶需经过东海、南海、马六甲海峡、印度洋、红海、苏伊士运河、地中海、直布罗陀海峡、英吉利海峡、北海航行 10881 海里才能到达。

　　从以上几个简单的例子可以看出，中国经济发展极度依赖海洋运输。

第二节　美国控制着全球海洋的运输通道

美国抑制中国发展的根本目的不会因所谓社会制度、人权状况等的改变而改变，美国哈佛大学迈克尔·波特（Michael E. Porter）教授的竞争战略代表了美国要保持世界老大的主流思想，以美国哈佛大学为代表的全美最优秀学校的管理学、经济学的学生几乎都学习此门课程。这些精英们深谙如何有效地抑制竞争者和潜在的竞争者的发展，现实中由于苏联解体，俄罗斯不具备与美国竞争的能力，当找不到现实的竞争者的时候，美国就瞄准了中国这个最大的潜在竞争者。中国加入 WTO 后，美国已经无法通过市场机制抑制中国，那么就通过美元霸权和军事霸权。当许多人在问美国人怎么如此擅长搞金融呢？其忽视了他们是开着航空母舰、拿着武器来搞金融的，美国军队的每一场战争都有一个道貌岸然的理由，但背后无不与利用美元为工具来剥削世界有关。

美国控制着几乎全球所有的海上运输通道。1890 年美国出版的《海权对 1660—1783 年历史的影响》一书中，作者阿尔弗雷德·赛耶·马汉（Alfred Thayer Mahan）海军上校的"海权论"风靡欧美，在"谁控制了海洋，谁就控制了世界"的思想指导下，美国开始了海洋扩张，由原来"守土保交和袭击商船"转为"远洋进攻"战略，参与一系列包括美西战争（1898 年）、香蕉战争（1898—1934 年）、八国联军侵华（1900 年）、一战（1914—1918 年）、太平洋战争（1941—1944 年）在内的战争。美西战争中，美国打败了西班牙，获取了其在古巴和菲律宾地区的重要岛屿，包括关岛、威克岛、波多黎各岛，使美国在加勒比海地区获得了霸权地位和向亚洲和南美洲扩张的重要战略基地。这场战争是美国瓜分殖民地的第一次帝国主义战争，它扫去了南北战争时留下的阴霾，使欧洲列强得到了警告，也使美国人从此更多地参与远东事务，标志着美国进入了世界列强之列，更重要的是，美国从此成为中国的邻国。香蕉战争主要发生在中美洲及加勒比海地区，美国控制了古巴和波多黎各。八国联军的侵华战争中美国派出了海军陆战队，后强迫中国签订了《辛丑条约》，给中国造成了巨大的经济和文化遗产损失。

通过第一次世界大战和第二次世界大战，特别是二战后期的太平洋战争美国全歼了当时全球仅次于美国的日本海军，转而成为世界独一无二的海上霸主，借美国控制了世界上最重要的 16 个海上咽喉要道。如果美国利用对这些海上运输通道的控制来封锁中国，则以海运贸易为主的、作为世界第一贸易大国的中国的经济将很快崩溃。历史上美国的海上霸权主义及其对全球海上通道的控制就曾对中国造成了巨大的影响。1993 年中国"银河号"集装箱船由天津港出发目的地为科威特，在途经印度洋时被美国 2 艘军舰和 5 架直升机跟踪监视、拦截、登船检查甚至要求返航，指责其运输化学武器。后来美国对其扣留 3 周，对全船 628 个集装箱进行了逐一检查没有发现任何化学武器，事后美方却拒绝道歉且态度强硬。

第三节　东海南海海岛纠纷将长期存在

在总面积为 472.2 万平方千米里的中国四大海区中，按照《联合国海洋法公约》的规定，属于中国海区的面积为 300 万平方千米，其中约有 120 万平方千米与 8 个邻国存在着争议。

东海最主要的问题是钓鱼岛问题。2012 年 9 月 10 日，日本对钓鱼岛实施所谓的"国有化"，使钓鱼岛紧张局势迅速升温，2013 年 10 月 12 号，日本海上保安部派遣可以搭载直升机的大型巡逻船冲绳号前往钓鱼岛，展开第一次所谓的"警戒任务"，钓鱼岛的防卫再次升级。日本处心积虑地侵占钓鱼岛，有它政治、经济、军事三方面的企图。日本海洋产业研究会曾编写过《迈向海洋开发利用新世纪》一书，书中露骨地表示：包括"尖阁列岛"（日本对钓鱼岛及附近岛屿的称呼）一些存在主权争议、位置重要的岛屿是日本扩大海洋经济区的关键所在。如果对这些岛屿的主权要求不能实现，日本将减少 200 万平方千米的海洋经济区。日本外务省也曾表示，只有争得钓鱼岛的主权，日本才可以和中国划分东海大陆架大约 20 多万平方千米的海洋国土，并进而夺取东海丰富油气资源的一半。在军事上，日本占据钓鱼岛，就可将其防卫范围扩大到日本四岛之外，向西扩展 300 多千米，建立一个既利于防御又利于扩张的前沿军事基地。

南海是中国最大的海域，占中国海域的 50% 左右。几乎大部分南海海域都存在着争议。南沙群岛是南海诸岛的重中之重，它号称"南海的钥匙"，控制着南海的国际航道，每天约有 400 艘船只穿梭其间，南海的油气储量高达 200 亿吨。目前，中国在南沙群岛中只控制着 8 个岛礁，其中包括台湾控制的太平岛，其他岛礁基本上已被周边国家瓜分殆尽，而且大肆开采水下蕴藏的石油资源。2012 年 4 月 10 日，菲律宾海军护卫舰"德尔皮纳尔"号对中国在黄岩岛潟湖内作业的渔船强行登检，直接导致中菲舰船"对峙"事件。

岛屿之争与美国的亚太"再平衡"战略的实施是吻合的，不管是美国的暗中唆使，还是日本、菲律宾等国的主动配合，其实质一方面是美国把中国作为竞争对手要削弱中国，不论你多么遵守国际规则、多么改善人权、多么保护知识产权等；另一方面是日、菲等国希望在这一进程中获得各自的利益和好处。2001 年初小布什入主白宫，用"战略竞争者"（strategic competitor）形容中国，尽管有些夸大中国，因为中国当时的 GDP 仅接近 10 万亿元人民币，而美国当时的 GDP 接近 10 万亿美元，差距是悬殊的，但这说明，小布什总统已经要对中国下手并作舆论的准备，其采取的对策在迈克尔·波特教授的《竞争战略》中列出很多，所有措施都是如何打击对手、削弱竞争者的能力，只是由于后来的"9·11"恐怖袭击、阿富汗战争及伊拉克战争使其无法集中精力对付中国。

美国凭借其强大的军事实力提出了亚太"再平衡"战略，要增加亚太地区军事实力部署，未来计划在日本嘉手纳空军基地部署新型作战飞机，在澳大利亚部署海军陆战队，同时深化与日本、韩国、澳大利亚、印度传统同盟关系，加快对越南、缅甸、柬埔寨等国的军事渗透，拓展新的战略支点。部分国家逐步开放基地允许海军新型武器装备进驻，必要时可直接从海上对中国实施封锁。

岛屿之争为美国这一策略的实现提供了很好的切入点，其老路子就是先鼓动别人动手，然后自己再带领他们一起干。从目前看，美国在上述岛屿之争的过程中明显站在中国的对立面，提出钓鱼岛适合美日安保条约，向菲律宾海军提供武器装备和人员培训，举行美日、美菲联合演习，并鼓励支持越、菲等国扩充军备，美国还积极鼓动日、印、澳大利亚等国介入南海问题，鼓励其与东盟国家开展实质性合作，这一系列行为无不增加了南海领域的安全隐患。

以上形势的发展对中国海洋权益的扩大构成了严重的威胁和巨大的挑战。

第四节　海洋强国建设是一个长期的过程

当前时期，中国陆上边界除印度、不丹外都已划定。在目前的国际环境下，中国比历史上任何时候都更迫切地需要成为一个真正意义上的海洋强国，以确保中国经济的持续发展。但我们也应清醒地认识到，要实现海洋强国的战略目标还需要一个较长的过程。

决定一个国家的强大与否的关键因素是这个国家手中掌握的"矛"和"盾"，也就是这个国的"矛"是否锋利，"盾"是否结实坚固，而经济上的发达与否并非决定因素。当 1840 年西方列强开始瓜分中国之时，其经济发展水平、经济总量比中国弱小得多，但其用中国人发明的火药制造了在当时非常高效的杀人武器，几百人就可以打开泱泱大国的国门。当然，人的因素是重要的，毛泽东说过："决定战争胜利的因素是人不是物"，但人的因素一要在其所持"矛"和"盾"的质量上体现，二要在先进的战略战术思想上体现。2003 年，美国怀疑伊拉克藏有大规模杀伤武器而对其进行空袭，发动了伊拉克战争，以消灭萨达姆和恐怖主义。相比于海湾战争，美国在伊拉克战争中的空中打击技术更为精准，造成的伤亡也更小，伊拉克共和国卫队几乎未与美军正面作战就已崩溃和投降，2004年"乔治·华盛顿"号航母返美，创造了无飞机损失的战绩。

长期以来由于中国的地缘形势和重陆轻海的观念意识，对作为海权核心力量的海军发展并没有给予足够的重视，海军实力大大落后于经济实力的发展。在国防费用、海军核心装备，如航母、核潜艇的发展仍然大大落后于世界先进水平，海军装备的研发能力及技术也存在较大的差距，一旦出现问题，还无法承担"守土保交"的责任。这决定了中国海洋强国的建设过程将是长期的。

第二章　中国海洋强国建设亟待解决的重大问题

第一节　海军装备发展水平落后

　　世界主要海洋强国的发展都源于强大的海权，即海军力量。早期的葡萄牙、西班牙推行海外侵略和扩张都是用舰炮打开当地的海上门户，控制海上运输通道。英国称霸世界海洋也是用强大的海军力量作保障，进而垄断海上贸易，获取和积累财富。自马汉发表《海权论》以来，美国及西方国家都受到了启发并大肆建设和扩充海军力量，美国和日本就是两个通过海军发展起来的绝佳例子。美国起初是英国的殖民地，独立之后国会每年拨款建造海军舰船，从国外引入海军装备制造技术，在海外占领基地，培训海军人员。凭借军事实力的强大，美国打败了西班牙，逐渐发展成世界一流军事大国，先进的海军舰船制造技术使其海军保持了强大的活力和先进性。日本原来的经济状况不如中国，明治维新后日本也受到了西方海权思想的影响开始大力发展海军，而中国还处于闭关锁国的状态，于是日本在甲午战争、八国联军侵华等战争中打败了中国，使中国深受海军力量不足之苦。由于海军实力不够强大或海军发展止步不前，西班牙无敌舰队全军覆没，荷兰丧失了海上霸权，英国被美国赶超，日本、澳大利亚等国家都依附美国进行安全防卫并与其保持相同的国际态度。目前，美国、俄罗斯、日本、印度、韩国、英国甚至中国周边国家都提出要建设海洋强国，中国海军建设如果落后就很可能遭受侵略。

　　中国一直不够重视海军的发展，晚清时期执行消极防御战略，这导致中国被众多海军强国侵略并赔偿了大量的白银，许多沿海城市被迫开放和占领，经历了甲午战争、两次鸦片战争，圆明园被八国联军焚烧等惨痛经历，中国几近沦为半殖民地半封建社会。国民政府成立之后，中国的海军实力早已远远落后于世界先进水平。落后就要挨打，中国未能保卫国家安全受到了日本侵略，八年抗战使得中国的经济和人民生命安全都受到极大的破坏和打击。新中国成立之后，中国的海军力量开始在近海范围发展，由于海军实力不足中国未能抵抗美国阻止中国收复台湾的行动，到现在台湾都未能成功收复，台湾岛也成为美国制约中国发展的重要棋子。由于海军实力的不足，中国进入太平洋的战略通道被美国岛链层层封锁，进入印度洋的战略通道也处于印度和日本的势力范围，运输通道安全受到严重威胁。我们不能有效的威慑周边国家，在国际社会也没有可靠的盟友与追随者，不能保卫中国在南沙群岛和西沙群岛的合法权益。

海军建设是海洋强国建设的重要保障，没有强大的海军实力，中国的经济安全很可能受到威胁，进口物资的供应可能被切断，国家合法的海洋权益得不到有效保障，中国人民的生命安全也得不到有效保护。目前中国海军实力落后于经济实力，在国防费用、海军核心装备如航母、核潜艇的发展仍然落后于世界先进水平，海军装备的研发能力及技术也相对不足。具体来说，存在的主要问题包括：

一　海军装备性能落后

截至 2013 年底，美国海军人数 43.3 万人（包括储备海军人数 10.9万人），拥有战舰共计 289 艘，其中航母 11 艘（1 艘福特级航母在建），核潜艇 115 艘，驱逐舰 69 艘，两栖舰艇 35 艘，巡洋舰 22 艘，护卫舰 22艘，反水雷舰 14 艘，近海巡逻舰 13 艘，近海战斗舰 12 艘，联合高速船 9艘，作战飞机超过 3700 架[①]。中国海军现役 23.5 万人，主战舰艇约为300 余艘达 130 万吨，其中航母 1 艘，潜艇 69 艘（核潜艇 15 艘），驱逐舰 24 艘，两栖舰艇 59 艘，护卫舰 45 艘，反水雷舰 119 艘，轻巡洋舰 9艘，海岸巡逻艇 353 艘，2788 架作战飞机[②③]。随着 052D 型等驱逐舰的大量服役，新型核潜艇的下水，辽宁号航母完成舰载机试飞体，中国海军

---

①　2014 all hands Owners and Operators Manual，pp. 38 – 42& Status of the Navy，America's Navy，http：//www. navy. mil/ah_ online/owners2014. html，http：//www. navy. mil/navydata/nav_ legacy. asp？ id =146.

②　China military strength. global fire power. http：//www. globalfirepower. com/country – military – strength – detail. asp？ country_ id = china.

③　中国人民解放军海军. 维基百科. http：//zh. wikipedia. org/wiki/中国人民解放军海军.

装备的现有水平已达到欧洲国家的水平。但中国海军装备的整体水平还无法赶上美国，在装备种类、数量以及先进性上仍与美国有较大差距。

二　海军作战和保障能力仍在近海范围，远洋作战能力不足

目前美军设有太平洋、大西洋两大舰队司令部，有 5 支作战舰队，共有军事基地 616 个，分布在 140 多个国家和地区。美国的亚太"再平衡"战略中提到将增加亚太地区军事实力部署，未来计划在日本嘉手纳空军基地部署新型作战飞机，在澳大利亚部署海军陆战队作战部队，同时深化与日本、韩国、澳大利亚、印度传统同盟关系，加快对越南、缅甸、柬埔寨等国的军事渗透，拓展新的战略支点。部分国家逐步开放基地允许海军新型武器装备进驻，必要时可直接从海上对中国实施封锁。近年亚太成为军费投入增长最快的地区之一，东南亚和南亚位列全球五个军备竞赛热点地区，日本军费总开支从 2000 年的 400 亿美元增至 2011 年的 582 亿美元，韩国从 2000 年的 171 亿美元增至 286 亿美元，2010 年越南的军费开支比 2005 年增长 172.8%，印度尼西亚增长 106%，泰国增长 96.7%，中国台湾军费开支总量从 2000 年的 83 亿美元增长至 2011 年的 101 亿美元。

中国所有海域均为封闭或半封闭海，被重重岛链所环绕，且陆地国土面积与海岸线长度的比值很低，存在严重海洋空间"瓶颈"，不利于全面走向海洋。中国没有把反进入和海上拒止作战力量扩展到台湾及周边海外海域，整体的海军作战战略仍为防御性的保守战略。中国的 300 处基地海军基地分布在大陆海岸线周围，中国通常意义中的海军基地，主要是指较大规模的港口，比如舰队司令部所在的青岛港、舟山港和湛江港等。相对于美国全球渗透，重点控制的海军基地，中国海军基地只是区域近海范围内的，且作战能力相对较弱。中国拥有完善的军工体系，军事科技跟踪世界先进水平，拥有较强的武器自主开发能力以及引进、集成、仿制能力，但基础工业的底子薄，工艺还有待改进，这决定了中国海军的规模与装备质量还需要很长时间来提高。

总的来说，中国海军的远洋联合作战能力不足，向周边国家投送常规军的能力也十分有限，缺乏军种之间的联合作战，舰队的防空作战能力、反潜、扫雷能力、后勤保障能力都不够强大，缺乏作战经验。

三　海军人员素质和经验仍显不足

中国海军官兵的整体素质与发达国家相比还有差距，能够集成水上、水下、天空等各种作战手段，与其他军种融为一体的指挥机制也还没有完全形成。此外，中国海军近年来虽然有了日益增多的远洋航行经验，但在作战理念上仍偏重近岸防御，缺少在大洋上与强大对手较量的历史。海军训练水平相对落后，缺乏实战经验，海上演习开始比美国晚了四十几年，年度演习次数较少，联合演习国家远远少于美国。

第二节　海洋资源开发不尽合理

海洋资源开发涉及海洋经济、海洋环境保护、海洋科技、海洋管理等诸多方面，是国家海洋综合实力的体现。提高海洋资源开发能力是实现海洋强国的必然要求。在陆地资源约束趋紧、环境污染严重、生态系统退化的严峻形势下，世界各国都大力开发海洋经济，利用海洋资源和海洋空间以更好的为生产和生活服务。提高海洋资源开发能力对促进国民经济社会发展的重要性日益显现。美国实施海洋产业发展多样化：大力发展舰船制造业为海军军事和海上交通运输业、海洋休闲旅游业服务；在世界范围内开发油气资源，其海洋油气开发生产能力目前已占国内原油生产能力的2%，天然气27%，每年联邦税收和税款平均为40亿美元；95%的对外贸易和37%的贸易额都通过海洋交通运输业实现；沿海州的旅游收入已占美国旅游总收入的85%。韩国通过《东北亚航运枢纽计划》提出要加强釜山等9个港口的建设，构建如消费地流通设施及直接交易基础设施等不断完善海洋服务的配套设施。英国政府于2011年9月发布的《英国海洋产业增长战略》，明确提出了未来重点发展"海洋休闲产业、装备产业、商贸产业和海洋可再生能源产业"四大海洋产业。

以经济建设为中心是兴国之要，发展仍是解决中国所有问题的关键。海洋经济发达，对国家发展有显著带动作用是海洋强国的重要特征。海洋的经济贡献主要体现在海洋经济的发展上面，具体可以分为直接贡献和间接贡献：直接贡献主要是指海洋经济生产创造了经济财富，吸纳了就业，增加了国民收入；间接贡献主要是指海洋经济通过产业之间的技术经济联系、产业价值链关联的方式对其上游非海洋产业的需求拉动以及对下游非海洋产业的基础支撑贡献。发展海洋经济是实现中国由海洋大国迈向海洋强国的必由之路。数据显示，2001—2010 年中国海洋的经济贡献价值逐年增加，其中直接经济贡献价值从 2001 年的 9302 亿元上升到 2010 年的 38439 亿元，年均增长 17.08%（名义），其占全国 GDP 的比重（直接贡献度）在此间也是稳中有升，从 2001 年的 8.48% 升至 2010 年的 9.70%，中国海洋的全部经济贡献价值也从 2001 年的 20193.7 亿元上升至 2010 年的 87166.2 亿元，占 GDP 的比重从 2001 年的 19.2% 升至 2010 年的 22%，近五年来平均贡献度在 22% 以上。由此可见，海洋经济的发展已经在中国国民经济中占据了五分之一的重要地位，而且，如果考虑海洋经济在沿海地区或城市经济发展中的地位，这一份额还会进一步上升，可以说海洋经济已经成了中国经济的重要支柱之一。因此，从战略高度重视海洋经济发展的重要地位，加大海洋经济理论、实践和政策管理研究力度，对于制定海洋经济发展政策，保持中国整个国民经济快速平稳健康发展有着极其重要的现实意义。

　　中国海洋国土面积约占整个国土面积的 1/4，虽然当前海洋经济的全部贡献度达到了 22%，与其占国土面积的比例大致匹配，但海洋经济的直接贡献度还不到 10%，说明中国海洋经济的发展还有巨大的潜力和空间。十八大报告中"促进沿海内陆沿边开放优势互补"的论述对发挥海洋经济对陆域经济带动作用提出了要求，应进一步加强海洋经济在中国对外贸易、能源安全等方面的保障能力；发挥海洋经济的乘数效应，依托沿海港口和自由贸易区，开辟新的出海通道，辐射带动内陆地区发展；提升海洋产业对国民经济的贡献，扩大吸纳劳动力就业能力；提升水产养殖、海水淡化、海洋油气等对缓解陆地资源压力的贡献。

　　过去的十多年，中国海洋经济取得了巨大成就。海洋经济快速发展，自 2008 年以来，国务院相继批准了以海洋经济为特色的沿海省（区、市）的发展规划，沿海省市纷纷充分利用本地区优势海洋资源扩大海洋经济规模，绝大多数沿海地区的海洋生产总值年均增速在 10% 以上。山东、广东、上海、浙江、江苏、天津 6 个省市的海洋生产总值占全国海洋生产总值的比重超过 85%，各沿海地区通过辐射和关联效应，使地区海洋产业链不断延伸，海洋相关产业发展迅速。2012 年海洋生产总值达到 50087 亿元，与 2001 年的 8327 亿元相比，年均增长 17.7%。2012 年海洋生产总值占国内生产总值比重达到 9.6%，海洋经济发展水平大幅度提升。

　　中国的海洋经济自身发展能力在逐步提高。2001—2011 年期间，海洋传统产业中海洋渔业、海洋油气业发展平稳，海洋渔业增加值年均增长6%，海水养殖产量连续多年超过捕捞产量，已连续 20 年居世界首位，海洋油气产业 2011 年实现产业增加值 1730 亿元，与 2001 年相比年均增长20.11%；尽管在过去两年中，在世界性的金融危机和欧洲债务危机的持续影响下，在海洋经济中占有相对比重的海洋船舶业、海洋交通运输业等外向型行业订单锐减出现亏损部分情况，但中国船舶工业已占据着世界主流船舶市场，2011 年中国海洋船舶工业实现全年增加值 1437 亿元，与2001 年相比年均增长 31%，海洋交通运输业增加值年均增长 20% 以上；滨海旅游总体保持强劲增长势头，年均增长 25% 以上；海洋盐业生产量始终居世界第一位。海洋新兴产业经过多年培育和扶持，增长迅猛，以海洋高技术为基本特征的海洋新兴产业布局初步形成，海水产品高效养殖业、海洋生物医药业、海水利用业、海洋装备制造业等初步形成规模。据统计，中国海洋新兴产业年均增长率超过 28%。

　　2013 年 1 月，国务院批准了《国家海洋事业发展"十二五"规划》，该规划结合新形势，根据十八大提出的"建设海洋强国"宏伟目标，对新时期海洋事业发展作出了全面安排。与此同时，沿海地区的海洋经济部署有 4 个上升为国家层面的发展战略，分别是《山东半岛蓝色经济发展规划》、《浙江海洋经济发展示范区规划》、《广东海洋经济综合试验区发展规划》、《福建海峡蓝色经济试验区发展规划》。其他 7 个沿海地区也分别颁布和实施了本地区"十二五"海洋经济规划，如河北《海洋科技及产业"十二五"发展规划》、江苏《"十二五"海洋经济发展规划》等。这对于科学发展海洋事业，不断提高海洋开发、控制与综合管理能力，加快经济发展方式转变，促进沿海地区经济社会发展，维护国家安全和权益，全面建设小康社会具有重要意义。

　　十八大报告中将涉及海洋的内容放在大力推进生态文明建设中加以论述，这表明提高海洋资源开发能力并不是简单地提高海洋资源开发的强度和规模，而是应在社会主义生态文明建设的总要求下，坚持规划用海、集约用海、生态用海、科技用海和依法用海，提高资源利用效率和水平，实现海洋资源的节约集约和可持续利用。同时，还应完善海洋资源开发和保护的配套制度，提高全民珍惜海洋、保护海洋的意识。中国的海洋经济开

发存在的问题具体包括:

一　海洋渔业养殖水平较低,捕捞强度过大,捕捞环境质量下降

海洋渔业养殖水平相对落后,集约化养殖方式处于起步阶段。对滩涂的利用率不高,仅为 20% 左右,浅海滩涂的养殖程度不够均衡,20 米等深线内的浅海养殖利用率为 0.5%[①];对海洋生物资源的利用率较低,中国海洋生物净生产能力为 28 亿吨,而中国水产品年产量为 1100 万吨;对近海的渔业资源捕捞强度过大且无序开发,造成了生产效率下降、物种结构单一、种群逐渐退化。中国的对虾产量从 1960 年的 1.98 万吨/年下降到 1993 年的 0.3 万吨/年,中国最大的捕鳗基地江苏东台港的鳗鱼产量从 1986 年的 100 万尾下降至 1997 年的 1 万尾左右,舟山群岛的鱼汛也难以形成,带鱼也变得更小、质量更差。中国大部分近岸海域都受到了陆源污染、船舶污染和海洋开发污染,三种污染原因的比例大概为 80%、15%、5%[②]。

二　海洋经济发展不平衡,新兴产业国际竞争力较弱

中国的海洋经济发展区域不平衡,缺乏总体规划,产业机构趋同,传统产业粗放式发展,海洋新兴产业占海洋总产值的比重较小,高能耗产业增长速度较快,第一产业结构比例过高,第二和第三产业发展相对落后,各产业发展急需政策指导、支持和大量的资金投入。

中国的海洋新兴产业经过多年培育和扶持,增长迅速。同时海洋新兴产业如海洋生物医药企业分散,规模较小,产品种类较为单一,国际竞争力弱,在研发与深加工等发面仍需加大投入。目前,中国近海原油探明率不足 20%,天然气探明率不足 10%,且 70% 的油气储量位于深海水域。

海洋生物医药业存在的主要问题包括经费投入不足,中国每年投入海洋生物医药产业的研发经费只有 5000 万元人民币,而美国、欧盟、日本的投入经费分别为 20 亿、4 亿、3 亿美元。开发的海洋生物医药产品主要是中药类产品,对海洋保健食品、海洋生物分子材料、海洋化妆品等现代化海洋产品研发较少,存在重复开发、低水平开发现象,产业化水平也较低。

---

①　刘容子、张海峰:《海洋与中国 21 世纪可持续发展战略(之二)》,载《海洋开发与管理》1997 年第 2 期,第 19—22 页。

②　李乃胜主编:《中国海洋科学技术史研究》,海洋出版社 2010 年版。

研发的设备相对落后，研发速度较慢。随着海洋污染导致的海洋资源减少和生态环境的恶化，中国海洋药用生物资源受到了严重影响。对海洋生物医药研发的认识存在误区，传统的"合成、采样、筛选、完工"开发途径被虎头蛇尾式的研发取代。研发产业链不完善，由于需要大量的资金投入且风险较大，许多科研成果无法转化为实际产品。对海洋生物资源尚未掌握完全资料，导致其利用受到限制。中国海洋制药企业规模较小，国际竞争力较弱。整个海洋生物医药产业尚处于新兴阶段，未成为支柱性产业[①]。

近海原油开采明显滞后，东海、南海既有无争议地区，也有有争议地区。北部三大石油勘探区的石油勘探难度越来越大，资源规模变小。天然气勘探仍立足于近海浅水区，近年来未获得重大发现，勘探局面尚未打破，主攻方向尚不明确。深水勘探技术和能力与世界先进水平尚有一定差距。

中国滨海旅游只在少数的大中城市发展，上海、青岛、大连等著名滨海城市到旅游旺季就人山人海，海滩上垃圾成山，而其他沿海城市发展水平还较低，基础设施不完善，交通网络不便捷，住宿环境也不是很好。滨海旅游同质化、空间竞争明显、缺乏各自特色。高等的旅游专业、特别是邮轮游艇方面的人才较少，缺乏专业的师资，课程培养体系不够成熟完善。国民对游轮游艇等滨海旅游观念淡薄，游轮母港竞相建设规划无序，尚处于起步阶段[②]。

三　海洋装备制造技术落后，粗放式增长

中国的高端船舰制造相对落后。2012 年，海洋船舶工业整体陷入低迷，部分企业亏损严重，全年实现增加值 1331 亿元，比上年减少 1.1%。目前中国船舶工业创新能力不强，结构性矛盾突出，产业集中度较低，生产效率和管理水平亟待提高，船舶配套业发展滞后，海洋工程装备发展步伐缓慢。与世界造船强国相比，中国船舶工业整体水平和实力仍有较大差距[③][④]。中国高附加值船舶制造尚处于空白阶段，游艇制造业的国际竞争

①　郭跃伟：《海洋天然产物和海洋药物研究的历史，现状和未来》，载《自然杂志》2009 年第 31 期，第 1 卷，第 27—32 页。

②　杨洁、李悦铮：《国外海岛旅游开发经验对我国海岛旅游开发的启示》，载《海洋开发与管理》2009 年第 1 期，第 38—43 页。

③　王洪增、高金田：《日韩造船业的成功经验对中国造船业的启示》，载《黑龙江对外经贸》2009 年第 12 期，第 63—64、67 页。

④　刘峰：《中国造船业国际竞争力分析》，载《造船技术》2011 年第 3 期，第 1—6 页。

力极低,多数进行的是外国品牌的来料加工,自主品牌较少,专业的游艇设计、游艇服务人才欠缺,需要从国外聘请专家,海运相关院校及职业学校对游艇相关的课程及专业培训严重滞后,由于受到国际经济形势的影响风险较大,吸引投资的能力较弱①②。邮轮建造的设备需从国外引进,国产化程度较低,尚处于技术探索阶段,专业人才缺乏③④。

深海油气和采矿设备落后。中国深海资源开发起步晚,与深海高科技领先的国家差距大,深海采矿技术还在设计阶段;深海采矿装备欠缺,系统停留在试验阶段,尚未具备进入深海采矿的能力,商业开发技术储备严重不足。到2004年国外与中国的最大钻探水深为3095米、55米,油气开发最大水深国外、国内分别为2192米、333米,管道铺设最大水深国外、国内分别为2202、330米。2009年中远船务设计的第6代半潜式海洋石油平台最大钻井深度达到1.2万米,成为具有世界领先水平的半潜式钻井平台⑤。由于技术和装备的落后,中国对于海洋油气资源的勘察程度仍然不高,勘察的层位比较单一,对于边远海区的调查工作更少。深水管道运输的险情频繁发生⑥。

目前中国深海工程及管件技术不足,是制约中国海洋油气资源开发的主要因素。特别是油气开采中的高端海洋装备制造的管件技术与设备相对滞后,部分管件、零部件、工艺装备还依靠进口,由此造成的海洋工程装备的装船率比较低,每年大约有70%以上的海洋工程配套设备需要进口⑦⑧。

---

①　张伟、李长如、赵心宇:《国内外游艇产业发展状况及问题分析》,载《海洋经济》2013年第3期,第16—20、50页。

②　刘颖:《中国休闲游艇业潜力巨大》,载《中国军转民》2011年第Z1期,第82—85页。

③　贝少军:《中国邮轮经济发展:全面提速》,载《中国海事》2010年第11期,第5—8页。

④　张树民、程爵浩:《我国邮轮旅游产业发展对策研究》,载《旅游学刊》2012年第6期,第79—83页。

⑤　周月丽:《浅谈海洋油气工程装备的研究开发》,载《造船技术》2003年第2期,第8—9、33页。

⑥　郭越:《中国海洋工程装备产业发展的机遇与展望》,载《海洋经济》2012年第5期,第20—25页。

⑦　孟庆武、郝艳萍:《山东海洋装备业发展对策研究》,载《海洋开发与管理》2012年第11期,第100—104页。

⑧　曹可等:《我国海洋装备技术发展的问题与展望》,载《科技创新导报》2011年第4期。

第三节　海岛开发长期滞后

海岛是一国重要的海洋资源，海岛的主权对一国领海基线和领海范围的确定具有重要的意义，其附近的海洋资源也是非常丰富和巨大的。目前世界各国都非常重视对海岛的开发和保护：在海岛立法方面，美国与日本、韩国、法国等都颁布了相关的法律，主要涉及对海岛保护区的定义、经济开发、环境保护几个方面。这些相关法律或为整体的海岛管理法律，或针对不同类岛屿制定具体的分散的法律，前者的代表国为日本及韩国，后者的代表国为美国、澳大利亚、加拿大。韩国对海岛的保护主要是通过颁布《共有水面及海岸带管理法纲要》及划分海岛等级进行管理，包括保护区、开发调整区、港湾管理区、准保护区。英国通过颁布海岛开发许可证以达到保护海岛、充分利用海岛资源的目的，对海岛的使用、开发和用途改变都要事先征得地方规划机关的许可。日本也与英国类似，不同的是对开采土石、开辟及改造水面设施、挖土铺土等行为不受限。澳大利亚对海岛的保护规划非常具体，针对不同的岛屿，甚至国家公园制定不同出的管理计划。美国 1999 年成立海岛事务管理机构，负责政策建议、海岛事务协商；颁布相关法律，注重海岛行政管理和生态保护。对存在珍稀物种或其他重要价值、生态环境特别脆弱的岛屿采用保护模式。对有居民海岛以保护模式引导其经济发展；无居民海岛有海岸警卫队等定期巡逻、保护其原始特性，对有军事价值和科研价值的海岛进行重点战略部署和规划[1]。总体来说，对发展经济和保护海岛资源环境之间有着不同的考虑，对于有珍稀物种、历史遗迹等重要价值的岛屿采取牺牲经济发展保护重要资源的方式，其他海岛都以发展经济为主要目标[2][3]。

而目前中国海岛资源开发利用在环境、管理和经济等方面存在诸多问题。经济方面：海岛地区经济基础薄弱，海岛开发产业布局不合理，许多

---

[1]　宋婷、朱晓燕：《国外海岛生态环境保护法律制度对我国的启示》，载《海洋开发与管理》2005 年第 3 期，第 14—19 页。

[2]　唐伟、杨建强、赵蓓、姜独祎：《国内外海岛生态系统管理对比研究》，载《海洋开发与管理》2009 年第 9 期，第 6—10 页。

[3]　杨洁、李悦铮：《国外海岛旅游开发经验对我国海岛旅游开发的启示》，载《海洋开发与管理》2009 年第 1 期，第 38—43 页。

海岛的经济发展状况远远落后于大陆地区，这不仅制约了海岛经济的发展，也影响了海岛周边海洋资源的开发和利用；管理方面：海岛管理体制不健全，海岛资源权属不清，海岛开发管理法规不完善，中国对有特殊用途的海岛缺乏有效的保护和管理，存在安全隐患；环境方面：炸岛、炸礁，滥采、滥挖海岛资源使海岛生态系统和自然景观遭到破坏，海岛淡水资源紧张，周围海域环境污染，陆海通道和围海工程造成海域自然环境状况改变。具体来说，存在的主要问题包括：

一　海岛旅游开发

国外很多海岛的旅游业达到了高度发展的状态，而中国海岛旅游业正处在积极地开发建设中，仍存在的问题及不足有：海岛旅游粗放开发，产品雷同，缺乏特色，只注重开发的规模而忽略了开发的质量与特色的问题；宣传力度不足，品牌意识薄弱①；海岛基础设施薄弱，交通条件相对不便，海岛与外界往来的交通联系还比较单一，一般靠海上运输来承担；缺少统筹安排，缺乏相互协作，各地方岛屿缺少相互协作，重复建设现象严重，没能统筹规划，发掘各自的特色②。

二　陆岛运输业

陆岛水路运输关系着岛内居民出行和生活物资的运输，更关系着岛内的经济命脉，但中国陆岛运输却存在很多问题和不足：码头条件差，设施不完善，部分通航水域、航道和锚地无规划；船舶状况、技术条件差，不能完全满足民营运；货物装载缺乏合理性；船务公司素质低，对挂靠船舶缺乏管理；防止船舶污水和生活垃圾污染缺位；相关管理部门各自为政，缺少配合；法规不健全，专门法规亟待出台。

三　无主岛的开发

无主岛一般自然条件较差、生态系统脆弱、交通运输不是很便利，吸引投资的能力较差。对于条件较差、需长期开发才能获得收益的岛屿处于

---

① 王树欣、张耀光：《国外海岛旅游开发经验对我国的启示》，载《海洋开发与管理》2008 年第 11 期，第 103—108 页。

② 韩秋影、黄小平、施平：《我国海岛开发存在的问题及对策研究》，载《湛江海洋大学学报》2005 年 10 月。

无人问津的状态，对无主岛的资源宣传力度不够。对部分无主岛的信息资料收集不够完全，没有完善的动态监测系统。归属权虚化，管理职能交叉，存在擅自使用、转让等现象。无主岛的开发范围和水平与海洋信息预报技术、建筑工程技术、海洋生态保护技术水平息息相关，应提高相关技术水平。开发程度稍高的无主岛经济结构相对单一，可能存在相互竞争的现象和破坏生态环境的开发方式，管理者及开发者本身环保意识较弱，没有根据岛屿具体情况制定适宜的开发方式，基础设施不够完善，对海岛的巡逻监督力度不够，对海岛灾害、海平面上升等情况的应急机制不够完善①②。

第四节 海洋权益维护面临严峻挑战

许多沿海国家调整和制定海洋战略和政策，把建设海洋强国作为立国的根本大计，加拿大、日本、美国等都提出要建设海洋强国，维护和扩大国家海洋权益。2002 年，加拿大制定了国家海洋战略，被联合国秘书长列为全球海洋综合管理的典范，加拿大的各类海洋法涵盖了海洋资源及产业管理等各个方面，加上一些与海洋资源及产业有关的国际公约和协定共同构成了有机联系、统一完整的加拿大海洋资源与产业管理的法律体系；2007 年，日本国会通过《海洋基本法》确立"海洋立国"战略，2012 年11 月 5 日，日本政府召开综合海洋政策总部会议，发表了制定未来 5 年《海洋基本计划》草案依据的大纲，日本与海洋开发有关的法律达 107部，包括《领海法》、《专属经济区》、《海洋水产资源开发促进法》等；美国制定了《海洋行动计划》，欧盟制定了《海洋空间规划》。除了相关战略部署及法律的颁布，海上执法也是维护海洋权益必不可少的力量。美国建有统一海洋执法队伍，主要由海岸警备队负责；加拿大同样建有统一的海上执法机构海岸警备队，由海洋与渔业部领导和管理，主要负责海上交通安全与通信保障、搜寻和救助、海上溢油的应急处理和船队的管

---

① 王琪、许文燕：《中国无居民海岛开发的历史进程与趋势研究》，载《海洋经济》2011年第 1 期，第 16—24 页。

② 罗美雪、翁宇斌、杨顺良：《福建省无居民海岛开发利用现状及存在问题》，载《台湾海峡》2007 年第 2 期，第 157—164 页。

理①。此外，全球国家联盟成为海洋经济竞争的主体。经济全球化的产业集聚与扩散，突破了国家或区域界限的世界海洋国家联盟正在形成，海洋大国加强区域间的海洋经济的结盟，形成了国际海洋利益共同体②③。

坚决维护国家海洋权益是实现海洋强国的根本保证。海洋问题事关国家根本利益，海洋对保障国家安全、缓解资源和环境的"瓶颈"制约、拓展国民经济和社会发展空间，将起到更加重要的作用。中国作为一个主权国家，维护国家海洋权益的行为是正当合法的，并不损害其他国家的合法利益。

近年来，党中央、国务院关于海洋的重要指示，为海洋强国的建设提供了有力的政策保障和良好的政策环境。党的十七届五中全会和《国民经济和社会发展第十二个五年规划纲要》都提出"制定和实施海洋发展战略"，这是党中央、国务院高度重视海洋事业发展，在战略思想上的重大转变。胡锦涛总书记在十八大报告中提出："提高海洋资源开发能力，坚决维护国家海洋权益，建设海洋强国。"这是党的全国代表大会报告中首次指明海洋事业发展的总体思路。这一重要论断，对国家从发展全局的战略高度思考海洋问题，实现中国由海洋大国向海洋强国的历史性转变具有重要的指导意义。海军亚丁湾护航，中国海监、渔政在南海、东海维权巡航执法等事实表明了我们维护国家海洋权益的决心和信心④。

目前中国海洋权益建设存在的重大问题包括：

一 海洋权益面临挑战，海上运输通道控制能力较弱

按照《联合国海洋法公约》的规定，属于中国海区的面积为 300 万平方千米，其中约有 120 万平方千米与 8 个邻国存在着争议。中国周边的海上形势正发生重大而深刻的变化，海洋权益问题错综复杂，海上热点问题不断发生。东北亚地区存在朝核危机，中国在黄海与朝鲜、韩国存在海洋划界问题；东海钓鱼岛主权的争夺是海上安全的主要威胁；在南海中国

---

① 郁鸿胜：《发达国家海洋战略对中国海洋发展的借鉴》，载《中国发展》2013 年第 3 期。

② 俞可平：《全球化与政治发展》，社会科学文献出版社 2005 年，第 272 页。

③ 刘新华、秦仪：《试析 21 世纪初中国崛起所面临的海洋战略环境》，载《世界经济研究》2004 年第 4 期。

④ 郭璐璐、朱效生：《刍议当代中国海洋强国战略》，载《理论界》2013 年第 2 期，第 42—45 页。

与菲律宾、越南、马来西亚等国存在南海地区的岛屿主权争议，美国、印度、澳大利亚及日本等国的介入，又成为南海地区的潜在威胁。面对复杂的海洋安全形势，国家必须完善海洋安全政策，建设海洋安全力量，加强海洋安全合作，谋求海上安全。

东海最主要的问题是钓鱼岛问题。钓鱼岛是中国固有领土，而第二次世界大战之后美国就将钓鱼岛的"行政管辖权"交给日本，钓鱼岛的争议也因此产生，至今悬而未决，期间日本一次次单方面地采取行动，挑起事端。2012年9月10日，日本对钓鱼岛实施所谓的"国有化"，使钓鱼岛紧张局势迅速升温，美国虽强调在钓鱼岛主权问题上保持中立，但多次公开发表钓鱼岛适用《日本安全保障条约》的错误言论，一方面，使日本得以利用美国的影响力施展窃取钓鱼岛的计划，另一方面，美国得以借此提升美日同盟关系，推行亚太新战略，遏制中国和平发展。2013年以来，日本政府不断加强针对中国钓鱼岛海域的警备力量，通过追加预算、增设人员机构等方式来强化军事部署。10月12号，日本海上保安部派遣可以搭载直升机的大型巡逻船"冲绳"号前往钓鱼岛，展开第一次所谓的"警戒任务"，钓鱼岛的防卫工作再次升级。日本处心积虑地侵占钓鱼岛，有它政治、经济、军事三方面的企图。政治、经济上，日本海洋产业研究会曾编写过《迈向海洋开发利用新世纪》一书，书中露骨地表示：包括"尖阁列岛"（日本对钓鱼岛及附近岛屿的称呼）一些存在主权争议、位置重要的岛屿是日本扩大海洋经济区的关键所在。如果对这些岛屿的主权要求不能实现，日本将减少200万平方千米的海洋经济区。日本外务省也曾表示，只有争得钓鱼岛的主权，日本才可以和中国划分东海大陆架大约20多万平方千米的海洋国土，并进而夺取东海丰富油气资源的一半。在军事上，日本占据钓鱼岛，就可将其防卫范围扩大到日本四岛之外，向西扩展300多千米，建立一个既利于防御又利于扩张的前沿军事基地。已经有日本军事专家表示，钓鱼岛既适合建立电子警戒装置，又可以部署导弹。另外，日本国内对台湾存有野心的右翼势力非常猖獗，一旦军国主义复活，日本占有钓鱼岛，将对中国的安全构成严重威胁。

南海是中国最大的海域，占中国海域的50%左右。南沙群岛是南海诸岛的重中之重。它号称"南海的钥匙"，控制着南海的国际航道，每天约有400艘船只穿梭其间，南海的油气储量高达200亿吨。目前，中国在

南沙群岛中只控制着 8 个岛礁，其中包括台湾控制的太平岛。其他岛礁基本上已被周边国家瓜分殆尽，而且大肆开采。尽管中国一直主张"搁置争议、共同开发"，但一些国家有意把岛屿和海域争端国际化，试图造成既成事实，从而在主权问题上进一步设置障碍。2012 年 4 月 10 日，菲律宾海军护卫舰"德尔皮纳尔"号对中国在黄岩岛潟湖内作业的渔船强行登检，直接导致中菲舰船"对峙"事件，而同年 4 月 30 日，美国与菲律宾在华盛顿举行了首次由两国防长和外长参加的部长级磋商，美向菲海军提供武器装备和人员培训，举行联合演习，并鼓励支持越、菲等国扩充军备，美国还积极鼓动日、印、澳大利亚等国介入南海问题，鼓励其与东盟国家开展实质性合作，这一系列行为无不增加了南海领域的安全隐患。

美国不断插手台湾问题并在中国太平洋出海口建立岛链封锁。其强大的海军及在西太平洋海域前沿部署也对中国发展远洋海军形成了严重的制约。缺乏海外战略基地和对重要运输通道的低程度控制能力严重威胁着中国的国土安全和重要战略能源的进口。缺乏强大的盟友，与周边国家不是很亲密的伙伴关系，世界整体性的亲美外交对中国的发展都很不利①。

二　海洋立法不完善，现有法规的可操作性差

中国在海洋立法上缺乏基本的海洋法，以及对于海岛、海洋环保及海洋矿产等方面的法律条文。对于国际的海洋法律条约利用程度不高，不能为己谋利。同时，海洋法规可操作性差，海洋执法缺乏有效性、权威性，信息不能实时共享，对具体职能任务没有明确认识，执法人员素质不高，执法效率低下，对重点岛屿和海域没有定期的巡逻。存在以下问题：一是具有一定甚至很强的政策化倾向，只有抽象的、宏观的和模糊的法条、条文和条款，而没有相关的、具体的和配套的实施和操作的细则，且还具有较多和较高的不稳定性和短效性；二是制定海洋法律法规的计划性、时效性和实效性严重不足且滞后，以至不能形成全面、系统、成熟的有中国特色的海洋法体系；三是从整体看中国海洋法体系均没有起到该起的作用，主要是依据现有的海洋法体系和体例都不能达到维护中国的海洋权益以及

---

① 张愿：《试析美国海军战略的调整及其影响》，载《现代国际关系》2012 年第 3 期。

规范和限制人们的海洋行为的目的和目标①②③。

三　对公海事务的关注和认识能力不足

尽管中国在国际海底区域的工作成效显著，在国际海底区域事务中具有一定的话语权。但中国对公海事务的管理和研究起步相对较晚，对公海调查较少，在公海的活动还只停留在传统活动方面，如远洋渔业、远洋运输和大洋科学考察等。对公海事务发展趋势的把握和研究不足，针对如海洋空间资源利用分享、公海保护区建立、航海识别区制度等有关公海热点问题，缺乏长远谋划和总体布局。

四　海洋执法装备较差

巡逻舰艇主要在 500 吨以下，舰载直升机数量不能满足执法要求。超过 3500 吨的大型巡逻艇 2007 年仅有 2 艘，降低了巡逻海域面积和巡逻次数。巡逻艇设备续航能力和海区适应能力差，只能在中国近海、领海范围内巡逻，专属经济区和大陆架范围巡逻较少。海上执法的数字化通信网络信号差，安全性低，海上执法队伍在海上和岸上不能取得很好的联络。

第五节　海洋生态环境问题严重

海洋环境保护，是海洋产业可持续发展的重要保证。2006 年 3 月，在联合国秘书长作的 2005 年度海洋和海洋法的年度报告中，阐述了生态系统的海洋开发方式，并呼吁各国尽快创造条件实施基于生态循环经济系统的海洋开发模式。基于生态系统的海洋循环经济是未来的发展大趋势，澳大利亚、日本、韩国、美国等都在海洋政策中明确落实，各国正加大力度消除海洋污染的严峻威胁，如加大海洋环保的经费投入，建立统一的海洋环境监测系统和数据信息网络。2004 年，日本政府投入环保总经费为

---

① 殷克东、卫梦星、张天宇：《我国海洋强国战略的现实与思考》，载《海洋开发与管理》2009 年第 6 期。

② 黄建钢：《论中国海洋法的现状及其发展趋势》，载《浙江海洋学院学报》（人文科学报）2010 年。

③ 赵英杰等：《我国海洋资源可持续利用的措施及立法保障研究》，载《2003 年中国环境资源法学研讨会》（年会）2003 年。

2.58 万亿日元，用于海洋资源循环利用的经费达到 4130 亿日元，比上年增长 3.3%；美国建立可测量水污染减少的目标，特别是对非固定的污染源，制定实现目标的激励机制；加拿大制定了海洋水质标准和海洋环境污染界限标准，采取了对石油等有害物质流入海洋的预防措施，设立"沿海护卫队"。发达国家还建立了高层次的协调机制，实施海洋综合管理以确保海洋的可持续利用，如欧盟搭建海洋综合政策新管理框架，建立海洋政策专门委员会，负责各部门之间的政策协调；俄罗斯成立由总理任主席的海洋委员会；澳大利亚成立国家海洋部长委员会等。

中国海洋经济在很多领域仍只是数量扩张的粗放型发展方式，海洋资源环境承载力压力极大。海洋生态破坏程度加剧，海岸滩涂不能得到有效的保护，沿海海域、海岛和近海的渔业资源都受到严重的破坏。海洋污染治理技术发展也相对缓慢，缺乏区域性的污染防治协调机制及河海统筹的综合治理措施。具体来说，存在的主要问题包括：

一　海域水质下降，海洋灾害频繁发生

1980 年中国排入海洋的污水达 65 亿吨，1990 年增加至 80 亿吨，1995 年增加至 90 亿吨。90 年代中国受到无机氮污染的海域面积达到 80 万平方千米，受到油污污染的海域面积达 20 万平方千米，1995 年渔业污染事件 570 起，造成经济损失 5.6 亿元[①]。

2012 年中国海洋污染物总量 1705 万吨，污染海域面积 14.6 万平方千米，且污染海域面积正以 14.6% 的速度逐年增加。污染尤其严重的海域主要在环渤海、长江口和珠江口的近海海域。黄海和渤海的污染程度逐渐加大，东海和南海的污染程度近年来有所下降。主要污染来源为重金属和石油污染。赤潮事故、溢油事故频繁发生。2012 年是赤潮事故最多的年份之一，全国共发生赤潮 73 次，渤海发生赤潮面积 3869 平方千米。船舶漏油、油田溢油、港口输油管爆炸等漏油事故频发，长江口和渤海海域的石油污染尤其严重。气候变化也引起了海平面上升、气温升高、极端气候事件以及海洋生态环境灾害频发，损失严重[②]。

---

① 王淼：《我国海洋环境污染的现状、成因与治理》，载《中国海洋大学学报》（社会科学版）2006 年。

② 殷政章、夏宏伟：《我国应加强赤潮监控预报力度》，载《海洋信息》1999 年第 5 期，第 24—25 页。

二　海洋水产品存在安全隐患

各类污染物经由海洋生态系统食物链富集到海洋生物体内，不仅打破了海洋生态系统原有的物质能量循环，还降低了海洋生物生产的质量，难降解、高毒性物质在循环过程中易于积累，对人类健康造成严重损害。海水养殖、滩涂养殖片面追求产量和规模，大量投饵，滥用抗生素，开发过度、养殖量严重超出其养殖容量，养殖个体小型化、产品质量下降①。

三　海岸侵蚀严重，海岛被随意开发和破坏

海岸侵蚀破坏了其旅游价值，如青岛的汇泉湾浴场、威海海水浴场等因海岸被侵蚀导致浴场退化及关闭。沿海地区工业及生活污水未经处理直接向海洋排放及垃圾在沿岸滩涂的堆积均对旅游环境产生了不利的影响。存在随意开发破坏海岛资源的现象，对海岛生态保护方面的研究比较匮乏、生态修复技术落后、修复资金来源较少，对海岛的保护意识淡薄，宣传力度也不够。

四　海洋环保意识淡薄，宣传教育力度较小

目前中国对海洋环境污染问题不够重视，以牺牲环境来发展海洋经济。这从根源上讲是由于对海洋的国土意识淡薄造成的。只注重眼前利益，发展的海洋产业都是高能耗的重化工产业，容易对海洋造成污染和辐射。惩罚力度不够，环保教育缺乏。

五　渔业资源枯竭、作业面积下降

从 90 年代开始，由于过量的海洋捕捞和工业、农业生产，以及生活的废水和垃圾排放入海，中国近海的渔业资源逐渐衰竭，远海渔业资源的开发状况也由好转坏。由于燃油成本、员工工资成本的增加及渔业资源的减少，海洋捕捞产量不断下降。随着联合国海洋法公约的生效及中日、中韩、中越渔业协定的签署，中国渔业的作业面积大幅下降，从公海范围缩减至专属经济区内，全国每年有近 6000 艘渔船从外海渔业作业水域撤出，

---

① 许旭：《基于循环经济的中国海洋经济发展战略分析》，载《国土与自然资源研究》2007 年。

有 30 万捕捞渔民和 100 万渔民的生产生活受到了影响，造成渔民就业难度增加。中越渔业协定的签署造成了广东、广西及海南三省近万艘渔船的减产或转业，这相应地对整个水产品加工业也造成了连带的影响。海洋养殖业的资源利用效率低，加工水平相对落后，产品附加值低，对水面的立体利用程度不高，高产值是通过加大养殖面积支持的。未来渔业需要解决的问题是从捕捞为主向养殖为主过渡，恢复渔业资源，减少过度捕捞，解决渔民转业和就业问题①。

六　海洋经济转型绿色发展任重道远

尽管中国海洋经济发展成效显著，但转型绿色发展还有较大的挑战。主要表现在：（1）重近岸，轻远海；重资源开发，轻海洋生态效益；重眼前利益，轻长远谋划，这一"三重"与"三轻"的矛盾比较严重。（2）从区域布局来看，产业水平相近（同质），产业结构趋同（同构）；传统产业多，新兴产业少；高耗能产业多，低碳型产业少，"两同、两多、两少"的问题比较突出。区域规划大都以项目落地促进规划目标来实现，导致沿海地区发展海洋产业方面停留在"大、重、全"上，且规划布局雷同。临港工业区，基本上是钢铁、石化、有色金属、机械、汽车等项目。（3）由于重化工布局在沿海，海洋/海岸带开发潜在环境风险高。大型火电厂、核电站、炼油厂、海上油气管线工程以及国家石油储备基地等项目在沿岸相继建成、扩建，并出现集中化、规模化的趋势，给临近海域带来巨大的热污染、核泄漏、溢油等潜在生态环境风险。同时不断增加的海上油气开发和海运，也给海洋开发带来潜在风险。

七　海洋管理和监察能力不足

目前中国海洋环保方面的法律法规仍不够完善，损害赔偿制度还没有建立起来，应急管理能力也不足。国家海洋局不能有效的控制污染物的排放，监测范围和手段仍不够全面、先进。由于过去分散的海洋管理体制，中国海洋生态的管理目前仍未有效地整合起来，综合性的部门间协调执法

① 姜旭朝主编：《中华人民共和国海洋经济史》，经济科学出版社 2008 年版。

仍存在问题，难以解决跨区域、跨部门的海洋环境问题①。

第六节 海洋科技水平落后及海洋意识培养匮乏

海洋科技是决定海洋战略的关键，是海洋强国建设的重要支撑。各国都将海洋新技术作为抢占海洋经济制高点的重要手段，以海洋技术、信息技术、生物技术、纳米技术等为核心的海洋高新科技革命正在进行，发达的海洋国家都在海洋科技领域投入巨额资金，且每年以 4% 左右的速度增加。美国通过联邦预算和海洋政策信托基金对国家海洋政策提供资金支持；2007 年 10 月 10 日欧盟通过《欧洲海洋综合政策》及《行动计划》，明确指出加大对海洋研究与技术的投入；2008 年 6 月，英国自然环境研究委员会发布了《2025 年海洋科技计划》，该委员会将在 2007—2012 年向该计划提供约 1.2 亿英镑的科研经费。另一方面，海洋教育的重要性不言而喻。美国以"教育是未来的基础"为口号推进海洋基础教育，在《美国海洋行动计划》中提出将"促进海洋的终身教育"作为美国 21 世纪国民海洋意识建设的重要政策，主张加大高等海洋教育与中小学海洋教育投入；2008 年日本实施的《海洋基本计划》中提出，为有效实施协调发展的海洋政策，在加大海洋人才培养力度的同时，提高市民对海洋科学的关心度也非常必要，每年 6 月、11 月的"海洋环保周"期间，各地举办相关海洋的报告展览会对居民进行科普教育，形成全社会关注海洋经济发展的良好氛围。

目前中国的海洋技术难以为中国海洋经济的快速发展提供有效的支撑，"重陆轻海"的海洋意识也在阻碍着中国海洋强国的建设发展。具体来说，中国在海洋科技和海洋教育方面存在的主要问题包括：

一 海洋科技水平落后

目前中国海洋关键技术自给率低、发明专利数量少，据统计，中国的海洋科技成果转化率不足 20%；海洋科技对海洋经济的贡献率只有 30% 左右，而一些发达国家已达 70%—80%。中国海洋科学和技术装备与发

① 赵英杰等：《我国海洋资源可持续利用的措施及立法保障研究》，载《2003 年中国环境资源法学研讨会》（年会）2003 年。

达国家差距较大，主要的海洋仪器依赖进口的局面没有得到根本性的改变；与欧洲、美国和韩国等海洋开发装备先进制造国家相比，在一些领域特别是深海资源勘探和环境观测方面，技术装备仍然比较落后。

中国在海洋科研方面投入的经费不多、海洋科研机构水平落后、海洋科研成果不多。发达的海洋国家都在海洋科技领域投入巨额资金。

中国在海洋科技方面缺乏世界一流水平的专家，虽然中国近年来参加了国际性的学术组织，但主要的海洋科学家都处于 60 岁及以上的年龄，存在人才断层现象。另外中国对国际海洋科技前沿的研究参与程度不够，不能及时跟进相关的科学研究。对一些国际性的海洋科研热点项目如世界海洋环流试验、全球海洋通量联合研究等，中国参与的数量还不到 50%[1]。

二 海洋教育缺失，国民海洋意识薄弱

美国在海洋政策中用较大篇幅阐述了海洋教育对增强全国海洋意识的重要性，主张联邦政府涉海机构加大对海洋教育的投资和重视。中国一直存在"重陆轻海"的思想，全民族的海洋观念和海权观念较为淡薄，对海洋在发展和强大国家中所起的作用和地位认识不足。《中国青年报》曾进行中国青年蓝色国土意识调查，调查结果显示中国青年海洋意识薄弱，近 2/3 的被调查者都知道中国的国土面积为 960 万平方千米，但不知道中国还有 300 万平方千米的海疆面积。海洋意识的薄弱已经成为制约中国海洋事业发展的不可忽视的因素。

三 海洋相关专业人才难以满足海洋事业的发展要求

近年来中国的海洋教育规模在不断扩大，海洋相关专业人才不断增加，培养层次也不断提高，但与其他先进国家相比，与中国海洋工作的实际需要相比，中国的海洋人才培养还不能满足海洋事业发展的需要。当前中国海洋人才面临的主要问题是人才结构不合理；海洋综合管理人才相对缺乏；海事法律人才、海洋军事人才、海洋综合管理人才和战略人才相对缺乏；普通专业人才过剩；中青年高层次、高素质人才匮乏；人才流动渠道不够顺畅，人才流失，用人机制有待创新，论资排辈、人才浪费现象依

---

① 李乃胜主编：《中国海洋科学技术史研究》，海洋出版社 2010 年版。

然存在①②。

　　借鉴美国海洋科技的发展经验，中国海洋科学技术的发展应注重海洋基础的研究，进行海洋调查和测量，大量收集海洋数据和资料。此外，海洋相关部门应发挥领导作用，对海洋科研及调查项目给予政策、资金和技术等方面的支持。

---

　　①　潘爱珍等：《我国海洋教育发展与海洋人才培养研究》，载《浙江海洋学院学报》（人文科学版）2009 年。
　　②　任建业、刘晓峰、陈敏：《适应新形势——加快我校海洋科学专业的建设》，载《中国地质教育》2008 年第 1 期，第 70—72 页。

参考资料

杨金森:《海洋强国兴衰史略》,海洋出版社 2007 年版。

张箭:《地理大发现研究(15—17 世纪)》,商务印书馆 2002 年版,第 42—56 页。

樊亢、宋则行:《外国经济史》(近代现代第一册),人民出版社 1982 年版,第 27 页。

滕藤:《海上霸主的今昔》,哈尔滨:黑龙江人民出版社 1998 年版,第 304—308 页。

施脱克马尔:《十六世纪英国简史》,上海人民出版社 1957 年版。

J. E. 尼尔:《女王伊丽·莎白一世传》,商务印书馆 1992 年版。

杨跃:《海洋争霸 500 年:英国皇家海军与大英帝国的兴衰》,解放军出版社 1998 年版。

皮明勇、官玉振:《世界现代前期军事史》,中国国际广播出版社 1996 年版。

张亚东:《重商帝国:1689—1783 年的英帝国研究》,中国社会科学出版社 2004 年版。

王振华:《列国志英国》,社会科学文献出版社 2011 年版。

金德尔伯格:《西欧金融史》,中国金融出版社 2007 年版,第 214 页。

李铁民:《中国军事百科全书(第二版)》:《海军战略学科分册》,中国大百科全书出版社 2007 年版。

[英]赫恩著:《美军战史海军》,中国市场出版社 2011 年版。

托马斯、帕特森:《美国外交政策》(上、中、下),中国社会科学出版社 1989 年版,1989 年版。

杨金森:《海洋强国兴衰史略》,海洋出版社 2007 年版。

左立平:《国家海上威慑论》,时事出版社 2012 年版。

［英］赫恩：《美军战史·海军》，中国市场出版社 2011 年版。

王宏、李强主编：《部分世界海洋经济统计资料》，《中国海洋经济统计年鉴》，海洋出版社 2012 年版。

郭院：《海岛法律制度比较研究》，中国海洋大学出版社 2006 年版，第34 页。

殷克东、方胜民：《海洋强国指标体系》，经济科学出版社 2008 年版。

张景恩、杨春萍：《印度主要统计》，肖石忠主编：《世界军事年鉴》解放军出版社 2011 年版。

张景恩、杨春萍：《澳大利亚主要统计》，肖石忠主编：《世界军事年鉴》解放军出版社 2011 年版。

王宏、李强主编：《部分世界海洋经济统计资料》，《中国海洋统计年鉴》海洋出版社 2012 年版。

光绪：《大清会典事例》，载《续修四库全书》赵尔巽：《清史稿》，中华书局 1977 年版。

海军司令部近代中国海军编辑部编著：《近代中国海军》，海潮出版社1994 年版。

史滇生：《中国海军史概要》，海潮出版社 2006 年版。

姜旭朝主编：《中华人民共和国海洋经济史》，经济科学出版社 2008年版。

席龙飞：《中国造船史》，湖北教育出版社 2000 年版。

王小波编著：《谁来保卫中国海岛》，海洋出版社 2010 年版。

赵佳楹：《中国近代外交史》，世界知识出版社 2008 年版。

帅学明主编：《中国海区行政管理》，经济科学出版社 2010 年版。

秦天、霍小勇主编：《中华海权史论》，国防大学出版社 2000 年版。

梁芳：《海上战略通道论》，时事出版社 2011 年版。

李乃胜主编：《中国海洋科学技术史研究》，海洋出版社 2010 年版。

郑一钧著：《论郑和下西洋》，海洋出版社 1985 年版。

包遵彭：《中国海军史》，中华丛书编审委员会，1970 年。

杨志本、林勋贻：《中华民国海军史料》，海洋出版社 1987 年版。

蒋纬国：《国民革命战史——抗日御侮》，台湾黎明文化事业有限公司1978 年版。

包遵彭：《中国海军史》，中华丛书编审委员会，1970 年。

姚贤镐：《中国近代对外贸易史资料第 3 册》，中华书局 1962 年版。

朱荫贵：《1927—1937 年的中国轮船航运业》，载《中国经济史研究》
　　2000 年第 1 期。

席龙飞：《中国造船史》，湖北教育出版社 2000 年版。

赵佳楹：《中国近代外交史》，世界知识出版社 2008 年版。

石家铸：《海权与中国》，上海三联书店 2008 年版，第 215 页。

海军史编委员会：《中国人民解放军兵种历史丛书海军史》，解放军出版
　　社 1989 年版。

高晓星、翁赛飞、周德华：《中国人民解放军海军》，五洲传播出版社
　　2012 年版。

海军史编委员会：《中国人民解放军兵种历史丛书海军史》，解放军出版
　　社 1989 年版。

海军后勤部：《海军后勤工作》，解放军出版社 1985 年版。

中华人民共和国国家统计局《中国统计年鉴》中国统计出版社 2007
　　年版。

席龙飞、宋颖：《船文化》，人民交通出版社 2008 年版。

国家海洋局：《中国海洋年鉴 1986》，海洋出版社 1988 年版。

叶自成、李红杰主编：《中国大外交折冲樽俎 60 年》，当代世界出版社
　　2009 年版。

马英杰：《海洋环境保护法概论》，海军出版社 2012 年版。

王传友：《海防安全论》，海洋出版社 2007 年版。

刘华清：《刘华清回忆录》，解放军出版社 2004 年版。

王宏主编：《海洋经济》，《中国海洋年鉴》海洋出版社 2012 年版。

国家海洋局海洋发展战略研究所课题组编著：《中国海洋发展报告 2013》，
　　海洋出版社 2013 年版。

季国兴：《中国的海洋安全和海域管辖》，上海人民出版社 2009 年版。

李乃胜主编：《中国海洋科学技术史研究》，海洋出版社 2010 年版。

Mahan A T. The influence of sea power upon history 1660 – 1783，BoD –
　　Books on Demand，2010.

Conyers Read. Mr Secretary Cecil and Queen Elizabeth . London：Jonathan
　　Cape，1955，p. 336.

Mathisa. P. The First Industrial Nation，an Economic History of Britain 1700 –

1914. London, 1983, p. 110.

Link, Arthur S. the Papers of Woodrow Wilson (Vol. 34), Prince: Princeton University Press. 1966.

United States Department of State. Foreign Relations of the United States, Supplement: The World War, 1915. Washington, 1928.

Arthur S. Ltnk Wilson, the Diplomatist, akal His Major Foreign Palicies, 1957, p. 155.

Wenk Edard Jr. The Politics of Ocean, Seatle: University of Washington Press, 1972, p. 303.

Shipping Intelligence Network 2010 http://www. clarksons. net/sin2010.

National Marine Manufacturers Association, Boating 2004 (Chicago, IL: 2005), annual retail unit estimates.

National Marine Manufacturers Association, 2010 Recreational Boating Statistical Abstract (Chicago, IL: 2010), pp. 78 – 79 and similar pages in previous editions.

Pilkey OH, Clayton T D · Summary of beach replenishment experience on US east coast barrier island Journal of Coastal Research, 1989, 5 (1): 147 – 159.

Garbisch E W. Hambleton Island restoration: Environmental Concern's first wetland creation project, Ecological Engineering, 2005 (24): 289 – 307.

Biliana Cicin – Sain, Robert W. Knecht. "The Problem of Governance of U. S. Ocean Resources and the New Exclusive Economic Zone", Ocean Development and International Law, 1985, 15 (3 – 4), pp. 289 – 320.

PILKEY O H, CLAYTON T D · Summary of beach replenishment experience on US east coast barrier island. Journal of Coastal Research, 1989, 5 (1): 147 – 159.

GARBISCH E W. Hambleton Island restoration: Environmental Concern's first wetland creation project, Ecological Engineering, 2005 (24): 289 – 307.

Agenda of the 21st Centry of the United Nations http://www. un. org/chinese/events/wssd/agenda21. htm.

Clinton W. Executive Order 13158: Marine Protected Areas. http://www. Mpa. gov/ pdf/ eo/ execordermpa. pd, f2000 – 5 – 26.

The White House Council on Environmental Quality, Interim Report of the Interagency Ocean Policy Task Force, September 10, 2009.

Michael MccGwire. Strategic forum: Soviet sea power — a new kind of navy, Marine Policy, 1980, 10 (4): 317 –322.

Geir B Hønneland. Autonomy and regionalisation in the fisheries management of northwestern Russia, Marine Policy, 1998, 1 (22): 57 –65.

Geir Hønneland, Anne – Kristin Jørgensen. Implementing international fisheries agreements in Russia—lessons from the northern basin, Marine Policy, 2002, 9 (26): 359 –367.

Day A J, Bell J. Border and territorial disputes, Longman; Detroit, Mich. USA: Distributed exclusively in the US and Canada by Gale Research Co. 1987.

Lyonnesse S. Vietnam's objective in the South China Sea: National or regional security?, Contemporary Southeast Asia, 2000: 199 –220.

Johnston D M, Valencia M J. Pacific Ocean Boundary Problems, Dordrecht: Martinus NijhofT, 1991.

学术索引

人物索引

概念索引

结束语

　　本书首先对葡萄牙、西班牙、荷兰、英国，特别是美国的海洋强国建设经验与教训进行解析，然后对周边国家海洋强国建设现状及中国海洋强国的建设历程与现状进行了分析，在此基础上，构建了海洋强国建设水平评价体系，最后通过分析梳理出了中国海洋强国建设亟待解决的重大问题。

　　针对所提出的重大问题，本书提出了如下对策建议：

一　加快海军军队和装备建设

　　海洋军事力量的强大跟国家的领土完整、主权独立、国际地位，以及国际影响力都息息相关。海洋军事力量反映了一个国家影响世界军事格局的实力，如果没有强大的海军力量作为保障，很难做到在国际海洋事务中有足够的话语权。因此，中国应进一步加大海军的建设。

　　在国家海洋军事力量中最重要的两方面是海军的实力和海军的武器装备程度。海洋军事力量作为一个国家的国防核心，使得各国都在进行军备竞赛加强海军建设。海军力量反映在海军军费、海军人员、海军的文化、体制和经验等方面。海军武器装备的构成代表了国家的海洋威慑力，海军装备的制造能力和保障能力则反映出国家对于海军的重视程度。

　　增强海军实力要改变目前中国的海军体系结构，将陆军、空军融入海军的建制，像外国一样开始培养海军陆战队或海军空战队等作战编制。中国注重海军的建设主要应服务于两个方面：一是保证海洋贸易的通畅，对远洋运输通道如索马里等危险地区进行海军护航，起到威慑反动力量的作用；二是增加对于中国海域的海军布防方式，维护国家主权和领土完整，及时有效地应对紧急冲突的发生。建设海军武器装备要大力投入海洋军工，鼓励军工技术的创新，建造出更多的适合海上作战的武器装备，如航母上的飞机、核潜艇等。

二 加强海洋装备建设

随着国家能源发展战略的实施，海洋工程装备技术研发已成为当前及未来较长一段时期内的国家战略技术领域。海洋工程装备技术的创新发展，必将提升中国深远海资源开发的国际竞争能力，提高中国深远海资源开发利用的规模与水平。先进和强大的深远海资源开发装备是应对当前海洋资源开发激烈的国际竞争、提升中国海洋资源勘探和开发利用的实力的利器。

加强海洋装备建设，首先要创新管理体制，优化科技资源，增加研究机构的设备仪器，改善基础设施，建设创新平台和重点实验室，建立相关领域研究梯队，依靠集体的力量突破难题。其次要加大科技投入与人才培养，制定有利于海洋资源合理开发的各项优惠政策，在国家投入的主渠道外，鼓励民间力量投资海洋科技，发挥大型涉海企业的资金投入和技术创新作用，形成海洋科技研究风险共担、成果共享的科技投入支持体系。同时制定人才战略，加强海洋开发和工程技术人才培养，增强创新实力，加强国内外交流与合作，对海洋高新技术领域人才出国学习进修在政策上给予倾斜，以跟踪国际高新技术发展。最后，要制定有利于海洋装备技术发展的各项政策，成立发展海洋装备技术的相应领导机构。建立促进中国海洋装备技术制造业发展的相应领导机构，以统一管理、统一决策重大技术装备的研制，加强对重大技术装备攻关研制的统筹协调力度①。

三 加大海洋执法力度，维护海洋权益

海洋权益是中国建设海洋强国的重要目标。这不仅需要强大的海军做支撑，还需要运用经济、法律、外交等多种手段。

为了完善海洋法律法规，中国要尽快建立基本海洋法，完善《海洋环境保护法》，并建立海洋环境保护的法律体系，对极地活动的开发、大洋矿产资源、领海基点等问题都出台相关的基本法律进行维护。其次，中国要加快推进综合海洋管理体制的发展，统筹内部区域和对外的海洋执法，加强对海域和海岛使用的监管，有效监控和控制海洋污染以保护海洋

---

① 曹可：《我国海洋装备技术发展的问题与展望》，载《科技创新导报》2011 年第 4 期。

环境。制定严格的惩罚措施来规范海洋的开发和使用。最后，提高中国的海洋执法能力，具体包括定期进行海域和海岛的巡航，对西沙、南沙群岛和钓鱼岛等重要海岛进行重点和专项的保护。

通过政治军事，特别是外交活动，提高对运输通道的控制能力，防止战争时期中国的物资进口通道被切断。

提高国际事务的参与能力和利用国际法律法规维护本国权益的能力，积极成为国际海洋法律法规的制定者、修改者，提升对国际事务的影响能力和争端解决能力。

四 注重海洋文化教育与科技创新

目前中国海洋高新技术水平与世界先进水平仍有差距，海洋文化和教育实力不足。首先，中国要强化海洋人才的培养，增加海洋人才数量，优化海洋人才的结构，培养高层次的创新型海洋人才，增强中国的海洋科研能力。其次，要加强对海洋意识的培养和教育，加大海洋知识的普及力度和宣传力度，树立蓝色国土意识，让人民群众意识到海洋、海洋运输通道、海底资源、极地资源等的重要性。再次，发展和繁荣海洋文化事业，推出相关的海洋文化作品，使社会关注、了解、热爱、保护海洋。最后，要提高海洋探测技术、海洋预报技术及海洋各产业的技术，建立覆盖范围更加广阔的海洋探测监测网络，提高中国海洋产业的国际竞争能力，掌握更加全面的海洋资料，更好地利用海洋。

五 建设海洋生态文明，促进海洋可持续发展

海洋环境保护和生态文明的建设是中国海洋强国建设的基础和重要组成。首先，中国应坚持"五个用海"原则和要求，制定完善的海域使用和管理规划，集约用海，提高单位海洋面积的利用率，发展立体海洋空间，注重海洋资源的保护和可持续开发，推动海洋科技对海洋环保的应用，建立科技兴海的示范基地，转变传统海洋产业，发展新兴海洋产业，完善海洋环保的法律和实施细则，严把海域使用的市场准入，加大对海域使用的监察，查处违法行为。其次，中国要加快建设海洋生态文明保护区，有计划和有重点地对污染、破坏严重的海岸和海岛进行恢复和治理。最后，要开发海平面的监测和影响评估系统，增加对极端气候和海平面上升等问题的预测和影响研究。

　　海洋强国的战略目标，是党中央根据国内、国际发展形势，在中国全面建成小康社会决定性阶段做出的重大决定，是中国特色社会主义道路的重要组成部分，同时也是一项复杂的系统工程，需要付出长期不懈的艰苦努力。

　　应该指出，本书的研究还有待于进一步深化，还没有提出系统解决所梳理出来的重大问题的对策、详细的规划以及实施路径。为此，建议未来应在中国海洋强国建设的模式或路径等方面进一步加强研究，以深入探讨解决上述重大问题的方案与对策，规划出实现海洋强国战略目标的路径与具体措施。